Armin und Uschi Deutz

# Wildkrankheiten ► Hundekrankheiten ► Zoonosen

## Erkennen – Vermeiden – (Be)Handeln

Dieses Buch ist unseren Kindern Barbara, Mathias und Wenzel gewidmet, die wegen unserer doch intensiven Beschäftigung mit Wildtieren, Jagd und Natur immer wieder auf unsere Gesellschaft verzichten mussten.

Leopold Stocker Verlag
Graz – Stuttgart

**Umschlaggestaltung:**
DSR Werbeagentur Rypka GmbH, 8143 Dobl/Graz, www.rypka.at
Titelbild: Gunther Greßmann, Helmut Kraßnitzer, Armin Deutz



Bibliografische Information der Deutschen Nationalbibliothek
Die Deutsche Nationalbibliothek verzeichnet diese Publikation in der Deutschen Nationalbibliografie; detaillierte bibliografische Daten sind im Internet unter http://dnb.d-nb.de abrufbar.

Hinweis: Dieses Buch wurde auf chlorfrei gebleichtem Papier gedruckt. Die zum Schutz vor Verschmutzung verwendete Einschweißfolie ist aus Polyethylen chlor- und schwefelfrei hergestellt. Diese umweltfreundliche Folie verhält sich grundwasserneutral, ist voll recyclingfähig und verbrennt in Müllverbrennungsanlagen völlig ungiftig.

*Auf Wunsch senden wir Ihnen gerne kostenlos unser Verlagsverzeichnis zu:*
Leopold Stocker Verlag GmbH
Hofgasse 5 / Postfach 438
A-8011 Graz
Tel.: +43 (0)316/82 16 36
Fax: +43 (0)316/83 56 12
E-Mail: stocker-verlag@stocker-verlag.com
www.stocker-verlag.com

ISBN 978-3-7020-1331-8

Layout und Repro: DSR Werbeagentur Rypka GmbH, 8143 Dobl/Graz
Druck: Druckerei Theiss GmbH., A-9431 St. Stefan

# Inhalt


**Einleitung** 9

**Wildkrankheiten** 9

**Rund um den Hund** 10

**Zoonosen** 10

**Was bedeutet „gesund & krank"?** 11

**Problem „Wildtier"** 11

Populationen und Populationsentwicklungen 12

Fehlende Untersuchungen 12

Lebensraumfaktoren und Gesundheit 12

Arzneimitteleinsatz bei Wildtieren 14

**Ursachen von Erkrankungen** 17

**Innere Ursachen** 17

**Äußere Ursachen** 18

**Faktorenkrankheiten** 18

**Stadien des Eindringens von Krankheitserregern** 19

Beispiel Maul- und Klauenseuche 19

**Krankheitskennzahlen** 20

**Interessantes über Krankheitserreger** 21

**Bakterien** 21

**Viren** 22

**Parasiten** 23

**Pilze** 24

**Toxine** 24

**Folgen von Wildkrankheiten, wechselweise Übertragung** 25

**Faktoren** 25

Beispiel Paratuberkulose 26

Beispiel Moderhinke 26

Beispiel Gamsblindheit 26

**Folgen von Wildkrankheiten** 28

Beispiel Tollwut 28

**Wildtierkrankheiten & Lebensmittelsicherheit** 30
**Abmagerung als Krankheitsfolge** 30
Unterschiedliche Ursachen 31
**Lebensmittelinfektionen** 31

**Wildtiere als Umweltindikatoren** 33
**Arzneimittel in der Umwelt** 33
Resistente Bakterien bei Wildtieren 34
Resistenzen auch bei Auer- und Birkwild 34
Zugvögel verschleppen Viren und Bakterien 35
Blei, Cadmium und Quecksilber 35
Caesium 35

**Klimawandel & Wildtierkrankheiten** 36
**Klimawandel und Wildkrankheiten** 36
Beispiel Tularämie 37
Neu auftretende Krankheiten 39
**Klimawandel und alpine Lebensräume** 39
Folgen suboptimaler Lebensräume 40

**Was ist ein „Hegeabschuss"?** 41
**Hegeabschüsse und Fallwild jagdlich berücksichtigen** 43

**Nottötung von Wild** 44
**Notsituationen** 44
**Wann ist ein Tier tot?** 45
Bemerkenswertes Tierschutzurteil 45
**Der gezielte Tötungsschuss** 45
Ausnahmen vom Tötungsschuss 46
Das Knicken 47
Das Abfangen 47
Federwild und Hasen 47

**Ursachen für Fallwild** 48
**Viele Ursachen** 48
**Einflüsse auf Populationen** 49
„Frühjahrsfallwild" 50
„Sommerfallwild" 51
„Herbstfallwild" 51
„Winterfallwild" 52

**Grobe Diagnose durch den Jäger – Entscheidungen für weiteres Vorgehen** 54
**Untersuchungen geben wertvolle Informationen** 54
Grobuntersuchung durch den Jäger 55

**Übersicht über die Wildkrankheiten** 62
**Gams- und Steinwildkrankheiten** 62

Dermatophilose (Z! – Zoonose) ... 64
Brucellose (Z!) ... 64
Salmonellose (Z!) ... 64
Endoparasiten ... 65
Lippengrind (Z!) ... 65
Papillomatose ... 65
**Krankheiten des Reh- und Rotwildes** ... 66
Schwaches Reh- und Rotwild ... 66
Infektionskrankheiten ... 67
Erkrankungen des Verdauungstraktes ... 67
Erkrankungen des Bewegungsapparates ... 67
Weitere Gründe für Kümmern ... 68
**Krankheiten des Schwarzwildes** ... 68
Infektionskrankheiten ... 68
Parasitosen ... 68
**Krankheiten des Feldhasen** ... 69
Faktorenkrankheiten ... 69
Häufige Infektionskrankheiten ... 69
Parasitosen ... 70
Seltenere Krankheiten ... 71
Zukunft? ... 71
**Krankheiten von Fuchs, Dachs, Marder und Iltis** ... 72
Räude (Z!) ... 72
Staupe ... 72
Tollwut ... 74
Schrotschuss am Kopf? – *Troglotrema acutum* beim Iltis ... 74
**Krankheiten des Wildgeflügels** ... 75
Krankheiten bei Raufußhühnern ... 75
Virale Erkrankungen ... 76
Projekt Gesundheitsstatus von Auer- und Birkwild ... 78
Weitere Vogelkrankheiten ... 82
**Erkrankungen der Haut, Abnormitäten** ... 85
Hautparasiten ... 85
Samsonfüchse – wollhaarige Rotfüchse ... 88
Äußerlich sichtbare Tumorerkrankungen ... 90
Hauthörner ... 92
**Krankheiten des Bewegungsapparates** ... 94
Gelenksentzündungen ... 100
**Abnorme Geweihe** ... 105
Angeborene Missbildungen ... 105
Regelwidrigkeiten ... 106
**Krankheiten der Harn- und Geschlechtsorgane** ... 108
Nierenkrankheiten ... 108
**Krankheiten der ableitenden Harnwege** ... 112
Harnstau und Harnvergiftung (Urämie) ... 112
**Krankheiten der weiblichen und männlichen Geschlechtsorgane** ... 112
Abortus bei Wildtieren ... 112

Gebärmuttervorfall bei einer Rehgeiß ... 113
„Steinfrucht" beim Rotwild ... 114
Brunftverletzungen bei Tier und Kalb ... 115
Hodentumor Gamsbock ... 116
Zwitterbildung ... 116
**Erkrankungen des Kopfes** ... 123
Rachenbremsen- oder Rachendasselbefall ... 123
Aktinomykose ... 124
Ein- und beidseitige Blindheit ... 125
„Monstergams" ... 126
Mikrophthalmie ... 126
Bauchhöhlenparasit in der Schädelhöhle ... 126
**Erkrankungen der Atemwege und der Lungen** ... 128
Lungenentzündungen – häufig bei Gamswild ... 128
Befall mit Kleinen Lungenwürmern ... 128
Befall mit Großen Lungenwürmern ... 129
Brustfellentzündung ... 130
**Erkrankungen des Kreislauf- und Abwehrsystems** ... 130
Schlagendes Herz außerhalb der Brust ... 130
Riss der Aorta bei einem Rehbock ... 131
Milzvergrößerung ... 132
Milzabszess ... 132
Lymphknotenabszesse ... 132
Vergrößerung von Lymphknoten ... 133
**Erkrankungen des Verdauungstraktes** ... 133
Erkrankungen der Mundhöhle ... 133
Symptom Durchfall ... 137
Erkrankungen der Leber ... 138
**Fütterungsbedingte Erkrankungen** ... 140
Akute Pansenübersäuerung ... 141
Chronische Pansenazidose ... 141
Mykotoxikosen ... 142
Listeriose ... 143

**Spezifische Infektionskrankheiten und Tierseuchen** ... 145
**„Seuchen"** ... 145
Monitoring von Tierkrankheiten ... 145
Was bedeutet Überwachung? ... 146
Tuberkulose: Eine alte – neue Krankheit? ... 147
Paratuberkulose – häufiger als vermutet! ... 149
Wildschweinepest ... 155
Aujeszky'sche Krankheit beim Schwarzwild – Jagdhunde sind besonders gefährdet ... 157
Tollwut – seit Jahrtausenden bekannt ... 160
Räude bei Gams- und Steinwild ... 163
„Gamsblindheit" – oft seuchenhaft auftretend ... 167
Maul- und Klauenseuche ... 170
Chronic Wasting Disease („Hirschenwahn") ... 172
Blauzungenkrankheit auch bei Wild? ... 172

**Rund um den Hund** 175
**Entwicklung des Hundes** 175
Ein Hund kommt ins Haus 177
Rechte des Hundes 178
Der gesunde Hund 178
Erste Hilfe für den Jagdhund 179
Jagdhunde – wie oft impfen? 182
Entwurmung 184
Ernährung 185
**Einige typische Erkrankungen des Jagdhundes** 188
**Erkrankungen von Haut und Haarkleid** 190
Vorbeugende Maßnahmen 190
Glanzloses (stumpfes) Fell 191
Haarausfall 191
Hautpilze (Z!) 191
Räudemilben (Z!) 192
Flöhe 193
Läuse, Haarlinge, Herbstgrasmilben, Fellmilben 193
Malassezien 194
Zecken 194
Hautentzündung (Dermatitis) 194
Allergie 195
Liegeschwielen 195
**Erkrankungen des Kopfes** 195
Erkrankungen des Auges 195
Ohrenerkrankungen 197
Zahn- und Zahnfleischerkrankungen 198
Erkrankungen der Nase 200
**Erkrankungen der Verdauungsorgane** 201
Nabelbruch 201
Erbrechen 201
Kotfressen (Koprophagie) 201
Magenschleimhautentzündung (Gastritis) 201
Magendrehung 202
Durchfall, Darmentzündung 202
Verstopfung 203
Darmverschluss 203
Spulwürmer (Z!) 203
Hakenwürmer 204
Bandwürmer (Z!) 204
Analbeutelentzündung 204
**Erkrankungen des Herzens** 204
Herzwurmerkrankung (Dirofilariose, Z!) 204
Herzschwäche 205
**Lungenerkrankungen** 205
Lungenwurm (Z!) 205
Lungenentzündung 205
**Harnorgane** 206

Harnträufeln (Inkontinenz) ... 206
Blasenentzündung ... 206
Harnsteine ... 206
Nierenschwäche und Nierenversagen ... 207
**Geschlechtsorgane** ... 207
Rüden ... 207
Krankheiten der männlichen Geschlechtsorgane ... 208
Hündin ... 208
Krankheiten der weiblichen Geschlechtsorgane ... 210
**Krankheiten des Bewegungsapparates** ... 211
**Infektionskrankheiten** ... 214
Borreliose (Z!) ... 215
**Vergiftungen** ... 217

**Zoonosen – Zwischen Mensch und Tier übertragbar** ... 220
**Was sind Zoonosen?** ... 220
Rückblick ... 222
Ökologie von Erregern ... 222
Zoonosen-Richtlinie (2003/99/EG) ... 223
**Zoonosen bei jagdbaren Wildtieren** ... 223
Zoonosen von Schwein und Wildschwein ... 225
Zoonosen bei Geweih-und Hornträgern ... 231
Zoonosen des Feldhasen ... 233
Zoonosen des Fuchses und Dachses ... 235
Zoonosen des Federwildes ... 238
**Vorbeugemaßnahmen gegen Wildtierzoonosen** ... 239
Hunde als Infektionsquellen für den Menschen ... 241
**„Neue" Erreger – ein noch nicht abschätzbares Risiko** ... 248
Vogelgrippe, Geflügelpest – Schreckgespenst der Medien? ... 248
West Nil Virus-Infektionen ... 248
Hepatitis E – Jäger über das Wildschwein gefährdet? ... 249
Hantavirus-Infektionen – Jäger besonders gefährdet!? ... 250
Weitere neue Zoonosen ... 253
**Umgang mit Zoonosen in der Zukunft** ... 253

**Literatur** ... 255

**Bildnachweis** ... 259

**Stichwortverzeichnis** ... 260

# Einleitung

Spätestens seit dem Auftreten von verlustreichen Gamsräudezügen vor über 100 Jahren beschäftigten sich Jäger intensiver mit Wildtierkrankheiten und deren Bekämpfung. Mit Themen wie Tollwut, Fuchsbandwurm oder Geflügelpest kam der Aspekt der Übertragbarkeit auf den Menschen bzw. auf Haustiere dazu und fütterungsbedingte Erkrankungen traten mit der Intensivierung der Fütterung auf. Besonders im Umgang mit dem Lebensmittel „Wildbret" ist ein Wandel im Krankheits- und Hygienebewusstsein der Jäger feststellbar. Eine intensive und fachkundige Auseinandersetzung der Jäger mit den Themen „Wildtiergesundheit und Wildbretqualität" sowie eine entsprechende Verantwortung für Wildpopulationen werden zukünftig eines der Hauptargumente für die Aufrechterhaltung der Jagd in annähernd gewohnter Art und Weise darstellen.

## Wildkrankheiten

Gemäß dem Spruch „Vorbeugen ist besser als Heilen" ist es möglich, das Infektionsrisiko und den Infektionsdruck innerhalb von Wildtierpopulationen durch genaue Beobachtung, Verbesserung des Lebensraumes, Anpassung des Wildstandes an den Lebensraum und durch seuchensicheres Entfernen krankheitsverdächtiger oder kranker Tiere zu senken. Eine laufende Kontrolle der Wildtiergesundheit sollte über die regelmäßige Untersuchung von Fallwild (auch Straßenfallwild) sowie durch Stichproben bei erlegten Stücken erfolgen. Eine Reihe von Infektionskrankheiten kann zwischen Wild- und Haustieren übertragen werden. Im diesbezüglichen Kapitel wird auf die weitreichenden Folgen solcher Ausbrüche eingegangen.

Mittlerweile unstrittig ist der Einfluss des Klimawandels auf die Verbreitung von Krankheiten und auf das Auftreten von „neuen" Krankheitserregern. Das Wissen und die Wachsamkeit gegenüber neu auftretenden Krankheiten sind zu fördern, indem Jäger über spezifische Krankheitssymptome informiert werden und sich auch Untersuchungsstellen auf ein geändertes Erreger- und Untersuchungsspektrum einstellen.

## Rund um den Hund

Abgerundet wird dieses Buch im zweiten Teil mit Kapiteln zum Kauf und zur Entwicklung eines Jagdhundes, zur Hundeernährung sowie zu wesentlichen Hundekrankheiten, Erkennungs- und Vorbeugemaßnahmen und Erste-Hilfe-Maßnahmen. Jagdhunde sind in ihrer täglichen Arbeit ganz anderen Verletzungs- und Infektionsrisiken ausgesetzt als alle übrigen Hunde. Ebenso gibt es interessante Details, die bei der Welpenaufzucht und -erziehung, Fütterung sowie bei der Impfung und Entwurmung von Jagdhunden Berücksichtigung finden sollten. Zusätzlich wird auf das Problem des Auftretens von Zoonosen beim Hund eingegangen.

## Zoonosen

Eine Beschäftigung mit dem Thema „Zoonosen", also mit wechselweise zwischen (Wild)Tieren und Menschen übertragbaren Krankheiten, dient Jägern und Naturliebhabern auch zum Selbstschutz. Heimische Wildtiere können besonders für Jäger, die doch direkten Kontakt zu erlegtem Wild haben, Infektionsquellen darstellen. Daneben sind wir durch Zoonosen, die in Wildtieren zirkulieren und die durch Zecken oder Stechmücken übertragen werden, wie Borreliose, FSME und Ehrlichiose, gefährdet. Einen großen Beitrag zur Bekämpfung der Tollwut leisteten die Jäger sowohl durch den Abschuss von krankheitsverdächtigen Tieren oder das Auffinden und die Einsendung von Seuchenverdachtsfällen als auch durch das Auslegen von Impfstoffködern, das mittlerweile mittels Flugzeugen erfolgt.

Aufgebaut ist das Buch einerseits nach tierartspezifischen Erkrankungen und andererseits nach Erkrankungen von Organsystemen. Damit soll es auch einem medizinischen Laien möglich sein, einen gewissen Überblick über Erkrankungen von Wildtieren zu erlangen, Verständnis für Faktorenkrankheiten aufzubringen und letztlich Informationen für Untersuchungen durch den Interessierten selbst zu bekommen. Abgerundet ist das Büchlein mit Informationen zur Probennahme und Probeneinsendung sowie zum Eigenschutz vor von Tieren ausgehenden Infektionen.

Besonderer Dank gilt allen interessierten Jägerinnen und Jägern, welche die Autoren bisher mit interessanten Fällen befasst haben, kooperativen Kolleginnen und Kollegen sowie nicht zuletzt unseren Familienangehörigen, die immer wieder mit besonderen Geruchsnoten Bekanntschaft machen, wenn Sektionsmaterial angeliefert oder bearbeitet wird.

Möge dieses Buch einen kleinen Beitrag zur Gesunderhaltung heimischer Wildtierbestände sowie unserer Jagdhunde leisten und ein wenig Aufklärung zum Thema „Zoonosen" liefern, ohne den Leser zu hysterisieren.

*Armin und Uschi Deutz*
*St. Lambrecht, im Mai 2011*

# Was bedeutet „gesund & krank“?

*„Gesund oder krank“ sind nicht wie „weiß oder schwarz“ zu sehen, denn es gibt dazwischen zahlreiche Übergänge, also „Graustufen“. Die WHO-Definition für die menschliche Gesundheit umfasst nicht nur das Freisein von Krankheiten, sondern auch das vollkommene körperliche, geistige und soziale Wohlbefinden. Hygiene wiederum besteht aus der Summe aller Maßnahmen zur Gesunderhaltung des Menschen, der Tiere und der Umwelt.*

***Gesundheit** ist eine schreckliche Krankheit, sagen die Bakterien.*
(Piet Hein)

***Gesundheit** bezeichnet den Zustand eines Menschen, der nicht häufig genug untersucht wurde.*
(Maxeiner u. Miersch)

## Problem „Wildtier“

Ist es noch relativ leicht, einen Menschen zu untersuchen oder auch hinsichtlich seiner Beschwerden zu befragen, und gelingt es auch bei Haustieren, beispielsweise Proben zu nehmen oder die innere Köpertemperatur zu messen, so sind wir bei lebenden Wildtieren ob ihrer „Wildheit“ i.d.R. lediglich auf Beobachtungen angewiesen, wenn es darum geht, den Gesundheitsstatus abzuschätzen oder gewissen Erkrankungen zu vermuten. Kranke Wildtiere verhalten sich zudem oft anders, entziehen sich der Beobachtung und verenden dann ohne aufgefunden zu werden. Zudem sind bei Wildtieren die Populationsgrößen bzw. Wilddichten meist nur schwer abzuschätzen, was das Abschätzen von Krankheitshäufigkeiten erschwert.

## Populationen und Populationsentwicklungen (nach Greßmann, 2005)

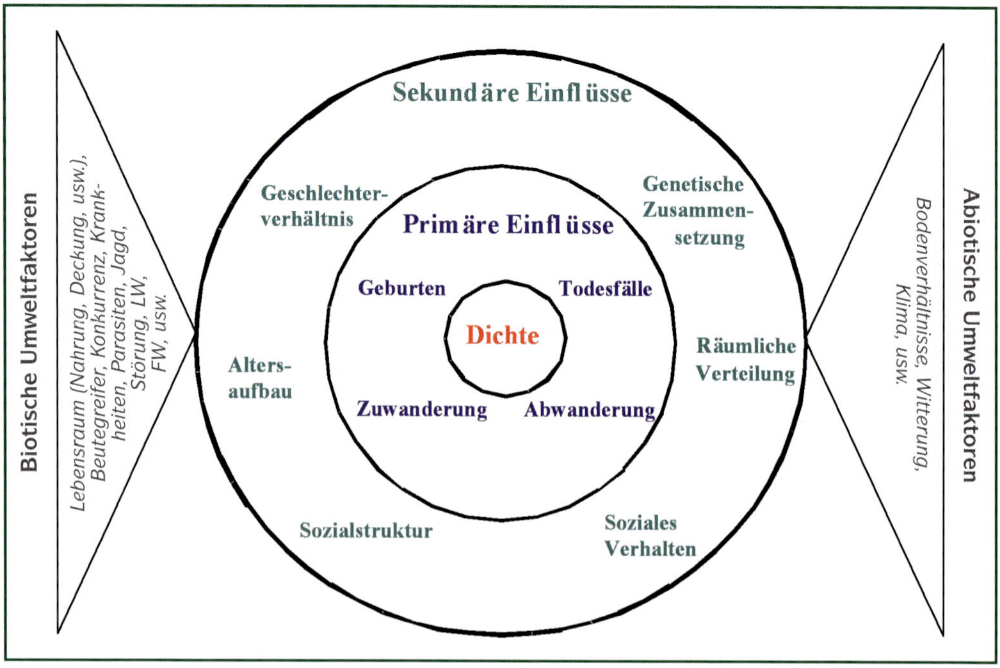


*Einflüsse auf eine Wildtierpopulation (Abkürzungen: LW … Landwirtschaft, FW … Forstwirtschaft)*

## Fehlende Untersuchungen

Einen guten Einblick über den Gesundheitsstatus von Wildtieren einer Region kann uns die exakte Beachtung von Auffälligkeiten im Zuge des Aufbrechens von erlegtem Wild liefern. Unbedingt erforderlich für das Erkennen von Veränderungen ist aber das Wissen des Jägers um das Normalbild. Veränderungen werden leider häufig nicht für weiterführende Untersuchungen herangezogen, sondern verworfen. Viele Informationen zur Wildtiergesundheit gehen dadurch verloren, dass Fallwild (inkl. Straßenfallwild) entweder nicht frisch genug für eine Sektion aufgefunden oder, dass überhaupt nicht an die Möglichkeit einer weiterführenden Untersuchung gedacht wird.

## Lebensraumfaktoren und Gesundheit

Eine zunehmende Zahl von Freizeitaktivitäten mit steigendem „Erlebnisfaktor" wird über das gesamte Jahr verteilt im Naturraum ausgeübt. Dabei handelt es sich um Aktivitäten auf Wegen oder annähernd gleich bleibenden Routen, im Gelände und Fels sowie Aktivitäten mit Fluggeräten. Beispielsweise werden Gams- und Steinwild im wahrsten Sinne des Wortes von rundherum bedrängt, ruhige Rückzugsgebiete werden immer kleiner oder verschwinden. Von unten drängen die ansteigende Waldgrenze sowie bei hohen Rotwildbeständen auch Rotwild, diverse Naturnutzer und Sportler mit immer wieder neuen Alpinsportarten und auch Jäger nach oben.

Ebenfalls von unten nach oben drängen klimabedingt Krankheitserreger, Parasiten und Zwischenwirte, die heute schon in deutlich höheren Lagen vorkommen als noch vor wenigen Jahrzehnten. Horizontal bedrängend können ebenfalls der zunehmende Alpintourismus und Jagddruck wirken. Zum Jagddruck wurde beispielsweise festgestellt, dass nach Bejagung in Wintereinständen diese gut geeigneten Einstände von Steingeißen jahrelang gemieden wurden. Weiters zu berücksichtigen ist die an-

*Ruhe und Äsung sind zwei wesentliche Lebensraumfaktoren*

steigende Zahl der Tier- und Naturfotografen, die besonders bei Eindringen in Einstands- und Setzgebiete erhebliche Störreize darstellen können. Von oben sind es z. B. Paragleiter oder Mountainbiker, die als plötzlich erscheinende Störquellen Panikreaktionen hervorrufen. Durch den hohen fluchtbedingten Energieverbrauch einerseits und die minderwertigere Äsung in suboptimalen Lebensräumen, in die das Wild abgedrängt wird, andererseits, kommt es zu einer Abnahme von Körpergewicht und Körperfett. Im Winterhalbjahr ist bei Abdrängen von Gams- und Steinwild in ungünstige Lagen noch zusätzlich die gesteigerte Lawinengefahr mit zu berücksichtigen.

## Aufschaukeln von Störungen

Die Störungen durch verschiedenste Freizeitaktivitäten und durch die Jagd überlagern sich und können sich sogar gegenseitig aufschaukeln – Reaktionen und großräumiges Ausweichverhalten werden verstärkt. Jeder erkennt höchstens die Reaktionen auf den von ihm selbst gesetzten Störreiz. Dass sich Störungen täglich häufig wiederholen können, wird dabei meist übersehen. Menschliche Störungen beeinflussen also das Verhalten (z. B. Veränderung der tages- oder jahreszeitlichen Aktivität), die Lebensraumwahl (Veränderung der Gebietsnutzung, vermehrt „Waldgams“), die Fitness und auch die Bestandsgrößen (verminderte

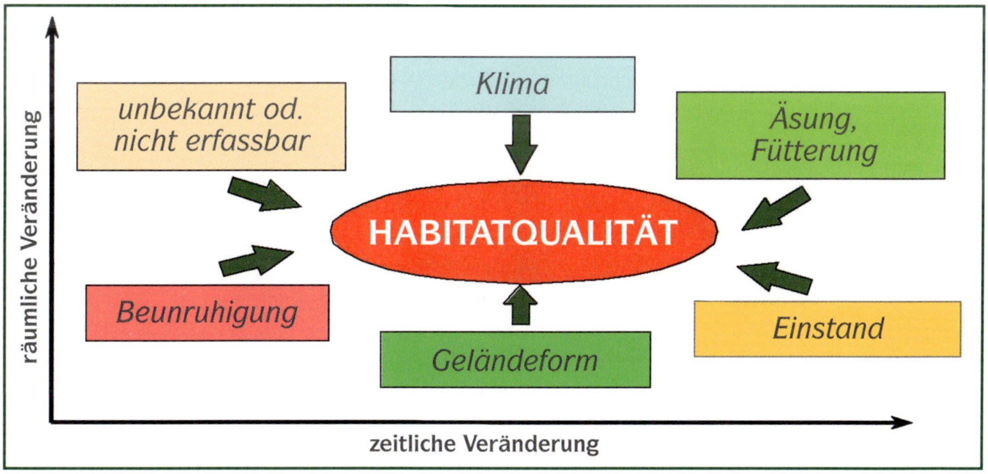


*Faktoren der Lebensraumqualität (nach Reimoser, 1996)*

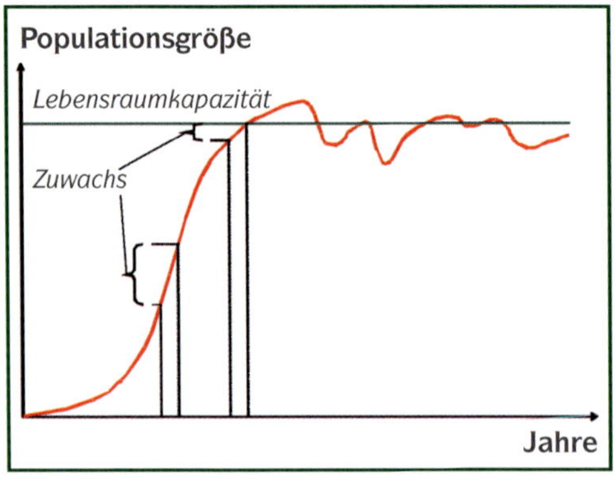


*Modellhafte Wachstumskurve einer Wildpopulation, unter der Annahme einer stabilen Lebensraumkapazität*

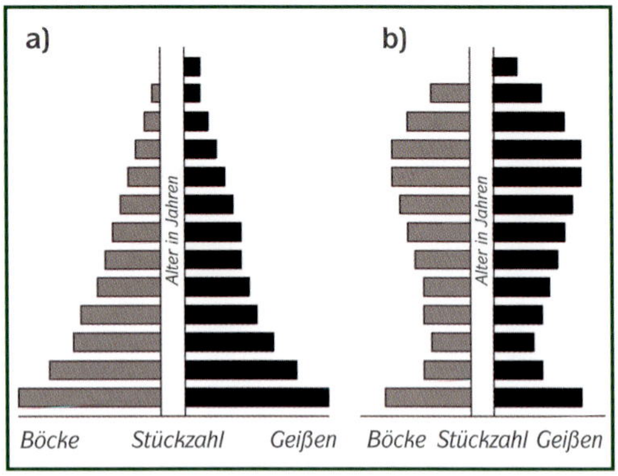


*Alterspyramiden in einer wachsenden (a) und einer stagnierenden (b) Wildpopulation (Beispiel Steinwild)*

Fortpflanzungserfolge) von Wildtieren. Langzeitstudien belegen, dass häufiges Sichern, Flüchten und „in Deckung bleiben" eine schlechtere Kondition der Einzelindividuen verursacht, was sich auf Populationsebene auch in einer geringeren Nachwuchsrate äußert. Durch die schlechtere Kondition setzt nicht mehr jede Geiß jährlich ein Kitz. Bei Steinwild wurde auch nachgewiesen, dass im Falle von schlechter Kondition Geißen ihre Föten abstoßen können, was zusätzlich zu geringeren Zuwachsraten beiträgt.

## Arzneimitteleinsatz bei Wildtieren

> Ein Arzneimitteleinsatz bei Wild in freier Wildbahn ist bis auf Maßnahmen zur Seuchenbekämpfung (wie Tollwut) nicht nur in Österreich seit 2003 verboten, sondern auch fachlich und nicht zuletzt wegen des möglichen Imageschadens für das Produkt „Wildbret" abzulehnen. Der „Arzneimittelskandal", die BSE-Krise sowie einige weitere Schlagzeilen um Lebensmittel tierischer Herkunft haben in den letzten Jahren die Konsumenten verunsichert.

An Arzneimitteln wurden bzw. werden in Europa neben diversen Entwurmungsmitteln bei Wildtieren auch Impfstoffe (Tollwut – Fuchs, Europäische Schweinepest – Schwarzwild) und Präparate zur Vorbeuge und Behandlung von Erkrankungen bei Fasanen, Reb- und Raufußhühnern in Volierenhaltung (wie Luftröhrenwurm, Kokzidiose) sowie Präparate zur Immobilisierung von Wildtieren eingesetzt. Weiters existieren ältere Versuche zur Medikation von Feldhasen in freier Wildbahn sowie zur Behandlung von Räude bei Gams-, Stein- und Rotwild (z. B. mit Neguvon®, Thibenzole® und Ivermectin), die allesamt nur von bescheidenen Erfolgen gekrönt waren. Aktuellen Diskussionen um Hormonpräparate zur Regulierung von Fuchs- und Schwarzwildpopulationen ist auch aus ethischen Gründen entschieden entgegenzutreten. Ob die Behandlung von Füchsen gegen den „Fuchsbandwurm" mit entsprechenden Ködern erfolgreich sein wird, bleibt abzuwarten. Es ist jedoch zu befürchten, dass die Erfolge bescheiden bleiben, da einerseits die Verabreichung dieser Präparate regelmäßig erfolgen müsste und sich andererseits die Befallsrate der Zwischenwirte (hauptsächlich Mäuse) vermutlich nur geringfügig beeinflussen lässt, wodurch sich Füchse jederzeit reinfizieren können.

Neben den rein veterinärmedizinischen Aspekten zur Behandlung von Wildtieren sind in diesem Zusammenhang auch ethische und ökologische Fragen zu beantworten, wie weit der Mensch in Wildtierbestände eingreifen soll und wie lange „Wild" noch „wild" ist . Das positive Image des natürlich erzeugten Lebensmittels „Wildfleisch" darf keinesfalls durch Aktivitäten einiger „Wildtiertherapeuten" aufs Spiel gesetzt werden.

*Seit 2003 ist der Arzneimitteleinsatz bei freilebendem Wild in Österreich verboten.*

## Mögliche Arzneimittelrückstände im Fleisch

Bei lebensmittelliefernden Tieren sind Arzneimittelrückstände auch nach der gesetzlich vorgeschriebenen Wartezeit (Zeit von der letzten Verabreichung eines Arzneimittels bis zum Erlegen/Schlachten) zu befürchten, wenn es zu Überdosierungen (bei der Anwendung von Arzneimitteln bei Wildtieren relativ leicht möglich) oder zu Verschleppungen (Reste im Futtertrog) kommt. Vor allem war mit Rückständen bei Hegeabschüssen bzw. „Schonzeitabschüssen" in Revieren, in denen entwurmt wurde, zu rechnen, aber auch bei Abschüssen von Stücken aus Nachbarrevieren, in denen Arzneimittel eingesetzt wurden.

## Problemkreis Entwurmung

Zum Thema „Entwurmung" ist anzumerken, dass es sich bei parasitären Erkrankungen überwiegend um Faktorenkrankheiten handelt. Das bedeutet, dass für ihre Entstehung bzw. für die Ausbildung klinischer Symptome am Wirtstier neben dem Parasitenbefall auch negative (Umwelt)Faktoren wie Stress, hoher Infektionsdruck, zu hohe Wilddichten, Massierung von Wildtieren an Fütterungen, Fütterungsfehler (z. B. chronische Pansenübersäuerung) usw. verantwortlich sind. Eine hohe Wilddichte bedingt eine massive Anreicherung von Parasiteneiern/-larven sowie auch anderer Krankheitserreger im Lebensraum.

> Rehe zählen unter den Schalenwildarten sicherlich zu den empfindlichsten gegenüber einem Parasitenbefall. Vor allem Jungtiere weisen regional hochgradigen Parasitenbefall auf, der bei älteren Stücken meist stark zurückgeht (Altersresistenz!), um dann bei sehr alten, geschwächten Tieren wieder verstärkt aufzutreten.

Es besteht ein signifikanter Zusammenhang zwischen Wilddichte und Befallsgrad mit Parasiten, d.h. je höher die Wilddichten, desto höher auch der Parasitenbefall und damit die Verluste. In diesem Zusammenhang ist die Forderung aufzustellen, dass der ganzjährig zur Verfügung stehende Wildlebensraum und nicht der Lebensraum in der Vegetationsperiode, wo Rehe selbst in ausgeräumten Kulturlandschaften ausreichend Einstand und Deckung finden, zur Ermittlung der lebensraumangepassten Wilddichte herangezogen werden sollte. Nach der Mais- und Getreideernte konzentriert sich in diesen Regionen das Wild nämlich auf kleinräumige Einstände, wodurch dort die Wilddichte stark ansteigt. Folgen davon sind erhöhter innerartlicher Stress und deutlich erhöhte Ansteckungsgefahr. Parasiteneier bzw. -larven sind je nach Art über mehrere Wochen bis Monate in-

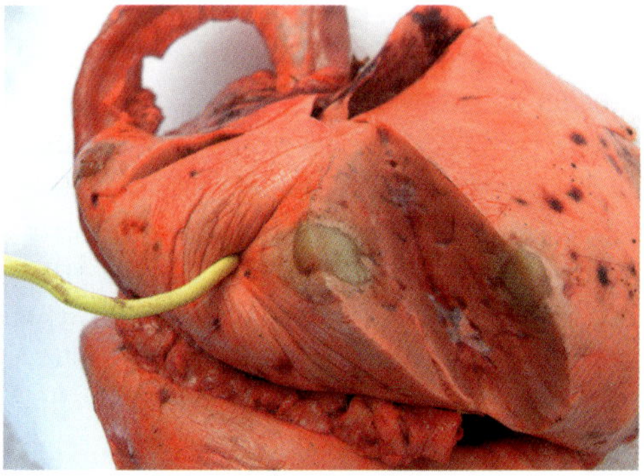

*Manche Parasitosen – wie hier Befall mit Kleinen Lungenwürmern – wären überhaupt nicht behandelbar.*

**Pro und Kontra des Einsatzes von Antiparasitika bei Wildtieren** (Deutz, 1998)

| Einsatz von Antiparasitika bei Wildtieren | |
|---|---|
| **PRO** | **KONTRA** |
| ■ Einsatz zu empfehlen bei Gatterhaltung<br>■ Kurzfristige Senkung des Infektionsdruckes<br>■ Bessere Entwicklung und höhere Überlebensraten bei Jungwild (?)<br>■ Verbesserung der Geweihe (notwendig?)<br>■ Höhere Wilddichten (Biotoptragfähigkeit?)<br>■ Es gibt kein Universalwurmmittel (Diagnose!?) | ■ Gegen einige Parasiten gibt es kein Präparat (z.B. Kleiner Leberegel, Kleine Lungenwürmer)<br>■ Falscher Entwurmungszeitpunkt nach Ende der Schusszeit (Hypobiose – Ruhephase der Parasiten), da Entwurmung während der Schusszeit nicht möglich ist (am wirkungsvollsten wären Behandlungen im Herbst und im Frühjahr)<br>■ Dosierungsproblematik<br>■ Nur punktuelle (zeitlich, örtlich) Wirkung, Ansteckung sofort wieder möglich<br>■ Einige Präparate töten Parasiteneier nicht ab, d.h. es kommt nach der Entwurmung zu weiteren Kontaminationen um Fütterungen<br>■ Risiko von Arzneimittelrückständen im Lebensmittel „Wildbret"<br>■ Negative Auswirkungen auf das Wildbret-Image<br>■ Bildung von Arzneimittelresistenzen |

fektiös, können teilweise auch überwintern oder überdauern in Zwischenwirten. Obwohl die Medikation von Wildtieren in freier Wildbahn daher eine rein kosmetische Maßnahme ist, wurde das Risiko der Rückstandsbelastung des Lebensmittels „Wildfleisch" in Kauf genommen.

Neben dem gesetzlichen Verbot sprechen auch fachliche Argumente gegen einen Einsatz von Entwurmungsmitteln bei Wildtieren in freier Wildbahn.

In der Vergangenheit wurden auch Präparate eingesetzt, die für die Anwendung an Wildtieren sowie für die orale Anwendung (über Äser/Maul) bei Wiederkäuern in Österreich nicht zugelassen waren (z. B. Avermectine). Aus rechtlicher Sicht ist im Zusammenhang mit der Wildentwurmung zu diskutieren, ob auf Wildfleisch nicht auch die Rückstandskontrollverordnung anzuwenden wäre, was bedeuten würde, dass der Verfügungsberechtigte bei Ablieferung des erlegten Wildes eine schriftliche Bestätigung über die Rückstandsfreiheit des Fleisches abzugeben hätte. Ein zusätzliches lebensmittelhygienisches Risiko wäre Wechselwild aus Revieren, in denen Arzneimittel angewendet wurden.

Insgesamt können negative Umweltfaktoren oder zu hohe Wilddichte sicher nicht über die – nunmehr verbotene – medikamentöse Entwurmung ausgeglichen werden. Vielmehr kommen biotopverbessernden Maßnahmen sowie dem Erreichen einer lebensraumangepassten Wilddichte eine deutlich höhere Bedeutung zu als einer zeitlich und örtlich nur punktuell wirksamen Entwurmung von Wildtieren mit allen oben angeführten Nachteilen.

**Fütterungshygienische Maßnahmen:** Keine Futtervorlage am Boden; Reinigungsschnitte zur Entfernung des oft hohen Aufwuchses um die Fütterungen im Sommerhalbjahr mit Entfernen des Mähgutes, damit UV-Licht (= Sonnenlicht) und Austrocknung Parasiteneier und -larven rascher abtöten können.

# Ursachen von Erkrankungen

*Erkrankungen haben unterschiedlichste Ursachen, nicht immer sind so genannte Krankheitserreger schuld. Grob unterscheidet man äußere und innere Krankheitsursachen, je nachdem, ob die Krankheit mit oder ohne Einwirkungen von außen entsteht.*

## Innere Ursachen

- Erblich bedingte Erkrankungen
- Altersbedingte Erkrankungen

Unter erblich bedingten Erkrankungen sind einerseits genetisch bedingte Missbildungen zu verstehen, andererseits aber auch im weiteren Sinne inzuchtbedingte Abwehrschwächen gegenüber Infektionskrankheiten. Genetisch bedingt können beispielsweise Veränderungen im Gebiss (Unterkieferverkürzung, fehlende oder überzählige Zähne) oder auch Veränderungen des Immunsystems sein, die die Widerstandskraft des Tieres schwächen und das Angehen von Infektionskrankheiten erleichtern können.

Altersbedingt kümmern Wildtiere durch starken Zahnabrieb oder Zahnverlust, da eine Zerkleinerung und ein Aufschließen der Nahrung dann nicht mehr vollständig möglich ist. Diese Mangelernährung bedingt wiederum eine erhöhte Anfälligkeit gegenüber weiteren Erkrankungen.

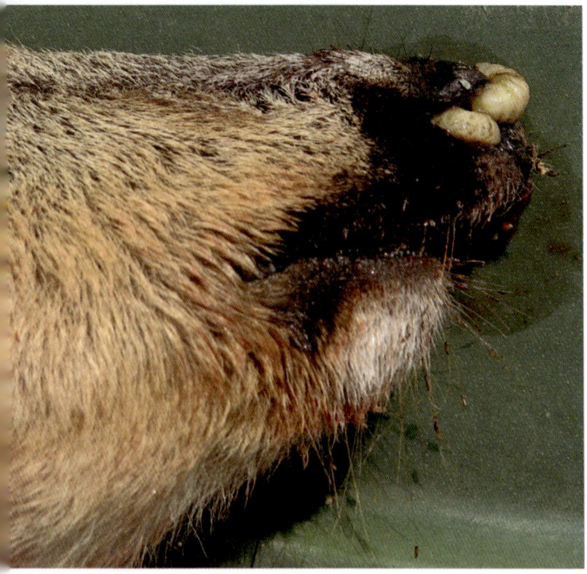

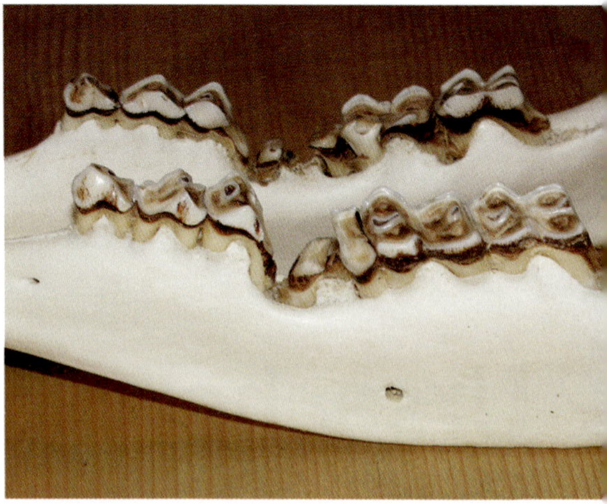

*Unterkieferverkürzung (erblich bedingt?) und Nasen-Rachendasselbefall, Schmalgeiß (links) und Altersgebiss eines Rottieres – Wiederkäuen ist nicht mehr ausreichend möglich (rechts).*

# Äußere Ursachen

- „Unbelebt": Äsung, Futter, physikalisch, chemisch, Klima, Wetter
- „Belebt": Viren, Bakterien, Pilze, Parasiten

Über die breite Palette von äußeren Ursachen wird in den folgenden Kapiteln eingegangen. Bei diesen Ursachen ist mit zu berücksichtigen, dass sie sich oft gegenseitig aufschaukeln. So können Fütterungsfehler, wie die chronische Pansenübersäuerung, durch die Schädigung der Pansen- und Darmschleimhaut die Entstehung von Infektionskrankheiten (z. B. Paratuberkulose) erleichtern, aber auch den Parasitenbefall des Magen-Darm-Traktes erhöhen. Der höhere Parasitendruck wiederum kann infolge der zahlreichen kleinen Darmverletzungen, die Parasiten setzen und wegen des durch die Parasiten verursachten Nährstoffverlustes das Angehen von Infektionskrankheiten fördern – ein gegenseitiges Aufschaukeln ist die Folge! Man spricht in diesem Falle von Faktorenkrankheiten.

# Faktorenkrankheiten

Viele Erkrankungen treten als so genannte Faktorenkrankheiten auf, was bedeutet, dass nicht die alleinige Anwesenheit eines Krankheitserregers bereits ausreicht, um Erkrankungen größeren Ausmaßes hervorzurufen, sondern dass am Angehen von Krankheiten negative Umweltfaktoren (Lebensraum, Äsung, Witterung, Stress usw.) sowie innerartliche Faktoren (Wilddichte, innerartlicher Stress, Genetik usw.), die u.a. das Immunsystem schwächen, mit verantwortlich sind. Ein diesbezügliches Beispiel sind Infektionskrankheiten (z. B. Pseudotuberkulose, Pasteurellose) beim Feldhasen, die vermehrt nach dem „Ernteschock", also dem großflächigen Abernten der Felder und Wiesen, verbunden mit nasskalten Witterungsphasen im Spätsommer bei zu dieser Zeit hohen Feldhasendichten auftreten.

*Deckungs- und Äsungsmangel sowie nasskalte Witterung sind häufige negative Umweltfaktoren.*

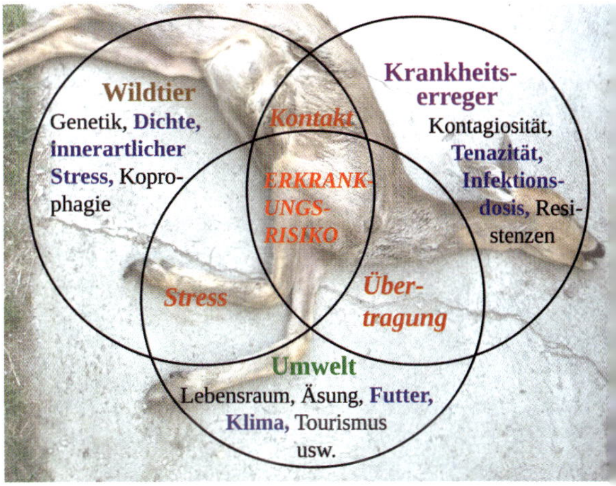


*Die Faktoren „Tier – Erreger – Umwelt" bestimmen das Erkrankungsrisiko (Deutz und Aste, 1998).*

# Stadien des Eindringens von Krankheitserregern

Dauernd treffen Krankheitserreger auf den menschlichen oder tierischen Körper und dringen über Schleimhäute oder Atemluft bzw. Wasser oder Nahrung in den Körper ein – deutlich seltener entstehen daraus Erkrankungen, da meist körpereigene Abwehrreaktionen die Erreger abfangen können.

- **Besiedelung:** Ansiedlung von nicht pathogenen (nicht krankmachenden) Mikroorganismen (wie Bakterien, Viren, Pilze) an Haut bzw. Schleimhaut eines Wirtes.
- **Infektion** oder **Ansteckung:** Eindringen (aktiv oder passiv), Haften und Vermehrung eines pathogenen (krankmachenden) Erregers in einem Organismus.
- **Infektionskrankheit:** wenn es als Folge einer Infektion zu klinisch fassbaren Krankheitserscheinungen kommt.
- **Seuche:** Anhäufung einer gefährlichen (hochansteckenden und wirtschaftlich bedeutenden) Infektionskrankheit in einem bestimmten Gebiet über eine bestimmte Zeit.
- **Inkubationszeit:** Zeit zwischen der Infektion und dem Auftreten erster Krankheitserscheinungen.

## Beispiel Maul- und Klauenseuche

Die MKS (Maul- und Klauenseuche) ist eine hoch ansteckende, weltweit gefürchtete und teils verlustreiche Tierseuche. An dieser Virusinfektion erkranken vor allem Rinder, Schweine, Schafe und Ziegen sowie seltener zahlreiche Arten von Wild- und Zootieren mit deutlichen Unterschieden in der Empfänglichkeit und den Krankheitssymptomen. Infizierte Tiere scheiden auch schon während der Inkubationszeit Viren aus. Zur Ansteckung eines Rindes reichen ca. 10 Viren; ein erkranktes Rind scheidet aber mindesten 1 Mio. Viren pro Tag, ein Schwein bis zu 400 Mio. Viren pro Tag aus! Wildtiere können sich besonders auf Viehweiden infizieren und können ihrerseits die Seuche weiter verschleppen.

# Krankheitskennzahlen

- **Morbidität:** Anzahl manifest Erkrankter in bestimmter Population (z. B. 100.000)
- **Mortalität:** Anzahl der Todesfälle in bestimmter Population
- **Letalität:** Anzahl der Todesfälle unter klinisch Erkrankten
- **Frequenz:** Zahl der Fälle pro Zeiteinheit auf eine Fläche bezogen, da genaue Population unbekannt (z. B. Fälle von Fuchstollwut je 100 $km^2$ und Jahr)
- **Prävalenz:** sie misst die Häufigkeit der bestehenden Fälle einer Krankheit zu einem bestimmten Zeitpunkt (Punkt-Prävalenz) oder in einer Zeitspanne (Perioden-Prävalenz)
- **Inzidenz:** Häufigkeit neu hinzugekommener Fälle einer Krankheit in einer bestimmten Zeitspanne

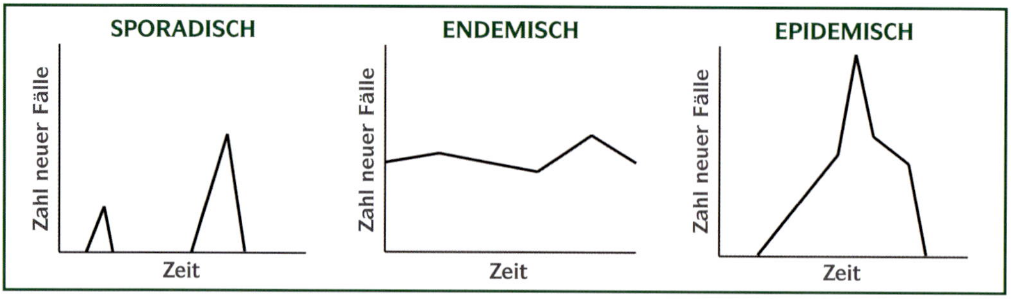


*Verschiedenes Auftreten von Krankheiten in Zeit und Raum.*

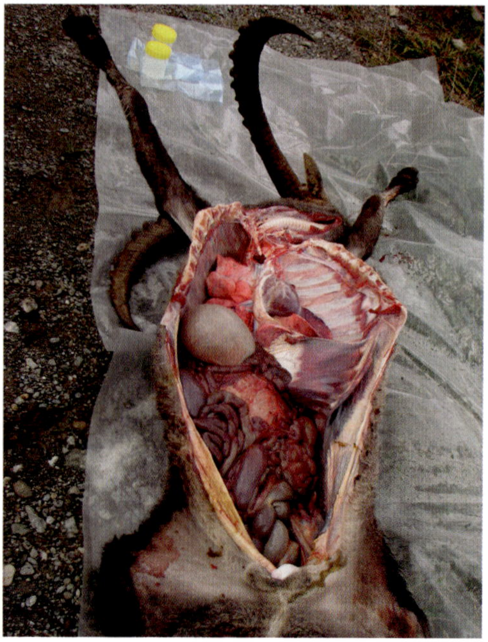

*Eine laufende Kontrolle der Wildtiergesundheit lässt auch frische Krankheitsausbrüche erkennen.*

- **Sporadisches Auftreten:** selten und ohne erkennbare Regelmäßigkeit
- **Endemisches Auftreten:** ständiges Vorkommen mit räumlicher, aber keiner zeitlichen Begrenzung
- **Epidemie:** gehäuftes Vorkommen mit zeitlicher und räumlicher Begrenzung
- **Pandemie:** Massenauftreten, zeitliche aber keine räumliche Begrenzung

Bei einem Rückgang von Populationen (z. B. Gams-, Steinwild) und der damit sich stets vergrößernden Gefahr des Aussterbens von heute bereits seltenen Wildtierarten gewinnen Untersuchungen über den Einfluss von Krankheiten auf Wildtierpopulationen eine immer größere Bedeutung. Krankheiten werden zunehmend als eine potentielle regulatorische Kraft in Wildtierpopulationen angesehen (Ökofaktor-These), wie aktuell bei der Steinwildpopulation in Gran Paradiso/Italien. Die Erforschung von Wildtierkrankheiten und die Aufklärung ihrer Epidemiologie stehen somit auch mit den Zielen des Artenschutzes („wildlife conservation") in enger Beziehung.

# Interessantes über Krankheitserreger

*Zum besseren Verständnis von Infektionskrankheiten und Parasitosen werden in diesem Kapitel die Eigenarten und Fähigkeiten von Bakterien, Viren, Pilzen und Parasiten kurz dargestellt. Bemerkenswert bei vielen Erregern sind ihre Widerstandskraft und Vermehrungsfähigkeit.*

## Bakterien

Ihre Bezeichnung leitet sich vom griechischen „*bakterion*" („Stäbchen") ab, obwohl es auch viele kugelige Bakterienarten gibt (Kokken). Sie sind mikroskopisch klein, meist einzellig und besitzen keinen echten Zellkern. Es ist davon auszugehen, dass über 90 % der auf der Erde vorkommenden Bakterienarten noch nicht näher bekannt und beschrieben sind. Erst 1999 wurde die bisher größte Bakterienart, ein bis zu 0,75 mm großes Schwefelbakterium, das mit bloßem Auge sichtbar ist („Schwefelperle von Namibia" *Thiomargarita namibiensis*) entdeckt.

Der Aufbau von Bakterien und ihre Lebensweise sind sehr unterschiedlich. Sie haben sich in ihrer Evolution bestens an die spezifischen Lebensbedingungen angepasst. Es gibt bewegliche und unbewegliche Arten, Bakterien, die Dauerformen (Sporen) bilden, die jahrzehntelang in der Umwelt überleben (z. B. Milzbranderreger) oder Bakterien in heißen Quellen oder wiederum solche, die sich noch bei Temperaturen um den Gefrierpunkt vermehren. Ein Einfrieren tötet Bakterien übrigens nicht ab. Bewegungen von Bakterien werden durch fadenförmige Anhänge (Geißeln) ermöglicht oder durch einen schraubenartigen Aufbau der Bakterienzelle, die sich dann durch die Umgebung „schrauben".

In der Mundhöhle des Menschen halten sich rund 100 Milliarden Bakterien auf, in einem Gramm Kot/Losung neben zahlreichen anderen Bakterienarten bis über 100 Mio. Colikeime und in einem Gramm Panseninhalt 30 Mio. Bakterien.

Diese sind weitestgehend nicht als Krankheitserreger zu sehen, sondern sind überlebensnotwendig für das Funktionieren der Verdauung. Andere Arten sind auch unbedingt notwendig für die Produktion gewisser Lebensmittel (Yoghurt, Sauermilch, Käse, Dauerwürste, Salami, Sauerkraut usw.).

Das Vermehrungspotential der Bakterien ist bei optimalen Umweltbedingungen (Temperatur, Nahrung, Wassergehalt, pH-Wert) nahezu unvorstellbar. So entstehen aus einem Colibakterium bei 37 °C innerhalb von 10 Stunden über eine Milliarde Colibakterien, nachdem sie sich alle 20 Minuten teilen. Bakterien vermehren sich also ungeschlechtlich durch Teilung der Bakterienzelle, andere Arten durch Sporenbildung oder Knospung. Die Überlebensfähigkeit von Bakterien in der Umwelt ist sehr variabel, Milzbranderreger beispielsweise können als Sporen über 50 Jahre im Boden überleben.

# Viren

Die Bezeichnung „Viren" (Einzahl: das Virus, außerhalb der Fachsprache auch *der* Virus; Mehrzahl: Viren) leitet sich vom Lateinischen *„virus"*, was „Gift, Saft, Schleim" bedeutet, ab. Sie parasitieren in Zellen von Lebewesen, zählen selbst aber nicht zu Lebewesen, da sie lediglich über ein genetisches Programm für ihre Vermehrung und Ausbreitung verfügen.

Viren sind deutlich kleiner als Bakterien und nur mit dem Elektronenmikroskop bei Vergrößerungen von 1000-fach aufwärts sichtbar zu machen.

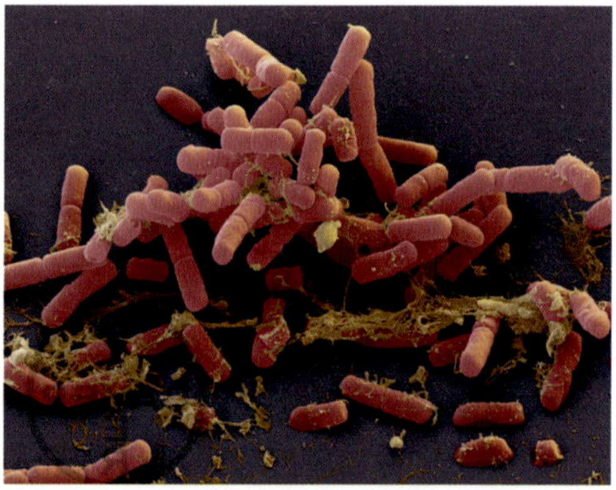

*Colibakterien (Bayer Tiergesundheit)*

Im Gegensatz zu Bakterien können Viren sich nicht außerhalb von lebenden Zellen vermehren, sie benötigen für ihre Vermehrung Material aus der Wirtszelle. Sie haben keinen eigenen Stoffwechsel und sind deshalb auf den Stoffwechsel der Wirtszelle angewiesen.

Es gibt auch Viren, die Bakterien befallen, diese werden „Bakteriophagen" genannt.

Viren überleben in der Umwelt gegenüber Bakterien i.d.R. nur kürzere Zeit (abhängig von Temperatur, Luftfeuchte, UV-Strahlung usw.), einige Tage können aber die meisten Virusarten in der Umwelt überdauern.

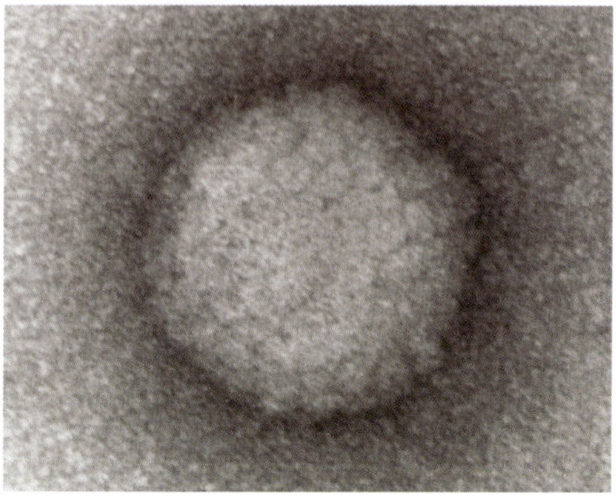

*Virus der Aujeszky'schen Krankheit (Herpesvirus)*

# Parasiten

Ein alter Parasitologen-Spruch besagt „wer Parasiten hat, ist nie alleine." Parasitismus leitet sich aus dem Altgriechischen (*para* = neben, *siteo* = mästen, sich ernähren) ab und bezeichnet den Nahrungserwerb aus einem anderen Organismus, also einem „Wirt". Das „Schmarotzertum" der Parasiten kann den Wirt schädigen, töten oder auch nicht schaden. Im weiteren Sinne sind auch die oben angeführten Viren „Parasiten", da sie ohne lebende, fremde Zellen, in denen sie leben und sich vermehren, nicht eigenständig lebensfähig sind. Sie sind also eigentlich „Zellparasiten".

> Die meisten Parasitenarten sind hochspezialisiert und oft nur auf einen Wirt oder wenige Wirtsspezies beschränkt. Viele Parasiten und Wirte passten sich im Verlaufe einer langen gemeinsamen Entwicklung (Koevolution) einander an, was in vielen Fälle zu gewissen Gleichgewichtssituationen führte, in denen Parasiten zwar profitieren, ihre Wirte jedoch nicht mehr als nötig schädigen oder gar töten.

Parasiten können in Außen- und Innenparasiten unterschieden werden. Die Gamsräude ist in den Ostalpen derzeit die wichtigste Ektoparasitose bei Wildtieren. Weitere Ekto-(= Außen)Parasiten sind Zecken, Haarlinge, Läuse, Lausfliegen oder Dasselfliegen. Endoparasitosen, also parasitäre Erkrankungen der Innenorgane, können bei sonstigen ungünstigen Verhältnissen (hohe Wilddichte, Nahrungsmangel, Stress) bei Wildtieren auch seuchenhaften Charakter annehmen. Manche dieser Parasitosen kommen nur lokal vor, da einige Parasiten in ihrer Entwicklung Zwischenwirte (Ameisen, Schneckenarten, Moosmilben etc.) benötigen. Folgende Endoparasitosen haben für unsere Wildarten größere Bedeutung: Lungenwürmer, Labmagen-Dünndarmwürmer, Dickdarmwürmer, Leberegel, Bandwürmer und Finnen. Die Trichinose des Schwarzwildes und der sog. „Fuchsbandwurm" (*E. multilocularis*) sind auch für die menschliche Gesundheit bedeutsam.

Zu bedenken ist zusätzlich, dass sich im Falle von Endoparasiten von der gesamten Biomasse (bzw. Individuenanzahl) einer Parasitenpopulation nur ein verschwindend kleiner Prozentsatz als parasitierende Stadien in den Wirten (Endwirten) aufhält. Mehr als 90 bis 95 % befinden sich als Eier, heranwachsende Stadien oder als Infektionsstadien in der Umwelt. Eine entwicklungsgehemmte Ruhephase (Hypobiose) ist für viele Parasiten zum Überdauern ungünstiger Witterungsbedingungen möglich (PROSL, 2008).

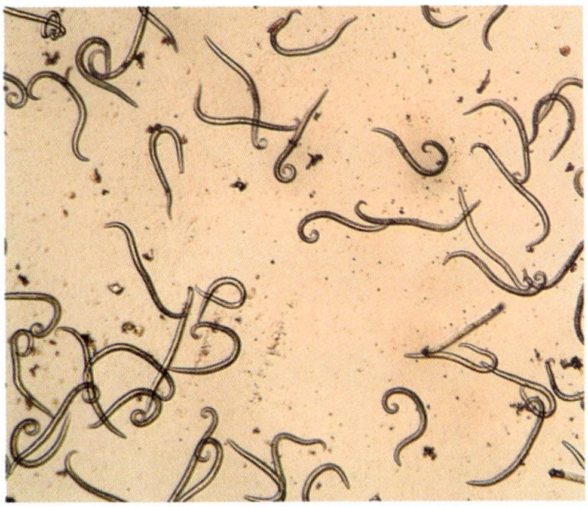

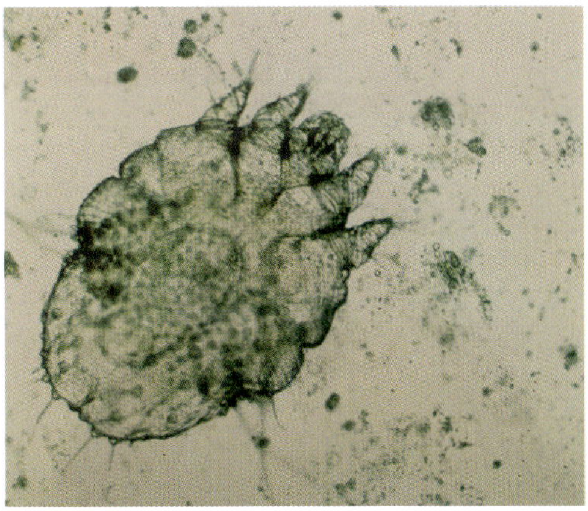

*Dünndarmparasiten als Beispiel für Innen- und Räudemilbe als Beispiel für einen Außenparasiten*

# Pilze

Pilze treten medizinisch vorwiegend als Krankheitserreger der Haut oder des Atmungs- und Verdauungstraktes sowie der Milchdrüse auf. Viele Hautpilzerkrankungen sind auch auf den Menschen übertragbar. Feld- und Lagerpilze haben als Futtermittelverderber und Verursacher schwerer Krankheitsbilder Bedeutung, wenn verpilztes Futter verfüttert wird. Schimmelpilze können bei der Einatmung von Staub aus verschimmeltem Futter Lungenentzündungen mit Abszessen verursachen.

*Befall von Haut und Haaren mit dem Hautpilz T. verrucosum (80x, gefärbt).*

# Toxine

Toxine sind keine eigenständigen Erreger, sondern giftige Stoffwechseprodukte von Bakterien und Pilzen, die bei Mensch und Tier schwere Krankheiten auslösen können. So ist der Botulismus (Toxine von *Clostridium botulinum*) als Auslöser von Lebensmittelvergiftungen beim Menschen oder als Grund von Wasservogelsterben sowie von futtermittelbedingten Vergiftungsfällen bei Pferd und Rind gefürchtet.

> Mykotoxine entstehen in feuchteren Erntejahren durch den Befall von z. B. Mais oder Hafer mit Feldpilzen (Fusarien-Arten) und verursachen bei Verfütterung u.a. Leberschäden und Fruchtbarkeitsstörungen.

Clostridien-Toxine sind seit langem besonders in der Schafhaltung bekannt, wo es gehäuft im Herbst zu Durchfällen und Verendensfällen kommt – ähnliche Ausfälle sind beim Rehwild denkbar, nur ist der Toxinnachweis sehr schwierig. Eine weitere, lange bekannte Toxin-bedingte Erkrankung ist Tetanus. Jüngeren Datums sind die Probleme mit Lebensmittelvergiftungen durch Toxine von aggressiven Colibakterien (VTEC, STEC, EHEC), die beim Menschen schwere Krankheitsbilder, wie blutigen Durchfall und Nierenversagen, oder auch Todesfälle verursachen und die auch in Rohprodukten vom Wild vorkommen können.

*Schimmelpilze produzieren auch Toxine.*

# Folgen von Wildkrankheiten, wechselweise Übertragung

Wildkrankheiten und Seuchen können nicht nur bei Wildtieren, sondern auch bei Haustieren auftreten beziehungsweise zwischen Wild- und Haustieren zirkulieren. Durch ihre Mobilität – man denke nur an Zugvögel – sind Wildtiere ein besonders schwer zu kontrollierendes Seuchenreservoir und zur Krankheitsübertragung über weite Strecken fähig.

## Faktoren

Risikopotentiale in Zusammenhang mit der wechselweisen Übertragung von Krankheiten zwischen Wild- und Haustieren sind:

- Regional hohe Wilddichten
- Import von Wild- und Haustieren oder Einwanderung von Wildtieren
- Trend zur Freilandhaltung von Haustieren
- Konzentrationen von Wild- und Haustieren (z. B. an Salzlecken)
- Haltung von Wild in Gehegen
- Geografische Ausbreitung von Krankheiten (Klimawandel!)

Ein besonders begünstigender Faktor für die Seuchenausbreitung sind hohe Tierdichten. Das Leben in Rudeln wie bei Gams- und Steinwild oder intensive Tierkontakte, wie sie bei Fütterungen oder im Bau bei Füchsen und Dachsen gegeben sind, stellen ebenso Risikofaktoren für eine rasche Ausbreitung von Krankheiten dar. Bei Gams- und Steinwild sind besonders Räude und Gamsblindheit sowie bei Fuchs und Dachs Tollwut, Staupe und Räude hervorzuheben. Seuchenhaft können auch bei Hasen im Herbst, wo sich ihr Lebensraum nach dem Abernten der Felder extrem verkleinert, beispielsweise Pseudotuberkulose oder Brucellose auftreten. Bei Rotwild nimmt in den letzten Jahren in Mitteleuropa das Tuberkulose-Risiko wieder zu.

Die Freilandhaltung von Schweinen und Geflügel sowie die Weidehaltung von Rindern, Schafen und Ziegen erhöhen das Risiko von Kontakten zwischen Haus- und Wildtieren. Damit steigt auch das Risiko, dass bedeutende Tierseuchen wie Schweinepest, Brucellose und Aujeszky´sche Krankheit zwischen Wild- und Haustieren überspringen.

Eine eingeschleppte Krankheit kann sich in der Wildtierpopulation möglicherweise länger unbemerkt halten und erhöht dadurch das Risiko, dass bei einem Kontakt zwischen Wild- und Haustier die Krankheit übertragen wird.

## Beispiel Paratuberkulose

Aus Österreich lagen bis zum Jahre 2002 Berichte über das Auftreten von Paratuberkulose bei Rindern, Schafen, Ziegen und vereinzelt bei Wildtieren aus Gatterhaltung sowie bei Rotwild aus freier Wildbahn vor. Ab dem Jahr 2002 war in der Steiermark eine Häufung von Paratuberkulosefällen bei Wild aus freier Wildbahn zu beobachten.

Nach den Ergebnissen bisheriger Untersuchungen kann davon ausgegangen werden, dass zumindest im Untersuchungsgebiet Steiermark Infektionen der Wildtierbestände von wenigen, genetisch eng verwandten *M. paratuberculosis*-Stämmen des Rinder-Typs ausgingen. Eine indirekte Übertragung des Erregers von Rindern auf Wildtiere durch kontaminierte Weide-/Äsungsflächen muss daher mit hoher Wahrscheinlichkeit angenommen werden. Eine Bekämpfung der Paratuberkulose bei Wildtieren wird demnach erst nach einer Eindämmung der Paratuberkulose bei Rindern Wirkung zeigen. Der zunehmende Nachweis von *M. paratuberculosis* bei Wildtieren muss als Indikator für eine steigende Prävalenz von Paratuberkulose in Rinderbetrieben (besonders Mutterkuhbetrieben) gewertet werden.

*Bei Wildarten, die Rudel bilden, ist die Ansteckungsgefahr höher.*

## Beispiel Moderhinke

Die Moderhinke oder Klauenfäule ist eine Klauenerkrankung, die durch zwei Bakterienarten verursacht wird und vorwiegend nach längeren Regenperioden im Spätsommer und Herbst bei Hausschafen, Ziegen, Steinwild und Mufflons auftritt. Sie bewirkt eine schmerzhafte, tiefgreifende, meist übelriechende Entzündung der Klauenlederhaut, die bis zum so genannten Ausschuhen, d.h. der vollständigen Loslösung der Schale vom Klauenbein, führen kann. Besonders im Bereich von Salzlecken kann es zur wechselseitigen Übertragung von Moderhinke zwischen Haus- und Wildtieren kommen.

## Beispiel Gamsblindheit

Die Gamsblindheit oder Infektiöse Keratokonjunktivitis (IKK) ist eine Erkrankung, die unter Gams- und Steinwild seuchenhaft auftreten kann. Im Zeitraum

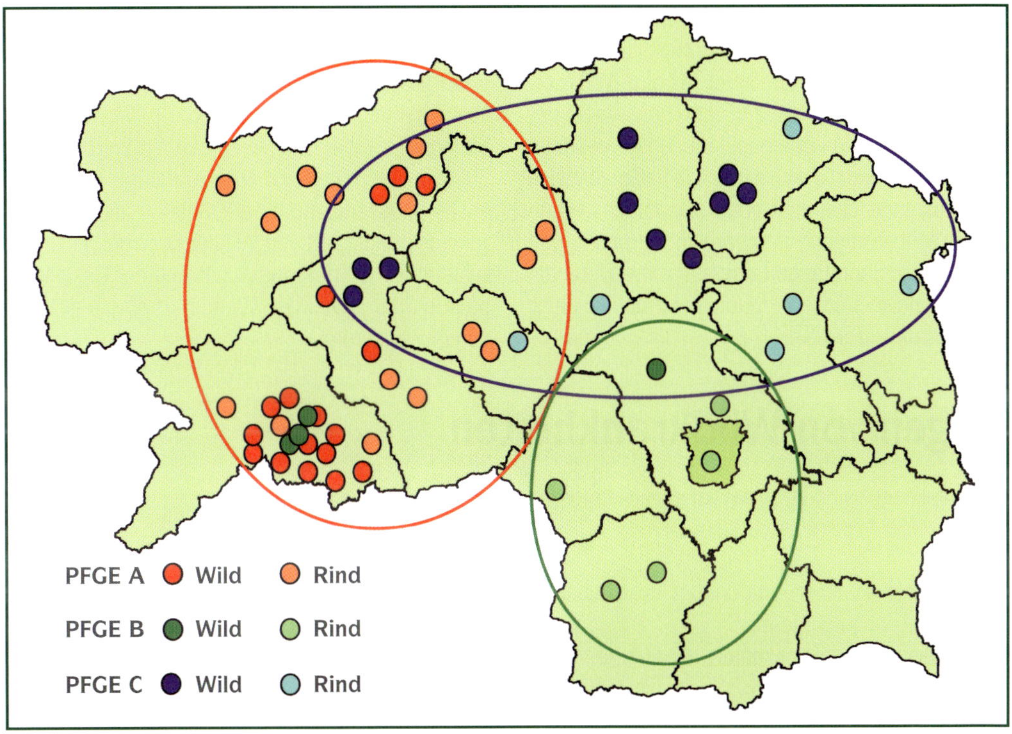


*Verbreitung von drei verschiedenen Paratuberkulose-Erregerstämmen in der Steiermark – eine wechselweise Übertragung zwischen Rindern und Wildwiederkäuern ist höchst wahrscheinlich.*

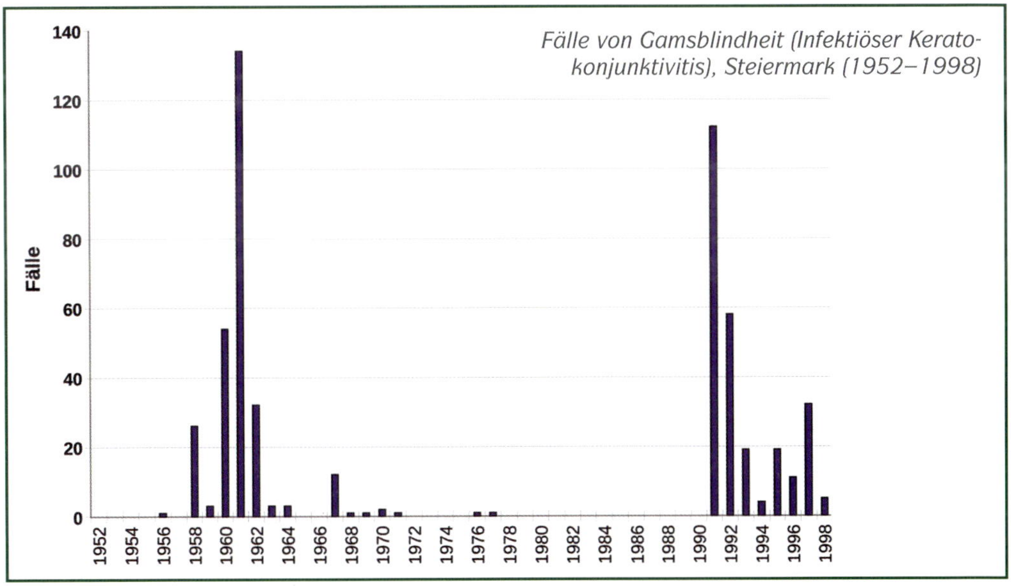


*Fälle von Gamsblindheit (Infektiöser Keratokonjunktivitis), Steiermark (1952–1998)*

1952 bis 1999 wurden in der Steiermark 536 Fälle von IKK bei Gamswild dokumentiert. Die Gamsblindheit ist ein gutes Beispiel für eine Wildtierkrankheit, die immer wieder über Haustiere (infizierte Schafe) in Wildtierpopulationen eingebracht werden muss und die sich nicht, wie beispielsweise die Gamsräude, über Jahrzehnte (zumindest in Form „stiller Milbenträger") in einer Wildtierpopulation halten kann. Jahrelange Intervalle ohne Fälle von Gamsblindheit sind ein deutliches Zeichen dafür (siehe Grafik auf S. 29).

Wildtiere können nicht nur Quelle, sondern auch Indikator für das Auftreten von Zoonosen bei landwirtschaftlichen Nutztieren sein, wie dies aktuelle Fälle von Tuberkulose bei Rotwild oder Fälle von akuter Salmonellose bei Gamswild (GLAWISCHNIG et al., 2000) in Westösterreich dokumentieren. Eine spezifische Schwierigkeit in der Erhebung und Abschätzung der Häufigkeit von Wildtierkrankheiten ist die zahlenmäßige Erfassung/Schätzung der Gesamtpopulation der jeweiligen Wildtierart sowie ihre Zu- und Abwanderung.

# Folgen von Wildkrankheiten

Wildkrankheiten sind vor allem vor dem Hintergrund u.a. folgender Aspekte zu betrachten:

- Kann diese Krankheit eine Wildart lokal/regional/überregional gefährden?
- Existiert eine Infektionsgefahr für andere Wild-/Haustierarten?
- Besteht eine Infektionsgefahr für den Menschen?
- Hat die Krankheit einen Einfluss auf die Verwendbarkeit von Wildbret
- Besteht hinsichtlich der Krankheit eine Melde- oder Anzeigepflicht?

Durch gegenseitige Infektionen zwischen Wild- und Haustieren kann es zu klinischen Erkrankungen, Todesfällen, Virulenzsteigerung (Steigerung der krankmachenden Wirkung von Krankheitserregern), Gefährdung der menschlichen Gesundheit und veterinärbehördlichen Sperrmaßnahmen kommen, was auch erhebliche ökonomischen Schäden bedeuten kann. An veterinärbehördlichen Maßnahmen ist die Sperre von Seuchen- und Kontaktbetrieben notwendig. Folgen von Seuchenausbrüchen können durch Imageverlust, Konsumrückgang, Handelsrestriktionen, Einbußen im Tourismus, Betriebsauflassungen und Erhöhung des Budgetdefizites erhebliche wirtschaftliche Ausmaße annehmen (Beispiel Maul- und Klauenseuche in Großbritannien im Jahre 2001: Kosten 12 Milliarden Euro!).

Viele Infektionen und Krankheiten sind auch wechselweise zwischen Tieren und dem Menschen übertragbar (Zoonosen). Diesbezügliche Risikopotentiale sind u. a. (unhygienische) Tierkontakte, Hygienemängel in der Lebensmittelerzeugung, Überbevölkerung in den Ländern der Dritten Welt mit großen Hygieneproblemen (Wasser!), expandierender Tourismus (Kontakt vollkommen Ungeschützter mit fremden Erregern), neue Haltungs- und Fütterungstechniken bei landwirtschaftlichen Nutztieren, Liberalisierung des internationalen Tier- und Lebensmittelverkehrs, „Massentierhaltung", Landflucht in Slums von Großstädten mit zusammenbrechender Gesundheitsfürsorge, Zunahme streunender Tiere, (illegale) Mitnahme von Tieren aus Urlaubsländern, Bau von Bewässerungsanlagen und Stauseen (optimale Brutplätze für Stechmücken) sowie nicht zuletzt der Klimawandel.

## Beispiel Tollwut

In Ost- und Südosteuropa ist Tollwut nach wie vor eine häufige Erkrankung mit ständigen Übertragungen zwischen Wild- und Haustieren und einer Gefährdung des Menschen. Weltweit sterben jährlich rund 50.000 Menschen an Tollwut. Einen großen

Beitrag zur Bekämpfung der Tollwut leisteten die Jäger einerseits durch den Abschuss von krankheitsverdächtigen Tieren oder das Auffinden und Einsenden von Seuchenfällen und andererseits durch das Auslegen von Impfstoffködern, das mittlerweile mittels Flugzeugen erfolgt. Damit gelang es, die Tollwut in den letzten Jahren in Mitteleuropa weitgehend zum Erlöschen zu bringen. Die Tätigkeiten der Jäger in der Tollwutbekämpfung waren auch Aufgaben für das öffentliche Gesundheitswesen und damit eine sehr positive Öffentlichkeitsarbeit für die Jagd. Allein zwischen 1990 und 2002 traten in Österreich noch 7.181 Tollwutfälle, davon 6.100 in den ersten drei Jahren, auf. Betroffen waren Füchse (5.851 Fälle), Dachse (349), Marder (296), Rehe (292!), Gämsen (6), Rotwild (8), Rinder (138), Schafe (88), Ziegen (9), Hunde (28), Katzen (79), Pferde (8) und sonstige Tiere (29). Gefährlich für den Menschen sind besonders Tollwutfälle bei Tierarten, bei denen man nicht unbedingt mit dem Auftreten von Tollwut rechnet und deshalb damit sorgloser umgeht.

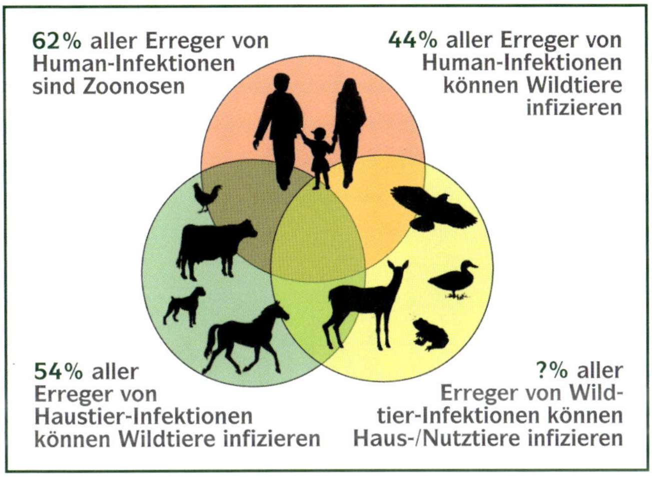


*Zahlreiche Infektionskrankheiten sind wechselweise übertragbar (Wagner, 2010).*

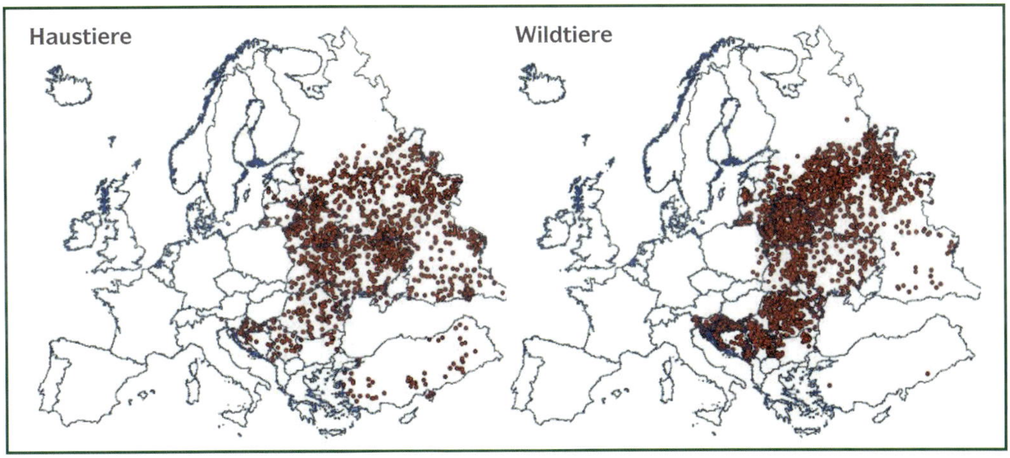


*Tollwutfälle in Europa 2009, links Haustiere, rechts Wildtiere (Rabies-Bulettin-Europe, FLI, 2010) – die Überlagerung von Wild- und Haustierfällen ist deutlich zu erkennen.*

# Wildtierkrankheiten & Lebensmittelsicherheit

*Wildkrankheiten können einerseits einen Einfluss auf die qualitative Beschaffenheit des Wildbrets haben, und andererseits sind einige Wildkrankheiten über Rohprodukte oder unzureichend gegartes Wildbret auf den Menschen übertragbar (Zoonosen).*

## Abmagerung als Krankheitsfolge

Das Wildbret abgemagerter Tiere ist je nach Grad der Abmagerung stark wertgemindert bis untauglich. Grund dafür ist nicht nur die geringe „Fleischausbeute“, sondern deutliche geschmackliche Veränderungen von Fleisch mit einem niedrigen intramuskulären Fettgehalt. Der intramuskuläre Fettgehalt ist hauptverantwortlich für den Geschmack des Fleisches. Wildbret abgemagerter Tiere reift schlechter, bleibt zäher und schmeckt fad. Die ungenügende Fleischreifung ist Folge des niedrigen Muskelglykogengehaltes abgemagerter Tiere.

Wildbretgewichte sind abhängig von Lebensraumfaktoren (Äsungsangebot, Fütterung, Höhe über dem Meeresspiegel, Ruhe usw.), Wilddichte, Vorkommen anderer Schalenwildarten, klimatischen (z. B. strenger Winter, Extremsommer) und genetischen Faktoren und nicht zuletzt vom Parasitendruck, anderen Krankheiten sowie vom Alter der Tiere. Zusätzlich sind deutliche jahreszeitliche Schwankungen zu beobachten.

*Es gibt eine Reihe von Ursachen für eine Abmagerung.*

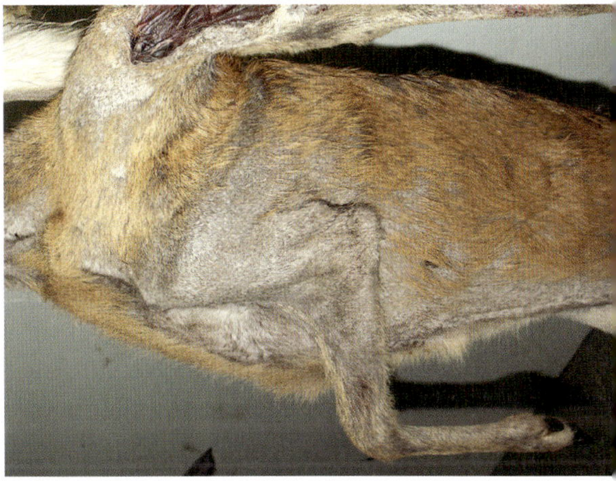

*Deutlich abgemagertes Reh – meist sind Krankheiten dafür verantwortlich.*

## Unterschiedliche Ursachen

Häufigste Ursachen für eine Abmagerung von Wildtieren sind Parasitosen, Infektionskrankheiten, chronische Verdauungsstörungen, Zahnanomalien, schwere Erkrankungen des Bewegungsapparates sowie bei Jungtieren der frühzeitige Verlust von Muttertieren. Mutterlose Stücke sind natürlich auch anfälliger gegenüber Infektionskrankheiten und Parasitosen. Eine der häufigsten Ursachen für Kümmern – besonders von Jungwild – sind Parasitosen.

> Hauptfaktoren für Verluste durch hochgradige Parasitosen sind zu hohe Wilddichten und unhygienische Futterplätze. Auch Fütterungsfehler, verdorbene oder nicht wiederkäuergerechte Futtermittel führen zu Verdauungsstörungen, die von Durchfällen und Abmagerung begleitet sein können.

Der nach wie vor weitaus häufigste Fütterungsfehler bei Rehwild sind akute und chronische Pansenübersäuerungen (Pansenazidosen) durch übermäßige Verabreichung von zu leicht verdaulichen, kohlehydratreichen Futtermitteln wie Mais, Maisbruch und Getreide(schrot). Besonders bei Mais und Hafer kommt noch die Gefahr der negativen Auswirkung von (Schimmel-)Pilzbefall (meist nicht sichtbar!!) und der daraus resultierenden Mykotoxinbelastung des Futtermittels dazu. Im Bereich von Fütterungen können auch sehr schwache Stücke, die ansonsten dem Winter zum Opfer fallen würden, den Winter überstehen und uns im nächsten Jagdjahr als „Kümmerer" auffallen. Zahnanomalien oder hochgradiger Zahnabschliff bzw. -verlust bei überalterten Rehen führen zu Problemen bei der Äsungsaufnahme und beim (Wieder)Kauen. Krankheiten des Bewegungsapparates, wie Knochenbrüche oder Auswachsen der Schalen behindern ebenfalls die Äsungsaufnahme.

# Lebensmittelinfektionen

Neben Kontaktzoonosen durch direkten Kontakt mit den Wildtieren können Rohprodukte oder Zubereitungsarten der „nouvelle cuisine", die „rosa abrinnenden Fleischsaft" verlangen, zu Lebensmittelinfektionen führen. Trotz deutlicher Verbesserung der Wildbrethygiene in den letzten beiden Jahrzehnten ist besonders bei der (Direkt)Vermarktung von Niederwild (Hase, Fasan, Ente) auf die Verantwortung des Jägers als Lebensmittelunternehmer hinzuweisen. Lebensmittelhygienische Risikopotentiale bergen nicht durchgegarte Speisen (z. B. „rosa Hasenrücken") sowie die Möglichkeit der Direktvermarktung an große Konsumentenkreise. Weiters ist der auf Niederwild übliche Schrotschuss lebensmittelhygienisch insofern zu berücksichtigen, als durch die zahlreichen Treffer pro Wildkörper sowohl Haare/Federn als auch Schmutz und Keime der Körperoberfläche in die Schusskanäle sowie damit in die Muskulatur eingebracht und meist auch massive Verletzungen des Magen-Darmtraktes gesetzt werden.

Feldhasen sollten nach der Jagd von „Kundigen Personen" in einem geeigneten Raum ausgeworfen, gegebenenfalls abgebalgt und dabei besonders die Organe sorgfältig auf Auffälligkeiten untersucht werden. Hasen, die Auffälligkeiten zeigen, sind zu separieren, einem Fleischuntersuchungsorgan vorzustellen oder, falls der Verfügungsberechtigte sich dazu entschließt, unschädlich zu beseitigen (TKV).

Zur laufenden Information über den Gesundheitszustand des Wildtierbestandes sollten regelmäßig auffällige Hasen (erlegte, von Hunden abgefangene oder verendet aufgefundene) an entsprechende Untersuchungsstellen gesandt werden.

Die Verbringung von Hasen in einen Kühlraum hätte auch zumindest zur Halbzeit eines warmen herbstlichen Jagdtages zu geschehen, da vormittags erlegte und unausgeworfene Hasen bei einer Lagerung am Jagdwagen bis zum späten Nachmittag mit an Sicherheit grenzender Wahrscheinlichkeit verdorben und damit nicht mehr in Verkehr zu bringen sind. Im Kapitel „Zoonosen" wird näher auf lebensmittelbedingte Krankheiten eingegangen.

# Wildtiere als Umweltindikatoren

*Wildtiere eignen sich gut als Indikatoren für die Abschätzung von Umweltkontaminationen, wie Schwermetalle, Pestizide oder auch Antibiotika-resistente Bakterien. Eine Untersuchung sollte klären, ob auch Keime von Tieren aus freier Wildbahn, die nicht antibiotisch behandelt werden, Resistenzen gegen Antibiotika aufweisen – überraschende Ergebnisse einer eigenen Untersuchung.*

Antibiotische Behandlungen stellen zweifelsohne den häufigsten Grund der Resistenzbildung von Bakterien dar. Antibiotika-Resistenzen bei Bakterien von Wildtieren sind auf die Übertragung von Antibiotika-resistenten Keimen bzw. Resistenzgenen von behandelten Nutz- oder Heimtieren bzw. Menschen oder auf Antibiotika in der Umwelt zurückzuführen. Ansonsten könnten sie nur als „natürliche Resistenzen" aufgefasst werden.

## Arzneimittel in der Umwelt

Rückstände von Humanarzneimitteln gelangen vorwiegend über Kläranlagen in die Umwelt und können dadurch einen Resistenzdruck auf Umweltkeime ausüben. Untersuchungen aus Deutschland belegen das Vorkommen von über 40 Arzneistoffen in Abwässern von Kläranlagen und Oberflächengewässern. Zusätzlich werden Veterinärpharmaka bzw. pharmakologisch wirksame Futtermittelzusatzstoffe mit der Gülle bzw. dem Stallmist auf landwirtschaftlich genutzte Flächen ausgebracht (UMWELTBUNDESAMT, 1999). Antibiotika werden zudem auch im nichtmedizinischen Bereich (landwirtschaftlicher Garten- und Obstbau, Reinigung von Ölleitungen usw.) verwendet.

Da in der Literatur kaum Daten über die ökotoxikologischen Wirkungen von Arzneimitteln und deren Abbauprodukten sowie deren Vermögen, einen Resistenzdruck auszuüben, vorhanden sind, ist eine umfassende Risikoabschätzung über mögliche Auswirkungen von Arzneimittelrückständen in der Umwelt derzeit nur beschränkt möglich. Die meisten Publikationen befassen sich mit der akuten Toxizität auf im Wasser lebende Organismen.

> Antibiotika und resistente Keime in der Umwelt können aber im Zusammenhang mit Resistenzen bei Infektionserregern des Menschen zu Behandlungsproblemen führen. Resistenzgene sind zwischen verschiedenen Bakterienarten relativ leicht übertragbar.

Mittlerweile wird bereits befürchtet, dass multiresistente Bakterien (z. B. Milzbrand- oder Tularämieerreger) auch im Bioterrorismus eingesetzt werden könnten.

Untersuchungen von OBRITZHAUSER (1987) in Ostösterreich zeigen, dass antibiotikaresistente Bakterien von Mensch und Tier in diversen Reservoirs der Umwelt (Flüssigmistproben aus rinder- und schweinehaltenden Betrieben, kommunales Oberflächenwasser, Abwasser von Molkereien, Schlachthöfen sowie Abwasser und Klärschlamm aus Kläranlagen) in hoher Keimzahl vorkommen. Die Häufigkeitsverteilung der Antibiotikaresistenz spiegelt den Einsatz der betreffenden Antibiotika in Human- und Veterinärmedizin wieder.

## Resistente Bakterien bei Wildtieren

Untersuchungen zum Vorliegen von Antibiotikaresistenten Bakterienstämmen bei Wildtieren wurden vom Steirischen Tiergesundheitsdienst in drei Projekten durchgeführt. Im Jahr 2003 gelangten Losungsproben von 51 Wildtieren (Reh-, Rot- Gams- und Muffelwild, Feldhase, Stock- und Krickenten) zur Untersuchung. Getestet wurden 40 *E. coli*-, 25 *Enterokokken*- und 9 Campylobacter-Stämme. Dabei wurde die MHK (Minimale Hemm-Konzentration) gegen insgesamt 24 verschiedene Antibiotika getestet. Die MHK ist die niedrigste Antibiotika-Konzentration, bei der im Labortest 100 % der betreffenden Bakterien in ihrem Wachstum gehemmt werden.

Insgesamt lagen die Resistenzraten dieser Bakterien aus Losungsproben zwar auf niedrigem Niveau, es wurden aber dennoch einige Resistenzen diagnostiziert, deren Herkunft und Bedeutung Fragen aufwirft. So wurden bei *E. coli* Resistenzen gegen Apramycin (22 % resistente Stämme), Streptomycin (10 %) und Colistin (5 %) sowie gegen Nalidixinsäure, Neomycin, Spectinomycin, Tetracyclin und Trimethoprim (je 2,5 %) festgestellt. Die untersuchten Enterokokkenstämme wiesen Resistenzen gegen Flavomycin (84 %), Synercid (40 %) und Tetracyclin (8 %) auf. Bei den Campylobacter-Stämmen fanden sich Resistenzen gegen Trimethoprim/Sulfamethoxazol (67 %), Ampicillin (22 %) und Tetracyclin (11 %). Antibiotika-resistente Bakterienstämme bereiten sowohl in der Human- als auch in der Veterinärmedizin Probleme in der Behandlung von Infektionen mit solchen Bakterien. Einige Antibiotika-Resistenzen sind auch zwischen Bakterienarten übertragbar.

## Resistenzen auch bei Auer- und Birkwild

Auch bei der Untersuchung von Darminhalt von Raufußhühnern sowie von Bauchhöhlenwischtupfern von Reh-, Rot-, Gams- und Muffelwild waren resistente Bakterien nachzuweisen. So fanden sich z. B. resistente *E. coli*-Stämme gegen Apramycin (je nach untersuchter Wildart bis 39 %), Colistin (bis 24 %) oder Sulfamethoxazol (bis 48 %) sowie bei Enterokokken gegen Bacitracin (bis 90 %), Flavomycin (bis 46 %) oder Tetracyklin (bis 29 %). Interessant war auch, dass Resistenzraten von Bakterien von Schalenwild und jene von Raufußhühnern ähnlich hoch lagen.

Bei Untersuchungen von Wildkaninchen in Großbritannien wurden ähnlich hohe Resistenzraten gefunden. Nahezu keine Antibiotika-resistenten Bakterien fand man bei der Untersuchung von Schalenwild und Mäusen in menschenleeren Gebieten Skandinaviens. Es wird ein direkter Zusammenhang zwischen der Bevölkerungs- und Haustierdichte einer Region und dem Auftreten von Antibiotika-resistenten Bakterien in der Umwelt vermutet.

## Zugvögel verschleppen Viren und Bakterien

SELLIN et al. (2000) weisen auf die Möglichkeiten hin, dass Zugvögel Viren und Antibiotika-resistente Bakterien über große Entfernungen transportieren. So konnten multiresistente Salmonellen und Vancomycin-resistente Enterokokken in hohen Keimzahlen im Kot von Wildvögeln nachgewiesen werden. Vancomycin gilt als „Reserveantibiotikum", welches in der Humanmedizin gegen sonst weitgehend resistente Keime eingesetzt wird. Einige Vogelarten (Möwen, Raben- und Entenvögel, Tauben) streifen zwischen Wohngebieten, Mülldeponien, Klärwerken, Rieselfeldern und landwirtschaftlichen Flächen umher. Sie nehmen dort Nahrung und damit auch (resistente) Bakterien auf und können diese Keime wiederum im städtischen und ländlichen Raum verbreiten.

## Blei, Cadmium und Quecksilber

Die Belastung von Wildfleisch und -organen mit Blei- und Quecksilber ist in unseren Breiten in den letzten

*Zugvögel können Viren und Antibiotika-resistente Bakterien über große Entfernungen transportieren*

Jahrzehnten rückläufig, Cadmium ist v.a. bei Rehen, die häufig Pilze aufnehmen, immer wieder in recht hohen Gehalten in den Nieren nachweisbar. Auf die Schwermetallbelastung von heimischen Raufußhühnern wird auf Seite 80 näher eingegangen.

## Caesium

Caesium als „Altlast" der Reaktorkatastrophe von Tschernobyl ist beispielsweise nach wie vor in Schwarzwildproben aus Bayern, z. T. in gesundheitlich relevanten Dosen, nachweisbar.

# Klimawandel & Wildtierkrankheiten

*Der Klimawandel hat sowohl einen Einfluss auf die Verbreitung und Vermehrung von Krankheitserregern als auch auf Wildtiere selbst. Unter den Wildtieren wird es Profiteure mit höheren Dichten und damit höherem Infektionsdruck (z. B. Schwarzwild, Steinmarder) und Verlierer, die dann in für sie suboptimalen Lebensräumen ebenfalls einem höheren Infektionsrisiko ausgesetzt sind (z. B. Gams- und Steinwild, Raufußhühner), geben. Zudem ist mit dem Auftreten von für Mitteleuropa „neuen" Krankheitserregern, die überwiegend auch Zoonosen sind, zu rechnen.*

## Klimawandel und Wildkrankheiten

Der Einfluss des Klimawandels auf die Verbreitung von Krankheitserregern kann direkt erfolgen, indem Krankheitserreger bei höheren Jahresdurchschnittstemperaturen in der Umwelt länger überleben und auch höhere Keimzahlen aufweisen oder auch indirekt bei jenen Krankheitserregern, die über Vektoren (z. B. Zecken, Stechmücken) übertragen werden bzw. sich in tierischen Reservoiren halten, und wo deren Verbreitungsgebiet bzw. Populationsgrößen klimatisch beeinflusst werden.

Erregerhältige Zecken und Stechmücken sind bereits in größeren Seehöhen nachweisbar als noch vor zwei Jahrzehnten. Weiters können sich bei Krankheitserregern, die in ihrem Auftreten eine jahreszeitliche Periodik aufweisen, Zeiträume mit höherem Infektionsrisiko verlängern.

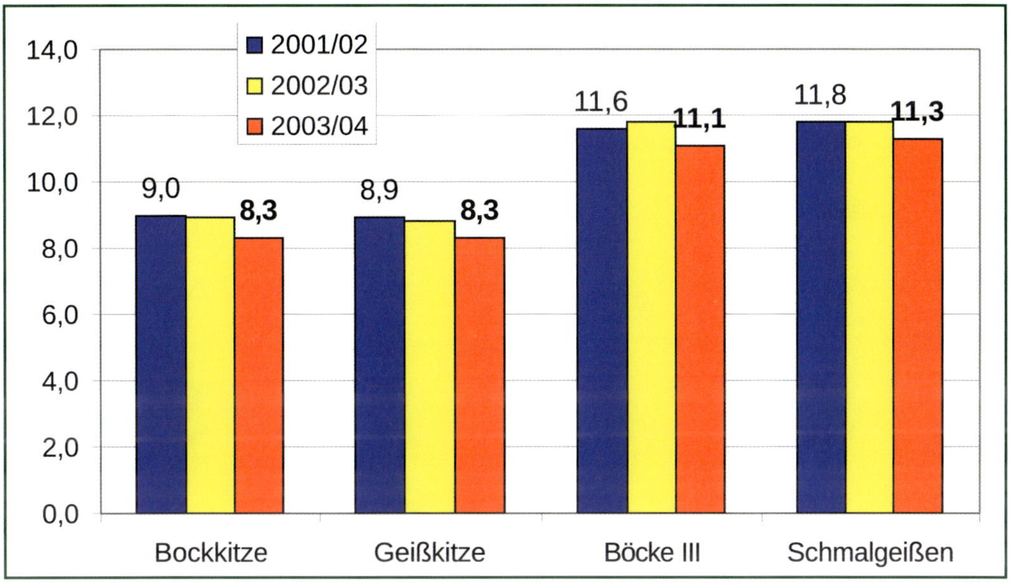


*Deutlich geringere Durchschnittsgewichte nach dem Hitzesommer 2003 (Rehstrecke Steiermark)*

Auch Parasiteneier und -larven sowie Zwischenwirte von Parasiten sind bereits in größeren Höhen nachweisbar bzw. profitieren von höheren Jahresdurchschnittstemperaturen. In diesem Zusammenhang finden wir beispielsweise vermehrt eitrige Lungenentzündungen bei Gamswild in der Folge des Befalles mit Kleinen Lungenwürmern.

Der Hitzesommer 2003 war sowohl für Haus- als auch für Wildtiere ein enormer Stressfaktor. Sowohl bei Rot- als auch bei Reh- und Gamswild lagen die Durchschnittgewichte aller Altersklassen im und nach dem Extremsommer 2003 durch Hitzestress und Wassermangel deutlich unter jenen der beiden vorhergehenden Jagdjahre. Das Durchschnittgewicht von Rehen und Gamswild war in der Steiermark um 0,5 kg niedriger, das von Rotwild um 1,0 kg. Der relativ höhere Gewichtsverlust bei Rehen resultiert vermutlich aus der sehr territorialen Lebensweise des Rehwildes im Sommerhalbjahr, welche bewirkt, dass ungünstige (wasserarme) Lebensräume nicht einfach verlassen werden können. Vermutlich als Folge dieses Witterungsextrems und der Schwächung der Tiere war im Herbst/Winter 2003 eine Häufung von Paratuberkulosefällen bei Wild zu beobachten.

Klimaforscher gehen davon aus, dass Hitzesommer und Tropentage häufiger auftreten werden. Im Zuge langer, heißer Sommer ist es auch möglich, dass Vektoren wie Zecken darunter leiden, dafür aber Mückenarten – auch Arten, die bislang in Mitteleuropa nicht vorgekommen sind – davon profitieren.

## Beispiel Tularämie

Im Rahmen eines Projektes wurden im Zeitraum von 1994 bis 2005 insgesamt 271 Fälle von Tularämie bei Feldhasen aus Ost- und Südostösterreich erfasst und georeferenziert. Es sollten Gründe für das lokal häufige Auftreten der Krankheit analysiert werden. Vor allem mögliche Interaktionen zu Temperatur und Niederschlag wurden mit den lokalen Klimadaten geprüft. Die räumliche Abgrenzung des Tularämie-Gebietes in Ost- und Südösterreich konnte über die Isolinien des Jahresniederschlages (unter 720 mm), des Sommerniederschlages (unter 180 mm), der Wintertemperatur (über 0,5 °C) und der Temperatur im Mai (über 14 °C) geführt werden. Ergebnis der ersten Beurteilungsstufe war die Ausweisung der warmen und trockenen Lagen Ostösterreichs als potenzielles Befallsgebiet. In der zweiten Stufe wurden die Wir-

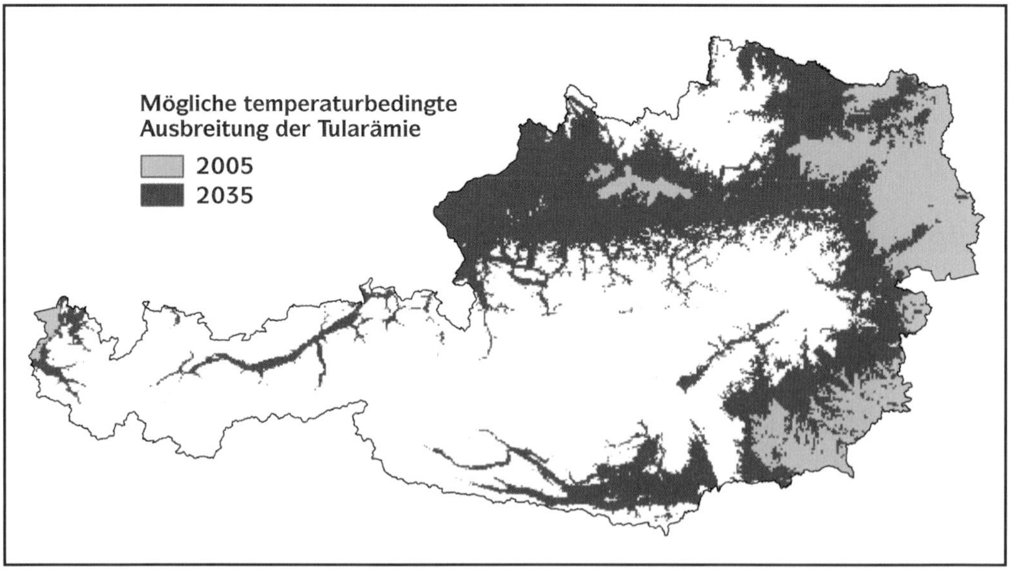


*Mögliche Verbreitung der Tularämie im Jahr 2005 und 2035*

kungsweisen von Temperatur und Niederschlag innerhalb des ausgewiesenen Befallsgebietes auf die Befallshäufigkeit im Beobachtungszeitraum untersucht. Es zeigte sich, dass die Wintertemperatur, die Temperatur im Mai sowie der Niederschlag im Juni und Juli den Großteil der jährlichen Schwankung in der Häufigkeit der Tularämiefälle erklären. In ihrer Wirkungsweise bilden diese Parameter die Entwicklung des Feldhasenbestandes (und der Mäusepopulationen) ab. Warme Winter führen zu starken Populationen. Treten im Mai kühle Temperaturen auf und regnet es im Juni und Juli vermehrt, werden die Junghasen geschwächt. Dies fördert das Auftreten der Tularämie.

Für eine Prognose des Ausbreitungsgebietes der Tularämie im Jahr 2035 wurde eine Temperaturerhöhung zwischen 2 und 4 °C unterstellt. Unter diesen Bedingungen könnte sich die Tularämie aus dem östlichen Flachland langsam über das Donautal weiter in den Westen und über die Südsteiermark weiter in den Süden verbreiten. Zusätzlich wären Fälle in inneralpinen Gunstlagen möglich. Dies bedeutet, dass in den nächsten Jahrzehnten mit einer Ausweitung des potenziellen Tularämie-Verbreitungsgebietes (nach der Modellierung von dzt. 13 % auf 46,5 % der österreichischen Landesfläche) gerechnet werden muss.

Zusammenfassend ist festzustellen, dass das Klima die Schlüsselgröße zur Erklärung der bisherigen Verbreitung der Tularämie ist und dass Grenzwerte für die einzelnen Klimagrößen benannt werden können. Die zu erwartende Erwärmung könnte zu einer massiven Ausweitung des potenziellen Tularämie-Verbreitungsgebietes führen.

Es wäre daher wichtig, Risikogruppen (Jäger, Förster, Landwirte, Laborpersonal, Präparatoren, Hausfrauen u.a.) über das derzeitige Auftrittsgebiet hinaus zu informieren und ihnen als praktische Maßnahme zu empfehlen, beim Umgang mit Hasen und Nagetieren stets arbeitshygienische Vorsichtsmaßnahmen zu beachten (wie Schutzhandschuhe, Anfeuchten des Hasenbalges beim Abbalgen, Insektenschutz, Mundschutz im Labor). Bei der Zubereitung von Feldhasen sind küchenhygienische Maßnahmen zu ergreifen.

### Neu auftretende Krankheiten

Es erscheint vordringlich, dass sich Veterinär- und Humanmediziner, Wildbiologen und Epidemiologen mit neu auftretenden Krankheitserregern auseinandersetzen und auch aktuelle Querschnittsuntersuchungen durchführen, um allfälligen Änderungen von Krankheitshäufigkeiten bei Wildtieren innerhalb bestimmter Regionen und Zeiträume abschätzen zu können. Das Wissen und die Wachsamkeit gegenüber neu auftretenden Krankheiten sind zu fördern, indem Jäger über Krankheitssymptome informiert werden und sich auch Untersuchungsstellen auf ein geändertes Erreger- und Untersuchungsspektrum einstellen. Beispiele für solche Erreger und Infektionen sind West Nil-Virus, Usutu-Virus oder Louping Ill, Hepatitis E, Krim-Kongo-Fieber, Ehrlichiose oder auch die massive Steigerung und Ausbreitung der Hantavirusinfektionen beim Menschen in direktem Zusammenhang mit der Virusverbreitung in Mäusepopulationen.

## Klimawandel und alpine Lebensräume

Wildtierarten wie Schnee- und Birkhuhn oder Gams- und Steinwild haben sich im Laufe ihrer Evolution perfekt an das Leben in alpinen Regionen angepasst und sind somit Teile dieses sehr empfindlichen Ökosystems geworden. Bei einem allgemeinen Ansteigen der Waldgrenze aufgrund der Klimaerwärmung und regionalem Rückgang der Almbewirtschaftung verringert sich der Lebensraum dieser Wildtierarten massiv. Durch das Entstehen suboptimaler Lebensräume kommt es bei diesen Wildtieren zur Abnahme und zum Verschwinden einzelner Populationen, Verarmung genetischer Ressourcen, Schwächung der Abwehrlage und damit auch vermehrt zu Infektionskrankheiten und Parasitosen.

Als Grundlage für die Ermittlung der Veränderungen wurde die Temperaturentwicklung der vergangenen 50 Jahre in einem Projektgebiet in den Niederen Tauern genauer betrachtet sowie das Klimamodell MM5 für eine Abschätzung der zukünftigen Erwärmung herangezogen. Das Klimamodell prognostiziert für die nächsten 50 Jahre eine Erwärmung von ca. 2,2 °C für das Untersuchungsgebiet. Das Baumwachstum ist sehr stark von der Temperatur abhängig, und eine hohe Korrelation zwischen der Wachstumsgrenze von Bäumen und der 10 °C Juli-Isotherme (oder 6,9 °C Mai–Oktober-Isotherme) wurde nachgewiesen. Das Klimamodell MM5 zeigt für die nächsten 50 Jahre einen prognostizierten Anstieg der Isothermen um ca. 450 Höhenmeter. Das bedeutet beispielsweise für die Niederen Tauern (Steiermark), dass eine temperaturbedingte Wachstumsgrenze für Bäume zukünftig nahezu verschwinden kann.

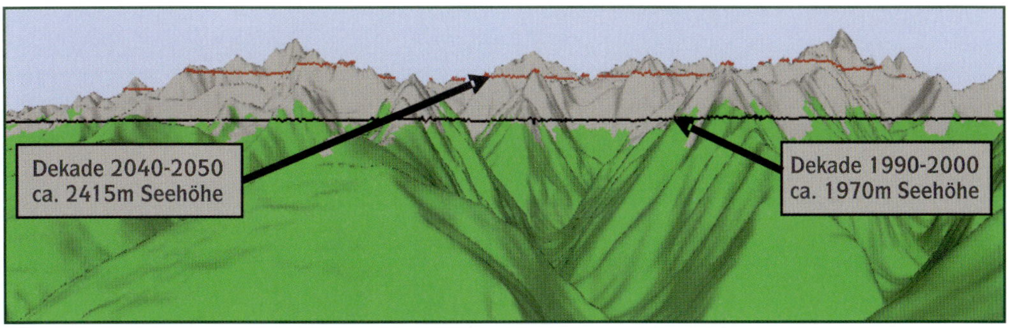


*Ansteigen der potenziellen Waldgrenze: 6,9 °C Mai–Oktober Isothermen der Dekade 1990 bis 2000 und der Dekade 2040 bis 2050 mit kartierten derzeitigen Waldflächen (südöstlich von Schladming)*

*Alpine Lebensräume verringern sich zusehends durch das Ansteigen der Waldgrenze.*

*Auch die Gamsblindheit könnte sich durch den Klimawandel ausbreiten, nicht zuletzt deshalb weil in wärmeren Winterhalbjahren Fliegen (Überträger der Erreger) länger und in höheren Lagen vorkommen.*

## Folgen suboptimaler Lebensräume

Ein längerer Verbleib in suboptimalen Lebensräumen ist für Gams- wie auch Steinwild problematisch und führt zur Abnahme der Stückzahlen in einzelnen Populationen, zu einer erhöhten Krankheitsanfälligkeit (z. B. Endoparasitosen, Räude, Gamsblindheit) sowie zur Ausbildung kleinerer Rudel in bewaldeten Gebieten mit dem Nebeneffekt einer verlängerten Brunft und damit einer zusätzlichen Schwächung vor allem der Böcke. Weiters wird es zu einem möglichen Absinken mancher Populationen unter die so genannte kritische Bestandsgröße kommen und damit zu einer kurz- bis mittelfristigen Auflösung von Beständen sowie möglicherweise zu einer Inzuchtdepression infolge der „Verinselung" von Populationen. Beispielhaft für einen u.a. mit Klimafaktoren zusammenhängenden Krankheitsausbruch sei ein aktueller Seuchenzug von Gamsblindheit (Infektiöse Keratokonjunktivitis) in den Niederen Tauern angeführt. Im Jahre 2006 ereignete sich ein Seuchenzug in den Bezirken Murau, Judenburg und Liezen mit über 80 gemeldeten Fällen. Wenn man berücksichtigt, dass die Gamsblindheit überwiegend durch Fliegen übertragen wird und dass noch bis Ende November/Anfang Dezember 2006 Insekten selbst in höheren Regionen beobachtbar waren, wird klar, dass der Zeitraum für mögliche Infektionen klimatisch bedingt deutlich verlängert war.

# Was ist ein „Hegeabschuss"?

*Der alte Begriff „Hegeabschuss", der in der Literatur zwar oft verwendet, aber selten definiert wird, wirft immer wieder Unsicherheiten auf und gibt vereinzelt sogar Stoff für Strafverfahren – man denke z. B. an Abschüsse von Hirschen der Klasse II oder I über den festgesetzten Abschussplan.*

In einer Definition nach HASEDER und STIGLWAGNER (1984) in Knaurs Großem Jagdlexikon ist ein Hegeabschuss *„Der Abschuss alles kranken, schwachen, verletzten und überalten Wildes, das sich nicht vermehren soll, sog. „Hege mit der Büchse"*. Diese relativ allgemeine Beschreibung wirft Schwierigkeiten in der Interpretation der Ausdrücke „krank, schwach oder verletzt" auf und mischt sich für heutige Begriffe zu sehr in die Erbbiologie ein. Wir wissen heute, dass das äußere Erscheinungsbild bei weitem nicht sämtliche Erbinformationen widerspiegelt und jahrzehntelange „Wahlabschüsse" längst nicht die in sie gesetzten Erwartungen zeitigten.

Nach dem Steiermärkischen Jagdgesetz besteht die Erlaubnis, krankes oder kümmerndes Wild über den Abschussplan hinaus und auch während der Schonzeit zu erlegen, was jedoch nicht von der Einhaltung der übrigen jagdgesetzlichen Vorschriften (wie Verbot des Schrotschusses auf Schalenwild, außer beim Töten von z. B. Straßenfallwild) befreit.

Sofern ein als Hegeabschuss erlegtes Stück am Abschussplan noch frei ist, ist es selbstverständlich in den bewilligten Abschuss einzurechnen.

*Hirschlauf mit Fraktur – Hegeabschuss? Nein: Vom Schützen nach der Erlegung gebrochener Lauf!*

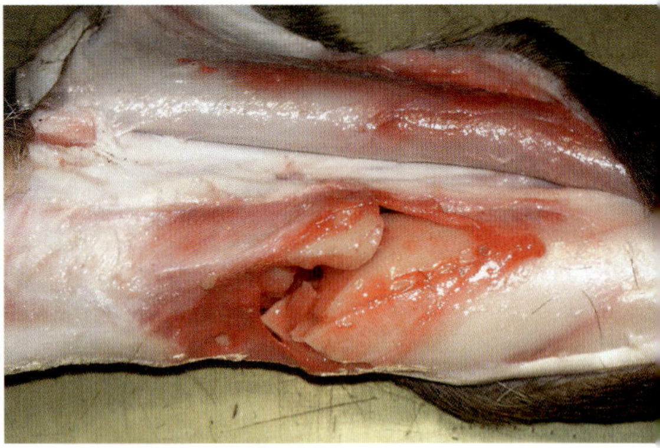

Aufgrund eines Anlassfalles definierte der Autor einen Hegeabschuss als *„Abschuss von Stücken, die deutlich kümmern, erhebliche Verletzungen oder Krankheitserscheinungen zeigen, sodass ein Verenden zu befürchten ist bzw. hochgradige Schmerzen vorliegen; weiters mutterloses Jungwild im ersten Lebensjahr bis zum Ende der gesetzlichen Schusszeiten"*.

Unabhängig von der oft missverständlich aufgefassten Bezeichnung „Hegeabschuss", wo in Diskussionen häufig der Wunsch nach einer Umbenennung in „Krankabschuss" (Schwierigkeiten: mutterloses Jungwild ist nicht „krank", bereits geringgradiger Wurmbefall ist aber „Krankheit") laut wird, erlaubt hier eine Graduierung (deutlich, erheblich, befürchtetes Verenden, hochgradige Schmerzen) sowie die nachfolgende taxative Aufzählung eine nähere Einschränkung dieser auch aus dem Tierschutzaspekt notwendigen Abschüsse. Wie in obigen Abbildungen festgehalten, werden Hegeabschüsse hin und wieder auch vorgetäuscht. In diesem Falle wurde der Lauf des Hirsches vom Schützen erst nach der Erlegung gebrochen, was mittels Sektion leicht erkennbar ist, da um die „Fraktur" keine Blutung mehr entstanden ist.

## Als weitere Voraussetzungen sind bei Hegeabschüssen unbedingt einzuhalten:

- Pflichtvorlage beim Hegemeister oder Bezirksjägermeister bzw. einem Tierarzt (Befund)
- Hegeabschüsse sind natürlich „auffällig", was das Wildbret betrifft; sie sind also, falls eine Verwertung und ein In-Verkehr-Bringen erwogen wird, von einem Fleischuntersuchungstierarzt zu untersuchen (Auffälligkeiten, Infektionsgefahr? Fleischmängel?)
- Bei Verdacht auf Infektionskrankheiten gegebenenfalls Probennahme sowie Entsorgung des Tierkörpers und der Organe über die Tierkörperverwertung (TKV-Tonne oder Abholung)
- Falls äußerlich keine erkennbaren Ursachen oder Unklarheiten über die Abschussnotwendigkeit vorliegen: weiterführende Diagnostik in entsprechenden Untersuchungsanstalten auf Kosten des Verursachers bzw. Erlegers
- Bei Verdacht auf Tierseuchen Kontaktaufnahme mit dem zuständigen Amtstierarzt

## Aufzählung von Hegeabschussgründen:

- Hochgradige Abmagerung, Kümmern
- Aktinomykose oder sonstige deutliche Umfangsvermehrungen (Tumoren)
- Räude bei allen empfänglichen Wildarten
- Gamsblindheit
- Frakturen (Knochenbrüche), sonstige erhebliche Verletzungen (z. B. Forkelstiche) und hochgradige Lahmheiten (vollständiges Schonen des erkrankten Laufes) – im Zweifelsfall pathohistologische Untersuchung sowie Altersbestimmung der Verletzung (prä- oder postmortal?)
- Starke Abweichungen vom arttypischen Verhalten (Tollwutverdacht?)
- Verwaiste Stücke zumindest bis zum Ende der gesetzlichen Schusszeit

*Kurzfristiges Kratzen rechtfertigt noch keinen Hegeabschuss wegen „Räudeverdacht".*

Mit dieser Festlegung sollte es möglich sein, sog. Hegeabschüsse – für die im Übrigen durchaus nach einer treffenderen Bezeichnung gesucht werden kann – möglicht exakt einzuschränken und dadurch zukünftig den einen oder anderen nicht gerechtfertigten Abschuss zu verhindern.

# Hegeabschüsse und Fallwild jagdlich berücksichtigen

Da ein strenger Winter bzw. Nachwinter oder Luchs, Wolf und Bär nicht nur nach Gesundheitsstatus und Wildbretstärke selektieren, sondern auch nach für uns vielfach unerkennbaren Kriterien wie Lebenstüchtigkeit (z. B. Wahl des Wintereinstandes), dürfen wir uns nicht anmaßen, beim Jagen besser selektieren zu können. Oft sind auch kleinrahmige Stücke, die wir als Hegeabschüsse ansehen, lebenstüchtiger als extrem starke. Für die „Gesamtfitness" einer Wildtierpopulation sind vermutlich zwischenzeitige extremere Witterungsereignisse mit höheren Fallwildraten förderlich. Nach solchen Ereignissen müssen wir Jäger nur eventuell unsere konstanten jagdlichen Erwartungen etwas zurückschrauben. Großräumige Planungen der Wildbewirtschaftung unter Einbeziehung aktueller Daten über Winter- und besonders Frühjahrsverluste könnten uns dabei helfen. Dazu wäre es auch vorstellbar, die Abschusspläne zumindest für Gams- und Steinwild erst im Mai – nach den letzten Nassschneefällen und nach Abschätzung der aktuellen Winterverluste – zu erstellen.

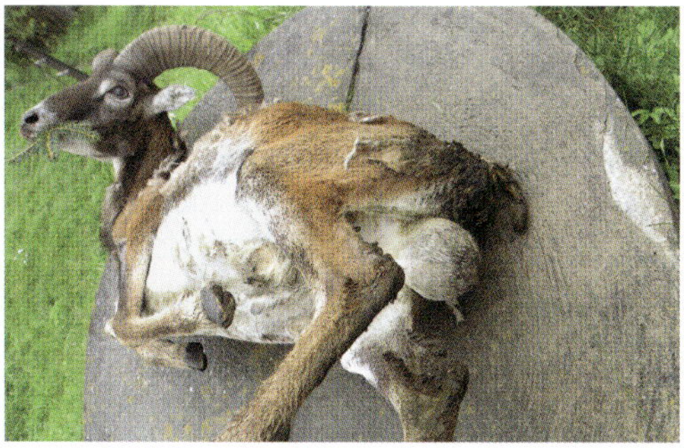
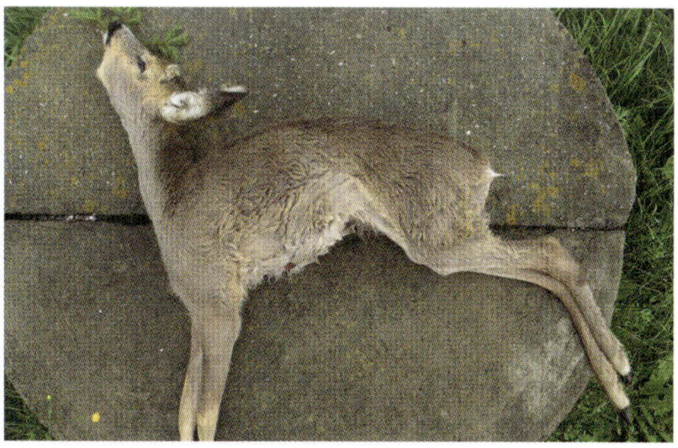

*Hochgradige Abmagerung bei einem Muffelwidder (Paratuberkulose und Aktinomykose), (links) sowie Abmagerung bei einem Jährlingsbock (rechts) als Gründe für einen Hegeabschuss.*

# Nottötung von Wild

*Die Nottötung, als Fangschuss, Knicken, Abschlagen oder ähnliche Maßnahme, ist für jeden Jäger eine Ausnahmesituation, in der er aber richtig handeln muss, um dem Tier unnötige Schmerzen und Leiden oder Angst zu ersparen. Für verschiedenste Notsituationen, von verunfalltem, schwer krankem bis zu angeschossenem Wild gibt es Empfehlungen für situationsangepasstes Handeln.*

## Notsituationen

Situationen, die eine Nottötung fordern, ergeben sich nicht nur bei angeschossenem Wild, sondern häufig auch nach Verkehrsunfällen mit Wild oder nach sonstigen Verletzungen sowie bei schwer krankem und entkräftetem Wild, wie es sich oft im Zuge der Paratuberkulose ereignet. Weitere Fälle ergeben sich nach Verfangen von Wild in Zäunen und Geflechten oder bei Verletzungen durch Mäh- und Erntemaschinen. Das Töten von verletztem oder schwer krankem Wild sollte unbedingt in den Jagdkursen gelehrt, in Prüfungsordnungen aufgenommen und immer wieder an bereits erlegtem Wild geübt werden. Prinzipiell hat die Tötung von Tieren von fachkundigen Personen und schonend durchgeführt zu werden – derzeit sind Jäger mit der Jagdprüfung alleine nicht automatisch als fachkundig anzusehen.

Die Annäherung eines Menschen an ein fluchtunfähiges Tier verursacht Leiden und Angst. Zuschauer sind auch aus diesem Grund möglichst wegzuschicken bzw. anzuhalten, einen entsprechenden Abstand einzuhalten, bei Verkehrsunfällen nötigenfalls unter Mithilfe der Polizei.

# Wann ist ein Tier tot?

Die vier Zeichen des Todes/Verendens sind: Kein Cornealreflex (bei Berühren der Hornhaut kein Lidschlag oder Wimpernzucken) und keine Atmung und Herzstillstand und vollkommene Erschlaffung aller Muskeln. Beim Reh öffnen/spreizen sich durch die Erschlaffung der Muskulatur beim Eintritt des Todes sehr auffällig die Haare des Spiegels. Zu unterscheiden vom Tod ist der Zustand der Betäubung (Bewußtlosigkeit), wie sie bei Schlachttieren durch den Bolzenschuss bzw. Elektro- oder Kohlendioxydbetäubung herbeigeführt wird und der Tod erst durch den Entblutungsschnitt und den damit einhergehenden Sauerstoffmangel im Gehirn eintritt. Der Schuss mit dem Bolzenschussgerät alleine wäre in vielen Fällen nicht tödlich – es wurden ja auch zahlreiche Selbstmordversuche mit Bolzenschussgeräten überlebt. Anders ist es bei einem Schuss aus Faustfeuer- oder Langwaffen auf das Gehirn, bei dem das Projektil weiter in das Gehirn eindringt als der Bolzen des Bolzenschussgerätes und bei Teilmantelgeschossen auch zu entsprechender Zerstörung des Zentralnervensystems führt. Wichtig für das Durchführen eines Tötungsschusses ist das Wissen um den Sitz des Gehirnes.

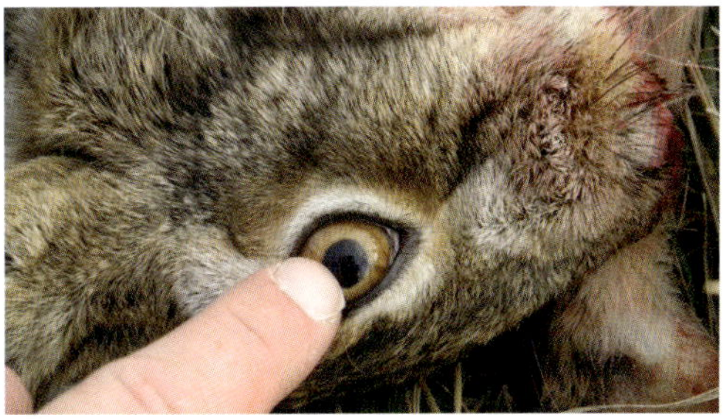

*Eines der Zeichen des Todes ist das Fehlen des Cornealreflexes (kein Schließen der Augenlider nach Berühren der Hornhaut).*

## Bemerkenswertes Tierschutzurteil

In Deutschland wurde im Jahre 2004 ein Jäger zu einer Geldstrafe von 80 Tagessätzen verurteilt, weil er bei einem von einem Auto angefahrenen Rehkitz ohne vorherige Betäubung mit einem zu kurzen Messer versuchte, die Halsschlagadern zu durchtrennen. Das Rehkitz zeigte starke Abwehrbewegungen und der Tod trat nach Zeugenaussagen erst nach über 2 Min. ein, was der Richter als eine weder weid- noch tierschutzgerechte Tötungsart ansah, die dem Rehkitz länger anhaltende, erhebliche Schmerzen und Leiden zufügte (AZ: 40 Ds 4 Js 12475/04; Staatsanwaltschaft Marburg).

Obwohl der Sachverständige und das Gericht diesen Fall etwas praxisfern abhandelten (es wurde z. B. gefordert, dass das Kitz vor dem Entblutungsschnitt mit einem Wagenheber o.ä. hätte betäubt werden müssen, oder dass die zahlreichen Passanten für einen Tötungsschuss nur etwas zurücktreten hätten müssen), ist das Urteil bemerkenswert und sollte uns veranlassen, in ähnlichen Situationen überlegt und unter möglichster Schonung des verletzten Tieres zu handeln. Allzu leicht kann in solch emotionsgeladenen Situationen der „Helfer" zum „Beklagten" werden. Bei fachgerechter Durchführung einer Nottötung von im Straßenverkehr verunfalltem Wild durch einen Jäger ist dies durchaus eine Imagepflege für die vielschichtigen Aufgaben der Jagd.

# Der gezielte Tötungsschuss

Jagdbüchsengeschosse sollen Wild aus freier Wildbahn möglichst schlagartig töten. Dies wird einerseits durch die hohe Geschwindigkeit der Projektile und andererseits durch verschiedene Geschosskonstruktionen erreicht, die ihren Querschnitt nach Auftreffen auf den Wildkörper meist schnell vergrößern und damit einen Großteil der Geschossenergie an den Tierkörper abgeben. Diese massive Energieabgabe verursacht bei Kammerschüssen eine hydrodynamische Schockwelle, bedingt durch den hohen

Wassergehalt des Organismus. Die Schockwelle verursacht ein Herzkammerflimmern und dieses oft gemeinsam mit schweren Organverletzungen und Blutverlusten den Tod. Schüsse auf das Gehirn oder das Rückenmark im Halswirbelsäulenbereich wirken sofort tödlich. Schüsse im hinteren Wirbelsäulenbereich führen zu Querschnittslähmungen.

Zum Töten von verletztem oder schwer krankem Wild ist grundsätzlich ein Fangschuss anzubringen (Ausnahmen siehe später).

Für Fangschüsse hat Folgendes zu gelten: Das Tier muss sofort bewegungslos, die Augen/ Lichter müssen starr und reflexlos sein, es muss ein sofortiger Atemstillstand eintreten. Diesen Anforderungen wird nur ein Schuss auf das Gehirn oder das obere Halswirbelsäulendrittel gerecht.

Das Gehirn trifft man seitlich am Kopf in der Mitte einer Linie zwischen Auge/Licht und oberem Ohr-/Lauscheransatz, bei Schüssen von vorne am Kreuzungspunkt zweier gedachter, gekreuzter Linien zwischen Augen/Lichtern und Ohren/Lauschern. Dabei ist auf den Auftreffwinkel zu achten. Dieser sollte 80 – 90 ° zum Stirnbein betragen, um eine optimale tödliche Wirkung zu erzielen; beim Wildschwein in der Mitte einer Linie über den Augen, aber mit leicht schrägem Einschusswinkel (siehe Abbildung), in die Ohren-/Tellergegend oder in den Hinterkopf. Generell wird die Größe des Gehirnes häufig überschätzt und sein Sitz zu weit vorne am Gesichtsschädel vermutet. Der Hals-/Trägerschuss sollte am Halswirbelsäulen-Kopfansatz seitlich oder von hinten angebracht werden. Beim Trägerschuss von der Seite sind gute anatomische Grundkenntnisse erforderlich.

## Ausnahmen vom Tötungsschuss

Ein Fangschuss als Mittel der Wahl darf nicht angebracht werden, wenn eine Gefährdung von Menschen, Tieren oder Sachen gegeben ist. Bei befestigter Straße darf keinesfalls geschossen werden (Gellergefahr), auch nicht, wenn das Wild von einem Hund gehalten wird. Wenn irgendwie möglich, sind solche Stücke dann mit einem Kopfschlag zu betäuben und durch einen Entblutungsschnitt zu töten (Durchtrennen der beiden Halsschlagadern im Bereich des Kehlkopfes). Bei Geweih- oder Hornträgern sowie beim Wildschwein gibt es i. d. R. aber keine Möglichkeit für einen Kopfschlag. Der Herzstich hinterm Blatt schräg nach vorne tötet bei nicht großflächiger Öffnung des Herzens nur relativ langsam, ist aber bei Schwarzwild oft die einzig durchführbare Entblutungsmethode. Das Entbluten sollte immer wieder bei bereits erlegtem Wild geübt werden. Sollte das Beschaffen eines geeigneten Gegenstandes (z.B. starker Stock, Pfahl) zur Betäubung zu lange dauern oder die Betäubung bzw. ein Schuss unmöglich sein, so ist zur Minimierung von Schmerzen und

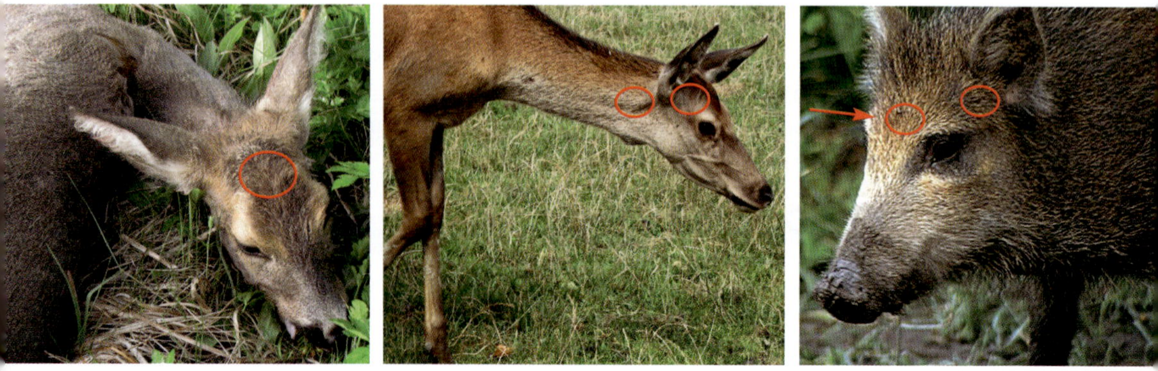

*Treffersitz von vorne und der Seite bei Reh- und Rotwild (Einschusswinkel 80–90 °) (links und Mitte)*
*Treffersitz beim Schwarzwild, Einschusswinkel flacher als bei Reh- und Rotwild (rechts)*

Leiden ein sofortiges betäubungsloses Entbluten vorzuziehen, bei dem beide Halsschlagadern mit einem scharfen Messer günstigenfalls mit einem Schnitt zu durchtrennen sind.

## Das Knicken

Das Knicken, also der Stich zwischen das Hinterhauptloch und den ersten Halswirbel in der Mitte einer zwischen den unteren Lauscheransätzen gedachten Linie, wird weitgehend als veraltete und nicht tierschutzkonforme Methode angesehen, bei der sich Wild im Vergleich zu anderen Methoden mehr ängstigt und ihm bei einem misslungenen Stich große Schmerzen zugefügt werden. Knicken sollte man lediglich Stücke, die zwar noch Lebenszeichen (wie Atmung) zeigen, das Haupt aber nicht mehr heben und auch sonst keine deutlichen Abwehrbewegungen machen. In solchen Fällen ist auch ein Abfangen (Herzstich) oder das Durchtrennen der Halsschlagadern möglich.

## Das Abfangen

Ebenso wie das Knicken sollte das Abfangen nur ausnahmsweise erfolgen, wenn ein Fangschuss nicht möglich ist. Das Abfangen erfolgt durch einen Stich ins Herz mit einer ausreichend langen Klinge mit nach unten gerichteter Schneide und großflächiger Durchtrennung der Herzkammern. Wie das Knicken erfordert das Abfangen gute anatomische Kenntnisse und ausreichend Übung, denn auch hier sollte der erste Stich töten. Zusätzlich zu berücksichtigen sind beim Knicken und Abfangen ein entsprechendes Verletzungsrisiko für den Durchführenden.

## Federwild und Hasen

Eine alte, aber mit unserem heutigen Verständnis und Wissen nicht mehr vereinbare Methode der Nottötung von Federwild war das „Abfedern", bei der eine Schwungfeder ausgerissen und der Federkiel durch das Hinterhauptloch ins Gehirn gestochen wurde; eiserne Pfrieme ersetzen diese Methode heute noch hin und wieder.

Das Töten von (stärkerem) Federwild erfolgt am besten durch das Umdrehen des Genickes, indem das Stück mit einer Hand fest unter dem Kopf gehalten und der Körper schnell gedreht wird; eine weitere Methoden sind das Halten am Kopf und an der Brust und das Auseinanderziehen des Halses, was ebenfalls zu einer Exartikulation im Halswirbelsäulenbereich und zu einem plötzlichen Verenden führt oder das Halten an den Ständern/Rudern und Abschlagen auf den Kopf mit einem harten Gegenstand. Bei Auer- und Birkwild erfolgt das Töten durch einen Genickstich mit dem Jagdmesser.

Bei Hasen oder Kaninchen ist der Genickschlag mit der Handkante oder einem Stock auf den an den Springern gehaltenen Tieren gebräuchlich. Insgesamt kann für alles Niederwild ein Schlag mit einem kurzen (ca. 30–40 cm) und mindestens daumenstarken Stock in die Hinterkopfgegend empfohlen werden.

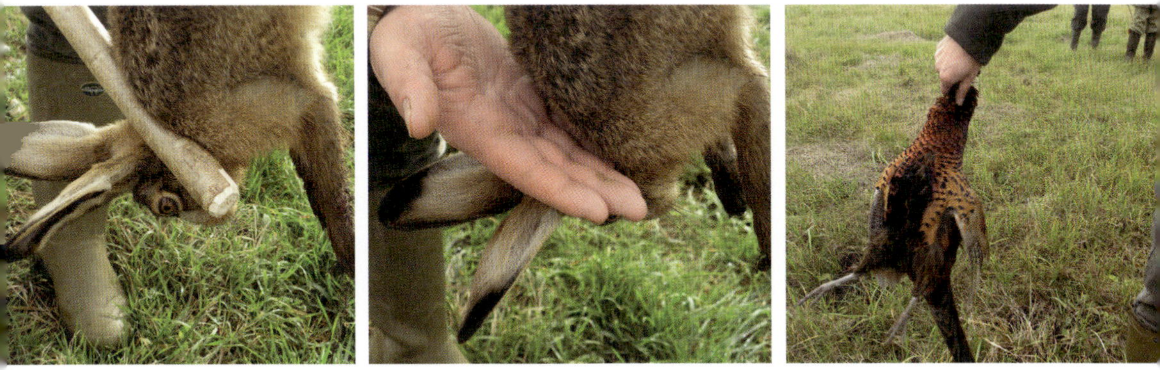

*Töten von Hasen mit Genickschlag (links und Mitte) und vom Fasan durch Abdrehen der Halswirbelsäule (rechts)*

# Ursachen für Fallwild

*Katastrophenwinter, verregnete Sommer oder Hitzeperioden sind Auslöser so mancher Diskussionen rund um das Fallwild. Aus Sicht von uns Jägern ist Fallwild ein „Verlust“. Für Wildtierpopulationen und deren „Fitness“ sind diese Ausfälle nicht immer so zu sehen.*

## Viele Ursachen

Fallwild ist Wild, das infolge von Unglücksfällen, Krankheit, Hunger und Kälte getötet wird bzw. verendet, auch krank geschossenes Wild, das nicht innerhalb kurzer Zeit nach dem Schuss zur Strecke gebracht oder nicht frisch verendet aufgefunden wird. Da viel Fallwild gar nicht gefunden wird oder beim Auffinden schon stark verwest oder skelettiert ist, wissen wir über die tatsächlichen Fallwildraten und deren Ursachen natürlich nicht lückenlos Bescheid.

Hauptursachen von Fallwild sind bei Jungtieren Unterkühlung bzw. Nahrungsmangel und in allen Altersklassen Infektionskrankheiten. Nicht zu vernachlässigen sind regional sehr hohe Fallwildraten durch den Straßen- oder Bahnverkehr, wo von hohen Dunkelziffern auszugehen ist, da viele Stücke nicht unmittelbar am Ort der Kollision verenden.

Allgemein steigen mit hohen Wilddichten die Fallwildraten an. Dies erfolgt einerseits durch eine Anreicherung von Infektionserregern und damit erhöhtem Infektionsdruck, andererseits bei einigen Wildtierarten durch ein Kümmern infolge des gesteigerten inner- oder zwischenartlichen Stresses und damit höherer Krankheitsanfälligkeit. Zusätzlich kann es zu einer Übernutzung des Lebensraumes mit Nahrungs- bzw. Deckungsmangel (Niederwild) kommen.

*Ähnliches Fundbild (aufgeschlagener Boden am Fundort) und unterschiedliche Ursache – abgestürzter Gamsbock mit Fraktur der Wirbelsäule und Hirsch mit älterem Vorderlaufschuss und Blutvergiftung*

# Einflüsse auf Populationen

Wildtierpopulationen, oder jagdlich „Bestands- und Besatzgrößen“, sind vielfältigen Einflüssen ausgesetzt. Neben primären Einflüssen (Geburten, Todesfälle, Zu- und Abwanderung) und sekundären Einflüssen (Altersklassenaufbau, Geschlechterverhältnis, Genetik, räumliche Verteilung, Sozialverhalten und -struktur) sind dies besonders biotische Umweltfaktoren (Lebensraum und damit Nahrung und Deckung, Beutegreifer, Konkurrenz, Krankheiten, Störung, Jagd, Land- und Forstwirtschaft usw.) sowie abiotische Umweltfaktoren (wie Witterung, Klima, Bodenverhältnisse).

Alle Wildtierpopulationen sind Schwankungen unterworfen, die wir Jäger aber oft nicht hinnehmen wollen, da wir als überwiegend wirtschaftlich denkende Spezies entsprechend Wild „abschöpfen“ oder „ernten“ wollen und damit Fallwildraten für uns „Verluste“ darstellen. Die Bejagung kann aber immer nur einer der vielfältigen Regulatoren von Wildtierpopulationen sein, die damit auch nur einen (oft geringen) Teil der natürlichen Sterberate ersetzt.

Allein bei der Betrachtung der vielfachen Fallwildursachen müssen wir zur Kenntnis nehmen, dass erstens ein erheblicher Teil des Fallwildes auch durch noch so intensive hegerische Maßnahmen nicht zu verhindern ist und dass sich zweitens diese Maßnahmen auf nur wenige Wildtierarten beschränken.

Da ein strenger Winter oder Nachwinter nicht nur nach Wildbretstärke selektiert, sondern auch nach für uns vielfach unerkennbaren Kriterien wie Lebenstüchtigkeit oder Intelligenz (z. B. Wahl des Wintereinstandes), dürfen wir uns nicht anmaßen, beim Jagen besser selektieren zu können. Oft sind auch kleinrahmige Stücke, die wir als Hegeabschüsse ansehen, lebenstüchtiger als Tiere mit hohem Körpergewicht. Für die „Fitness“ einer Wildtierpopulation sind zwischenzeitige extreme Witterungsereignisse förderlich. Nach solchen Ereignissen müssen wir Jäger nur eventuell unsere alljährlich gesteckten jagdlichen Erwartungen etwas zurückschrauben.

Bei vermehrungsstarken Vogel- und Nagerarten mit geringer Lebenserwartung wurde beobachtet, dass, wenn ein Regulator zu wenig von den Tieren einer Art entnimmt, ein anderer Regulator so viel

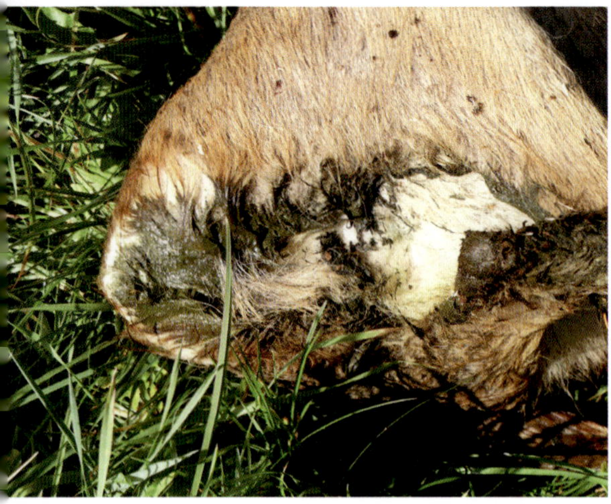

*Rehgeiß mit Durchfall: Im Frühjahr sind Parasitosen eine häufige Fallwildursache.*

*„Frühjahrsfallwild" (hier Steinbock) findet sich auch in Lawinenkegeln.*

tötet, bis die nötige Sterberate erreicht ist („kompensatorische Sterblichkeit"). Ob es bei unserem Schalenwild die kompensatorische Sterblichkeit in diesem Umfang gibt, ist unter Wildbiologen nach wie vor umstritten. Zusätzlich zu bedenken ist auch, dass wir über Fütterungsmaßnahmen bei Rot- und Rehwild massiv in die Populationsdynamik eingreifen. In Revieren mit hohen Feldhasendichten erscheint es aber durchaus sinnvoll, den Hasen zuchwachsorientiert frühzeitig zu bejagen, um hohe Fallwildraten zu minimieren.

## „Frühjahrsfallwild"

Wir beschäftigen uns nach schneereichen Wintern meist hauptsächlich mit dem Thema „Winterfallwild" und denken schon weniger an die hohen Fallwildverluste, wie sie alljährlich unter Jungwild gegeben sind. Die Dunkelziffer an Jungwildverlusten ist noch wesentlich höher als an erwachsenen Stücken, da verendetes Jungwild schon wegen der geringen Körpermasse und geringeren Mineralisierung des Skelettes noch viel rascher von Füchsen aufgenommen, verwest oder von Fliegenmaden aufgefressen wird und Reste in der hohen Vegetation verschwinden.

Für Rehwild im Schweizer Mittelland gibt KURT (1968) eine natürliche Kitzmortalität (= Sterblichkeit) von etwa 65 % zwischen Setzzeit und November an, Hauptursachen sind Fuchsrisse und Unterkühlung. Zur Zeit der Einstandskämpfe der Rehböcke ist mit erhöhten Straßenfallwildraten zu rechnen. In Grünlandgebieten wird aus Gründen der Heu- und Silagequalität früher gemäht als noch vor 10 Jahren, und dies mit schnelleren Maschinen und großen Mähbreiten. Mit zumindest lokal erhöhten Kitz- und allgemein Jungtierverlusten ist zu rechnen. Gut ausgebaute Gemeindestraßen und Feldwege kosten jährlich auch tausende Feldhasen das Leben.

Negative Auswirkungen auf den Birkhuhnlebensraum haben der Verlust von offenen Flächen durch Ansteigen der Waldgrenze sowie das Auflassen von Almen und Aufforsten an der Waldgrenze. Darüber hinaus stellt die gebietsweise intensive Nutzung der Lebensräume durch Schifahrer, Schitourengeher und Wanderer eine zusätzliche Störung dar. Durch den Variantenschilauf kommt es zu oft unbemerkten Birkwildverlusten durch energieraubendes Aufscheuchen bzw. Verschütten in Schneehöhlen. Auch Pistengeräte oder das Absprengen von Lawinen können Birkwild verschütten. Mit dem Ansteigen der Waldgrenze rückt – wo möglich – auch das Birkwild in höhere Lagen. In diesen Lagen wird aber die Kükenaufzucht schwieriger, da die Tag-Nacht-Temperaturschwankungen extremer sind und tierische Kükennahrung seltener wird. Nassschneefälle im Mai/Juni führen auch bei Auerwild und anderen Vogelarten zu hohen Verlusten unter den Jungvögeln.

In der Regel setzen 80–95 % der vierjährigen und älteren Gamsgeißen ein Kitz. Aber schon nach wenigen Wochen kann der Anteil an führenden Geißen dieser Altersklassen nur noch 50–70 % betragen, abhängig von Witterung, Lebensraum und Beutegreiferdruck. Man kann also davon ausgehen, dass im alpinen Lebensraum rund ein Viertel der Kitze bereits kurz nach dem Setzen verendet. Späte Schneefälle oder nasskaltes, windiges Wetter zur Setzzeit sind dabei meist Auslöser von Unterkühlung, Lungenentzündungen und anderen Infektionskrankheiten. In diesem Zusammenhang wäre es auch vorstellbar, die Abschusspläne zumindest für Gams- und Steinwild erst im Mai/Juni – nach den letzten Nassschneefällen und einer ungefähren Abschätzung der aktuellen Fallwildraten – zu erstellen, um nachteilige Folgen durch Übernutzung zu vermeiden. Großräumige Zählungen und Abschussplanungen unter Einbeziehung aktueller Daten über Winter- und besonders Frühjahrsverluste könnten uns dabei helfen.

## „Sommerfallwild“

Längere nasskalte Wetterperioden im Sommer können unter Jungwild, besonders Niederwild, hohe Fallwildraten verursachen, und schnell fahrende Erntemaschinen mit großen Arbeitsbreiten töten Wildtiere zur Erntezeit häufig unbemerkt.

Auch Hitzestress und Wassermangel während längerer Hitzeperioden stellen negative Umweltfaktoren dar, die die körperliche Entwicklung sowie die Krankheitsanfälligkeit beeinflussen und Fallwild provozieren.

## „Herbstfallwild“

BUBENIK (1984) bezeichnet den Herbst als Anfang des Rehjahres, wenn es ums Überleben des Winters geht. Damit ist gemeint, dass die dafür nötigen Fettreserven von September bis Anfang Dezember angelegt werden müssen. In Untersuchungen zum Energiebedarf des Rehwildes wies er nach, dass Rehe einen 90-tägigen Winter mit normalen Gewichtsverlusten von 20–25 % bei karger Nahrungsversorgung nur mit Fettreserven von 1.000 g überleben können, sofern die Äsung mindestens 4 kcal/g enthält und die Energie zu 60 % verdaut werden kann. Dies ist auch als Hinweis zu werten, dass Rehen mit einer alleinigen Notfütterung von Jänner bis März nicht viel geholfen werden kann, sondern dass eine allfällige „Hilfe" bereits im Herbst kommen müsste (Lebensraum, Fütterung, Jagddruck ...).

Wildtiere mit ausreichenden Feistreserven können bei Extremwetterlagen einige Tage ohne oder mit minimaler Äsungsaufnahme überstehen. Man denke nur an das sich Einschneien lassen von Rehwild oder an die so genannten „Steinhirsche" in Almregionen. Dazu notwendig sind bei Rehwild beispielsweise Nierenfeistmengen bei Geißen und Böcken von ca. 350 g und bei Kitzen von ca. 150 g zu Anfang Dezember. Diese Feistmengen finden wir aber heute bei unserem Rehwild nur noch selten. Über Gründe dafür liegen noch keine endgültigen Erklärungen vor, es ist aber sehr wahrscheinlich, dass daran auch der innerartliche Stress in der Umgebung von Fütterungen und Fütterungsfehler (wie chronische Pansenübersäuerung) schuld sind.

Erschreckend hoch sind die Fallwildraten von ausgewilderten Fasanen, nahezu unabhängig von der Aufzucht- und Haltungsform. Nach einer deutschen Untersuchung verendeten ein Drittel der ausgewilderten Fasane innerhalb von 32 Tagen nach dem Auswildern, ein Großteil davon bereits innerhalb der ersten Woche. Die Hauptursache waren Verluste durch Beutegreifer aufgrund des schlechten Feindvermeidungsvermögens der ausgewilderten Tiere und aufgrund der Orientierungslosigkeit (Deckung, Futtersuche) im neuen Lebensraum.

Sehr hoch sind die Jungwildverluste auch beim Feldhasen. Zahlreiche Fallwilduntersuchungen beim Feldhasen weisen als Hauptursache mit 46–59 % Infektionskrankheiten, gefolgt von 13–45 % parasitären Erkrankungen aus. Für beide dieser Hauptursachen spielen Witterung und Lebensraum wie Lebensraumverlust durch den „Ernteschock" nach dem Abernten der Felder eine eminente Rolle.

*Krankheiten sind eine häufige Fallwildursache beim Hasen im Spätsommer/Herbst.*

*Durchfälle beim Reh im Herbst können durch Clostridien bedingt sein – der Nachweis ist schwierig!*

## „Winterfallwild"

Eine rumänische Untersuchung der Fallwildursachen bei Rehwild ergab ein Maximum der Sterblichkeit im Februar und folgende Ursachen: Parasitosen (31 %), bakterielle oder Virusinfektionen (21 %), Verdauungsstörungen (18 %), Verletzungen (10 %), andere Ursachen oder keine Ursache feststellbar (20 %). In den eigenen Fallwilduntersuchungen von Rehwild sind Fütterungsfehler wie Pansenübersäuerung durch kraftfutterbetonte Futterrationen nach wie vor der häufigste Verendungsgrund im Winter. Fatal für Wildtiere werden Situationen, wenn aufgrund von zu hohen Schneelagen oder Lawinengefahr einzelne Fütterungen während der Fütterungsperiode nicht mehr erreichbar sind und das Wild dann vor leeren Trögen steht – und dies oft auch in Gebieten, in denen ohne Fütterung im Win-

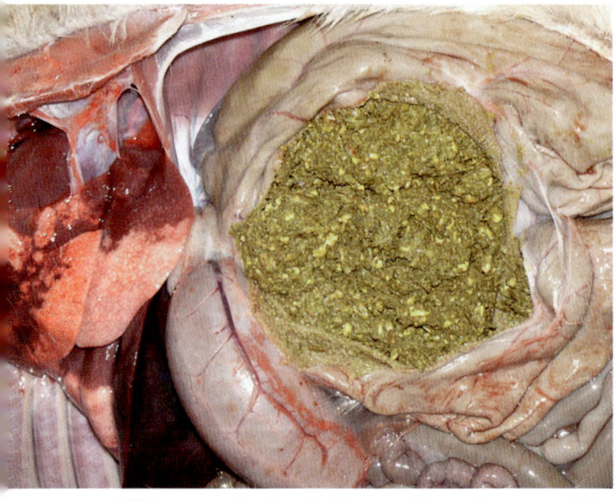

*Fütterungsbedingte Pansenübersäuerung (hier Rehkitz) als häufige Fallwildursache*

*Ein Vertreiben in ungeeignete Wintereinstände kann tödlich enden.*

*Räudefälle und Verkehrsfallwild kommen ganzjährig, aber unterschiedlich häufig vor.*

ter kein oder wenig Wild stehen würde, also in relativ ungeeigneten Wintereinständen. Auch Rehwild zieht aus manchen Gebieten ohne Fütterung im Winter über einige Kilometer, um geeignete Wintereinstände aufzusuchen. Bei Rehwild werden hohe Winterverluste meist im Folgejahr schon wieder ausgeglichen, bei Gamswild dauert dies länger.

Winterfallwild wird leicht durch Störung provoziert. Für Wildtiere zeigen sich die gravierendsten Folgen der Flucht im erhöhten Energieverbrauch, der wieder durch gesteigerte Äsungsaktivität wettgemacht werden muss. Oft kommt es durch Störungen zur Vertreibung von Wild in ungeeignete Wintereinstände. In diesem Zusammenhang sei darauf verwiesen, dass neben den touristischen auch die jagdlichen Aktivitäten mitbestimmend sind. Vor allem bei Schalenwild wird der Einfluss vorhandener Freizeitaktivitäten durch hohen Jagddruck erheblich intensiviert. VÖLK (1995) spricht in diesem Zusammenhang von der Gefahr der wechselseitigen Aufschaukelung durch jagdbedingte erhöhte Scheuheit des Wildes.

Auswirkungen von mehrfachen Störereignissen können Änderungen im Verhalten, Konditionsschwächung, Abwehrschwächung gegen Krankheiten und damit erhöhte Krankheitsanfälligkeit, sinkende Fruchtbarkeit sowie erhöhte Gefährdung durch Beutegreifer sein. Zusätzliche Zufälle, wie Steinschlag, Lawinen oder das Abdrängen von Schalenwild durch den Menschen in ungeeignete Wintereinstände, fordern alljährlich zahlreiche Opfer. Reiflich zu überlegen ist auch das Beschießen von größeren Gams-, Stein- oder Rotwildrudeln bei höheren Schneelagen, um beispielsweise ein schwaches Kitz oder Kalb als „Hegeabschuss" zu erlegen. Durch die Schussabgabe und spätere Wildbergung (bei zu geringen Wartezeiten!) wird das restliche Rudel meist stark beunruhigt und verliert nötige Energiereserven, was weitere Stücke gefährdet.

# Grobe Diagnose durch den Jäger – Entscheidungen für weiteres Vorgehen

*Besonders im Frühjahr ist mit Fallwild zu rechnen. Bei Auffinden eines Stückes stellt sich meist die Frage nach der Ursache oder auch nach weiterführenden Untersuchungen. Einige Fallwildursachen sind durch den Jäger selbst zu erkennen. Spätestens bei einem Seuchenverdacht sind jedoch entsprechende Schritte einzuleiten.*

## Untersuchungen geben wertvolle Informationen

Fallwilduntersuchungen – vorausgesetzt wird ein relativ guter Erhaltungszustand des Stückes – sind nicht nur als Einzelbefunde zu sehen, sie geben auch einen wertvollen Rückschluss auf den Gesundheitsstatus einer Wildpopulation und zudem einen Überblick über eine Region. Allein das Spektrum der regional gefundenen Krankheitserreger hat großen Informationswert, kann man doch bei „noch gesunden" Stücken gezielt auf spezifische Anzeichen dieser Krankheiten achten und gegebenenfalls danach untersuchen. Da viele Wildkrankheiten auch humanmedizinisch von Bedeutung sind, dienen solche Aufklärungen auch dem Selbstschutz. Besonders wenn es sich um gehäufte Fallwildfunde in kurzer Zeit oder um auf den Menschen übertragbare Erkrankungen – so genannte Zoonosen – handelt, werden neben gezielten Untersuchungen auch hygienische Maßnahmen empfohlen.

## Grobuntersuchung durch den Jäger

Will der Jäger selbst eine grobe Untersuchung der Verendensursache durchführen, weil der Erhaltungszustand eine Einsendung nicht mehr zulässt oder eine Bergung des Stückes nicht möglich ist, so sollen zumindest drei wesentliche Merkmale beachtet werden:

- **Alter des Stückes:** überalterte Stücke kümmern häufig, da Zahnabrieb/-verlust zu einer Mangelernährung führen.
- **Aus-der-Decke-Schlagen:** dabei werden allfällige Schussverletzungen, Biss- bzw. Rissverletzungen oder Verletzungen, wie z. B. durch eine Kollision mit einem Fahrzeug, sichtbar.
- **Aufschärfen des Weidsackes:** damit ist die häufige Verendensursache „akute Pansenübersäuerung" abzuklären.

Eine wesentliche Voraussetzung, nicht nur für eine Gesundheitsüberwachung bei Wildtieren, sondern auch für geeignete Gegen- und Schutzmaßnahmen, sind Kenntnisse über Wildtierbestände, ihren Gesundheitsstatus und ihre Entwicklungstendenzen.

Hier öffnet sich für (Berufs)Jäger ein breites Betätigungsfeld, welches nur früh genug besetzt werden sollte. Eine intensive und fachkundige Auseinandersetzung der Jäger mit den Themen „Wildtiergesundheit" sowie eine entsprechende Verantwortung für Wildpopulationen werden neben der Lebensmittelproduktion (Wildbret) zukünftig Hauptargumente für die Aufrechterhaltung der Jagd in annähernd gewohnter Art und Weise darstellen.

### Jahreszeitliche Häufungen

Jahreszeitliche Häufungen von Krankheitsfällen wie bei Pseudotuberkulose bei Feldhasen dürften im Herbst nicht nur wegen der höheren Beobachtungsfrequenz bzw. der herbstlichen Jagdzeit auf Hasen zu verzeichnen sein. Ein wesentlicher prädisponierender Faktor in Feldrevieren ist nach dem Abernten der Felder ein stark verkleinerter Lebensraum zu Zeiten hoher Bestandsdichten, der zu innerartlichem Stress

*Hier ist eine Ursache des Verendens nicht mehr feststellbar.*

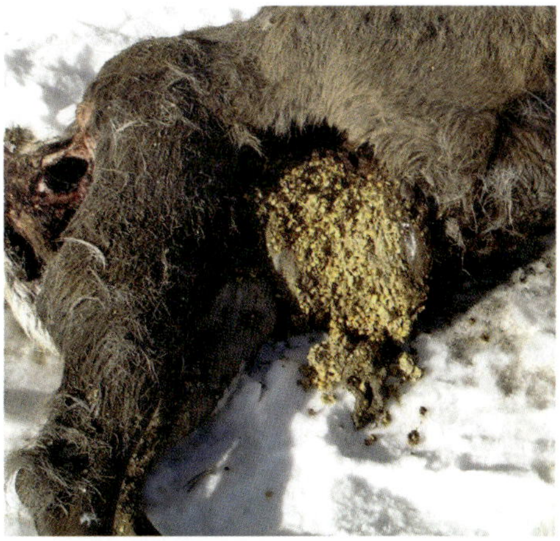

*Eine akute Pansenübersäuerung ist auch für Rotwild tödlich!*

*Fallwild in Fütterungsnähe ist häufig fütterungsbedingt.*

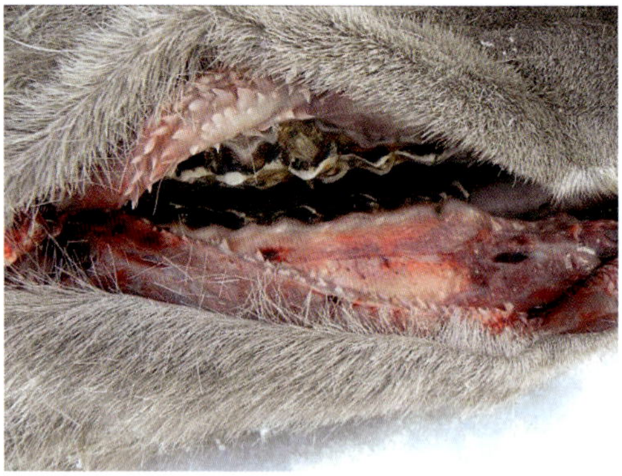

*Ein Blick in den Äser verrät ein sehr hohes Alter als (Mit)Grund für die Abmagerung des Rottieres.*

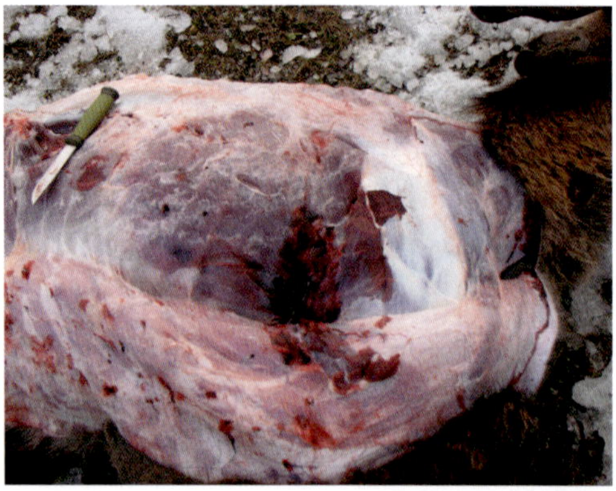

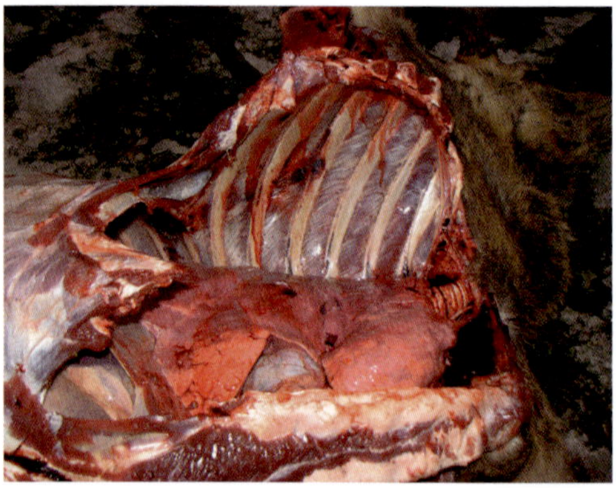

*Nach einer Sektion steht die Diagnose häufig fest, hier: Hirsch bei Fütterung geforkelt – Anzuraten ist immer ein Blick unter die Decke!*

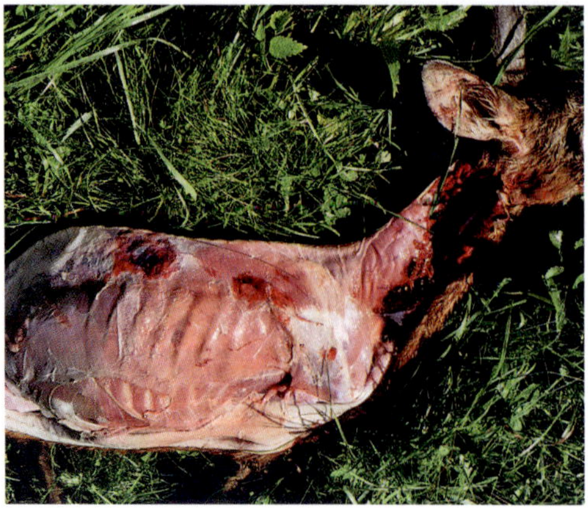

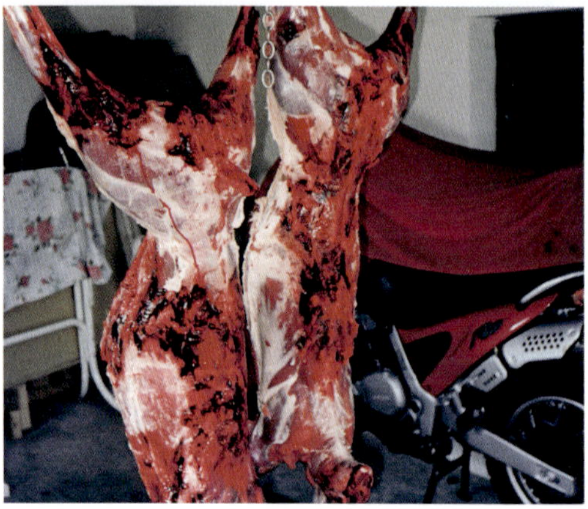

*Ein Blick unter die Decke verrät auch in diesen Fällen die Verendensursache (Luchs-, Hunderiss).*

und verbunden mit nasskalter Witterung zu einem enormen Infektionsdruck führt. Andere Krankheitsdaten, wie z. B. Gamsräude- oder Gamsblindheitsfälle, haben schon auch jahreszeitliche Abhängigkeiten, sind jedoch ebenfalls stark von der Beobachtungsfrequenz durch die Jäger abhängig, die naturgemäß zur Schusszeit und zu Zeiten einer normalen Begehbarkeit von Extremlebensräumen eine häufigere ist.

## Ernährungszustand

Bei schlechtem Ernährungszustand sind besonders die Knochen der Schulter, des Beckens, die Dorn- und Querfortsätze der Wirbelsäule und die Rippen deutlich sicht- und tastbar. In der Winterdecke ist die Beurteilung des Ernährungszustandes schwieriger als im kürzeren und weniger dichten Sommerhaar. Die Ursachen für einen schlechten Ernährungszustand können neben Äsungs- bzw. Futtermangel auch Verletzungen oder Krankheit sein. Wildbret von deutlich abgemagerten Stücken ist – unabhängig von der Ursache der Abmagerung – stets untauglich.

Eine wesentliche Auswirkung auf die spätere Körperentwicklung hat bereits die Konstitution des Muttertieres, das Vorliegen von Mehrlingsträchtigkeiten oder der frühe Verlust des Muttertieres. Fleischhygienisch ist eine Kleinwüchsigkeit mit normalen Körper- und Muskelproportionen unbedenklich, eine deutliche Abmagerung schließt jedoch die Verwendung des Wildfleisches aus.

Eine der häufigsten Ursachen für ein Kümmern – besonders von Jungwild – sind **Parasitosen**. Im Rahmen dieser Übersicht soll nur auf die verbreitetsten Parasitosen sowie auf ihre wesentlichsten Symptome eingegangen werden.

Eine sichere Diagnosestellung ist nur über eingehende parasitologische Untersuchungen (Losung, Or-

**Einige Ursachen für Kümmern bzw. Abmagern bei Wildtieren**

| Ursache | vorwiegende Altersgruppe |
|---|---|
| Äsungs-/Futtermangel, Vitamin- und Mineralstoffmangel | alle Altersgruppen |
| Mehrlingsgeburten, Verlust des Muttertieres | überwiegend Jungwild |
| Parasitosen | Kitze, Kälber, Lämmer, Jährlinge |
| Infektionskrankheiten | in allen Altersgruppen |
| Verdauungsstörungen, Fremdkörper | in allen Altersgruppen |
| Zahnanomalien, Zahnverlust | überwiegend ältere Stücke |
| Krankheiten des Bewegungsapparates | altersunabhängig |
| Stress (extern oder innerartlich) | überwiegend Jungwild |
| Tumoren, weitere seltene Einzelbefunde | altersunabhängig |

**Häufige Parasitosen des Schalenwildes**

| Parasiten | Symptome |
|---|---|
| Labmagen-, Dünndarmwürmer | Durchfall, Kümmern, Parasiten im Labmagen und Darm |
| Lungenwürmer | Husten, Wurm- und Brutknoten in den Lungen |
| Bandwürmer | Bandwurmglieder im Darm bzw. auf der Losung |
| Großer/Kleiner Leberegel | verdickte Gallengänge und Leberegel in der Leber |
| Nasen-Rachendassel | Niesen, Husten, Larven in Nasengängen und Rachen |
| Hautdassel | Larven und evtl. Abszesse in der Unterhaut (Rücken) |

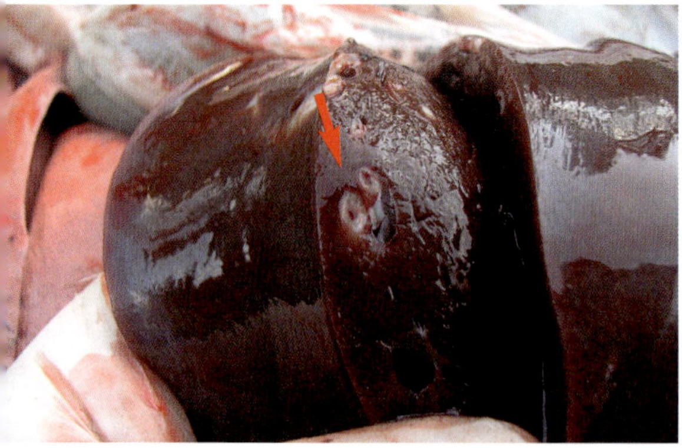

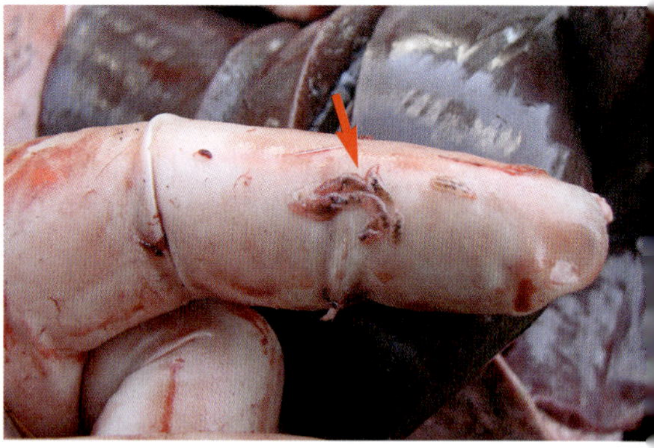

*Befall mit Kleinen Leberegeln (Muffel-Schmalschaf): Verdickte Gallengänge und Parasiten (Pfeile) werden häufig übersehen.*

ganteile) möglich. Losungsproben zur parasitologischen Untersuchung müssen ganz frisch sein. Der günstigste Zeitraum für eine Untersuchung ist März/April bis September/Oktober, da die Ausscheidung von Parasiten, -eiern und -larven im Winter geringer ist.

Seltener als Parasitosen sind bakterielle und virale **Infektionskrankheiten** wie z. B. Aktinomykose, Pseudo- und Paratuberkulose, Tuberkulose, bakterielle Leber- oder Lungenentzündungen sowie Listeriose. Für eine bakteriologische oder virologische Untersuchung dürfen die Proben nicht mit Alkohol oder Formalin fixiert sein.

Sowohl **Verdauungsstörungen**, wie auch **Fremdkörper** in den Vormägen sind überwiegend Fütterungsfehler, Durchfälle treten aber auch bei der Futterumstellung im Frühjahr und bei kurzem, rohfaserarmem und eiweißreichem „Nachaufwuchs" im Herbst auf. Fütterungsfehler, verdorbene oder nicht wiederkäuergerechte Futtermittel führen zu Verdauungsstörungen, die von Durchfällen und auch Abmagerung begleitet sind. Fremdkörper (Plastikfolien oder -sackerln, Silofolien u.ä.) können Passagehindernisse in den Vormägen darstellen und somit ein Kümmern hervorrufen.

## Organveränderungen häufig

Häufig denkt ein Jäger gar nicht an die Möglichkeit krankhafter Organveränderungen, wenn das erlegte Stück Wild beim Ansprechen ein normales Verhalten zeigte und äußerlich gesund schien. Ein normales Verhalten ist aber kein Indikator für das Fehlen von Organveränderungen. Tatsächlich muss davon ausgegangen werden, dass kaum ein Wildtier völlig frei von krankhaften Organveränderungen ist. So zeigen beispielsweise regional über 90 % der erlegten Rehe oder Gämsen einen Befall mit Kleinen Lungenwürmern mit entsprechenden deutlichen Lungenveränderungen. Ein Befall mit Kleinen Leberegeln wird häufig übersehen, da die Leber entweder nicht angeschnitten wird oder die verdickten Gallengänge bzw. die daraus austretende missfärbige Gallenflüssigkeit samt 2 bis 3 mm langen Parasiten nicht erkannt wird. Unbedingt notwendig für das Erkennen selbst geringerer Abweichungen ist ein geschultes Auge und einen Wissen um den „Normalzustand", dieser erfordert ein ständiges „Training" auch an gesunden Stücken.

## Wildtierproben entnehmen und einsenden

Nur wenige Krankheiten sind bereits beim Aufbrechen bzw. mittels Sektion zu diagnostizieren, meist sind weiterführende bakteriologische, parasitologische, virologische oder histologische (feingewebliche) Untersuchungen nötig. Untersuchungsmaterial sind ganze Tierkörper (nicht eröffnet), Körperteile oder Organe, Tumoren oder auch Blut-, Harn- oder Losungsproben.

Das Material wird – je nach gewünschter Untersuchung – entweder frisch oder konserviert übermittelt. Das Ergebnis einer Untersuchung ist stark abhängig von der Qualität der Probennahme, der Frische des Materials, der Umgebungstemperatur, dem Begleitbericht sowie von der Verpackung und vom Versand.

Ein **Begleitbericht** muss zumindest folgende Angaben enthalten: Name und Anschrift des Einsenders, gewünschte Untersuchungen, Art des Untersuchungsmaterials (z. B. Wildart, Geschlecht, Alter), Datum der Erlegung oder des Auffindens, Auffälligkeiten im Verhalten oder am Wildkörper und weitere Funde ähnlicher Art im Revier.

**Tierkörper** mit Organen (unaufgebrochen bzw. unausgeworfen) sollten möglichst rasch nach dem Verenden übersandt oder günstiger direkt an die Untersuchungsstelle angeliefert werden. Sie sollten nicht tiefgekühlt werden, da nach dem Tieffrieren einige Untersuchungen nicht mehr möglich sind (Rücksprache mit der Untersuchungsstelle). Das vorgekühlte Untersuchungsmaterial muss dicht verpackt (z. B. starker Plastiksack als Primärgefäß), nochmals mit dichtem Plastiksack (Sekundärgefäß) umhüllt, darauf in eine feste Außenverpackung (wie Hobbock, starker Karton) und am besten mit Kühlpatronen versehen und mit Expressdienst versandt werden. Bei flüssigen Stoffen oder der Gefahr des Ausrinnens von Körpersäften aus der Primärverpackung muss zwischen Primär- und Sekundärverpackung saugfähiges Material (z. B. Zeitungspapier) gelegt werden. Gefahrengüter (ansteckungsgefährliche Stoffe) sind als solche zu deklarieren. Eine weitere Möglichkeit der Einsendung ist jene mittels Hobbocks (wie bei der Tollwuteinsendung) über Tierärzte bzw. Amtstierärzte (bes. bei Seuchenverdacht), die überwiegend von einem medizinischen Probenversanddienst (Fa. Medlog, www.medlog.at; Bestellhotline: 0810/977100) versorgt werden. Vor der Einsendung ist auch die Finanzierung der Untersuchung abzuklären.

**Organproben** für feingewebliche Untersuchungen (Histologie) sollten möglichst unmittelbar nach der Entnahme in 7%igem Formalin fixiert und in einem dicht verschließbaren Probengefäß (Probengröße zu Formalinvolumen 1:10) verschickt werden. Falls eine bakteriologische oder virologische Untersuchung gewünscht wird, ist zusätzlich zur fixierten Probe auch nicht fixiertes Material einzusenden. Nicht fixierte Organe sollten mit Kühlelementen versandt werden.

**Geschwülste, Tumoren** sollen ab ca. 5 cm Durchmesser zur besseren Fixation geteilt oder zumindest eingeschnitten werden, damit das Fixiermedium (5–10 %iges Formalin) schneller ins Gewebe eindringen kann. Faustregel: haselnussgroßes Gewebsstück benötigt 24 Stunden zur Fixation. Konserviertes Gewebe ist jahrelang haltbar. Als Fixiermedium kann notfalls auch 70%iger Alkohol oder „Obstler" verwendet werden! Das Gewebe wird allerdings härter als mit Formalin. Die Probe soll im Fixiermedium frei schwimmen können und nicht der Wand anliegen.

Für die Einsendung von **Losungsproben** zur parasitologischen Untersuchung ist nur frisch abgesetzte, kühl gelagerte und feucht gehaltene oder aus dem

**Beispiele von Wildtierkrankheiten und geeignetes Untersuchungsmaterial**

| Krankheit (Hauptträger) | Veränderungen, Hauptsymptome | Untersuchungsmaterial |
|---|---|---|
| Brucellose (Hase, Schwarzwild) | Organabszesse, Hodenvergrößerung | veränderte Organe, Hoden |
| Tuberkulose (Rotwild) | vergrößerte Lymphknoten, (verkalkende) Knoten in Organen | veränderte Organe |
| Paratuberkulose (Wildwiederkäuer) | Abmagerung und Durchfall bei älteren Tieren, Darmwand verdickt | Darmlymphknoten, Darmtrakt |
| Räude (Gams-, Steinwild) | Juckreiz, borkige Hautveränderungen | Deckenstück |
| Kokzidiose (Federwild, Hase) | Durchfall | Darmtrakt mit Leber |
| Listeriose | zentralnervale Erscheinungen | Kopf (Gehirn) |

Weiddarm entnommene Losung (von November bis Februar wenig aussagekräftig, da im Winter wenig Parasiten ausgeschieden werden) geeignet, wobei mindestens 10 g Losung in einem dicht schließenden Gefäß nötig sind. Zur Feststellung eines Befalles mit Außenparasiten (z. B. Räudemilben) sind veränderte Deckenstücke (in Papier gehüllt und darüber mit dichtem Plastiksack umgeben, gekühlt) einzusenden.

### Untersuchungsstellen Österreich

- Forschungsinstitut für Wildtierkunde und Ökologie, Savoyenstraße 1, A-1160 Wien, Tel.: 01-489 09 15 0, Fax: 01-489 09 15 333
- AGES (Österreichische Agentur für Gesundheit und Ernährungssicherheit GmbH)
  Betriebsstätte Mödling: Robert Koch Gasse 17, 2340 Mödling; Tel: 0505 55-38112
  Betriebsstätte Linz: Kudlichstr. 27, 4021 Linz; Tel: 0505 55-45111
  Betriebsstätte Graz: Puchstraße 11, 8020 Graz; Tel: 0316-27 12 78-0
  Standort Innsbruck: Technikerstr. 70, 6020 Innsbruck; Tel: 0505 55-71111
- Landesanstalt für vet. med. Untersuchungen „Ehrental", Kirchengasse 43, 9020 Klagenfurt, Tel.: 050536-41052
- TKV-Pfarrwerfen/Salzburg; Ansprechpartner Dipl. Tzt. Gabriele Fidler, 0664-9065220; Dr. Christian Simmerstatter, Tel.: 06412-6101-6208
- ANBLICK-Leserservice: Ansprechpartner Univ. Doz. Dr. Armin Deutz, 8813 St. Lambrecht, Vogeltenn 6, 0664-3821870

### Untersuchungsstellen Deutschland

- Chemisches und Veterinäruntersuchungsamt Stuttgart, Schaflandstraße 3/3, 70736 Fellbach
- Chemisches und Veterinäruntersuchungsamt Freiburg, Am Moosweiher 2, 79108 Freiburg i. B.
- Chemisches und Veterinäruntersuchungsamt Karlsruhe, Außenstelle Heidelberg, Czernyring 22 a/b, 69044 Heidelberg
- Chemisches und Veterinäruntersuchungsamt Rhein-Ruhr-Wupper, Deutscher Ring 100, 47798 Krefeld
- Bayerisches Landesamt für Gesundheit und Lebensmittelsicherheit, Dienststelle Erlangen (Hauptsitz), Eggenreuther Weg 43, 91058 Erlangen
- Bayerisches Landesamt für Gesundheit und Lebensmittelsicherheit, Dienststelle Oberschleißheim, Veterinärstraße 2, 85764 Oberschleißheim
- Landeslabor Berlin-Brandenburg, Invalidenstraße 60, 10557 Berlin
- Landesuntersuchungsamt Bremen, Lloydstraße 4, 28217 Bremen
- Landesbetrieb Hess. Landeslabor - Abt. II - Standort Kassel, Druseltalstraße 67, 34131 Kassel
- Staatliches Veterinäruntersuchungsamt Südhessen, Deutschordenstraße 48, 60528 Frankfurt/Main
- Landesbetrieb Hessisches Landeslabor Hauptsitz, Marburger Straße 54, 35396 Giessen
- Landesbetrieb Hessisches Landeslabor Abt. III/IV, Kurfürstenstraße 6, 65203 Wiesbaden
- Landesveterinär- und Lebensmitteluntersuchungsamt Neubrandenburg, Postfach 1804, 17008 Neubrandenburg
- Landesamt für Landwirtschaft, Lebensmittelsicherheit und Fischerei, Mecklenburg-Vorpommern, Thierfelderstraße 18, 18059 Rostock
- Landesveterinär- und Lebensmitteluntersuchungsamt Schwerin, Neumühler Straße 10-12, 19057 Schwerin
- Landesamt für Verbraucherschutz und Lebensmittelsicherheit Veterinärinstitut Oldenburg, Philosophenweg 38, 26121 Oldenburg
- Staatliches Veterinäruntersuchungsamt Arnsberg, Zur Taubeneiche 10-12, 59821 Arnsberg
- Chemisches und Veterinäruntersuchungsamt Ostwestfalen-Lippe, Westerfeldstraße 1, 32758 Detmold
- Chemisches und Veterinäruntersuchungsamt Münsterland-Emscher-Lippe, Joseph-König-Straße 40, 48147 Münster
- Landesuntersuchungsamt Rheinland-Pfalz, Blücherstraße, 56068 Koblenz

- Landesuntersuchungsanstalt für das Gesundheits- und Veterinärwesen Sachsen, Standort Dresden, Jägerstraße 8/10, 1099 Dresden
- Landesamt für Verbraucherschutz Sachsen-Anhalt, Haferbreiter Weg 132-135, 39576 Stendal
- Landeslabor Schleswig-Holstein, Max-Eyth-Straße 5, 24537 Neumünster
- Thüringer Landesamt für Lebensmittelsicherheit und Verbraucherschutz, Juri-Gagarin-Ring 124, 99084 Erfurt
- Thüringer Landesamt für Lebensmittelsicherheit und Verbraucherschutz, Tennstedter Straße 8/9, 99947 Bad Langensalza

## Untersuchungsstellen Schweiz

- Zentrum für Fisch- und Wildtiermedizin, Länggassstrasse 122, 3001 Bern, Tel: 0316312443
- Institut Galli-Valerio, Labortatoire d'analyses veterinaires, Rue Cesar-Roux 37, 1014 Lausanne, Tel: 0213163900

# Übersicht über die Wildkrankheiten

In diesem Kapitel werden Wildkrankheiten für einige Wildarten aufgelistet und kurz beschrieben, bevor in den weiteren Kapiteln ab Seite 85 auf Erkrankungen von Organsystemen, meist unabhängig von den Wildarten, eingegangen wird. Damit ist es für den interessierten Leser möglich, sowohl nach der Wildart als auch nach allfälligen Auffälligkeiten nachzublättern.

## Gams- und Steinwildkrankheiten

Gams- und Steinwild sind als gesellige Wildarten für eine rasche Ausbreitung von Infektionskrankheiten und Parasitosen innerhalb der Rudel anfällig. Obwohl der Winter im alpinen Lebensraum alljährlich eine Auslese schwachen Wildes bewirkt, sind Gams- und Steinwildkrankheiten trotz der Anpassung dieser Wildarten an extreme Lebensräume relativ häufig.

Infolge der gegenüber anderen Schalenwildarten geringeren Zuwachsraten und der oft hohen Ausfälle durch strenge Winter und Nachwinter können zusätzliche Krankheiten für kleine Populationen existenzbedrohend sein.

Bei Gams- und Steinwild im Ostalpenraum treten häufig Räude und Gamsblindheit auf, weiters sind Gämsen relativ empfänglich für Lungen- und Bandwurmbefall. Einzelne schwere Erkrankungsfälle mit Moderhinke, Lippengrind oder Papillomatose demonstrieren ebenfalls die Krankheitsanfälligkeit dieser alpinen Wildarten. Zu hohe Wilddichten, Unruhe (wie Tourismus oder hoher Jagddruck bes. im Winter bei hohen Schneelagen) und für diese Wildarten ungeeignete oder suboptimale Lebensräume stellen prädisponierende Faktoren für den Ausbruch von Massenerkrankungen dar.

**Einteilung der wichtigsten Erkrankungen des Gams- und Steinwildes im Alpenraum**

| Einteilung | | Krankheit/Erreger |
|---|---|---|
| Erregerbedingte Erkrankungen | Bakterielle Erkrankungen | Gamsblindheit (*Mycoplasma conjunctivae*)<br>Tuberkulose (*Mycobacterium* spp.)*<br>Paratuberkulose (*M. avium* subsp. *paratuberculosis*)<br>Bakt. Lungenentzündung (*Mannheimia* spp., *Pasteurella* spp.)<br>Moderhinke (*Fusobacterium necrophorum* und *Dichelobacter nodosus*)<br>Dermatophilose (*D. congolensis*)*<br>Brucellose (*Brucella* spp.)*<br>Salmonellose (*Salmonella* spp.)* |
| | Parasitäre Erkrankungen | Räude (*Sarcoptes rupicaprae*)*<br>Befall mit Bandwürmern oder Finnen (mehrere Arten)<br>Lungenwurmbefall (mehrere Arten)<br>Befall mit Magen-Darmwürmern (mehrere Arten)<br>Haarlings- und Lausfliegenbefall<br>Seltenere: Kokzidiose (bes. bei Kitzen), Leberegel |
| | Virusbedingte Erkrankungen | Lippengrind*<br>Papillomatose<br>Seltenere: Tollwut*, Maul- und Klauenseuche*, Border disease |
| | Pilzinfektionen | selten (außer bei Zootieren) |
| Nichterreger-bedingte Erkrankungen | Organ-krankheiten | Erkrankungen der Verdauungs-, Atmungs-, Harn-, Geschlechts- und Bewegungsorgane sowie des Herz-Kreislauf- und Immunsystems |
| | Tumoren | z.B. Leber-, Gallengangs- oder Hodentumoren |
| | Missbildungen | Schalenmissbildungen, angeborene Missbildungen |
| | Regelwidrig-keiten | Hauthörner |

** Mögliche Infektionsgefahr für den Menschen*

In der überwiegenden Zahl der Fälle sind am Ausbruch schwerer Erkrankungen an Einzeltieren oder bei Massenerkrankungen negative Umweltfaktoren, prädisponierende Faktoren seitens der Wildtiere selbst oder Eigenschaften der Krankheitserreger beteiligt („Faktorenkrankheiten").

Die folgende Kurzbeschreibung soll das Erkennen von Krankheiten erleichtern, die Einsendung von Untersuchungsmaterial in Zweifelsfällen fördern, einen Beitrag zur Wildbrethygiene leisten und auf mögliche Infektionsgefahren für den Jäger hinweisen. Weiters wird dadurch die Mitverantwortung der Jäger für die Gesunderhaltung der Wildtierbestände unterstrichen und damit auch ein Beitrag zu positiver Öffentlichkeitsarbeit der Jagd geliefert. Auf Erkrankungen wie Gamsblindheit, Räude, Moderhinke und Paratuberkulose sowie auf Maßnahmen zu deren Bekämpfung, wird in eigenen Kapiteln ab Seite 149 eingegangen.

## Dermatophilose (Z! – Zoonose)

Eine erst selten nachgewiesene, aber sicherlich häufiger vorkommende Hauterkrankung beim Gamswild ist die Dermatophilose. Dabei handelt es sich um eine durch die Bakterienspezies *Dermatophilus congolensis* verursachte, akut bis chronisch verlaufende, übertragbare Hautkrankheit. Es überwiegen milde Verlaufsformen, bei denen nach Wegfall hautschädigender Einflüsse Selbstheilungen vorkommen. In generalisierten Fällen kann sie jedoch zum Tode führen.

Die Dermatophilose kommt vorwiegend in wärmeren Klimazonen, vereinzelt aber auch in Europa, bei über 30 Tierarten, wie z. B. Rindern, Pferden, Ziegen, Schafen, Fleischfressern, Schweinen, Nagetieren, Marderartigen, sowie gelegentlich beim Menschen vor.

International wird eine Ausbreitung dieser Erkrankung beobachtet. In Österreich wurde 1998 vom Autor gemeinsam mit der Bundesanstalt für veterinärmedizinische Untersuchungen in Graz das Vorkommen der Dermatophilose bei Rind, Pferd und Gamswild erstmalig nachgewiesen (DEUTZ u. HINTERDORFER, 1997). Bislang war die Dermatophilose bei Gamswild nur in der Schweiz beschrieben worden.

*Beginnende Dermatophilose am Nasenrücken eines Gamskitzes*

Die Ansteckung erfolgt über Hautverletzungen und Ektoparasiten, während dem direkten Tierkontakt geringere Bedeutung zuzukommen scheint. Begünstigend für das Auftreten sind längere Regenperioden (Aufweichung der oberen Hautschichten), intensive Sonnenbestrahlung, andere Hautinfektionen oder Zeckenbisse. Dermatophilose beginnt mit dem Aufrichten einzelner Haarbüschel und Krustenbildung. Innerhalb einiger Wochen entwickeln sich haarhaltige, schwer entfernbare Borken ohne Juckreiz (Unterschied zur Räude!). Diese Veränderungen können sowohl mit Räude als auch mit Lippengrind verwechselt werden. Das Wildbret von an Dermatophilose erkrankten Gämsen ist nach Entfernung veränderter Stellen verwertbar, sofern das Stück nicht abgemagert ist oder weitere Auffälligkeiten zeigt, die eine Verwertung ausschließen.

## Brucellose (Z!)

Weiters von Bedeutung sind serologische Befunde von Brucellose bei freilebendem Gams-, Stein- und Muffelwild in Frankreich. Es ist durchaus anzunehmen, dass Brucellose auch im Ostalpenraum beim Gamswild vorkommt. Gebiete mit einem hohen Anteil sog. Geltgeißen sind verdächtig. An gegenseitige Ansteckungen zwischen Schafen/Ziegen und Gams-/Steinwild muss gedacht werden. Eine ein- oder beidseitige Vergrößerung der Brunftkugeln bei Gamsböcken liefert einen Hinweis auf Brucellose und sollte diagnostisch abgeklärt werden, zumal auch eine Infektionsgefahr für den Menschen besteht.

## Salmonellose (Z!)

Einige Fälle von Salmonellose bei Gamswild traten in den Jahren 1998 und 1999 auf Almen in Tirol auf (GLAWISCHNIG et al., 2000). Erkrankte Stücke (hauptsächlich ältere Gamsböcke in ihren tieferliegenden Sommereinständen) verendeten innerhalb weniger Tage an einem akuten septikämischen Durchfallgeschehen. Als Infektionsquellen konnten Salmonellen-ausscheidende Rinder identifiziert werden, die besonders Tränkeplätze, aus denen auch Gämsen schöpften, mit Erregern kontaminierten.

## Endoparasiten

Unter den **Endoparasitosen** sind bei Gams- und Steinwild besonders Lungenwürmer, Bandwürmer und Magen-Darmwürmer von größerer Bedeutung. Gleich wie die Ektoparasitosen treten auch Endoparasitosen als Faktorenkrankheiten massiver bei negativen Umweltfaktoren (Stress, Überbesatz, suboptimale Lebensräume usw.) auf. Einige Endoparasiten sind auch zwischen Gams- und Steinwild bzw. auch zwischen diesen und Schafen und Ziegen wechselseitig übertragbar, überwiegend trägt jedoch jede Art ihre eigene Parasitenfauna. In den letzen Jahren sind hochgradige Parasitosen bereits in immer höheren Lagen feststellbar, was auf die steigenden Jahresdurchschnittstemperaturen zurückgeführt wird.

## Lippengrind (Z!)

Lippengrind (*Ecthyma contagiosum*) ist eine virusbedingte Infektionskrankheit (Parapockenviren), die bei Wildtieren fast ausschließlich bei Gams- und Steinwild (seltener Rotwild) und darüber hinaus bei Hausschafen und -ziegen sowie nach Kontakt mit erkrankten Tieren auch beim Menschen auftritt. Die Erkrankung verläuft meist ohne deutliche Beeinträchtigung der infizierten Tiere, weiters ist die Selbstheilungsrate relativ hoch. Die Erreger dringen über Haut- oder Schleimhautverletzungen (Äser, Lecker, Läufe) ein und verursachen blasenartige Veränderungen und später geschwürige Entzündungen an Äser, Lippen, Gaumen, Lecker und seltener an den Extremitätenenden. Durch die Veränderungen im Äserbereich wird bei Komplikationen in hochgradigen Fällen die Äsungsaufnahme erschwert bis unmöglich, was Todesfälle infolge Entkräftung und Verhungerns hervorruft.

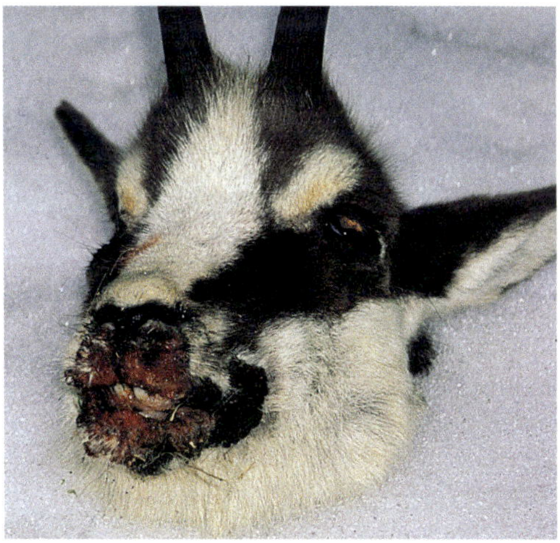

*Lippengrind, Gamsgeiß*

Lippengrind kommt fast nur im Winter und hauptsächlich bei jungen oder schwachen Stücken vor, was auf zusätzliche prädisponierende Faktoren (Harschschnee, extreme Witterung, Äsungsknappheit, Beunruhigung usw.), die zum Angehen dieser Erkrankung führen, hindeutet.

Im Frühjahr kommt es durch die verbesserten Lebensbedingungen nicht selten zu Selbstheilungen. In abgefallenen Hautkrusten kann der Erreger mehrere Jahre überleben und infektiös bleiben.

Beim Menschen können nach Kontakt mit an Lippengrind erkrankten Tieren Erreger über Hautwunden eindringen, die nach 3 bis 7 Tagen vorwiegend an Händen, Armen, Hals sowie im Gesicht oder Nacken Bläschen, Pusteln und Krusten hervorrufen. Diese Veränderungen heilen i.d.R. innerhalb weniger Wochen komplikationslos ab. Daneben werden vereinzelt Fieber, Lymphknotenschwellungen oder Gelenksschmerzen beobachtet.

Erkrankte Stücke sind möglichst ohne starke Beunruhigung des restlichen Bestandes zu erlegen sowie bei Auftreten mehrerer Fälle die Salzlecken (häufige Ansteckungsquelle) zu entfernen.

## Papillomatose

Die durch Papovaviren verursachte Papillomatose mit erhabenen, warzenartigen Veränderungen (bei Lippengrind meist eingesenkte Geschwüre) an den Schleimhäuten der Verdauungsorgane oder der Haut (besonders an den Läufen) wurde bisher bei Gams- Stein-, seltener bei Rot-, Dam- und Rehwild sowie Hasen und Wildkaninchen nachgewiesen. Die Übertragung erfolgt über kleine Wunden, Insektenstiche, direkten Kontakt oder auch bei Salzlecken. Krankheitserscheinungen treten hauptsächlich im Winter auf, können die Nahrungsaufnahme behindern (Papillomatose im Äserbereich, an der Zunge, in der Speiseröhre oder im Vormagensystem) oder zu Bewegungsstörungen (Papillomatose an den Läufen) führen. Im Frühjahr heilt die Papillomatose in den überwiegenden Fällen wieder ab.

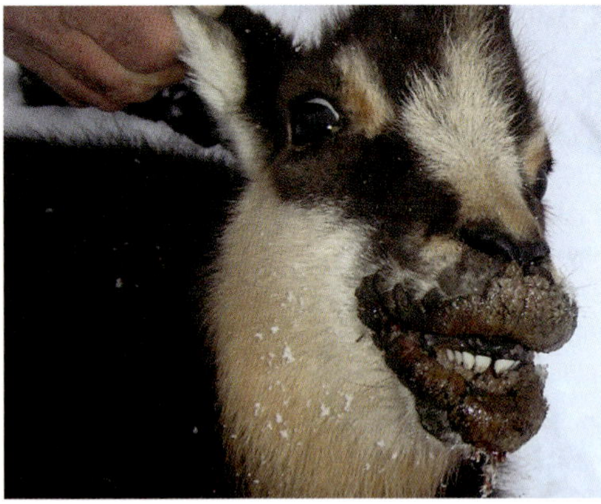

*Papillomatose, Gamskitz*

### Grundsätzliche Bekämpfungsmaßnahmen

Grundsätzliche Bekämpfungsmaßnahmen gegen Gams- und Steinwildkrankheiten sind:

- Etablierung eines effektiven Informationssystems über Gams- und Steinwildbestände, auftretende Krankheiten und jagdliche Eingriffe,
- verstärkte Untersuchung von erkrankten und verdächtigen Stücken,
- Anpassung der Wildbestände an den jeweiligen (Winter-)Lebensraum,
- die Bejagung von erkrankten Tieren sollte möglichst wenig Unruhe im Revier verbreiten,
- möglichst frühzeitige Abschusserfüllung, reduzierter Jagddruck ab November

# Krankheiten des Reh- und Rotwildes

## Schwaches Reh- und Rotwild

Abgemagertes und kümmerndes Reh- und Rotwild kann besonders zu Beginn der Schusszeit einen großen Streckenanteil ausmachen. Eine schlechte körperliche Entwicklung sollte nicht dazu verleiten, diese Stücke nicht zu erlegen und zu warten, bis sie vielleicht über den Sommer den einen oder anderen Kilo zunehmen – nur zu leicht werden schwache Rehe im Zuge von Einstandskämpfen zu Straßenverkehrsopfern oder sie verenden bei weiter fortschreitender Abmagerung, was jeweils Totalverluste zur Folge hat. Außerdem kann bei Vorliegen ansteckender Krankheiten von diesen Stücken eine Infektionsgefahr für noch gesundes Wild ausgehen.

*Verwaiste (mutterlose) Stücke kümmern meist.*

Eine wesentliche Auswirkung auf die spätere Körperentwicklung hat bereits die Konstitution des Muttertieres, das Vorliegen von Mehrlingsträchtigkeiten beim Reh oder der frühe Verlust des Muttertieres. Frühzeitige Verluste der Muttertiere sind besonders in straßenreichen Revieren häufig, können jedoch auch jagdlich bedingt sein. Bei verwaisten Stücken sind außer Kleinwüchsigkeit, einer gewissen Orientierungslosigkeit durch fehlende Führung und eventuell verzögertem Verfärben oft keine abnormen Veränderungen feststellbar. Natürlich sind diese Stücke auch anfälliger gegenüber Infektionskrankheiten und Parasitosen, sodass eine Ursache von einer weiteren überdeckt werden kann.

Eine der häufigsten Ursachen für ein Kümmern – besonders von Jungwild – sind Parasitosen.

Auf die verbreitetsten Endo- und Ektoparasitosen sowie auf ihre wesentlichsten Symptome wird in einer Übersicht auf Seite 57 eingegangen. Eine sichere Diagnosestellung ist nur über eingehende parasitologische Untersuchungen (Losung, Organteile) möglich.

## Infektionskrankheiten

Seltener als Parasitosen sind beim Rehwild bakterielle und virale Infektionskrankheiten wie z. B. Aktinomykose, Listeriose, bakterielle Leber- oder Lungenentzündungen oder Leukose. Von der Aktinomykose, die als Knochen- oder seltener Weichteilaktinomykose (Zunge) auftritt, ist vorwiegend der Unterkieferknochen betroffen, wo die bakteriellen Erreger besonders zur Zeit des Zahnwechsels einzudringen vermögen. Listeriose, die u.a. durch Fütterung mit verdorbener Silage entstehen kann, tritt auch bei Rotwild auf und kann auch zu Fruchtbarkeitsstörungen (Abortusfälle) führen. Beim Vorliegen von Leber- oder Lungenveränderungen – besonders bei Abszessbildungen – oder sonstigen auffälligen entzündlichen Veränderungen ist im Rahmen der Wildfleischuntersuchung unbedingt ein Tierarzt beizuziehen.

Bei allen Schalenwildarten verursacht seit rund 10 Jahren **Paratuberkulose** verstärkt Probleme (S. 151). Beim Rotwild und in Einzelfällen beim Reh traten in den letzten Jahren in Westösterreich, Südwestdeutschland und Südtirol **Tuberkulose (Z!)** auf (S. 149).

*Abgemagertes Reh mit Durchfall – siehe Sprunggelenke (Paratuberkulose oder Parasitose?)*

## Erkrankungen des Verdauungstraktes

Sowohl Verdauungsstörungen wie auch Fremdkörper in den Vormägen sind überwiegend menschlich verursacht, Durchfälle treten aber auch bei der Äsungsumstellung im Frühjahr auf. Fütterungsfehler, verdorbene oder nicht wiederkäuergerechte Futtermittel führen zu Verdauungsstörungen, die von Durchfällen und auch Abmagerung begleitet sind. Fremdkörper (Plastikfolien oder -sackerln u.ä.), die von Wanderern unachtsam weggeworfen werden oder im Futter (z. B. Silagefolien) enthalten sind, können Passagehindernisse in den Vormägen darstellen und somit ein Kümmern hervorrufen. Bei deutlicher Abmagerung sind die Tierkörper genussuntauglich.

Wie bei der Knochenaktinomykose am Unterkiefer können auch Zahnanomalien oder hochgradiger Zahnabschliff bzw. -verlust bei alten Rehen zu Problemen bei der Äsungsaufnahme und beim Kauen führen. Beim Wiederkäuer wirken häufig der Zahnabschliff und -verlust lebensbegrenzend.

## Erkrankungen des Bewegungsapparates

Krankheiten des Bewegungsapparates, wie Knochenbrüche oder Auswachsen der Schalen behindern Wild in der Äsungsaufnahme sowie beim Reh in der Behauptung von guten Einständen und führen daher zu Abmagerung. Knochenbrüche (außer frische, durch Erlegung bedingte) sind bei der Wildfleischuntersuchung als Auffälligkeit zu bewerten, sie verlaufen häufig mit eitrigen Veränderungen (Gelenke, Leber, Muskulatur).

### Weitere Gründe für Kümmern

Sowohl innerartlicher Stress bei zu hohen Wilddichten als auch Stress von Seiten der Umwelt (Beunruhigung, Äsungsangebot, Witterung usw.) führen besonders unter schlechten Lebensraumverhältnissen zum Kümmern hauptsächlich bereits ohnedies schwächerer Stücke. Tumorerkrankungen und weitere Einzelbefunde (Verletzungen, Gelenksentzündungen, Organveränderungen, Verdacht auf chronische Vergiftungen usw.) stellen weitere Abmagerungsursachen dar. Besonders beim Auftreten mehrerer ungeklärter Fälle von abgemagerten oder kümmernden Stücken in einem Revier muss es im Interesse des Jagdinhabers liegen, entsprechende diagnostische Schritte einzuleiten.

# Krankheiten des Schwarzwildes

## Infektionskrankheiten

Im Zusammenhang mit der Zunahme des Schwarzwildes in Mitteleuropa, der Ausdehnung des Verbreitungsgebietes und wirtschaftlich bedeutenden Krankheiten, die zwischen Wild- und Hausschweinen übertragbar sind, wie **Schweinepest** oder **Aujeszky'sche Krankheit** (Seiten 157 und 159) gewinnen diese Infektionskrankheiten wegen der damit verbundenen enormen wirtschaftlichen Schäden an Bedeutung. Die Aujeszky'schen Krankheit ist auch von Wildschweinen auf Jagdhunde übertragbar, eine Infektion endet bei Jagdhunden innerhalb weniger Tage tödlich. In Bulgarien ereignet sich aktuell ein **Maul- und Klauenseuche**-Ausbruch, der vermutlich von Wildschweinen ausgegangen ist.

Als weitere, teils auch lebensmittelhygienisch in Frage kommende Erkrankungen beim Wildschwein sind noch **Brucellose (Z!)**, **Rotlauf (Z!)**, **Leptospirose (Z!)** und **Salmonellose (Z!)** anzuführen (Z! siehe Zoonosen Schwarzwild S 227). **Tuberkulosen (Z!)** sind bei Haus- und Wildschweinen seltener als bei Haus- und Wildwiederkäuern, was auf eine gewisse Resistenz zurückzuführen ist. Meist kommt es nur zu tuberkulösen Veränderungen der Kopf- und Hals- oder Darmlymphknoten, seltener der Lungenlymphknoten.

*Parasitosen (hier Räude) spielen eher in der Gehegehaltung eine Rolle.*

## Parasitosen

Parasitosen haben außer der **Trichinose (Z!)**, die auf den Menschen übertragbar ist (Seite 229), für das Schwarzwild in freier Wildbahn eine untergeordnete Bedeutung. In Gehegen können sie infolge der höheren Dichten eine Rolle spielen.

Obige Ausführungen sollen neben Beachtung entsprechender wildbrethygienischer Sorgfalt (Aufbrechen, Transport) und der weiteren in der Wildfleischverordnung vorgesehenen Vorgangsweise (Untersuchung der Organe und des Wildkörpers, Kühlung, Trichinenuntersuchung usw.) nicht den Appetit auf schmackhaftes Wildbret vom Schwarzwild verderben, sondern einen Beitrag zur Lebensmittelsicherheit von Wildbret sowie zur Tiergesundheit liefern.

# Krankheiten des Feldhasen

Alljährlich klagen Niederwildjäger darüber, dass gute Hasenbesätze im Sommer mit Aufgang der Schusszeit nicht mehr vorhanden, dass also Hasen „verschwunden" sind. Mitschuld an diesen Beobachtungen können durchaus Krankheiten haben.

Die biologischen Daten des Feldhasen (Tragzeit 42–43 Tage, durchschnittliche Satzgröße rund 2,5 Junge, 3–4 Sätze/Jahr, Junghasensterblichkeit 70–95 %, usw.) weisen ihn bereits als Wildart mit hohen Fortpflanzungs- und Verlustraten aus. Der Feldhase gilt als eine der krankheitsanfälligsten heimischen Wildtierarten.

*Der „Ernteschock" ist ein bedeutender Umweltfaktor für das Angehen von Krankheiten.*

Den Hasenkrankheiten wird neben den Veränderungen in der Landwirtschaft und im Lebensraum, Verbauung der Landschaft, Beutegreiferdruck, Zunahme des Straßenverkehrs, Monokulturen, Einsatz von Agrochemikalien sowie Klima- und Witterungsfaktoren oder falschem Jagdmanagement eine Hauptrolle in der Reduktion der Feldhasenbestände beigemessen.

Krankheitsbedingte Hasenverluste treten gehäuft im Spätsommer und Frühherbst, besonders unter Junghasen auf. Nur wenige Autoren schätzen Krankheiten als nicht so bedeutende Faktoren für Hasenpopulationen ein.

## Faktorenkrankheiten

Viele Erkrankungen treten als so genannte Faktorenkrankheiten auf. Ein diesbezügliches Beispiel sind Infektionskrankheiten wie Pseudotuberkulose oder Pasteurellose beim Feldhasen, die vermehrt nach dem „Ernteschock", also dem großflächigen Abernten der Felder und Wiesen, verbunden mit niederschlagsreichen Witterungsphasen im Spätsommer bei zu dieser Zeit hohen Feldhasendichten auftreten. Längere Dürreperioden sind ebenfalls ein negativer Umweltfaktor, der zudem auch die Qualität der Äsungspflanzen negativ beeinflusst.

## Häufige Infektionskrankheiten

Der Anteil von Infektionskrankheiten und Parasitosen am Sektionsmaterial beträgt in zahlreichen Untersuchungen weit über 50 %. Die **Pseudotuberkulose (Z!)** (Erreger: *Yersinia pseudotuberculosis*) oder „Nagerseuche" ist eine weit verbreitete, verlustreiche, bakterielle Infektionskrankheit besonders von Wildnagern und Hasenartigen, deren Bezeichnung von den tuberkuloseähnlichen knotigen Veränderungen in verschiedensten Organen, häufig Leber, Lunge oder Milz, herrührt. Die Infektion erfolgt über Äsung, Wasser, Losung sowie seltener über Urin, Lungenschleim, Hautwunden oder den Deckakt. Die Krankheit kann innerhalb weniger Tage zum Tod führen, aber auch wochenlang dauern. Rammler scheinen häufiger zu erkranken.

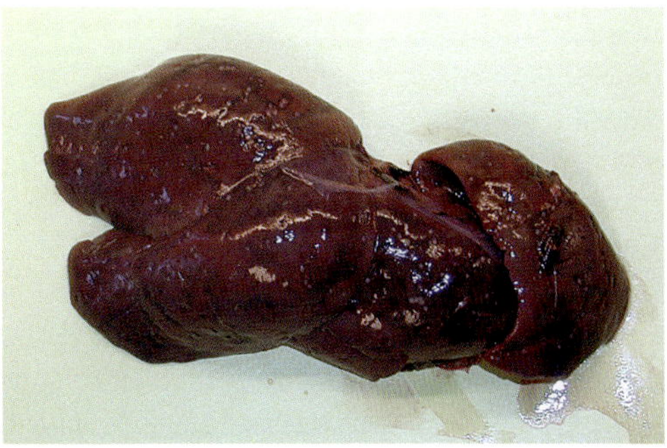

*Pseudotuberkulose (Leber): kleine tuberkuloseähnliche Knötchen*

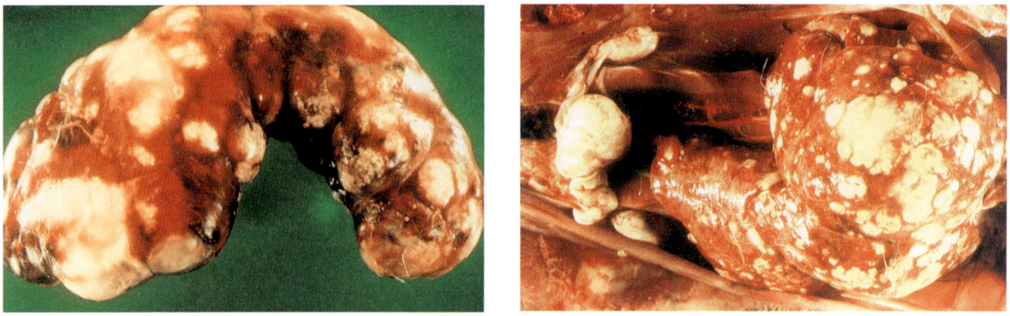

*Brucellose: hier Abszesse in Milz (links), Leber und Eierstöcken (rechts)*

### Brucellose (Z!)

Die Brucellose der Feldhasen, verursacht durch *Brucella suis*, wird seit über 100 Jahren in Mittel- und Osteuropa beschrieben. Der chronische Krankheitsverlauf führt zu Abszessen vorwiegend in Geschlechtsorganen, Milz, Leber, aber auch in Unterhaut und Muskulatur. Mit zunehmender Freilandhaltung von Hausschweinen vergrößert sich das Risiko der Übertragung von Hasenbrucellose auf Schweinebestände. Die Übertragung der Brucellose ist auch durch blutsaugende Insekten möglich.

### Tularämie (Z!)

Wie auch die beiden erstgenannten Erkrankungen kommt besonders die Tularämie (Erreger: *Francisella tularensis*) oder „Nagerpest" in regional umschriebenen Gebieten bei Nagern, Hasen und dem Menschen vor. Durch den Klimawandel wird sie sich vermutlich auf weitere Gebiete ausdehnen. Erregerreservoire stellen hauptsächlich Feldmäuse und möglicherweise Zecken dar. Der akute bis chronische Krankheitsverlauf beim Hasen ist vorwiegend gekennzeichnet von hochgradiger Milzschwellung und kleinknotigen Veränderungen der Lungen.

### European Brown Hare Syndrome (EBHS)

Das European Brown Hare Syndrome (EBHS) ist in Europa seit zwei Jahrzehnten bekannt und dürfte über Hasenimporte eingeschleppt worden sein. Es tritt vorwiegend von Oktober bis Dezember auf und befällt meist erwachsene Hasen, die unter Verlust der Scheu, Schwäche, Muskelzittern, Fieber sowie Leber- und Milzschwellung innerhalb weniger Tage verenden können.

### Pasteurellose (Z!)

Die Pasteurellose oder „Hasenseuche" galt früher als eine der verlustreichsten Hasenkrankheiten, wird jedoch in letzter Zeit seltener diagnostiziert. Der in den oberen Atemwegen vorkommende Erreger kann sich durch prädisponierende Umweltfaktoren (z. B. Kälte und Nässe) stark vermehren und im Akutfall innerhalb von 12 bis 30 Stunden zum Verenden führen.

Aus der Untersuchung von insgesamt 630 steirischen Feldhasen konnten folgende Infektionen diagnostiziert werden: Pseudotuberkulose 148 (23,5 %), Pasteurellose 37 (5,9 %), Brucellose 35 (5,6 %), Staphylokokkose 22 (3,5 %), Streptokokkeninfektion 7 (1,1 %), EBHS 6 (1 %), Listeriose 5 (0,8 %), Pockenvirusinfektionen 4 (0,6 %), Gebärmutterentzündungen 3 (0,5 %), Tularämie 2 (0,3 %) und Salmonellose 1 (0,2 %). Einen interessanten Ansatz für seroepidemiologische Untersuchungen fand HÖFLECHNER-PÖLTL (1999), indem sie den Beutegreifer Fuchs als Indikator für die Verbreitung von Tularämie und Brucellose beim Feldhasen verwendete.

Besondere Beachtung sollte das häufige Vorkommen von Zoonosen (Pseudotuberkulose, Brucellose, Tularämie) beim Feldhasen finden (Seite 233).

## Parasitosen

Von den Parasitosen des Feldhasen sind die Kokzidiose, die Trichostrongylidose und in den letzten Jahren der Lungenwurmbefall am bedeutendsten.

Als typische Faktorenerkrankungen sind die Auswirkungen der Parasitosen stark abhängig von Umweltfaktoren. Weiters können Parasitosen durch die von ihnen verursachten Organschäden Wegbereiter für Infektionskrankheiten sein (z. B.: Lungenwurmbefall > Lungenentzündung).

Kokzidiosen (einzellige Parasiten) können besonders unter Junghasen während feuchter Witterungsperioden im Sommer/Herbst schwere Verluste verursachen. Ältere Hasen erkranken selten klinisch, scheiden jedoch häufig Erreger aus.

Eine niedrige Parasitenbelastung kann sich bereits durch geringfügige Störungen (Äsungs- und Deckungsmangel, verdorbene Futtermittel, andere Infektionskrankheiten, Stress) zu einer schweren Parasitose mit Massenvermehrung der Parasiten entwickeln und massive Organschäden bzw. Todesfälle verursachen. Sowohl **Lungenwürmer** wie auch **Kleine Leberegel** sind in ihrer Entwicklung an Schnecken als Zwischenwirte gebunden. Hier ist es vorstellbar, dass die gegenüber früheren Untersuchungen starke Zunahme des Lungenwurmbefalles mit der Zunahme von Schnecken (infolge günstiger Witterungs- und Umweltbedingungen für Schnecken?) in Zusammenhang steht. Durch den Lungenwurmbefall kommt es zu Schädigungen der Lungen, sodass die Atemfunktion eingeschränkt ist. Das führt zu einer geringeren Belastbarkeit und zu einer erhöhten Anfälligkeit gegenüber anderen Krankheiten wie auch Beutegreifern. Ein Massenbefall mit **Darmwürmern** (wie *Trichistrongylus retortaeformis*) oder **Kokzidien** ruft Entzündungen im Darmtrakt, Blutarmut, Durchfälle, Abmagerung und Entwicklungsstörungen hervor. In Mitteleuropa wurde mehrfach über das Auftreten von **Toxoplasmose** bei Feldhasen, auch über Epidemien unter Hasen berichtet.

Aus der Untersuchung von insgesamt 630 steirischen Feldhasen konnten folgende Parasitosen diagnostiziert werden (DEUTZ u. HINTERDORFER, 2000): Lungenwurmbefall 140 (22,2 %), Kokzidiose 79 (12,6 %; als Krankheits- oder Todesursache), Trichostrongylidose 22 (3,5 %), Bandwurmfinnen 11 (1,7 %), Kleiner Leberegel 7 (1,1 %), Toxoplasmose 4 (0,6 %), Bandwurmbefall 2 (0,3 %), Magenwurmbefall 1 (0,2 %); sonstige Todesursachen: Verletzungen 57 (9 %; Verkehrsopfer, Bissverletzung), Tumoren 4 (0,6 %).

## Seltenere Krankheiten

Bei den nachgewiesenen Fällen von **Nekrobazillose** waren ausschließlich weibliche, erwachsene Tiere betroffen. Die Hasen zeigten hochgradige Leberveränderungen (Nekrosen) sowie Gebärmutter-, Eileiter- und Bauchfellentzündungen. Als Eintrittspforte werden feuchte Sassen und Deckverletzungen mit aufsteigender Infektion der Gebärmutter und Streuung über den Blutweg in die Leber vermutet. Nach dem Winterbeginn 2005 mit geschlossener Schneedecke von ca. 30 cm traten Fälle von **Fettgewebsnekrosen** bei in gutem Ernährungszustand befindlichen, erlegten Hasen auf. Das gelblich-bräunliche Depotfett war von trockener, grießiger Schnittfläche. Da derartige Veränderungen weder vorher noch nachher beobachtet werden konnten, wird vermutet, dass der plötzliche Wintereinbruch mit heftigen Schneefällen, verbunden mit veränderter Äsungssituation (z. B. verschimmeltes Futter) auslösend war, zumal auch schleimige Magenentzündungen und vermehrt Schimmelpilze im Darm nachweisbar waren. Drei Fälle von **Pockenvirusinfektionen** mit bis zu 1 cm großen, runden, krustösen Hautveränderung an Kopf, Löffeln und Vorderläufen traten jeweils Ende November in unmittelbarer Nähe zu einem Murstau mit hohem Bestand an Wasservögeln auf. Als Erreger werden von uns Vogelpockenviren vermutet.

## Zukunft?

Zukünftig werden Feldhasenkrankheiten noch umso mehr zunehmen als sich die Umweltbedingungen für Hasen verschlechtern. Dies bedeutet aber auch, dass lebensraumverbessernde Maßnahmen mit Verbesserung der Äsungssituation die beste Krankheitsvorsorge für die Hasen darstellt. Vor dem Aussetzen importierter Feldhasen zur Bestandsergänzung (bzw.

Blutauffrischung?) oder dem Einsatz diverser Medikamente in freier Wildbahn (in Österreich verboten!) zur Behandlung und Vorbeugung von Hasenkrankheiten ist eindringlich abzuraten, weil damit einerseits die Gefahr von Krankheitseinschleppung gegeben ist und andererseits eine Medikation in Wildtierbeständen neben der äußerst zweifelhaften Wirkung aus mehreren Gründen (Dosierung?, Behandlungszeitpunkt?, Aufnahmedichte?, Nebenwirkungen? usw.) auch negative Folgen für das Image des Wildbrets sowie eine Rückstandsproblematik in Wildbret provozieren würde.

# Krankheiten von Fuchs, Dachs, Marder und Iltis

Neben der allseits bekannten Tollwut können auch andere Erkrankungen beim Raubwild zu seuchenartigen Verlaufsformen führen. Hervorzuheben sind Räude und Staupe. Interessant ist der Befall von Iltissen mit einem Saugwurm in der Stirnhöhle.

## Räude (Z!)

Die Fuchsräude wird durch eine Grabmilbenart (*Sarcoptes canis* oder *Sarcoptes scabiei* var. *canis*) verursacht. Seltener erkranken daran Dachs, Iltis, Wiesel und Steinmarder und nur ausnahmsweise der Baummarder. Der Erreger der Sarcoptes-Räude verursacht bei Hunde- und Marderartigen Hautveränderungen, beginnend zumeist am Kopf (Ohrränder, Nasenrücken, Augenbogen) sowie an anderen weichhäutigen Körperstellen wie Unterbauch und Schenkelinnenflächen. Die ersten sichtbaren Veränderungen sind kleine Knötchen und Pusteln oder vermehrte Schuppenbildung. Gleichzeitig tritt starker Juckreiz besonders bei warmer Umgebungstemperatur auf, später kommt es zur Verdickung und Faltenbildung der Haut. Dabei entstehen graue Krusten und die Haare fallen aus bzw. brechen ab. An die Krusten schließen zumeist stark schuppende Hautzonen an, die frisch von Milben besiedelte Gebiete anzeigen. Bei bakteriellen Sekundärinfektionen entstehen eitrige Hautentzündungen. Die Ansteckung erfolgt durch direkten und indirekten Kontakt (Bau, Ranz, Jungtiere mit Eltern oder untereinander) oder durch das Anschneiden (Fressen) von verendeten, räudigen Tieren. Über Räude bei anderen Wildarten siehe auch Seite 163.

## Staupe

Bereits Ende September 2001 konnten Staupeinfektionen für ein Dachssterben im Bezirk Bruck a.d. Mur verantwortlich gemacht werden (DEUTZ u. KALTENEGGER, 2001). In den letzten Jahren sind vermehrt Fälle bei Füchsen und Mardern aufgefallen, die bei der nervalen Verlaufsform auch einen Tollwutverdacht hervorrufen können.

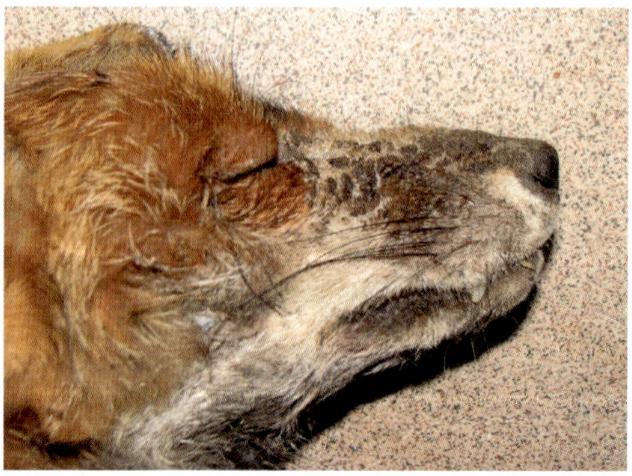

*Deutliche borkige Auflagerungen und Haarverlust durch Räude*

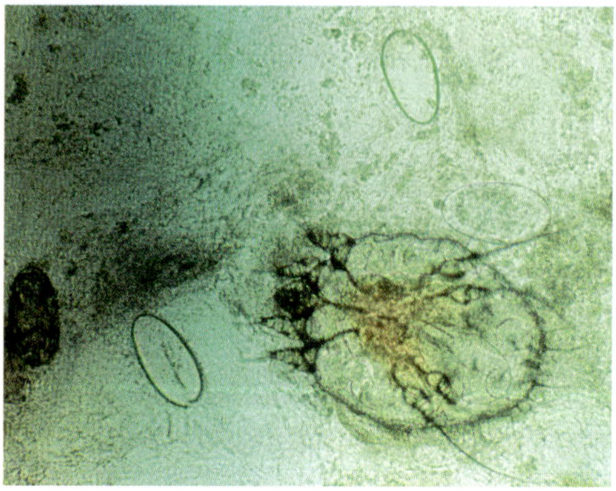

*Sarcoptesmilben mit Eiern und Eihüllen*

Staupe ist eine weltweit verbreitete Viruskrankheit (Morbilliviren aus der Familie der Paramyxoviridae), die hauptsächlich bei Hunden („Hundestaupe") auftritt. Unter Wildtieren erkranken überwiegend Dachs, Baum- und Steinmarder, Fuchs, Iltis, Wiesel und Fischotter sowie Wolf und Waschbär. In den letzten Jahren gab es Massensterben bei Seehunden an der Nordsee infolge von Staupeinfektionen .

Zwischen dem Auftreten der Staupe bei Wildtieren und bei Hunden existiert ein Zusammenhang, es kann sich aber auch ein eigenständiger Infektionszyklus unter Wildtieren aufbauen.

Gegen Staupe geimpfte Hunde sind geschützt, ungeimpfte Hunde können erkranken und die Erreger natürlich auch wieder an Wildtiere weitergeben. Steinmarder als Kulturfolger, aber auch Füchse halten sich oft in unmittelbarer Nähe zu menschlichen Siedlungen auf. Das Staupevirus wird von infizierten Tieren mit Sekreten (Speichel, Nasen- und Augensekret) und Exkreten (Kot, Harn) ausgeschieden. Im Speichel, im Nasensekret und im Augensekret erscheint der Erreger bereits 5 Tage nach der Infektion, im Harn einige Tage später.

Die Übertragung der Staupe erfolgt teils durch Direktkontakt mit dem Nasen- und Augensekret erkrankter Tiere (Belecken, Tröpfcheninfektion) oder indirekt über Futter, Wasser oder Gegenstände, die mit Sekreten oder Ausscheidungen erkrankter Tiere verunreinigt sind. Bei beiden Möglichkeiten spielt die Übertragung vom Alttier auf die Jungen eine große Rolle. Junge Tiere sind empfänglicher als ältere Tiere. Als Eintrittspforten gelten die Schleimhäute der oberen Luft- und Verdauungswege. Bei Dachsen oder auch Füchsen ist die Infektionsgefahr durch das enge Zusammenleben im Bau besonders hoch.

*Räudiger Fuchs, von anderen Füchsen angeschnitten (Ansteckung weiterer Füchse)*

Das Staupevirus ist gegenüber tiefen Temperaturen relativ widerstandsfähig, bei Zimmertemperatur verliert es nach 15 Stunden seine Virulenz.

Die Staupe ist eine fieberhafte, meist akut verlaufende Infektionskrankheit mit 4 möglichen Krankheitsbildern: Am häufigsten ausgeprägt sind Erkrankungen des Atmungstraktes mit eitriger Nasenentzündung, Mandelentzündung und Husten infolge einer Lungenentzündung bzw. Bronchitis sowie Augen- und Nasenausfluss, verklebten Augenlidern und verstopften Nasenlöchern. Weiters gibt es eine Magen-/Darmform der Staupe, bei der Erbrechen, Darmentzündung und Durchfall auftreten. Bei der Hautform kommt es zu Rötungen, Bläschen und Pusteln am Unterbauch sowie an den Schenkel- und Ohrinnenflächen. Die meist chronische nervale Form ist gekennzeichnet durch eine Vielfalt von Symptomen wie Muskelzittern, Bewegungsstörungen, Zittern, epileptiforme Anfälle, Zwangsbewegungen, Lähmungen und Wesensveränderungen, wie auch Verlust der Scheu vor dem Menschen, was dann in vielen Fällen einen Tollwutverdacht verursacht. Eine Sonderform als Spätfolge der Staupe stellt beim Hund und bei einigen Pelztieren die „hard pad disease" dar, bei der es zu Hautverdickungen mit Verhärtungen der Pfotenballen und des Nasenspiegels kommen kann.

Die Dauer der Erkrankung schwankt je nach Verlaufsform von einigen Tagen bis zu etwa 3 bis 4 Wochen. Häufig wird der Krankheitsverlauf durch bakterielle Sekundärinfektionen verschlimmert. Eine Ausheilung klinisch erkrankter Tiere dürfte nur selten vorkommen, die Sterblichkeitsrate ist bei jungen Wildtieren sehr hoch. Es wird vermutet, dass ältere Tiere auch ohne auffallende klinische Erscheinungen durchseuchen können.

Behandlungsmaßnahmen bei frei lebenden Wildtieren sind nicht durchführbar. Frettchen sollten vorbeugend geimpft werden. Bei Hunden, besonders Jagdhunden und Hunden auf Bauernhöfen, ist auf einen entsprechenden Impfschutz gegen Staupe zu achten. Von Seuchenzügen unter Hunden wurde in der Schweiz, in Frankreich, in Deutschland sowie in Finnland berichtet.

## Tollwut

wird im Kapitel Tierseuchen auf S. 162 abgehandelt.

## Schrotschuss am Kopf? – *Troglotrema acutum* beim Iltis

Die an Schädeln von Iltissen und wesentlich seltener von Nerzen, Mauswieseln und Füchsen zu beobachtenden schrotschussähnlichen Löcher im Stirnbein gehen auf einen Parasiten namens *Troglotrema acutum* zurück. Diese birnenförmige oder hanfkornähnliche, grauweiße, etwa 3 mm lange Saugwurmart lebt in der Nasen- und Stirnhöhle der Wirtstiere. Die Parasiten bringen oft paarweise das umliegende Gewebe einschließlich der Knochen zum Einschmelzen. Etwa 3 mm große Löcher im Stirnbein von Iltisschädeln zeugen von der Aktivität dieser Parasiten. Eier werden von den erwachsenen Parasiten in der Stirn- und Nasenhöhle ausgeschieden und danach vom Wirt abgeschluckt. Sie gelangen über die Losung in die Außenwelt, wo sie sich über zwei Zwischenwirte wieder zu infektionsfähigen Larven entwickeln. Der erste Zwischenwirt ist noch unbekannt, beim zweiten Zwischenwirt handelt es sich um Frösche. Dieser Umstand dürfte auch dafür verantwortlich sein, dass überwiegend Iltisse den Parasiten tragen, da ja Frösche zur häufigen Beute von Iltissen zählen. Bei Magen-Darm-Analysen von Iltissen fanden verschiedene Autoren zwischen 7 % und 55 % Frösche und Kröten in der Iltisnahrung. In diesem Zusammenhang ist es interessant, dass Iltisse imstande sind, mit durch Nackenbiss gelähmten, noch lebenden Fröschen und Kröten „lebende Speisekammern" anzulegen – dabei können 60 bis 120 Frösche bzw. Kröten lebend gesammelt sein. Die vom Iltis ausgeschiedenen „Sternschnuppen", das ist erbrochener, stark aufgequollener Froschlaich, zeugen im Revier von der Froschmahlzeit.

Für den Wirt scheint dieser Umstand keine größeren Gesundheitsstörungen nach sich zu ziehen, außer Parasiten dringen in die Schädelhöhle ein und verursachen dort Hirnhautentzündungen. KERSCHAGL (1965) vermutete, dass das bei Iltissen oft hörbare Niesen auf den Befall mit *Troglotrema acutum* zurückzuführen sei. Für den regional starken Rückgang der Iltisse in den letzten Jahrzehnten werden vorwiegend Umweltgifte verantwortlich gemacht.

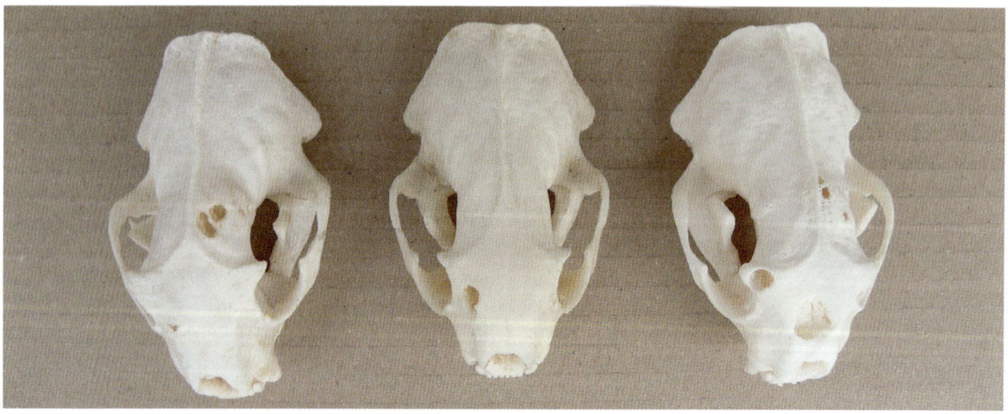

*Eine Saugwurmart verursacht schrotschussähnliche Löcher in Iltisschädeln.*

# Krankheiten des Wildgeflügels

Folgende Übersicht zu Krankheiten bei Raufußhühnern gilt für die meisten Krankheiten stellvertretend auch für andere Vogelarten.

Krankheiten bei Raufußhühnern treten besonders in Verbindung mit negativen Umweltfaktoren, wie Lebensraumverlust, Äsungsmangel, Mangel an tierischem Eiweiß in der Kükennahrung, schneereiche und kalte Nachwinter, als „Faktorenkrankheiten" vermehrt auf und können dabei durchaus Bestände bedrohen.

Das Wissen um das Vorkommen von Erkrankungen unseres Wildgeflügels in freier Wildbahn ist teilweise lückenhaft, da nur vereinzelt Untersuchungsergebnisse vorliegen. Wesentlich mehr Erkenntnisse liegen über Krankheiten bei Volierenhaltung vor.

## Krankheiten bei Raufußhühnern

### Bakterielle Erkrankungen

#### Geflügeltuberkulose (Z!)

Geflügeltuberkulose, die auch bei Säugetieren auftritt, wird meist über die Äsung übertragen, seltener werden die Erreger eingeatmet. KERSCHAGL (1945) vermutete, dass Tuberkulose in manchen Gegenden den zahlenmäßig starken Rückgang des Auerwildes verursacht hat, in einigen sogar zum Verschwinden brachte. Erkrankte Tiere magern ab, haben struppiges Gefieder, blasse Schleimhäute, Durchfall und Lahmheiten; Todesfälle treten meist erst bei älteren Tieren auf.

#### *Escherichia coli*-Infektion

*Escherichia coli*-Infektionen sind eine der verlustreichsten Krankheiten in der Volierenhaltung von Raufußhühnern, kommen aber auch in freier Wildbahn vor.

Colibakterien sind Teil der normalen Darmflora und für einen gesunden Vogel kein Problem. Erst wenn schwächende Faktoren auf das Tier einwirken bzw. besonders aggressive Bakterienstämme auftreten, bricht die Krankheit aus (Faktorenkrankheit).

Bei Hühnervögeln unterscheidet man 3 Formen der *E. coli*-Infektion. Für Raufußhühner ist die Coliseptikämie (schwere Allgemeinstörungen, mit einer Krankheitsdauer von einem Tag oder weniger und hohen Verlustraten) und die embryonale oder Früh-

*Auerhuhnküken sind wie Jungvögel anderer Vogelarten bei nasskalter Witterung sehr krankheitsanfällig.*

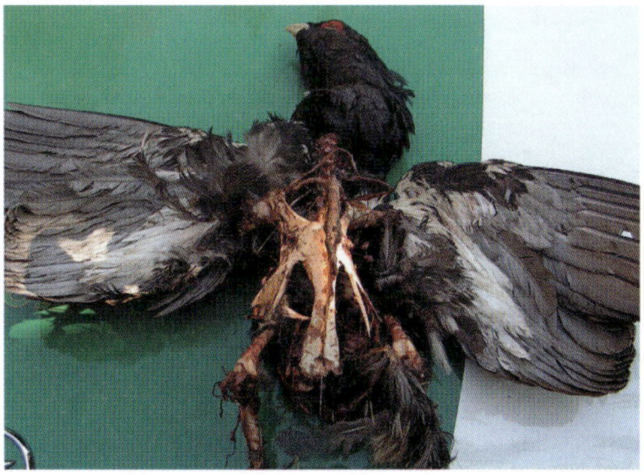

*Gerissener Auerhahn, möglicherweise vorher geschwächt durch eine Krankheit.*

sterblichkeit der Küken, bei der die Bakterien bereits durch die Eischale in das Eiinnere gelangen. Frischgeschlüpfte Küken sterben an Durchfall, Nabel-, Dottersack- und Lungenentzündung.

**Salmonellosen (Paratyphus, Flügellähme) (Z!)**
Salmonellosen verursachen bei Raufußhühnern seuchenhafte Erkrankungen, die akut oder chronisch verlaufen. Andere Vögel und Nager stellen Infektionsreservoire dar. Es erkranken vorwiegend Küken, die innerhalb weniger Stunden schwere Allgemeinstörungen zeigen und verenden können, noch bevor es zu einem Durchfall gekommen ist. Bei chronischem Verlauf sind meist keine Krankheitsanzeichen vorhanden, die Tiere sind jedoch Ausscheider.

**Wachtelkrankheit**
Die Wachtelkrankheit (Ulcerative Enteritis) wurde vorerst in Nordamerika in der Umgebung von Wachtelfarmen, nunmehr aber auch in Europa bei Auer-, Birk- und Schneehühnern beobachtet. Als prädisponierende Faktoren wurden in der Volierenhaltung die Bodenhaltung bei hoher Besatzdichte, unhygienische Haltungs- und Fütterungsbedingungen sowie Parasitosen erkannt. Erkrankte Tiere machen einen schwerkranken Eindruck, sie sitzen aufgeplustert mit geschlossenen Augen herum. Wässriger Durchfall, der manchmal dunkel (Blutbeimengung) und übelriechend sein kann, ist ein frühes Anzeichen.

**Pseudotuberkulose (Z!)**
Pseudotuberkulose kommt häufig bei Säugern und Vögeln vor – sie ist eine der häufigsten Infektionen der Hasen und des Rehwildes – und wurde auch bei Auer-, Birk- und Moorschneehühnern nachgewiesen. Mit dem Kot kranker Tiere wird der Erreger ausgeschieden, und Nager, die ihn häufig beherbergen, verbreiten ihn. Pseudotuberkulose ist ebenfalls eine Faktorenkrankheit besonders bei Jungtieren, wobei schlechtes Wetter und Futtermangel Hauptfaktoren darstellen. Pseudotuberkulose tritt meist im Herbst und Winter auf. Bei perakutem Verlauf sterben die Tiere plötzlich, bei chronischem Verlauf zeigen sie Abmagerung, Schwäche und Lahmheiten.

Weitere bakterielle Krankheiten bei Raufußhühnern sind **Listeriose** (meist Einzelfälle vor allem bei Jungvögeln) **(Z!)**, **Rotlauf (Z!)** und **„Ansteckender Schnupfen"**.

## Virale Erkrankungen

An der weltweit verbreiteten **Atypischen Geflügelpest** (Newcastle-Disease) **(Z!)** erkranken auch Raufußhühner aller Altersstufen. Erkrankte Hühner zeigen Störungen des Allgemeinbefindens, Durchfall, Atemnot, Kreislaufschwäche, zentralnervöse Symptome (Lähmungen) sowie Wachstumsdepression. Ansteckungsquelle für **Geflügelpocken** sind meist erkrankte Haushühner. Bei der gutartigeren Hautform sind Bläschen, Pusteln und Krusten an Schnabel, Nase, Lidern, Gehör, Kloake, Ständern, Innenseite der Flügel und auch befiederter Haut zu beobachten; eine Abheilung ist möglich. Die bösartigere Schleimhautform verläuft mit Belägen in Schnabel- und Rachenhöhle, Zunge und Kehlkopf sowie in der Luft- und Speiseröhre und führt häufig zum Tod.

Eine in Mitteleuropa zwar seltene, hauptsächlich bei Schafen auftretende Krankheit namens **„Looping-ill"** (Springkrankheit), ist seit dem 18. Jahrhundert in Schottland und Irland bekannt. In den letzten Jahrzehnten wurden aus Russland, CSSR und Holland Virusisolierungen aus Vögeln berichtet. Danach hat man erkannt, dass verschiedene Raufußhühner hochempfindlich gegen das Looping-ill-Virus sind. In Gegenden Schottlands, wo Looping-ill endemisch ist, vermindert sie die Bestände des Moorhuhns erheblich. Bei künstlicher Infektion hat sich gezeigt, dass neben den Moorhühnern auch das Alpenschneehuhn anfällig für diese Krankheit sind (alle infizierten Tiere starben), dagegen erkrankte kein infiziertes Auerhuhn (REID et al. 1980).

### Pilzinfektionen

Die **Aspergillose** ist eine Erkrankung des Atemtraktes, die zur Allgemeininfektion werden kann und ebenfalls eine typische Faktorenkrankheit darstellt. Mit dem Luftstrom in die Lungen eindringende Pilzsporen setzen sich in den Bronchien und Luftsäcken ab. Die Pilze durchwachsen das Lungengewebe und können in die Blutbahn einbrechen. Als Einzeltiererkrankungen durch Pilze kommen noch **Candidiasis** (aufgeplustertes Gefieder, Kümmern, schwankender Gang, Durchfall, schorfige Beläge an Schnabelwinkel oder Gaumen) und **Trichophytie (Z!)** (seitlich an den Kopfflächen weiße, schimmelähnliche Flecken, die allmählich zu borkigen Belägen zusammenfließen) vor.

## Parasitäre Erkrankungen

Raufußhühner in freier Wildbahn und in Gehegen leiden häufig unter einem starken Befall mit Parasiten. Bei wildlebenden Auerhähnen, die schon äußerlich krank erschienen, wurden bis über 600 Haarwürmer oder mehr als 200 Bandwürmer gefunden. Kokzidien findet man in den meisten untersuchten Tieren, trotzdem kommt es – außer in der Gehegehaltung – nur selten zu einer krankmachenden Infektion (Kokzidiose) mit typischer Rotfärbung der Losung („Rote Ruhr"). Ebenso ist die **Schwarzkopfkrankheit** (Typhlohepatitis) ein Grund, warum in früheren Jahrzehnten die Haltung von Raufußhühnern so verlustreich verlief. Sie verursacht stecknadelkopfgroße Geschwüre in den Blinddärmen, später wird die Leber infiziert. Über **Toxoplasmose (Z!)** liegen besonders Berichte von erkranktem Auerwild in Schweden vor, es sind aber auch heimische Fälle bekannt. Toxoplasmose wurde auch schon früh als mögliche Ursache für die Verhaltensänderungen bei den „narrischen Auerhähnen" genannt. Entgegen der meist unauffälligen Infektionen bei anderen Vögeln, Säugetieren oder auch beim Menschen ist Toxoplasmose anscheinend eine häufige Todesursache beim Auerwild. Es wurde das Aussterben ganzer Schlupfe beobachtet. Der **Luftröhrenwurmbefall** (Rotwurm- oder Gabelwurmseuche) kommt nach Aufnahme der Parasiten in Regenwürmern (Sammelwirt) bei Raufußhühnern in freier Wildbahn seltener, in Volieren aber häufiger vor. Er tritt vor allem während der Sommermonate auf und es werden überwiegend Junghühner befallen. Wenige an der Luftröhrenschleimhaut haftende Würmer verursachen kaum Krankheitserscheinungen, bei stärkerem Befall sind erschwertes Atmen, Husten, Schlenkern des Kopfes, Mattigkeit und Abmagerung zu erkennen. **Band-**, **Spul-** und **Haarwurmbefall** sind weit verbreitet und führen nur bei starkem Befall zu Abmagerung, aufgeplustertertem Gefieder, Mattigkeit, Wachstumsstörungen, Durchfall und bei Einzeltieren auch zum Tod. Einzelbefunde über starken **Leberegelbefall** bei Auerwild liegen ebenfalls vor. An **Außenparasiten** kommen bei Raufußhühnern Federlinge (Federschäden, verzögerte Mauser), Kalkbeinmilben (borkige Beläge an den Läufen, Juckreiz), der Befall mit der roten Vogelmilbe (Blutarmut durch Blutsaugen, Abmagerung) sowie Zeckenbefall vor. Wenn bei Küken die Augenregion mit Zecken stark befallen wird, können sie erblinden und sterben.

Allein aus der Aufzählung einer Reihe von Faktorenkrankeiten ist zu erkennen, wie wichtig Lebensraum fördernde sowie Äsung schaffende und -verbessernde Maßnahmen in der Hege von Raufußhühnern sind. Das Wetter können wir – abgesehen von Beiträgen zur Reduktion des Glashauseffektes – nicht beeinflussen, sehr wohl aber die Lebensraumqualität und damit auch die Vitalität von Wildtieren.

*Dieser Birkhahn mit verkrüppelten Zehen ist bei der Äsungsaufnahme und beim Graben von Schlafhöhlen im Schnee behindert.*

## Projekt Gesundheitsstatus von Auer- und Birkwild

Insgesamt gelangten Kerne bzw. Eingeweide von 54 Birkhähnen und 50 Auerhähnen aus Kärnten, Tirol, Osttirol, Salzburg und der Steiermark zur Untersuchung, welche von Tierpräparatoren in tiefgefrorenem Zustand zur Verfügung gestellt wurden (FISCHBACHER, 2007; DEUTZ et al., 2008). Ziele dieser Untersuchung waren die Erfassung des aktuellen Spektrums an Endoparasiten von Auer- und Birkwild aus freier Wildbahn in Österreich und die Bestimmung des Befallgrades mit Parasiten sowie die Erhebungen der Schwermetallbelastung von Raufußhühnern durch Analyse von Leber- und Nierengewebe auf den Gehalt an Blei, Cadmium und Quecksilber.

### Parasiten bei Auer- und Birkwild

#### Kokzidien

Kokzidien (einzellige Parasiten) wurden in dieser Untersuchung häufig bei Auerwild (44 %) und bei Birkwild (11 %) vorgefunden. In allen Fällen war die festgestellte Belastung mit Kokzidien nur geringgradig. Besonders für die Küken in der Gehegehaltung sind sie durch die Anreicherung im Gehegeboden gefährlich, aber auch in freier Wildbahn können Verluste auftreten. BEJSOVEC (1979) fand in jenen Regionen häufiger Kokzidien, in welchen Brutplätze nahe an Balzplätzen (Anreicherung von Losung) lagen und Küken dort aufgezogen wurden. In solchen Lebensräumen kann er sich einen negativen Einfluss von Kokzidien auf Raufußhühner durchaus vorstellen. Kokzidien sind häufiger bei Auerwild zu finden, was damit zusammenhängen könnte, dass sich Birkwild allgemein in höheren Lagen als Auerwild aufhält. Im Zusammenhang mit dem Klimawandel ist mit einem Ansteigen der Parasitenbelastung zu rechnen.

Der Saugwurm ***Corrigia skrjabini*** konnte in dieser Arbeit erstmals häufig sowohl in den Bauchspeicheldrüsen von Auer- (34 %) als auch von Birkhähnen (28 %) nachgewiesen werden, wobei die maximale Belastung bei Auerhähnen bei 7 Exemplaren und bei Birkhähnen bei 5 Exemplaren pro Hahn lag. Nach BOCH u. SCHNEIDAWIND (1988) ist es die einzige bisher in der Bauchspeicheldrüse von Raufußhühnern festgestellte Saugwurmart und sehr selten. Kann man auf Grund der geringen durchschnittlichen Belastung der Hähne mit dem Parasiten zwar die Gefährdung von Beständen ausschließen, so scheint er dennoch in der Lage zu sein, den Tod einzelner Vögel zu verursachen.

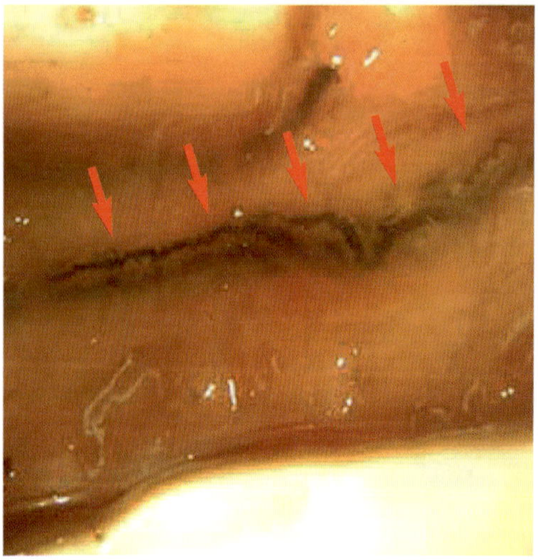

*Saugwürmer in der Bauchspeicheldrüse eines Auerhahnes (Vergrößerung ca. 3-fach)*

*Bandwurm aus dem Darm eines Auerhahnes (Vergrößerung ca. 10-fach)*

### Bandwürmer

Bandwürmer fanden sich in 80 % der untersuchten Auerhähne und in 61 % der Birkhähne und waren damit die am häufigsten vorgefundenen Parasiten dieser Untersuchung. Eine Beeinträchtigung des Gesundheitsstatus durch den Bandwurmbefall konnten aber nicht festgestellt werden. An Bandwürmern konnten drei Arten (*Raillietina urogalli, Hymenolepis microps, Hymenolepis* spp.) nachgewiesen werden. Die statistische Auswertung ergab eine signifikant höhere Prävalenz für Bandwürmer in Auerwild, was wiederum dadurch erklärt werden kann, dass sich Birkwild in höheren Lagen aufhält, wo die Aktivität der Zwischenwirte (Regenwürmer, Schnecken, Fliegen, Käfer, Ameisen etc.) für Bandwürmer eingeschränkt ist. Zur Intensität des Befalls ist zu sagen, dass immerhin in 10 % der Auerhähne und in 17 % der Birkhähne mehr als 500 Bandwürmer bzw. Teile von Bandwürmern nachgewiesen wurden, was als starke Belastung angesehen werden kann. KLAUS u. BERGMANN (1986) berichten von Auerhühnern, welche mit 200 Bandwürmern befallen waren und bereits äußerliche Veränderungen wie abstehendes Gefieder aufwiesen.

*Ansammlung von Spulwürmern aus dem Dünndarm eines Birkhahnes*

### Haarwürmer

Als einziger Vertreter der Haarwürmer wurde *Capillaria alpina* häufig bei Auerhähnen (62 %) und Birkhahnen (35 %) nachgewiesen. Die mittlere Belastung lag bei Auerwild bei 46 Exemplaren pro Hahn, bei Birkwild bei 5 Exemplaren pro Hahn. Nach ASCHENBRENNER (1987) ist die Capillariose eine der dominierenden Parasitosen bei Raufußhühnern und kann großen Schaden, besonders in Volieren, anrichten. Die nachgewiesene maximale Belastung eines Auerhahnes lag bei 1.500 Capillarien. Zusammenfassend ist zu sagen, dass Capillarien bei heimischem Auer- und Birkwild häufig vorkommen, eine gesundheitsbeeinträchtigende Wirkung für Auerwild aber offensichtlich nicht besteht, während Birkwild gegenüber diesem Parasiten empfindlicher reagiert.

### Spulwürmern

Der Befall mit Spulwürmern (*Ascaridia galli, Ascaridia compar*) war bei Auerwild mit 58 % deutlich höher als bei Birkwild mit 20 %. Die maximale Belastung lag bei Auerwild bei 15 Exemplaren pro Hahn, bei Birkwild bei 47 Exemplaren pro Hahn. Trotz der weiten Verbreitung bei heimischen Raufußhühnern scheinen Spulwürmer auf Grund des relativ geringen Befallgrades nicht in der Lage zu sein, den Gesundheitszustand von heimischem Auer- und Birkwild ernsthaft zu beeinträchtigen. Starker Spulwurmbefall in Einzelfällen kann zu Abmagerung, Durchfall oder auch Darmverschluss und schließlich zum Tod führen.

### Parasitenarten

Parasitenarten wie *Syngamus trachea* (Roter Gabelwurm), *Toxoplasma gondii* und *Heterakis gallinarum* konnten in dieser Arbeit nicht nachgewiesen werden, obwohl sie in anderen Auer- und Birkwildlebensräumen sowie in der Volierenhaltung z. T. häufig vorkommen. Der **Rote Gabelwurm** wird als potentiell bestandsgefährdender Parasit eingestuft. Eine Infektion mit dem Einzeller ***Toxoplasma gondii*** kann bei starkem Befall einen tödlichen Verlauf innerhalb weniger Tage besonders bei Jungvögeln verursachen. Toxoplasmen werden von einigen Autoren auch als

Ursache für das gelegentlich beobachtete, abnorme Verhalten von Auerhähnen („narrische Auerhahnen") verantwortlich gemacht. Der Rundwurm ***Heterakis gallinarum*** gilt als Überträger der gefürchteten Schwarzkopfkrankheit (Erreger: *Histomonas meleagridis*).

## Schwermetallbelastung

### Blei

Aktuelle Untersuchungsergebnisse zur Bleibelastung von Auer- und Birkwild liegen nur aus Norwegen vor. KALAS et al. (2000) beschreiben die Bleikonzentration in der Leber von Birkwild aus verschiedenen Regionen Norwegens mit 0,045–2,230 ppm (parts per million = Teile pro Million) Trockengewicht. Sie schätzen diese Belastung als relativ gering ein und verweisen weiters darauf, dass durch den atmosphärischen Eintrag vom europäischen Kontinent die Bleibelastung der Tiere vom Süden zum Norden hin abnimmt. Unsere Untersuchungen von im Jahr 2004/2005 erlegten, heimischen Hahnen zeigen für Auerwild eine mittlere Bleibelastung von 0,450 ppm in der Leber und 1,330 ppm in der Niere, für Birkwild von 0,320 ppm in der Leber und von 0,407 ppm in der Niere. Die Bleibelastung österreichischen Auer- und Birkwildes scheint somit in etwa der Belastung aus dem Süden Norwegens zu entsprechen.

Die nachgewiesene Bleibelastung heimischen Auer- und Birkwildes reicht nicht aus, um akute Todesfälle herbeizuführen, kann aber bereits in dieser Konzentration das Immunsystem negativ beeinflussen. So konnte ein statistischer Zusammenhang zwischen der Prävalenz von Bandwürmern in Auerwild und der Bleibelastung der Leber festgestellt werden. Außerdem wurde nachgewiesen, dass sowohl Leber als auch Nieren von Auerhähnen signifikant höher mit Blei belastet waren als jene von Birkhähnen. Als mögliche Erklärung können hier wiederum der Lebensraum und der höhere Nadelanteil in der Äsung von Auerwild dienen. Für Birkwild zeigt sich auch eine statistisch signifikant höhere Bleibelastung der Nieren in Vergleichsproben aus dem Jahre 1986 gegenüber den Proben von 2004/2005 – zurückzuführen auf die stetig sinkende Bleibelastung der Umwelt seit Mitte der 70er Jahre, die vor allem durch Reduktion bzw. Verbot des Bleizusatzes in Kraftstoffen erreicht wurde.

### Cadmium

Die Untersuchungen auf Cadmium zeigten für Auerwild eine mittlere Cadmiumkonzentration von 0,720 ppm in Lebergewebe und von 11,880 ppm in Nierengewebe. Birkwild zeigte Werte von 0,53 ppm Cadmium in der Leber und von 4,740 ppm in den Nieren. Diese Werte ähneln den Ergebnissen, welche in norwegischem Auer- und Birkwild nachwiesen werden konnten. Weiters wurde gefunden, dass die Cadmiumwerte für Lebergewebe von Birkwild aus dem Jahr 2004/2005 statistisch signifikant höher lagen als für Birkwild aus dem Jahr 1986 – erklärbar durch den zunehmenden industriellen Cadmiumeintrag in die Umwelt.

Es wird vermutet, dass diese relativ geringe Cadmium-Belastung, vor allem in Kombination mit Selenunterversorgung, auch das Immunsystem negativ beeinflussen kann. So konnte bei Birkwild ein statistisch signifikanter Zusammenhang zwischen dem Cadmiumgehalt der Leber und dem Vorkommen des Saugwurmes *Corrigia skrjabini* in der Bauchspeicheldrüse festgestellt werden.

### Quecksilber

KALAS et al. (1995) untersuchten Auerwild aus dem Norden Norwegens auf den Quecksilbergehalt in Leber- und Nierengewebe. Sie fanden eine mittlere Quecksilberbelastung von 0,009 ppm in der Leber und von 0,024 ppm im Nierengewebe von Jungvögeln, bei erwachsenen Vögeln lag sie bei 0,030 ppm in Leber- und bei 0,035 ppm in Nierengewebe. Die Autoren stufen diese Quecksilberbelastung als nur gering ein. Die Untersuchungen an heimischen Raufußhühnern ergaben noch etwas niedrigere Quecksilberwerte. Auerhähne hatten eine mittlere Konzentration von 0,012 ppm Quecksilber sowohl in Leber- als auch Nierengewebe, Birkhähne von 0,013 ppm in Leber- und 0,010 ppm in Nierengewebe. Der Vergleich der Quecksilberwerte mit im Jahr 1986 erlegten Birkhahnen zeigte, dass Lebergewebe aus dem Jahr 2004/2005 statistisch signifikant höher belastet war – wohl wiederum eine Folge der zunehmenden industriellen Einbringung von Quecksilber in die Umwelt. Dennoch sind auch die im Jahr 2004/2005 nachgewiesenen Quecksilberwerte als sehr gering einzustufen.

## Narrische Auerhähne

Das Auftreten „narrischer" Auerhähne, also von Hähnen, die zur Balzzeit Menschen anbalzen oder attackieren, sorgt immer wieder für Gesprächsstoff oder für Artikel in Lokalzeitungen, da diese Hähne auch beliebte Fotoobjekte sind. Eine eindeutige Erklärung für diese Verhaltensabweichung fehlt bislang.

Revierbesitzende abnorme Auerhähne drohen dem Menschen, gleich wie sonst Artgenossen, mit gespreiztem Kragen, schrägem Anrennen mit schleifenden Handschwingen, schnellen Schnabelhieben oder Flügelkampf. Eine mögliche Erklärung für „balztolle" Auerhähne, die Menschen mit Aggressivität anstatt Scheu begegnen, gibt STORCH (1994), indem sie behauptet, dass sich die Beobachtungen solcher Hähne in Gebieten häufen, in denen das Auerwild rückläufig ist. Trifft ein Hahn auf seinem Balzplatz kaum mehr auf Artgenossen, so könnte sein Territorial- und Balzverhalten auch von unspezifischen Reizen (Mensch!) ausgelöst werden. Da sich abnorm verhaltende Auerhähne aber durchaus in Gegenden vorkommen, wo Auerwild noch in hohen Beständen vorkommt, kann diese Erklärung nur für einen Teil der „narrischen" Hähne gelten.

Andere Autoren, wie SCHULZE (1976), sehen infektiöse Ursachen als Grund für die Verhaltensänderung. So soll Toxoplasmose, eine Infektion mit *Toxoplasma gondii*, also eine parasitäre Erkrankung u.a. des Gehirnes, zu balztollen Auerhähnen führen. Zur Infektion kommt es durch Aufnahme von Oozysten mit verunreinigter Pflanzennahrung (z. B. mit Katzenkot) oder durch die Aufnahme von Zysten beim Fressen von Fleisch anderer Zwischenwirte (z. B. Maus). BOCH u. SUPPERER (1988) widersprechen jedoch dieser Hypothese der infektiösen Ursache bei abnormen Auerhähnen.

Eine weitere zu diskutierende Möglichkeit hängt damit zusammen, dass Auerhahnküken durch sehr frühen Sichtkontakt mit Menschen eine gewisse Prägung durchmachen (vergleiche Graugänse) und damit den Menschen eventuell als Artzugehörigen und damit in der Balz als Rivalen bzw. Geschlechtspartner sehen könnten. Auch eine Kombination der oben angeführten Hypothese von STORCH und der Prägung wäre vorstellbar, zumal Auerwildvorkommen mit starkem Rückgang oft in stadtnahen Mittelgebirgsregionen mit hoher Frequenz an Wanderern, Beeren- und Schwammerlsuchern usw. liegen und somit ein Sichtkontakt Küken – Mensch in den ersten Lebenstagen häufig möglich ist.

Seitens der Verhaltensphysiologie ist das Verhalten balztoller Auerhähne sicherlich ein Konfliktverhalten, bei dem die Komplexität der inneren (wie Balztrieb) und äußeren Reizsituation (z. B. auch Mangel an Artgenossen in Gebieten mit geringer Hahnendichte) zur Auslösung von Reaktionen führt. In diesem Falle wird der Konflikt durch Hemmung aller Reaktionen (z. B. Fluchtreaktion) zugunsten einer Re-

*Ein „narrischer" Auerhahn balzt auf einem Auto.*

aktion (= Balzverhalten) gelöst. Eine solche Übersprungshandlung ist beispielsweise auch das Scheinäsen bei einigen Wildtieren oder auch beim Rind, welches aus einem Konflikt (Flucht oder nicht Flucht?, Flucht oder Angriff? usw.) entsteht und das eigentlich mit keiner der kombinierten Handlungstendenzen zusammenhängt. Diese Reaktion oder Handlung hilft aber den Konflikt abzubauen.

Zusammenfassend wird festgehalten, dass eine schlüssige Erklärung für abnormes Balzverhalten bei Auerhähnen noch nicht vorliegt und dass möglicherweise auch verschiedene Ursachen dafür verantwortlich sind.

### Birkhähne an Windrad verunfallt

Zur Untersuchung gelangten zwei Birkhähne, die im Bereich einer Windkraftanlage aufgefunden wurden. Durch die Röntgenuntersuchung konnten Schussverletzungen mit Sicherheit ausgeschlossen werden. Bei beiden Hähnen ergab sich aufgrund der Untersuchung ein Verdacht auf eine Fraktur im Bereich des ersten Halswirbels (Schleudertrauma). Nach der Lokalisation der Wirbelsäulenverletzung im Bereich des ersten Halswirbels und der Art der inneren Verletzungen (stumpfes Trauma, Lungen- und Leberriss) muss mit an Sicherheit grenzender Wahrscheinlichkeit bei beiden Birkhähnen als Todesursache ein Anfliegen gegen ein Hindernis angenommen werden. Nach dem Fundort kommen im vorliegenden Fall als Hindernis die Stützen, weniger wahrscheinlich die Rotorblätter der Windkraftanlage in Frage. Nachdem die Stützen weiß sind, können sie von Birkhähnen im schnellen Fluge, beispielsweise im Nebel, nicht oder erst spät erkannt werden. Für ein spätes Erkennen kurz vor dem Anfliegen gegen das Hindernis spricht der Grad der Halswirbelsäulenverletzungen. Die Vögel dürften kurz vor dem Hindernis noch ein Ausweichmanöver versucht haben und sind deshalb nicht voll mit Kopf und Hals zuerst gegen das Hindernis geflogen, sondern überwiegend mit der Brust. Deshalb waren die Halswirbelsäulenverletzungen in Relation zur Fluggeschwindigkeit und zum Gewicht der Vögel relativ dezent, die inneren Verletzungen aber massiv.

## Weitere Vogelkrankheiten

### Sarkosporidiose bei Stockenten

Beim Abbalgen von Stockenten fielen reiskorngroße, weiß-gelbe Einlagerungen in der Muskulatur des oberen Brustmuskels auf, die parallel zu den Muskelfasern in die Muskulatur eingelagert waren. Bei der Probennahme zeigten sich auch in den tieferen Schichten der Brustmuskulatur eingelagerte, leicht aus der Muskulatur lösbare Parasiten. Die Enten wiesen einen sehr guten Ernährungszustand auf.

Sarkosporidien, die zu den Apicomplexa (Sporentierchen) gehören und parasitisch in der Muskulatur leben, kommen häufig bei vielen Wild- und Haustieren vor. So wurden in mehreren Untersuchungen bei rund 70–80 % (bis 100 %) der Proben von Rot- und Rehwild Sarkosporidien in der Muskulatur (am häufigsten in Zunge, Zwerchfell, Herzmuskel) gefunden. In der Regel sind Pflanzenfresser Zwischenwirte, in welchen sich in der Muskulatur Zysten entwickeln und Fleischfresser – in einigen Fällen auch der Mensch – Endwirte (Z!), in deren Darmschleimhaut die Vermehrung stattfindet. Pflanzenfresser infizieren sich durch die Aufnahme von Dauerstadien z. B. aus der Losung des Fuchses.

Systematische Untersuchungen zu Sarkosporidien bei Wildenten fehlen in Europa, ein Befall ist jedoch

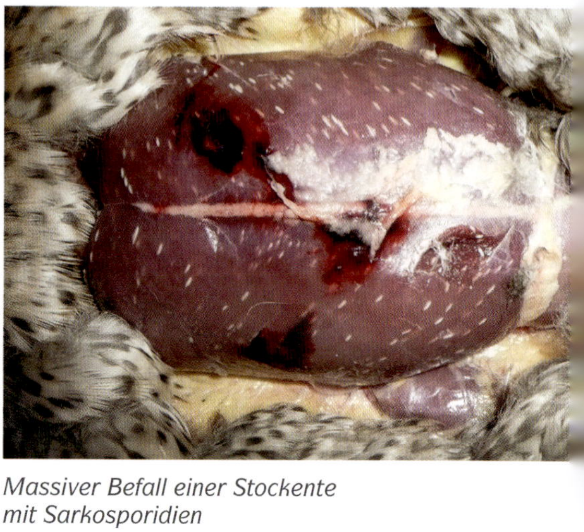

*Massiver Befall einer Stockente mit Sarkosporidien*

sicherlich seltener als bei Schalenwild. Beachtenswert ist im gegenständlichen Falle der mit bloßem Auge deutlich sichtbare Befall, da Sarkosporidien zumeist nur mikroskopisch nachweisbar sind.

## Nestmilbenbefall bei einer Ringeltaube

Einen parasitologisch interessanten Fund machte ein Jäger durch Aufmerksamkeit beim Abbalgen einer Ringeltaube, die zubereitet werden sollte. Dabei stellte er 1 bis 2 mm kleine weiße Gebilde mit dunklem Kopfende in der Unterhaut, besonders der Flügelgegend, fest. Eine Untersuchung dieser Parasiten am Institut für Parasitologie der veterinärmedizinischen Universität Wien (Dr. Michael Löwenstein) ergab den Befund „Hypopusstadien von *Hypodectes propus*", einer Nestmilbenart.

Nestmilben sind eigenartige Parasiten, da sie einen Teil ihrer Entwicklung in der Unterhaut von Haus- und Wildvögeln durchmachen und werden dort „Hypopusstadien" genannt. Relativ häufig wird dieser Parasit bei Tauben gefunden. Die Weibchen der Nestmilben legen Eier, aus denen sich direkt Hypopusstadien entwickeln, die auf noch unbekanntem Weg in das Unterhautbindegewebe eindringen und dieses nach einer Wachstumsphase wieder verlassen. Ein massenhaftes Eindringen in die Unterhaut und das Auswandern führen zu einer starken Beunruhigung der Vögel und gelegentlich auch zu einer abnormalen Mauser. Die Federn fallen regellos aus und werden nur langsam durch nachwachsende, oft verunstaltete Federn ersetzt. Die Tauben kratzen sich häufig, suchen das Gefieder mit dem Schnabel durch und zupfen Federn aus. Die Zerstörung des Federkleides kann so stark sein, dass die Tiere flugunfähig werden.

Eine Gefahr für die menschliche Gesundheit besteht nicht, dennoch sind Wildvögel mit dem beschriebenen Parasitenbefall für den menschlichen Genuss untauglich.

## Entensterben durch Botulismus (Z!)

Nachdem an mehreren Teichen insgesamt ca. 350 Stockenten und an einem Teich auch 10 Hausenten verendet aufgefunden worden waren, bestätigten Befunde der veterinärmedizinischen Bundesanstalten in Graz und Mödling die Verdachtsdiagnose „Botulismus". In Europa wird massenhaftes Vogelsterben seit Anfang der 1970er Jahre beobachtet. In Österreich wurde die durch das Toxin (Stoffwechselprodukt von Bakterien) von *Clostridium botulinum* (meist Typ C) verursachte, sporadisch auftretende, tödlich endende Krankheit erstmals im Jahr 1982 an den flachen Lacken des Seewinkels gesichert beobachtet, wobei über 4.000 Vögel verendeten. Die Auf-

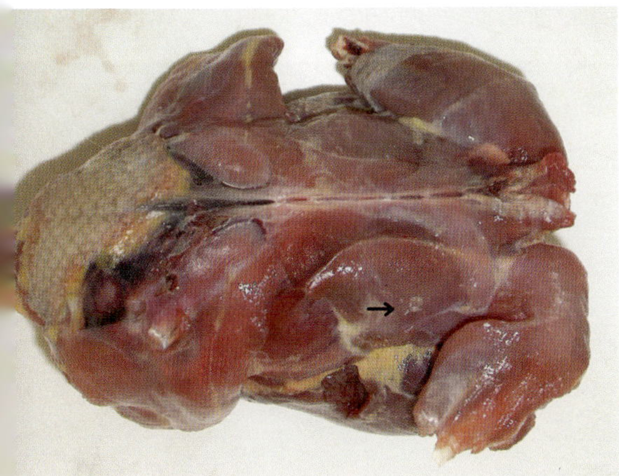

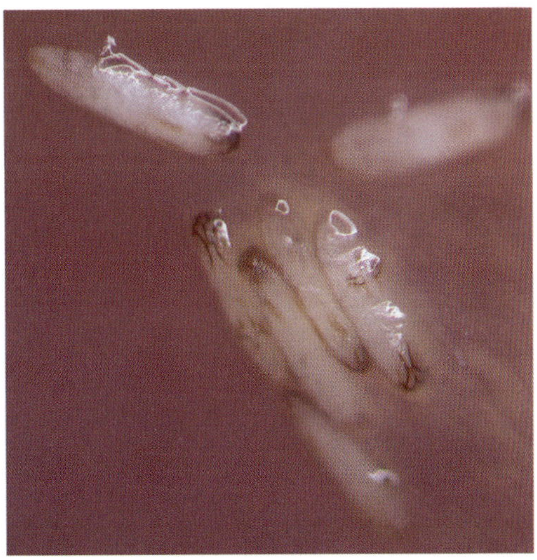

*Nestmilben"larven" in der Unterhaut einer Taube (Pfeil und Vergrößerung)*

nahme der Toxine erfolgt oral über die Nahrung und führt zu einer Lähmung der quergestreiften Muskulatur. Die Auslöser (wie lange, heiße Schönwetterperioden, massive Eutrophierung der Gewässer usw.), die zu derartigen Massensterben führen, sind noch nicht restlos aufgeklärt. Die für die Toxinbildung notwendigen Temperaturen, *C. botulinum*-Sporen sowie anaerobe (ohne Sauerstoff) Verhältnisse im Schlamm sind Faktoren, die jährlich mehr oder weniger lange gegeben sind, ohne dass es zu Vogelsterben kommt.

Von Bedeutung erscheinen Versuchsergebnisse, dass Fliegen von mit *C. botulinum* kontaminierten Kadavern die Erreger auf andere nicht kontaminierte Kadaver übertragen können, wobei die Erreger in den Kadavern jene Verhältnisse vorfinden, die zu einem Auskeimen der Sporen und zu einer Bildung und Freisetzung von Toxin führen, das wiederum von den Maden aufgenommen werden kann. Wie es zu einem ersten Botulismusopfer kommt, ist nach wie vor ungeklärt. Von diesem ersten Kadaver kann jedoch der Erreger durch Fliegen (enthalten kein Toxin, übertragen aber Erreger) massiv weiter verbreitet werden. Toxinhältige Maden können von anderen Vögeln als Nahrung aufgenommen werden, wobei bereits eine einzige toxinhältige Made eine für eine Stockente tödliche Toxindosis enthält. Um eine weitere Ausbreitung von Botulismus über Fliegen und Maden zu unterbinden, ist es daher wichtig, Vogelkadaver sofort zu entfernen.

## Verletzungen

Zu einem erheblichen Anteil tödliche Verletzungen werden Vögeln durch Kollisionen mit Kraftfahrzeugen, Zügen bzw. Stromfreileitungsanlagen, Liftseile, Zäune oder Glasscheiben zugefügt. Eine Hochrechnung geht von rund 30 Millionen verletzter oder verendeter Vögel pro Jahr allein in der Bundesrepublik Deutschland aus, die nur durch Stromschlag oder Drahtanflug gegen die Leiterseile von Stromleitungen verursacht werden (KUMMERFELD, 2005).

## Bleivergiftung bei Vögeln

Wasservögel, die in Gewässern und Feuchtgebieten ihre Nahrung suchen, sind durch den Bleischrot direkt gefährdet. Wasservögel wie Enten und Gänse können Schrotkörner mit dem Futter als sog. Magensteinchen aufnehmen, was zu tödlichen Vergiftungen führt. Ebenfalls gefährdet sind Greifvögel, die mit Schrot beschossene und nicht gefundene Wasservögel oder auch Aufbrüche von mit Kugel erlegtem Schalenwild aufnehmen. Greifvögel haben einen sehr niedrigen pH-Wert des Magensaftes, was die Umwandlung von anorganischem Blei in deutlich giftigeres organisches Blei erleichtert. Jährlich werden Vergiftungsfälle beispielsweise bei See- und Steinadlern, Weihen und Bussarden diagnostiziert.

Zwischen 1979 und 2003 wurden in Deutschland 215 Seeadler verletzt, geschwächt oder schon verendet gefunden. Bei 58 Seeadlern (27 %) wurden

*Botulismus kann zu Massensterben bei Wasservögeln führen*

*Steinadler mit Bleivergiftung nach Aufnahme von Geschossblei über einen Aufbruch*

sehr hohe Bleikonzentrationen in den Organen nachgewiesen, die die Diagnose „tödliche Bleivergiftung" zulassen.

Das Fressen von bleihaltigen Wildaufbrüchen, von beschossenen und anschließend verendeten Wildtieren oder Mägen von Wasservögeln, die Bleischrot beim Gründeln aufgenommen hatten, verursacht diese Bleivergiftungen bei Greifvögeln. Symptome sind bereits wenige Tage nach der Bleikontamination feststellbar (Schläfrigkeit, Appetitlosigkeit, gallenfarbene Exkremente), später kommt es zu zentralnervösen Störungen und vor dem Exitus zu blutig-wässrigem Harn.

Bleivergiftungen von Greifvögeln durch Aufnahme bleihaltiger Teilmantel- und Kugelgeschosse sind mittlerweile weltweit bekannt. Eine große Anzahl von überwinternden Riesenseeadlern auf Hokkaido/Japan starb durch Bleivergiftung, weil sie Reste bleihaltiger Jagdmunition von Aufbrüchen erlegter Sikahirsche aufnahmen. Das Projekt zur Wiedereinbürgerung des Kalifornischen Kondors in den USA verlor mehrere Individuen durch Bleivergiftung.

### Kein Gift in Wald und Feld!

Zyankali und andere Gifte zur „Raubwild- und Raubzeugbekämpfung" sind seit Jahrzehnten aus unseren Revieren verbannt – dennoch mussten wir in den letzten Jahren Vergiftungsfälle von Seeadlern und weiteren Greifvögeln mit Carbofuran zur Kenntnis nehmen. Einzelne „Niederwildheger" glaubten vermutlich, weiterhin mit Gift in freier Natur arbeiten zu müssen. Derartige Aktivitäten machen nicht nur jahrelange Öffentlichkeitsarbeit zunichte, sondern zeugen von einer vollkommenen umwelthygienischen Inkompetenz der Täter. Dies muss zu gravierenden Sanktionen führen, und derlei „Aktionen" sind keinesfalls als „Hegemaßnahmen" hinzustellen.

In Abwandlung eines Spruches darf für die Jagd behauptet werden „Revierhygiene ist nicht alles – aber ohne Revierhygiene ist Alles nichts".

*Ein mit Carbofuran illegal vergifteter Mäusebussard – typisch sind die verkrampften Füße*

# Erkrankungen der Haut, Abnormitäten

## Hautparasiten

*Besonders im Spätwinter und Frühjahr werden immer wieder Rehe mit deutlichen Veränderungen des Haarkleides oder der Haut beobachtet. Die Diagnose ist nicht immer leicht zu stellen, da einerseits einige Ektoparasiten den Tierkörper verlassen, sobald er abkühlt, und andererseits Haar- und Hautveränderungen natürlich auch Symptome innerer Erkrankungen sein können. Einen Überblick über parasitäre Hauterkrankungen beim Rehwild und zum Teil bei anderen Wildarten gibt folgendes Kapitel.*

### Haarlings- und Zeckenbefall

Haarlinge, häufige Außenparasiten beim Reh, leben von Hautschuppen, Haarteilen und Blut. Die Eier werden am Haargrund abgelegt, wo nach einigen Tagen Larven schlüpfen, die nach 3 bis 4 Wochen geschlechtsreif sind. Etwa 20 % des Rehwildes haben Haarlinge, häufiger (44 %) sind Rehkitze befallen (BOCH u. SCHNEIDAWIND, 1988). Meist sind Haarlinge in Nestern vor allem an den Kniegelenken, im Sommer auch in der Gegend des Brustbeines nachzuweisen. Starker Haarlingsbefall, der meist bei auffallend schwachen Stücken zu beobachten ist, ist immer ein Hinweis auf andere primäre Ursachen einer generellen Schwächung, wie sie beispielsweise durch hochgradigen Befall mit Innenparasiten auftritt (= Faktorenkrankheit). Die Schadwirkung besteht nicht so sehr in einer direkten Gewichtsminderung als vielmehr in der ständigen Beunruhigung.

Bei starkem Zeckenbefall kommt es zu begrenztem Haarausfall, Blutarmut und teilweise zu kleinen Hautgeschwüren, zudem können Zecken Krankheitserreger (Ehrlichien, Babesien, Borrelien, Coxiellen usw.) übertragen.

## Hirschlausfliegen

Die 5–7 mm große Hirschlausfliege (*Lipoptena cervi*) befällt auch Rehe. Die Weibchen sind lebendgebärend, legen also bereits verpuppungsreife Larven. Aus den Puppen schlüpfen im Herbst die Lausfliegen, die, wenn sie einen entsprechenden Wirt gefunden haben, ihre Flügel verlieren und auf diesem Wirt überwintern. Die Schädigung des Wildes entsteht durch die Beunruhigung der Tiere, daneben durch geringgradige Hautverletzungen und den Blutentzug. Bei hohem Wildbestand und ungewöhnlichen klimatischen Verhältnissen kann es zu einem Massenbefall kommen. So war 1976 in einem norddeutschen Revier der Befall von Rehen mit Hirschlausfliegen und Zecken so stark, dass Rehe nicht mehr zum Äsen austraten, stark kümmerten und sich haarlos und blutig kratzten (BOCH u. SCHNEIDAWIND, 1988). Lausfliegen können sich auch kurzfristig auf andere Tiere oder auf den Menschen „verirren".

## „Haarseuche" bei Rehen

Die so genannte Haarseuche bei Rehen führt i. d. R. vor dem Frühjahrshaarwechsel zu einem Abbrechen der Winterhaare in ca. 0,5 cm Höhe, besonders an Träger, Brust und Flanken, wo erkrankte Stellen wie geschoren und heller aussehen. Zusätzlichen zeigen diese Stücke meist abnormes Verhalten, wie Umherziehen auf engem Raum, plötzliches Unterbrechen des Äsens oder Beißen an den Flanken. Über die Ursachen dieser vor rund 25 Jahren in Mitteldeutschland erstmals beschriebenen Krankheit bestehen mehrere Vermutungen, die von Zink- und Kupfermangel, Rapsaufnahme, Schilddrüsenfehlfunktion, Virusinfektion bis zu hoher Cadmium-Belastung (verursacht ebenfalls Zinkmangel) reichen. Trotz des Namens „Haarseuche" besteht keine Ansteckungsgefahr. Zu verwechseln ist die Haarseuche nur mit Hautpilzerkrankungen (wie Trichophytie), die in unseren Regionen beim Rehwild jedoch relativ selten auftreten, und eventuell mit hochgradigem Ektoparasitenbefall (Haarlinge!). Haarseuche dürfte in Jahren bzw. bei Stücken mit verzögertem Haarwechsel häufiger zu beobachten sein. Aus Sicht des Autors entsteht „Haarseuche" in den überwiegenden Fällen durch hochgradigen Haarlings- und Hirschlausfliegenbefall. Ein Befall mit diesen Parasiten sollte aber möglichst noch am warmen Wildkörper beurteilt werden, da die meisten Außenparasiten einen abgekühlten Wildkörper eines erlegten/verendeten Stückes verlassen.

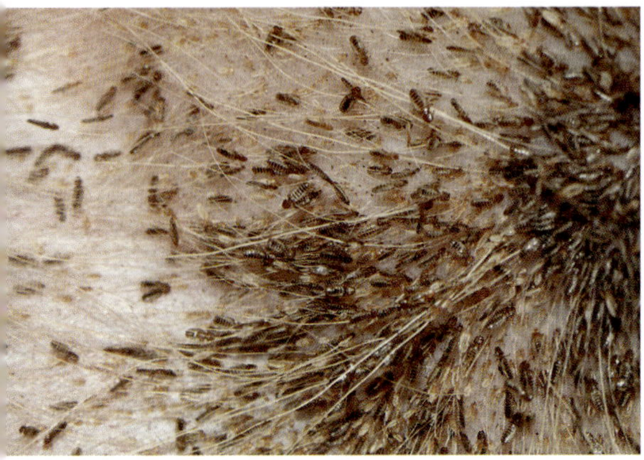

*Massenbefall mit Haarlingen, ca. 2x vergr. (Reh)*

*Hirschlausfliege, ca. 5 x vergr. (Reh)*

## Räude

Räude tritt in vielen Gams- und Steinwildpopulationen der Ostalpen (Italien, Österreich, Slowenien, Bayern) sowie beim Fuchs und bei Marderartigen auf und kann seuchenartig verlaufen (siehe Seite 72 und 165). In seltenen Fällen, vermutlich nach Vorschädigung des Immunsystems, tritt Räude auch bei Rot- und Rehwild auf.

## Herbstgrasmilbenbefall

Die Herbstgrasmilbe (*Neotrombicula autumnalis*) wird häufig bei Rehwild angetroffen und kann wie Räudemilben auch kurzfristig den Menschen befallen. An den Innenflächen der Läufe verursachen die Larven um die Einstichstelle hochrote, runde bis ovale erhabene Hautveränderungen mit anschließender Krustenbildung. Die Hauptaktivitätszeit der Larven ist wetterabhängig und fällt in die Monate August und September.

## Hautdasseln

Die Hautdasselfliege des Rehwildes (*Hypoderma diana*) und des Rotwildes (*H. actaeon*) ist 10–12 mm lang, hummelähnlich, fliegt ab Mai und legt ihre Eier auf Haare der hinteren Körperpartien ab. Die Rehdassel kann auch Rotwild und Pferde befallen. Nach einigen Tagen schlüpfen die Larven, bohren sich durch die Haut und beginnen ihre Unterhautwanderung in Richtung Rücken, wo sie unter der Rückenhaut ab Dezember als „Dasselbeulen" mit Atemlöchern erscheinen. Während der Larvenwanderung tritt Juckreiz auf, durch das Kratzen kann es zu flächenhafter Haarlosigkeit und zu Borkenbildung der Haut kommen. Stark befallene Tiere können abmagern. Im März schlüpfen die Larven aus den Dasselbeulen und verpuppen sich im Boden, um ab Mai wieder als Dasselfliegen zu schlupfen.

## Filarien in der Unterhaut

Filarien sind Rundwürmer, die in mehreren Arten in der Haut und Unterhaut (*Onchocerca, Cutifilaria*) oder in der Bauch- sowie Schädelhöhle (*Setaria*) leben. Die Mikrolarven werden von Zecken und blutsaugenden Insekten aufgenommen, entwickeln sich in ihnen weiter, um dann wieder auf Rotwild weiter übertragen zu werden. Die verschiedenen Onchocerca-Arten haben einen unterschiedlichen Sitz in der Unterhaut (Rücken-, Schulter-, Lenden-, Schlögel-, Seitenbauch usw.). Die erwachsenen Filarien liegen knäuelförmig aufgerollt in derben Knoten in der Unterhaut, wobei Männchen bis 8 cm und Weibchen 60 bis 90 cm lang werden können!

## Fliegenmadenbefall

Madenbefall (Myiasis) bei Rehwild wird immer wieder nach Verletzungen beobachtet. Dabei handelt es sich meist um Verletzungen zwischen den Rosenstöcken nach Einstands- oder Brunftkämpfen, aber auch

Rehbock mit „Haarseuche"

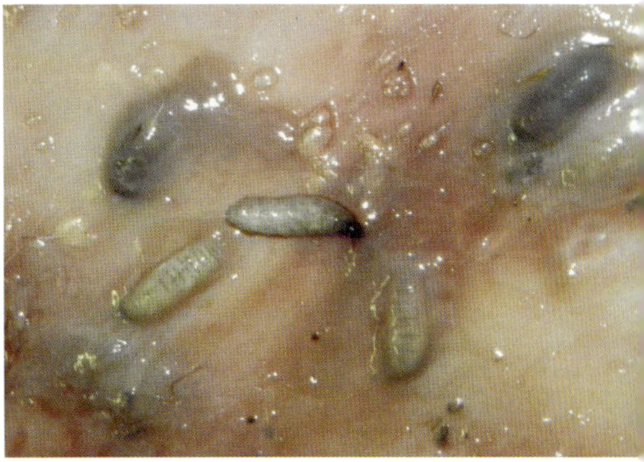

Hautdasseln in der Unterhaut des Rückens, Reh

um andere Gelegenheits- oder Schussverletzungen, in welche Gold- und Schmeißfliegen ihre Eier ablegen. Manchmal bleiben auch bei gut geperlten Geweihen nahe den Rosen Bastreste zurück, die bei nasser Witterung in Fäulnis übergehen und zu Hautentzündungen zwischen den Rosenstöcken führen und damit Fliegen anlocken. Aus den abgelegten Eiern schlüpfen schon nach einem Tag Erstlarven, die in die Haut eindringen und sich von Entzündungsprodukten ernähren. Diese Larven wandern nach drei Häutungen aus den Wunden aus, fallen zu Boden und verpuppen sich. Nach 1- bis 3-wöchiger Puppenruhe schlüpfen wieder Fliegen, die erneut Wunden befallen können. Zusätzlich kann es zu bakteriellen Sekundärinfektionen mit Eiterungsprozessen kommen, die nicht selten zu einer tödlichen Bakteriämie („Blutvergiftung") führen. Eine Behandlung des Madenbefalles in freier Wildbahn ist nicht möglich.

### Wilddichte beachten

Die Diagnose von parasitären Hauterkrankungen ist entweder durch das Vorhandensein von sichtbaren Ektoparasiten (wie Hirschlausfliegen oder Haarlingen) am frisch verendeten Stück oder durch eine mikroskopische Untersuchung eines Hautgeschabsels (z. B. bei Räude) zu stellen. In Revieren, in denen Hautkrankheiten häufiger auftreten, ist ein frühzeitiger Abschuss kranken Wildes zweckmäßig, um bei infektiösen Ursachen den Infektionsdruck für noch gesunde Stücke zu minimieren. Zusätzlich ist ein zu hoher Wildbestand an die Tragfähigkeit des Lebensraumes anzupassen. Ein Massenbefall mit Innen- oder Außenparasiten bei mehreren Stücken eines Reviers oder einer Region lassen jedenfalls einen überhöhten Wildstand vermuten.

Aus lebensmittelhygienischer Sicht ist das Wildbret von an Hautveränderungen erkrankten Stücken tauglich, sofern keine starke Abmagerung und keine substantiellen Mängel des Fleisches vorliegen und die Veränderungen nicht Ekel erregend sind, was aber selten, und nur bei geringgradigen Hautveränderungen der Fall sein wird.

## Samsonfüchse – wollhaarige Rotfüchse

Samsonfüchse sind eine seltene, wollhaarige Variante des Rotfuchses, bei der die Deckhaare fehlen oder nur sehr schütter vorhanden sind. Diese Füchse werden seit den 1930er Jahren u.a. aus Nordame-

*Filarien – deutlich erkennbare Knoten in der Unterhaut an Schlögel und Rücken*

*Massiver Fliegenmadenbefall, vermutlich nach Forkelverletzung*

rika, Finnland und Mitteleuropa sowohl aus Fuchsfarmen, als auch aus freier Wildbahn beschrieben. Häufige Meldungen gibt es aus den 1940er Jahren aus Finnland, wo die Fuchspopulation insgesamt einen niedrigen Stand aufwies und das Klima milder war als in den Jahrzehnten davor. Die Eigenschaften des Haarkleides scheinen rezessiv weitervererbt zu werden.

Neben den Veränderungen des Balges haben Samsonfüchse häufig längere und schärfere Nägel und kürzere Unterkiefer und unterscheiden sich im Verhalten (Lautgebung, Bewegung, extrem großer Hunger, suchen die Nähe zu Siedlungen und Gebäuden, nehmen mit Vorliebe Aas, Abfall und auch Kuhdung auf) vom „normalhaarigen" Rotfuchs. Durch das Fehlen des Deckhaares erscheinen Samsonfüchse hochläufiger. Samsonfüchse zeigen ein langsameres Wachstum, eine höhere Sterblichkeit und eine geringere Fitness als normale Rotfüchse. Auch in Fuchsfarmen zeigten sie geringere Entwicklungs- und Lebensfähigkeit.

Es ist nicht geklärt, wo und wann der „Samson-Faktor" aufgetreten ist, ob er von Farmfüchsen herrührt, oder schon länger in der Fuchspopulation vorhanden war. Der Samson-Charakter wurde auch bei Marderhunden in Finnland und bei Graufüchsen in Amerika nachgewiesen.

Zu unterscheiden vom Samsonfuchs ist die Räude, die aber mit typischen Hautverdickungen und starkem Juckreiz einhergeht, und auch die Hypotrichosis, die recht häufig bei Eisfüchsen in Island auftritt, von den Haarveränderungen her den Samsonfüchsen stark ähnelt, aber auch zwischen erwachsenen Füchsen übertragen werden kann, und bei der in der Haut deutliche Entzündungserscheinungen zu beobachten sind.

Auch bei Samsonfüchsen werden neben der Vererblichkeit die Möglichkeit der Übertragung von Fuchs zu Fuchs sowie der Einfluss wärmerer Winter diskutiert.

### Fälle in Murau und Judenburg

Im September 1991 wurden innerhalb von 11 Tagen zwei, damals als Goldschakale identifizierte, Samsonfüchse im Bezirk Murau/Steiermark erlegt. Die Bezeichnung „Samsonfuchs" hat übrigens nichts mit der traditionellen Samsonfigur in Murau zu tun.

Der anschauliche und zumindest für Mitteleuropa einzigartige, aktuelle Bildbericht stammt von Samsonfüchsen mit einem Wurf aus der Gemeindejagd Reifling, Bezirk Judenburg. Im Bereich eines Wirtschaftsgebäudes und einen Kilometer entfernt, im Stall eines Bauernhofes, konnten seit dem Frühjahr 2009 immer wieder eigenartige Stimmen vernommen und auch Sichtungen sowie Fotos von den „hochläufigen Füchsen" gemacht werden.

*Samsonfuchs am 28. Juli 2009, Reifling, Judenburg (oben); Samsonfüchse haben meist längere Nägel (unten)*

## Äußerlich sichtbare Tumorerkrankungen

*Tumoren, also Geschwülste, treten bei Wildtieren an der Haut, an Schleimhäuten sowie in sämtlichen Geweben und Organen immer wieder auf, werden aber besonders in Innenorganen häufig übersehen. Mittlerweile gibt es ernst zu nehmende Berichte über die Zunahme von tumorösen Erkrankungen bei Wildtieren, so z. B. von Fibropapillomen bei Rehen in Osteuropa oder allgemein von Tumoren bei Wildtieren in Nordamerika.*

### Was ist ein Tumor?

Ein Tumor zeichnet sich durch ein von Organisation und Gliederung des Organismus unabhängiges Wachstum sowie Wuchern eines Gewebes durch starke oder schrankenlose Zellvermehrung („Krebs") ohne Funktion für den Gesamtorganismus aus. Die dabei entstehenden Gewebe haben meist Ähnlichkeit mit dem Ausgangsgewebe. Tumoren sind von knotenförmiger Gestalt oder wachsen diffus ins Gewebe ein.

Gutartige Geschwülste verdrängen ihre Umgebung, bösartige brechen zerstörend in Gewebe bzw. Organe ein. Über Blut- oder Lymphstrom können sie streuen und Tochtergeschwülste (Metastasen) ausbilden. Eine Tumordiagnose (Ausgangsgewebe und Art des Tumors?, gutartig/bösartig?) ist nur durch eine histologische Untersuchung (feingewebliche Beurteilung von Gewebsschnitten mittels Mikroskop) möglich.

Tumoren können in unterschiedlichster Ausprägung bei sämtlichen Wildtieren auftreten. Von heimischen Wildtieren liegen die häufigsten Berichte über Geschwülste bei Rehwild vor.

In aktuellen nordamerikanischen Studien wird von einer Zunahme von Tumorerkrankungen bei Wildtieren berichtet und dafür einerseits die Übertragbarkeit (viral bedingte Tumoren) mancher Tumorarten und andererseits Umweltfaktoren, wie die sog. plastic pollution, also eine Verschmutzung der Umwelt mit Unmengen von verschiedensten Kunststoffen sowie deren Abbauprodukten (z. B. synthetische Monomere), verantwortlich gemacht.

Tumoren bei Wildtieren, die in den letzten 20 Jahren im Sektionsgut des Autors vorkamen, waren überwiegend Fibrome und Papillome, seltener Fibrosarkome, Osteosarkome, Lymphome, Liposarkome, Seminome sowie ein Gallengangskarzinom. Die histologischen Diagnosen in diesen Fallberichten stammen von Dr. Zoltan Bago, AGES Mödling.

Aus wildbrethygienischer Sicht sind Stücke mit Geschwülsten, falls sie abgekommen sind bzw. Geschwülste zahlreich oder verteilt in inneren Organen oder in der Muskulatur vorkommen, untauglich. Geringgradigere Veränderungen gelten auf alle Fälle als Auffälligkeiten, weshalb das Stück durch einen Fleischuntersuchungstierarzt zu untersuchen ist, falls eine Verwertung als Lebensmittel erwogen wird. Ebenfalls untauglich sind Stücke, wenn die Veränderungen Ekel erregend sind.

### Papillome am Äser eines Rehbockes

Dieser Tumor wurde bereits am lebenden Stück festgestellt. Nach der Erlegung zeigten sich am Unterkiefer blumenkohlartige derbe Knoten und eine Verdrängung der Schneidezähne durch den Tumor. Infolge eingespießter Äsungspartikel kam es sekundär zu einer massiven Zahnfleischentzündung. Der Rehbock war in der Äsungsaufnahme massiv behindert.

Papillome sind durch Viren bedingte, warzen- oder blumenkohlartige, gutartige Geschwülste („Warzen"), die an der äußeren Haut, den Läufen, in der Speiseröhre oder im Pansen auftreten können. Fibrome sind ebenfalls gutartig, entwickeln sich aus Zellen und Fasern des Bindegewebes und sind meist kugelig, scharf begrenzt mit weißer Schnittfläche. Fibrosarkome sind bösartig.

Papillome wurden bisher bei Rindern (besonders bei Jungrindern), Gams- und Stein-, seltener bei Rot-, Dam- und Rehwild sowie bei Hasen und Wildkaninchen nachgewiesen. Die Übertragung erfolgt über kleine Wunden (z. B. durch Harschschnee), Insektenstiche, direkten Kontakt oder auch bei Salzlecken. Krankheitserscheinungen treten hauptsächlich im Winter bei ungünstigen Witterungsverhältnissen, Nahrungsmangel oder Massierungen des Wildes auf engem Raum auf und können die Nahrungsaufnahme behindern oder zu Bewegungsstörungen (Papillomatose an den Läufen) führen.

Bei milderem Verlauf kann Papillomatose wieder abheilen. Erkrankte Tiere sollten dennoch, allein schon aus Gründen des Tierschutzes und der Minimierung der Infektionsgefahr für weitere Tiere, erlegt werden.

Im vorliegenden Fall kann davon ausgegangen werden, dass eine Heilung nicht mehr stattgefunden hätte und das Stück verhungert wäre.

## Kopfgroßes Fibrosarkom bei einem Rehbock

Dieser Fallbericht handelt von einem 8-jährigen Rehbock mit einer kopfgroßen Umfangsvermehrung am Trägeransatz und an der Seitenbrust. Dieser Tumor war ein Fibrosarkom (Bindegewebszellengeschwulst) mit oberflächlicher Geschwürbildung. Fibrosarkome sind bösartig, haben oft eine „bunte" Schnittfläche, neigen zur Metastasierung und werden in den letzten Jahren in Mittel- und Osteuropa vermehrt bei Rehwild nachgewiesen. Auch bei Fibromen wird eine Übertragbarkeit von Tier zu Tier diskutiert. Da Fibrosarkome immer weiter wachsen und im Körper streuen können (Metastasen), ist im fortgeschrittenen Stadium mit einem Kümmern und letztlich mit einem Verenden nach Monaten zu rechnen.

## Massive Papillomatose bei Rehböcken

Bei den abgebildeten tennisball- bis nahezu kindskopfgroßen Tumoren an den Hinterläufen eines ca. 5-jährigen Rehbockes, der Mitte Juni stark abgekommen (11 kg aufgebrochen) und schlecht verfärbt erlegt wurde und von dem keine feingewebliche Untersuchung vorliegt, handelt es sich vermutlich um Papillome oder Fibrome.

## „Tumorhirsch" aus Südtirol

Dieser Fall betrifft einen auf ca. 2.300 m Seehöhe als Hegeabschuss erlegten 8- bis 10-jährigen Hirsch, der nicht abgekommen war, aber zahlreiche Geschwülste aufwies. Zwei Jahre davor wurde in diesem Gebiet

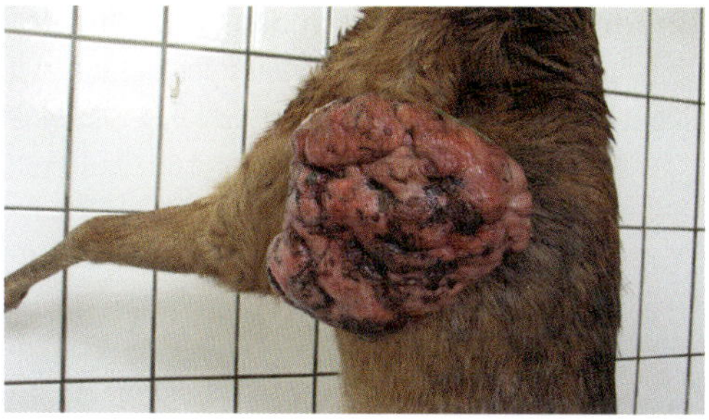

*Bindegewebszellengeschwulst (Fibrosarkom) an Trägeransatz/Seitenbrust eines Rehbockes*

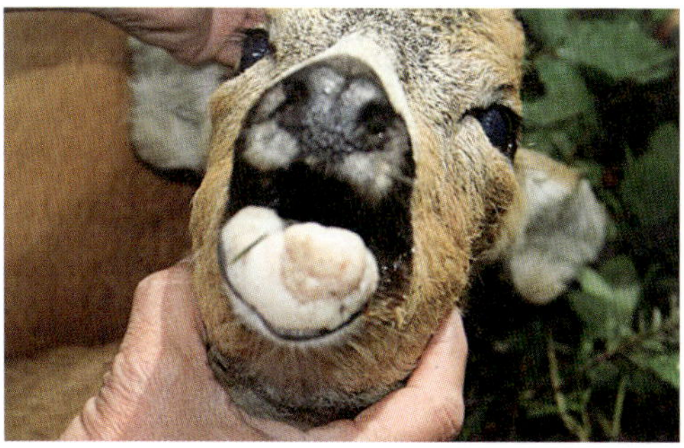

*Tumor am Äser eines Rehbockes*

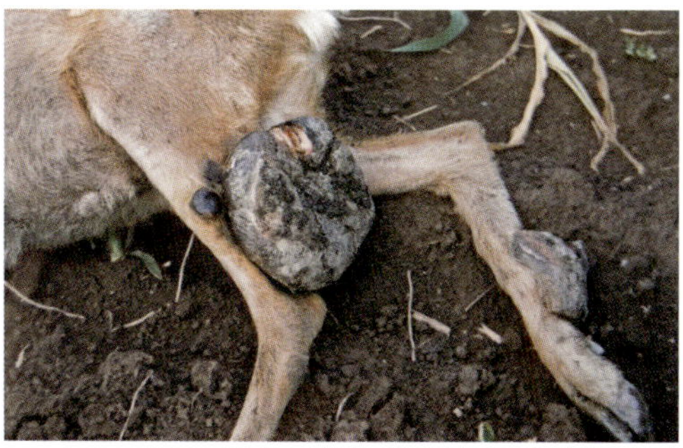

*Papillome oder Fibrome, Reh*

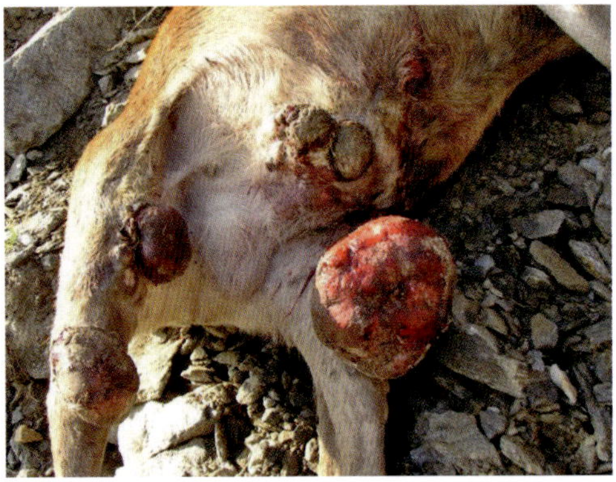

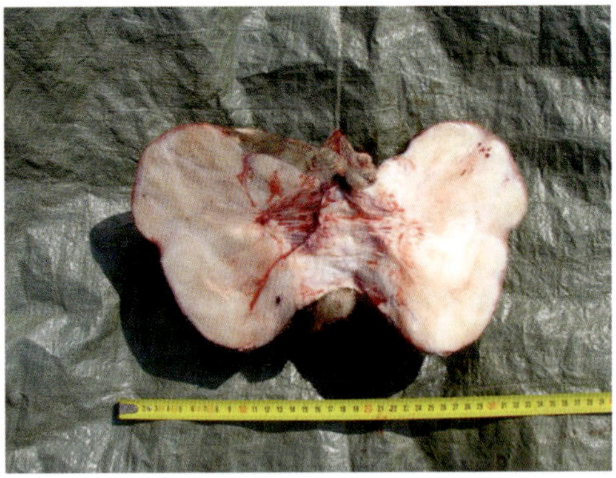

*Hirsch mit Fibromen (Verdachtsdiagnose), Tumor angeschnitten*

ein Hirsch mit ähnlichen Symptomen gesichtet, aber nicht erlegt, er dürfte verendet sein. Bei den abgebildeten Zubildungen handelt es sich vermutlich um Fibrome oder – weniger wahrscheinlich – um Papillome. Eine exakte Diagnose wäre nur über eine histologische Untersuchung möglich gewesen.

### Sarkom am Haupt und in der Leber

Diese ca. 10-jährige Rehgeiß wurde festliegend mit einem Fangschuss erlöst. Vorerst auffällig war eine kinderfaustgroße Umfangsvermehrung an der linken Kopfseite, die sich nach der histologischen Untersuchung als schlecht differenziertes, faserreiches Sarkom erwies. Sarkome sind bösartige Tumoren, die zu frühzeitiger Metastasierung (Streuung), meist über die Blutbahn, neigen. Im Zuge der Sektion waren zahlreiche speckige, kastanien- bis kinderfaustgroße Knoten in der Leber feststellbar, die in der histologischen Untersuchung einen ähnlichen Zellaufbau zeigten wie der Tumor am Kopf. Es ist davon auszugehen, dass es sich dabei um Metastasen handelt.

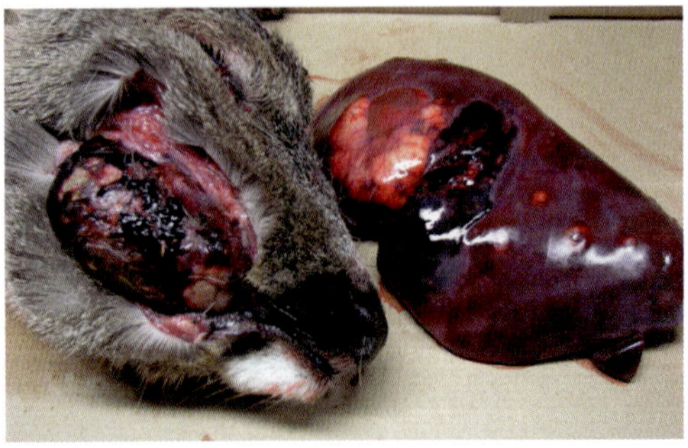

*Tumor am Haupt mit Metastasen in der Leber*

Zusammenfassend kann festgestellt werden, dass Tumorleiden bei Wildtieren keine ganz seltenen Ausnahmeerscheinungen sind, dass sie häufig aber nicht als Tumor angesehen oder übersehen werden. Damit gehen wertvolle Informationen über die Wildtiergesundheit und auch über die Funktion der Wildtiere als „Umweltindikatoren" verloren.

## Hauthörner

So genannte Hauthörner treten selten, am häufigsten beim Gamswild, an verschiedenen Körperstellen, wie Träger, Läufe oder Haupt, auf. Sie entstehen vermutlich entweder aus embryonal versprengten Hornanlagen oder als Folge mechanischer Reize, auf welche die Haut mit der Bildung von Hornzellen reagieren kann. Endgültige Erklärungen für die Ursache(n) dieser seltenen Hautveränderungen, die auch bei anderen Tierarten auftreten können, sind noch ausständig. Hauthörner bestehen meist aus Bindegewebe ohne knöcherne Einlage, können rund 20 cm lang werden, sind hohl und unterliegen dem gleichen jahreszeitlichen Wachstumsrhythmus wie die Krucken. Im Jahre 1956 wurde in Tirol ein Gams mit einem sehr großen Hauthorn in der Schultergegend erlegt, welches an der Basis einen Durchmesser von 23 cm aufwies und 11 cm hoch war.

## Hauthörner bei Gamswild

Hauthörner beim Gamswild können so groß werden, dass sie sogar eine Behinderung darstellen. Nach NERL (1980) wurde auch beobachtet, dass sich nach leichten Streifschüssen an der getroffenen Hautstelle ein Hauthorn bildete. Ein Zusammenhang ist im Sinne eines „mechanischen Reizes" durchaus denkbar.

## Hauthörner bei Rehgeißen

In den Jahren 2004 und 2010 wurden dem Autor Häupter von zwei Rehgeißen (2-jährig) mit rund 10 cm langen, geweihähnlichen Anhangsgebilden der Haut vorgestellt, bei denen es sich nach dem Befund der feingeweblichen (histologischen) Untersuchung um Hauthörner handelte. Durch das Eigengewicht dieser Hauthörner dürfte es in der Folge zur Stielbildung und in weiterer Folge zu Verletzungen und entzündlichen Veränderungen durch Anstreifen in der Umgebung gekommen sein. Hauthörner waren bei Rehen in der einschlägigen Literatur nicht beschrieben. Sie entstehen vermutlich auch aufgrund mechanischer Reize, auf welche die Haut mit der Bildung von Hornzellen reagieren kann.

*Gamsgeiß mit Hauthorn*

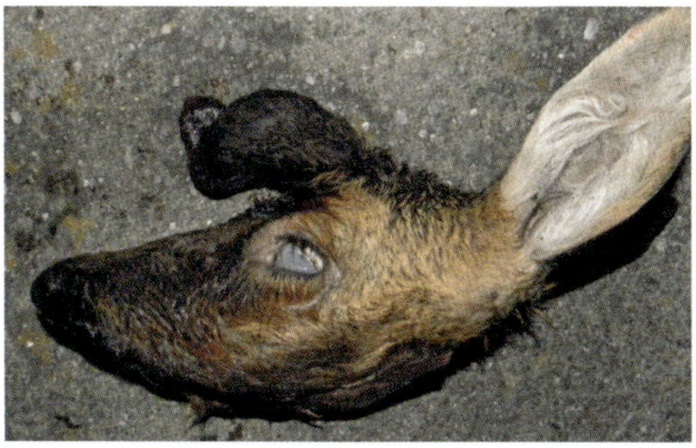

*„Hauthorn" bei einer Rehgeiß*

# Krankheiten des Bewegungsapparates

Krankheiten des Bewegungsapparates, wie Knochenbrüche, Gelenksentzündungen oder Auswachsen der Schalen, behindern erkrankte Tiere in der Futteraufnahme sowie in der Behauptung an der Fütterung bzw. im Rudel und führen daher zu Abmagerung. Während die so genannte Schalenkrankheit bei allen Schalenwildarten auftritt, kommt die Moderhinke lediglich bei Muffel- und Steinwild vor. Ursachen, Erscheinungsbilder und Gegenmaßnahmen werden für beide Erkrankungen beschrieben und diskutiert.

## Schalenkrankheit

Ein übermäßiges Schalenwachstum („Schalenkrankheit") ist sowohl bei Gatterwild als auch bei frei lebenden Wildtieren beschrieben. Als Ursachen sind in der Literatur zu weicher Boden, Stoffwechselstörungen mit daraus resultierender Überproduktion von Horn, Knochenbrüche mit reduzierter Bewegung in der Ausheilungszeit, bei Rotwild auch Filarienbefall (Fadenwürmer) und bei Muffelwild eventuell Fütterungsfehler und genetische Einflüsse angeführt. Bei Reh- und Muffelwild ist den Autoren ein Fall durch Verfüttern einer Mineralstoffmischung für Pferde (hoher Biotin-Anteil) bekannt, bei dem es zum extremen Auswachsen der Schalen gekommen ist.

Ausgewachsene Schalen an einzelnen Läufen treten häufig nach längerem Schonen infolge von Knochenbrüchen auf. Durch Vermeidung des Bodenkontaktes unterbleibt der Schalenabrieb und das Schalenhorn krümmt sich beim Auswachsen leicht nach oben. Wenn dieser Lauf auch später wieder aufgesetzt wird, kann die Schalenspitze nicht mehr abgerieben werden. Es entstehen so genannte Schnabelschuhe, bei denen nur mehr am Ballen aufgetreten wird und die Schalen ohne Abrieb monatlich mindestens 6 bis 7 mm weiter wachsen. Wildtiere mit Schalenkrankheit zeigen Lahmheiten unterschiedlichen Grades, liegen viel und äsen häufig „knieend". In einem Fall war die Ursache für die ausgewachsenen Schalen bei einer ca. 5-jährigen Rehgeiß verminderte Bewegung aufgrund einer schmerzhaften chronischen Nierenbeckenentzündung, die bereits zu beidseitigen Schrumpfnieren geführt hatte.

## Moderhinke

Die Moderhinke oder Klauenfäule ist eine bakterielle Klauenerkrankung, die durch zwei Bakterienarten (*Fusobacterium necrophorum* und *Dichelobacter nodosus*) verursacht wird und vorwiegend nach längeren Regenperioden im Frühjahr und Herbst bei Hausschafen, Ziegen, Mufflons und Steinwild weltweit auftritt. Erst das Zusammenwirken der beiden angeführten Bakterienarten in sauerstofffreiem Milieu (Hornklüfte der Schalen, Zwischenklauenspalt) bewirkt schmerzhafte, tiefgreifende, meist übelrie-

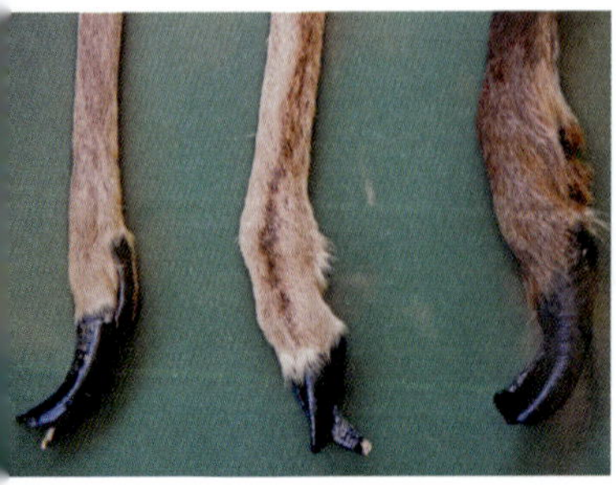
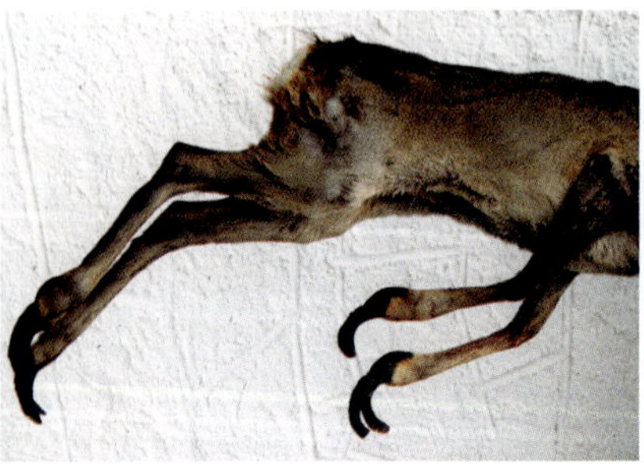
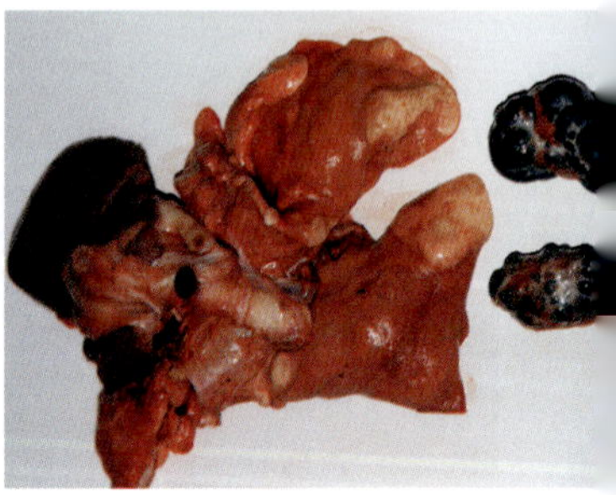

*„Schalenkrankheit" bei Reh-, Muffel- und Gamswild (links); Ausgewachsene Schalen einer Rehgeiß mit chronischer Nierenbeckenentzündung und Lungenwurmbefall (Mitte und rechts)*

chende Entzündungen der Klauenlederhaut, die bis zum so genannten Ausschuhen, d. h. der vollständigen Loslösung der Schale (Klauenhorn, Hornschuh) vom Klauenhorn, führen kann. Ausbrüche von Moderhinke haben schwere Verluste bei Steinwild in Tirol (Kleiner Rettenstein, Rossgruber), der Schweiz (Appenzell, St. Gallen) und Frankreich (Savoyen) verursacht.

### Infektion

Die Erstinfektion erfolgt mit *D. nodosus*. Dieser Erreger haftet allgemein leichter bei Nässe (längere Regenperioden) und beim Schaf bei schlechter Klauenpflege sowie rassebedingt weichem Klauenhorn (Fleischrassen), ferner sind in den Zwischenklauenbereich eindringende Wurmlarven (*Strongyloides papillosus*) als Auslöser der Moderhinke zu erwägen. Vermutlich werden durch kleinste Verletzungen an der Haut im Zwischenklauenspalt die Voraussetzungen für das Haften der Erreger geschaffen. Die Infektion beginnt mit einer Aufweichung der obersten Schichten der Oberhaut im Zwischenklauenspalt, später erfolgt die Zerstörung der Klauenlederhaut. Danach kommt es zur Ausbildung der typischen Veränderungen, wie Loslösung von Sohlen- und Wandhorn. Die Veränderungen verlaufen in Gebieten, in denen die Moderhinke bereits länger auftritt, weniger drastisch als bei einem Erstausbruch. Die Häufigkeit des Auftretens ist im Frühjahr am höchsten, gefolgt von Herbst, Winter und Sommer, und steht in direktem Zusammenhang mit der jeweiligen Niederschlagsmenge. Die Erreger überleben in Hornklüften bis zu zwei Jahre!

### Krankheitszeichen und Verlauf

Die ersten klinischen Erscheinungen treten etwa 10 Tage nach der Infektion in Form von Haarausfall, Entzündung unter Absonderung eines serösen Exsudates und Nekrosen im Zwischenklauen- und Kronsaumbereich auf. Die erkrankten Stücke sind infolge hoher Schmerzhaftigkeit vorerst in der Bewegung stark eingeschränkt, bewegen das Haupt im Ziehen nickend oder schieben sich auf den Karpalgelenken der Vorderläufe „knieend" vor, bis sie in hochgradigen Fällen überhaupt festliegen. Steinböcke stützen sich beim Hochwerden auch auf das Gehörn, was am Abrieb der Schmuckwülste nachzuverfolgen ist. Das vermehrte Liegen verursacht Liegeschwielen in der Brustbeingegend. Die erkrankten Stücke magern in kurzer Zeit stark ab, bis sie entweder einen Fangschuss erhalten oder verhungern. Auffallend ist, dass häufig starke Steinböcke erkranken. Dabei mag sowohl das höhere Körpergewicht und die damit verbundene stärkere Schalenbelastung als auch der von den Geißen unterschiedlich bevorzugte Lebensraum eine Rolle spielen. Das Klauenhornwachstum ist an infizierten Klauen im Wandbereich verstärkt, es wird jedoch verformtes Klauenhorn gebildet, wodurch in der Folge missgebildete Klauen entstehen.

Bei gutartigem Verlauf bleibt die Infektion auf die Haut des Zwischenklauenspaltes und das weiche Ballenhorn beschränkt. Beim mittelgradigen wird auch das Sohlenhorn miterfasst, beim bösartigen wird das Horn unterminiert und lässt sich abheben, weiters kommt es zu missgebildetem Klauenwachstum und mitunter Ausschuhen.

Die Entzündungsprozesse können auf tiefer gelegene Schichten und die Gelenke übergreifen, die Folge ist Festliegen. Bei schwer erkrankten Tieren kann die Erkrankung zum Tod führen. Weitere Symptome sind Abmagerung sowie verringerte Säugeleistung. Bei der bösartigen Form besteht keine Selbstheilungstendenz, vereinzelt streuen Erreger über die Blutbahn und bilden Abszesse in Leber, Niere, Lunge und Gelenken.

Als Ursache für die Moderhinke beim Steinwild wird das Auftreiben erkrankter Hausschafe angeführt, aber auch widersprüchlich diskutiert. Eine spanische Untersuchung zeigt, dass die Erreger der Moderhinke auch bei Ziegen zu finden sind. Durch die Übertragung von *D. nodosus*-Isolaten vom Mufflon auf Merino-Fleischschafe konnte Moderhinke ausgelöst werden, was bedeutet, dass diese Krankheit auch von Wild- auf Haustiere übertragbar ist.

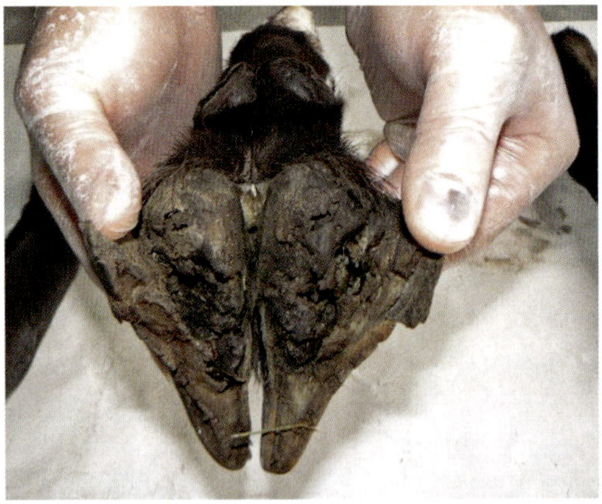

*Bösartige Verlaufsform der Moderhinke mit stinkenden Belägen und Loslösung des Wandhorns*

### Bekämpfung und Vorbeugung

Eine Untersuchung der Schafe vor Weideauftrieb in Steinwildlebensräume ist anzuraten, und Salzlecken für Steinwild sollten so angebracht sein, dass sie von Schafen nicht leicht erreicht werden können (und umgekehrt), um eine Erregerkonzentration um die Sulzen zu vermeiden.

Für die Bekämpfung der Moderhinke beim Schaf eignen sich mit unterschiedlichen Heilungsraten Klauenbäder, der Einsatz von Antibiotika (Injektion) sowie eine Unterstützung der Heilung durch Impfung.

Klauenkorrekturen und -bäder oder Impfungen, wie sie bei Haustieren zur Vorbeugung und Behandlung der Moderhinke dienen, waren in den wenigen bisher angestellten Behandlungsversuchen von narkotisierten Wildtieren nicht Erfolg versprechend.

> Erkrankte Wildtiere sind – nicht zuletzt aus Tierschutzaspekten und Gründen der Eindämmung der Krankheitsverbreitung – zu erlegen, die Erkrankung ist diagnostisch abzuklären, und Salzlecken sind als möglicher Ort der Krankheitsübertragung vorübergehend aufzulösen.

## „Mauke" bei einem Hirsch

Der Begriff „Mauke" wird umgangssprachlich beim Rind häufig für Zwischenklauennekrose, *Dermatitis interdigitalis* oder *Panaritium* verwendet. Dabei handelt es sich um Infektionen des Zwischenklauenspaltes sowie des Kronsaumes mit gewebszersetzenden Bakterien (meist *Fusobacterium necrophorum*) möglichst unter Luftabschluss (dicke Krusten, tiefere Schrunden). Die Mauke entsteht vorwiegend nach längeren Feuchte- (Aufquellen der Haut im Zwischenklauenspalt, Verlust der Widerstandsfähigkeit) oder auch Trockenperioden, nach kleinen Verletzungen (steinige Triebwege, Abschürfungen usw.) sowie vereinzelt auch nach Fütterung von Schlempe („Schlempenmauke"). An den erkrankten Extremitäten sind die Klauen gespreizt, und im Zwischenklauenspalt finden sich geschwürige, meist stinkende Veränderungen. Bei Verschlechterung des Krankheitsbildes droht ein Einbruch ins Klauengelenk. Eine Übertragung zwischen Rindern und Rotwild ist vorstellbar. Bemerkenswert im abgebildeten Falle eines erkrankten 9-jährigen Hirsches ist die Tatsache, dass sich der Hirsch durch Lecken am erkrankten Lauf eine massive Infektion der Maulhöhle mit großflächiger Ablösung der Unterlippe vom Unterkiefer zugezogen hat, aus der dieselben Erreger (*Arcanobacterium pyogenes* und *Staphylococcus aureus*) nachweisbar waren wie an den Veränderungen an den Läufen.

## Röntgen als Diagnosehilfe

Bildgebende Verfahren, wie Röntgen oder Ultraschall, können eine wesentliche Unterstützung in der Abklärung von Krankheits- oder Verendensursachen

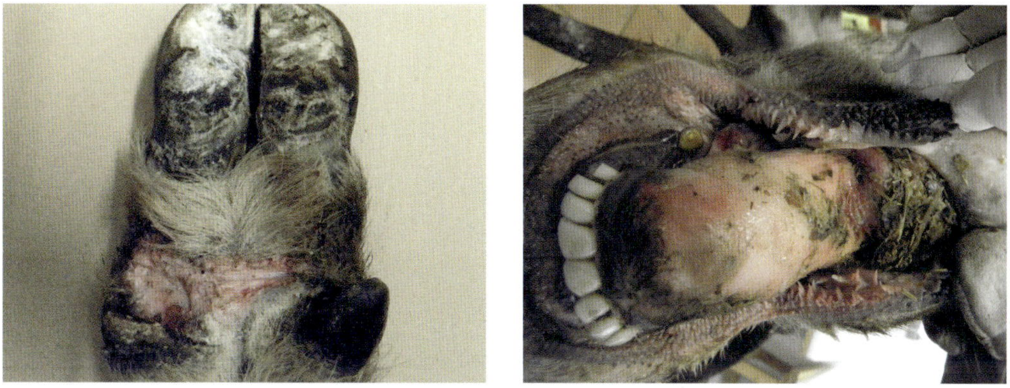

*„Mauke" bei einem 9-jährigen Hirsch (links); Durch Lecken an der Wunde massive Infektion der Mauschleimhaut mit tiefer Taschenbildung am Unterkiefer (rechts)*

bieten. Einige Fallbeispiele veranschaulichen diese diagnostische Möglichkeit, besonders bei Vorliegen des Verdachtes auf eine Schussverletzung.

### Fall 1: Hirsch bei Fütterung

Der Hirsch mit einem Laufstumpf am linken Hinterlauf wurde im Bereich einer Fütterung unregelmäßig gesichtet, da er immer wieder von anderen Hirschen abgeschlagen wurde. Der Sektionsbefund nach dem Hegeabschuss ergab eine deutliche Abmagerung sowie eine Laufverletzung am linken Hinterlauf. Der Lauf war zwischen Sprunggelenk und Schalen abgetrennt, Haut und Granulationsgewebe bedecken den Laufstumpf. Ein vom Laufstumpf angefertigtes Röntgenbild zeigt eine weitere Trümmerfraktur im Bereich zwischen Stumpf und Sprunggelenk. Ein Blei-/Metallabrieb, der auf eine alte Schussverletzung hindeuten könnte, ist im gesamten Bereich des Laufstumpfes nicht zu erkennen. Der Pansen (Weidsack) war fast leer, was ein Indiz dafür ist, dass der Hirsch bei der Fütterung immer wieder abgeschlagen wurde. Sonstige Organe waren ohne besonderen Befund.

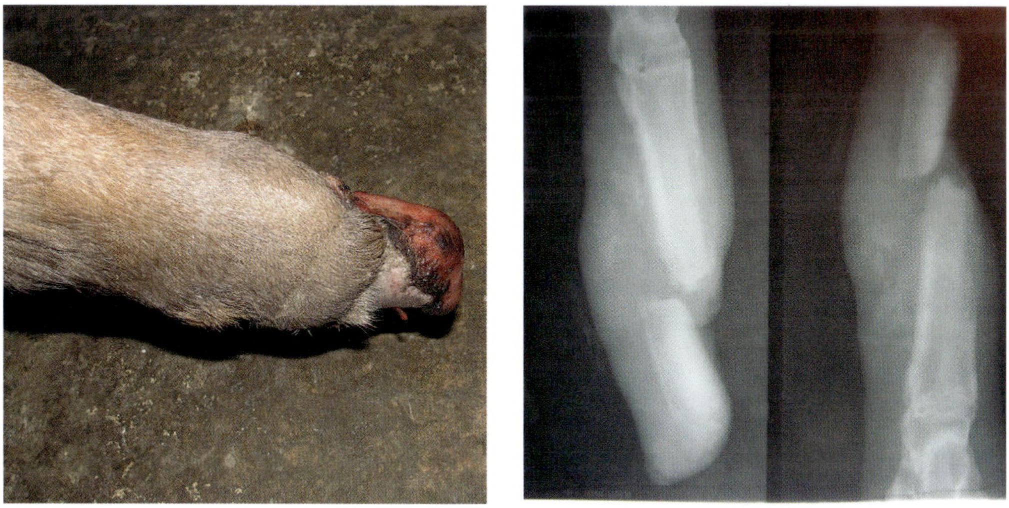

*Laufstumpf nach Fraktur des linken Hinterlaufes, Rothirsch (rechts Röntgenaufnahme)*

*Gamsbock mit Schalenabnormität durch Schussverletzung*

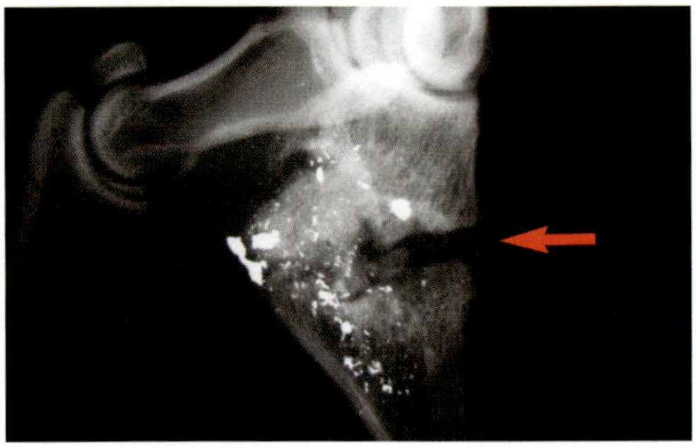

*Am Röntgenbild sind zahlreiche Metallsplitter deutlich sichtbar (Pfeil: Schusskanal)*

Nach dem Verlauf der Wundheilung und der Bildung von Granulationsgewebe sowie der relativ geringen Kallusbildung (Röntgen) wird das Alter der Verletzung auf 1 bis max. 2 Monate geschätzt. Eine alte Schussverletzung kann aufgrund des Röntgenbefundes mit an Sicherheit grenzender Wahrscheinlichkeit ausgeschlossen werden. Vorstellbar als Ursache für diese Fraktur mit dem Verlust des halben Mittelfußknochens wäre beispielsweise eine Kollision mit einem KFZ oder ein Hängenbleiben in einer (scharfrandigen) Felsspalte, mit geringerer Wahrscheinlichkeit ein Hängen in einem Draht (Schlinge?).

### Fall 2: Gams mit Schalenschuss

Ein Gamsbock der Klasse II mit einem stark geschonten Vorderlauf und leicht ausgewachsenen Schalen entpuppte sich durch eine zusätzlich durchgeführte Röntgenuntersuchung als Gams mit einer alten Schussverletzung. Vorerst wurde eine Fraktur des Klauenbeines vermutet. Erst an der Röntgenaufnahme konnten Bleisplitter und ein oberflächlich verheilter Schusskanal im Bereich einer Schale deutlich erkannt werden. Das Alter der Verletzung wird auf mindestens 6 Monate geschätzt, da die Schalenwand über dem Schusskanal wieder vollkommen verschlossen war. In diesem Zusammenhang soll wieder einmal darauf hingewiesen werden, dass bei der Jagd auf Gamswild Entfernungen nicht unterschätzt werden dürfen und dass besonders über der Waldgrenze ein Entfernungsmesser gute Dienste leisten und Fehlschüsse verhindern helfen kann.

### Fall 3: Tier mit Laufbruch

Bei einem Tier mit stark verdicktem Vorderlauf wurde vorerst eine alte Schussverletzung vermutet. Die Röntgenuntersuchung ergab als Ursache für die Laufverdi-

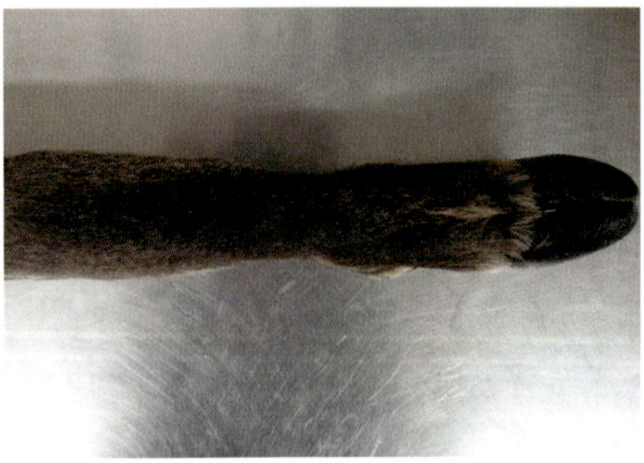

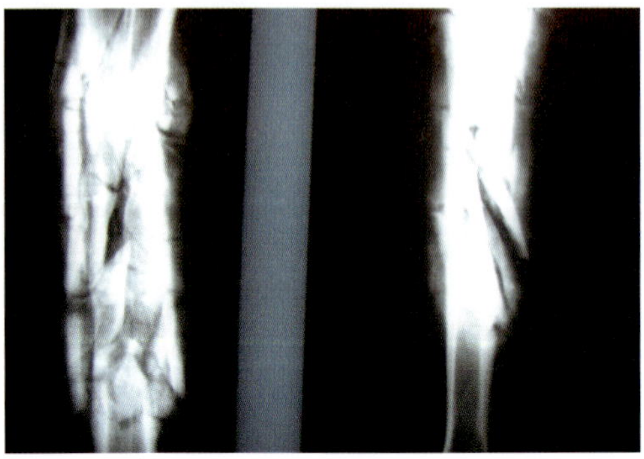

*Rottier mit Trümmerbruch am Vorderlauf*

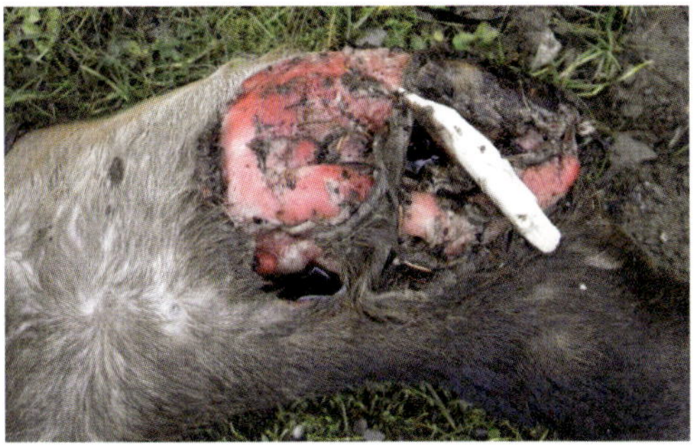

*Offene Vorderlauffraktur mit Knochensplitter*

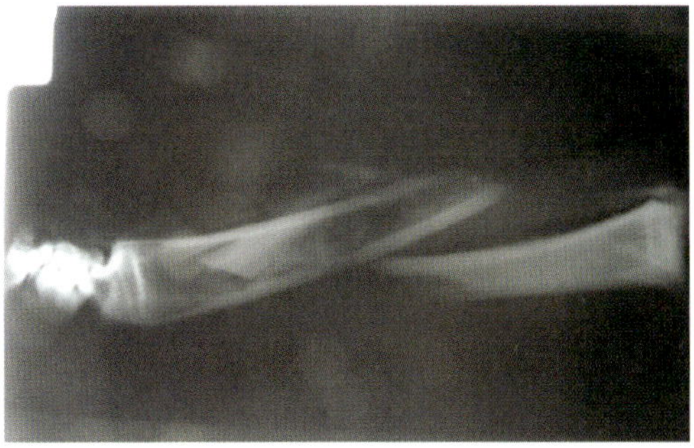

*Röntgenbild des linken Unterarmes – Schussverletzung ausgeschlossen*

ckung aber eine ca. zwei Monate alte Trümmerfraktur (Trümmerbruch) mit zahlreichen Knochensplittern. Durch eine Kallusbildung war der Lauf im Bereich des Bruches aber wieder soweit stabilisiert, dass er aufgesetzt und auch belastet werden konnte, dennoch aber eine Behinderung darstellte. Überraschend in diesem Fall sind die Selbstheilungskräfte bei einer Trümmerfraktur ohne Versorgung der Verletzung.

#### Fall 4: Hirsch mit Forkelverletzung

Bei einem Hirsch der Klasse II, der schwer verletzt einen Fangschuss erhielt, bestand vorerst der Verdacht auf einen alten Vorderlaufschuss und Forkelverletzungen. Im Zuge der Sektion konnten ein Splitterbruch des linken Unterarmknochens sowie Forkelverletzungen im Bereich der linken Seitenbrust, linken Flanke und des linken Sprunggelenkes festgestellt werden. Der Splitterbruch war mindestens 4 Wochen alt, die Forkelverletzungen rund 3 Wochen alt. Es ist mit hoher Wahrscheinlichkeit anzunehmen, dass der Hirsch infolge der Einschränkung seiner Beweglichkeit durch den Vorderlaufbruch an mehreren Lokalisationen geforkelt worden war. Mit Hilfe zweier Röntgenaufnahmen konnte eine Schussverletzung als Ursache der Vorderlauffraktur eindeutig ausgeschlossen werden, da an den Frakturrändern keine Spuren eines Metallabriebes feststellbar waren.

Dieser Fall bestätigt abermals eindrucksvoll, dass Verdachtsmomente in Richtung „alte Schussverletzung" sehr leicht mit einer Röntgenaufnahme zu bestätigen bzw. zu entkräften sind.

### Polydaktylie (überzählige Zehen)

Abgebildet ist der linke Hinterlauf eines Rehkitzes. Der Lauf war um etwa 180 Grad verdreht und reichte nicht bis zum Boden. Es handelt sich dabei um einen so genannten Atavismus, also um ein Wiederauftreten entwicklungsgeschichtlich primitiver Körpermerkmale, wie in diesem Falle eine Polydaktylie, also einer Missbildung mit dem Auftreten überzähliger Zehen. Entwicklungsgeschichtlich hatten alle frühen Säugetiere 5 Zehen (wie jetzt noch der Mensch, Affen, Bären usw.). Eine Polydaktylie ist also ein „genetischer Rückschlag" in frühere Zeiten. Die Polydaktylie dürfte in den allermeisten Fällen erblich bedingt sein, kann aber auch in Einzelfällen mechanische Ursachen während der Embrionalentwicklung haben.

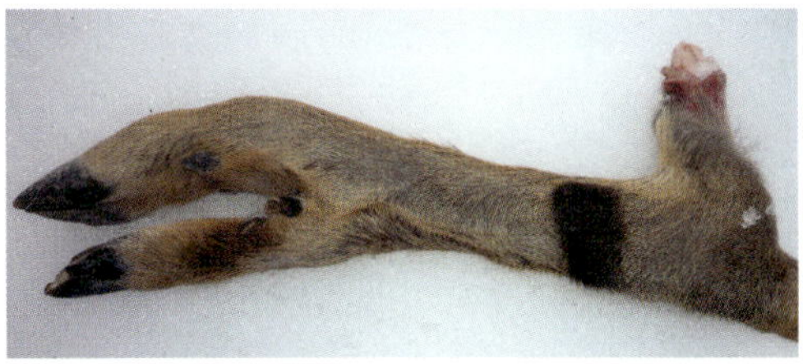

*Ausbildung eines überzähligen Zehens, Reh*

### Adaktylie (fehlende Zehen)

Bei diesem Hirschkalb waren weder die jeweiligen Afterklauen (Afterschalen) selbst noch deren knöcherne Zehenglieder ausgebildet, was durch eine Röntgenuntersuchung abgeklärt werden konnte. Ein Fehlen von Finger-/Zehengliedern wird als Adaktylie

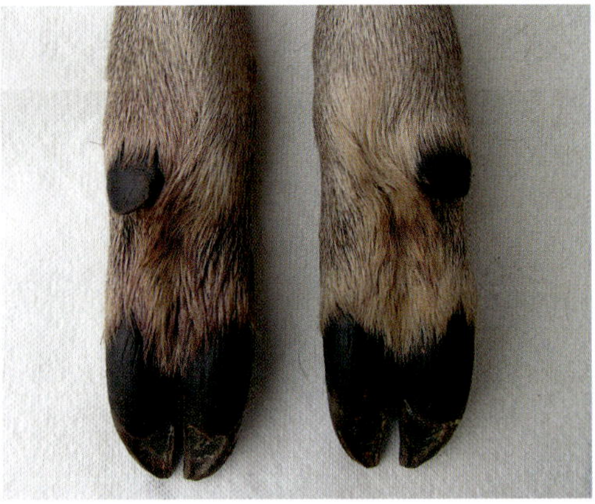

*Kalb mit je einer fehlenden Afterschale an den Vorderläufen*

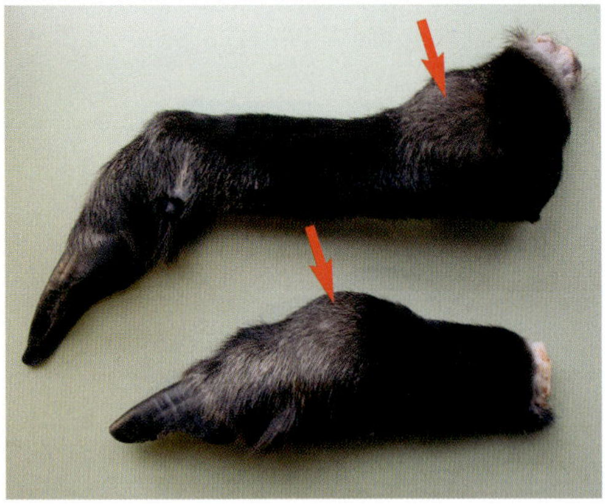

*Läufe eines Gamsbockes mit Entzündung der Fessel- und Sprunggelenke, ausgewachsene Schalen*

bezeichnet. Dies kann sowohl genetisch als auch umweltbedingt sein.

Afterklauen sind zwei über dem Fesselgelenk nach rückwärts gerichtete Klauen. Sie entsprechen der zweiten und fünften Zehe bzw. dem zweiten und fünften Finger. Huftiere sind Zehenspitzengänger und haben statt fünf (wie Mensch und Fleischfresser) nur noch zwei („Paarhufer") oder eine (Pferd) Hauptzehe. Obwohl die Afterklauen keine knöcherne Skelettverbindung mehr haben, wird beim Rotwild durch Sehnen und Bänder ein wirkungsvoller Abspreizmechanismus geschaffen, der in voller Flucht und auf weichem Boden, aber auch in steilem Gelände, das Überspreizen der Hauptschalen verhindert.

In der einschlägigen Fachliteratur war kein Bericht zum Fehlen von Afterklauen bei Wildwiederkäuern auszuheben, weshalb davon ausgegangen werden kann, dass fehlende oder überzählige Zehen bei Wildtieren äußerst selten auftreten.

## Gelenksentzündungen

### Polyarthritis bei Hirschkalb und Gams

Unter Polyarthritis versteht man eine gleichzeitige Entzündung mehrerer Gelenke. Infektiöse, meist bakteriell bedingte Gelenksentzündungen, entstehen oft aufsteigend über kleine Verletzungen im Schalenbereich, über andere Verletzungen, oder es gibt auch nicht infektiöse Ursachen, wie altersbedingte Arthrosen oder degenerative Gelenkleiden aus anderen Gründen mit begleitenden Entzündungserscheinungen. Bei Jungwild sind Gelenksentzündungen meist infektiös (verschiedene Bakterienarten) bedingt, ausgehend oft von anderen Entzündungsherden (z. B. Nabelinfektion). Erkrankte Stücke zeigen einen spießigen, klammrigen Gang, langsame Bewegungen sowie ein häufiges Stehen bzw. Liegen. Weiters auffallend sind die Umfangsvermehrungen der erkrankten Gelenke. Gelenksentzündungen sind Auffälligkeiten im Rahmen des Ansprechens (= der Lebenduntersuchung durch den Jäger), und diese Stücke sind einer Untersuchung durch einen Fleischuntersuchungstierarzt zu unterziehen, falls nicht eine Entsorgung durch den Jäger aufgrund z. B. deutlicher Abmagerung erfolgt.

Abgebildet sind beispielhaft ein stark abgekommenes Hirschkalb mit einer Entzündung beider Carpal(„Knie")- und Sprunggelenke sowie Gamsläufe mit entzündeten Gelenken. Der Gamsbock war stark abgemagert und zeigte Verdickungen am Fessel- bzw. Sprunggelenk beider Hinterläufe. Bei der Sektion konnte eine eitrige Entzündung der betroffenen Gelenke mit Reaktion der Knochen festgestellt und aus dem Eiter die Bakterienart *Staphylococcus aureus* isoliert werden. Infolge der verminderten Bewegung durch die schmerzhaften Gelenksentzündungen kam es auch zu einem Auswachsen der Schalen.

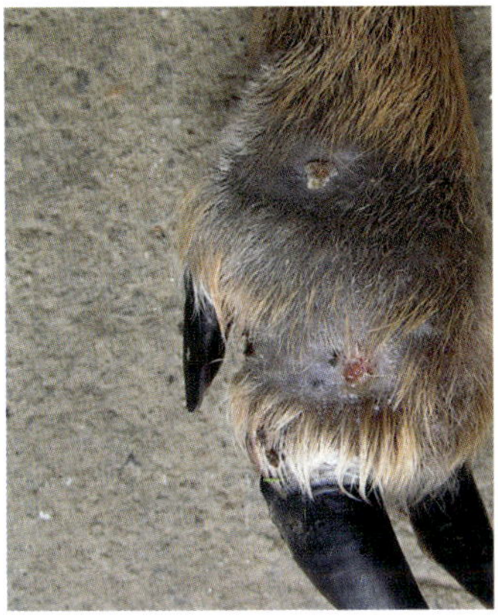

*Klauengelenksentzündung mit deutlich sichtbaren Fistelkanälen*

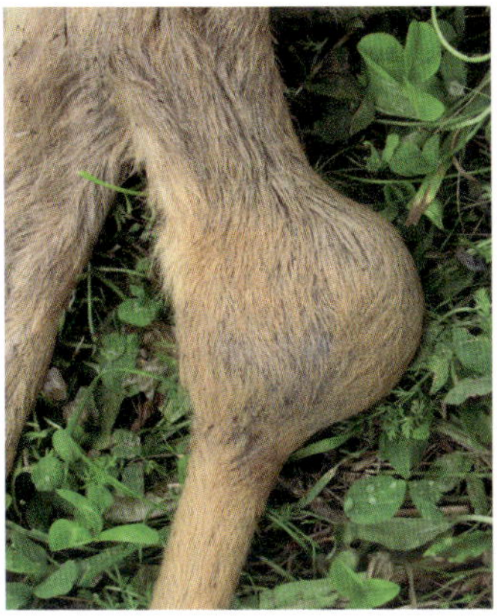

*Massive Gelenksentzündung (Vorderlauf) nach Schussverletzung*

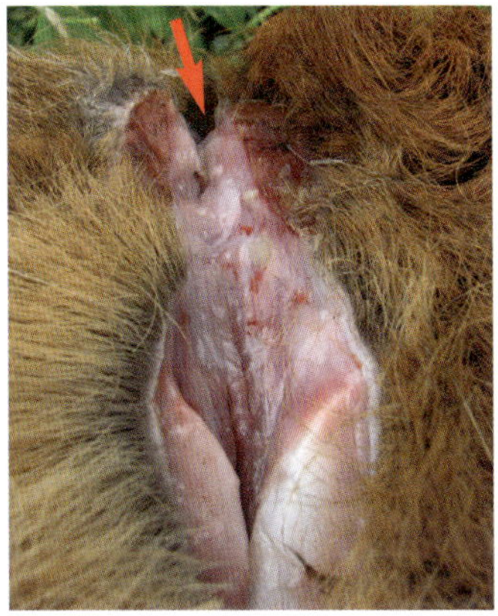

*Angeschnittene alte Krellschusswunde mit Abszessen*

## Klauengelenksentzündung beim Reh

Gelenksentzündungen können infolge von Infektionen im Zuge äußerer Verletzungen, ohne Verletzung durch Streuen von Infektionserregern aus einem anderen Infektionsherd oder auch nicht infektiös (z. B. nach degenerativen Gelenkserkrankungen, Fütterungsfehler) entstehen. Sie sind in der Regel schon beim Ansprechen erkennbar, da Stücke mit Gelenksentzündungen meist auch deutlich lahmen. Dabei wird die erkrankte Extremität geschont und die noch gesunde stärker belastet. Ein Stück mit einer Gelenksentzündung am rechten Vorderlauf wird im Ziehen daher scheinbar „in den linken Vorderlauf fallen" und den rechten Vorderlauf nur kurz und schonend aufsetzen.

## Gelenksentzündung nach Krellschuss

Eine massive Gelenksentzündung im Bereich eines Karpal-(„Knie")gelenkes und beider Sprunggelenke bei einem 1-jährigen Rehbock konnte nach Rekonstruktion der Geschehnisse, Sektion und nachfolgender bakteriologischer Untersuchung auf eine ca. 5 Wochen alte Schussverletzung zurückgeführt werden. Nach einer Wundinfektion im Bereich des Krellschusses gelangten Bakterien über den Blutstrom unter anderem in Gelenke und verursachten massive Gelenksentzündungen.

Besonders auffällig am erlegten Bock waren eine faustgroße Umfangsvermehrung im Bereich des Karpalgelenkes am rechten Vorderlauf und eine nahezu gleich große am Sprunggelenk des linken Hinterlaufes sowie eine rund 4 x 1,5 cm große, alte, verschorfte Wunde vom erwähnten Krellschuss über der Brustwirbelsäule. Nach Anschneiden der Krellschusswunde wurden stecknadelkopf- bis erbsengroße Abszesse sichtbar, aus denen die gleiche Bakterienart wie aus den entzündeten Gelenken isoliert werden konnte (*Arcanobacterium pyogenes*). Diese Bakterienspezies ist weltweit verbreitet und tritt vorwiegend bei Wiederkäuern und Schweinen auf.

> Dieses Fallbeispiel möge auch darauf aufmerksam machen, dass alte (Schuss)Verletzungen immer ernst zu nehmen und vom Jäger bzw. von der kundigen Person als Auffälligkeit zu beurteilen sind, da eine Streuung von Bakterien aus derartigen Verletzungen in die Muskulatur oder in Organe mit Bildung von Abszessen relativ häufig vorkommt.

## Der Krell- und „Hohlschuss"

### „Hohlschuss" – anatomisch unmöglich

Durchschlägt das Geschoss den Brustraum, ohne Knochen (Rippen) zu treffen und ohne zu deformieren, so spricht man von einem Hohlschuss. Diese Bezeichnung ist aber insofern irreführend, als in der

Brusthöhle Unterdruckverhältnisse herrschen und damit zwischen Brust- und Lungenfell bei Ein- und Ausatmung kein Hohlraum besteht. Dies bedeutet, dass Lunge und Herz die Brusthöhle vollständig ausfüllen und die Ausdehnung der Lunge während des Einatmens durch ein Zurückweichen des elastischen Zwerchfelles ermöglicht wird. Aus diesem Grunde ist ein sogenannter „Hohlschuss" anatomisch eigentlich nicht möglich, da zumindest ein kleiner Bereich der Lunge verletzt wird und das Stück meist innerhalb recht kurzer Zeit an einer Lungenblutung oder Lungenentzündung infolge der Lungenverletzung verendet. Dass der Zeitraum bis zum Verenden auch länger dauern kann, zeigt ein Beispiel eines als Hegeabschuss erlegten, stark abgekommenen und offensichtlich kranken Brunfthirsches, der rund drei Wochen (!) vor seiner Erlegung einen Lungensteckschuss mit einem kleinen Kaliber erhielt. Der Einschuss war verkrustet und die Lunge stark eitrig-gangräneszierend (stinkend) entzündet, der Hirsch war kurzatmig und hatte leicht blutigen, schaumigen Nasenausfluss.

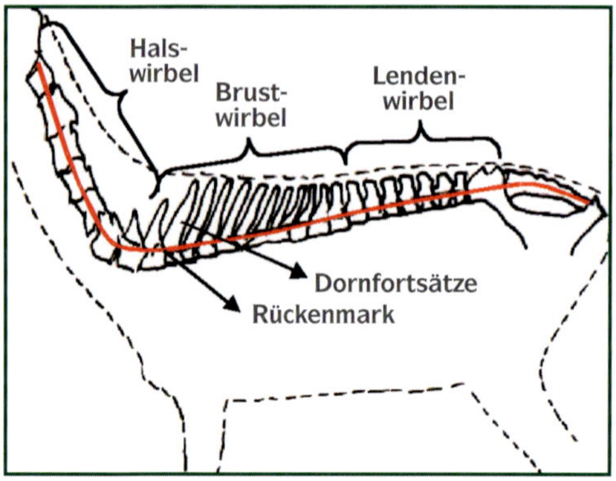


*Lage der Wirbelsäule und des Rückenmarkes (rot), Reh; zu beachten ist die Höhe der Dornfortsätze der Brustwirbelsäule!*

**Krellschuss – Dornfortsätze sind hoch!**

Definitionsgemäß werden beim Krellschuss ein oder mehrere Dornfortsätze der Wirbelsäule, meist der Brustwirbelsäule, seltener der Lenden- oder Halswirbelsäule, getroffen, oder unter Krellschuss wird auch ein Streifschuss am Haupt mit betäubender Wirkung verstanden. Das derart verletzte Stück bricht im Feuer zusammen, erholt sich aber wieder, beginnt zu schlegeln, kommt auf die Läufe, flüchtet und wird dann – trotz Nachsuche mit Hunden – meist nicht mehr gefunden. Am häufigsten sind Krellschüsse beim Schwarzwild, da es einerseits häufig flüchtig beschossen wird und andererseits die aufgestellten Federn (Rückenborsten) eine größere Wildhöhe vortäuschen.

Um sich einen Krellschusses vorstellen zu können, muss man das Skelett eines Wildwiederkäuers kennen (siehe Skizze der Wirbelsäule). Die Dornfortsätze sind im Verlauf der Wirbelsäule und auch je nach Wildart unterschiedlich lang (hoch). Am kürzesten sind sie im Bereich der Halswirbelsäule; in diesem Wirbelsäulenabschnitt ist ein Krellschuss selten, da meist auch der Wirbelkörper selbst mitverletzt wird und das beschossene Stück dann in der Regel liegt.

Abgebildet ist ein Abschnitt der Brustwirbelsäule eines Hirsches der Klasse III, der einen alten Krellschuss im Bereich des 3. Brustwirbeldornfortsatzes aufwies. Das Geschoss, eingebettet in eine Abszesshöhle, war bindegewebig eingekapselt, und nach späterem Auskochen war eine ausgeheilte Fraktur des Dornfortsatzes zu erkennen. Zu beachten ist die Höhe der Dornfortsätze, die bei einem Hirsch im Brustwirbelbereich 16 bis 19 cm hoch sind. Das bedeutet, dass bei Einberechnung der Decke und der Grannen am Ziemer ein Krellschuss im Brustwirbelsäulenbereich sogar 20 cm unter der oberen Kontur des Wildkörpers liegen kann und dass das Rückenmark in diesem Abschnitt sehr tief liegt. Anders ausgedrückt, umfasst der Bereich der Dornfortsätze rund das oberste Fünftel der seitlichen Brustkorbansicht.

Werden die Dornfortsätze nur an ihrer Spitze getroffen, wird das Rückenmark nur gering erschüttert. Das Stück bricht blitzartig zusammen, fängt aber bald an zu schlegeln, kommt torkelnd auf die Läufe und flüchtet zuerst unsicher, später nahezu wie ein gesundes Stück. Sitzt der Schuss im unteren Bereich der Dornfortsätze, also nahe am Rückenmark, so ist

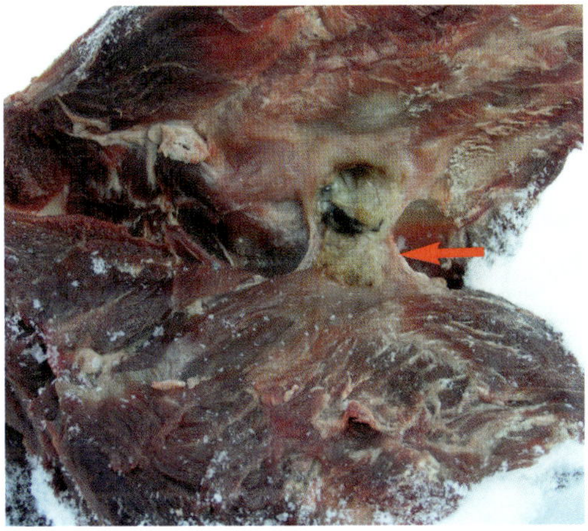

*Krellschuss: das Geschoss liegt im abgekapselten Abszess*

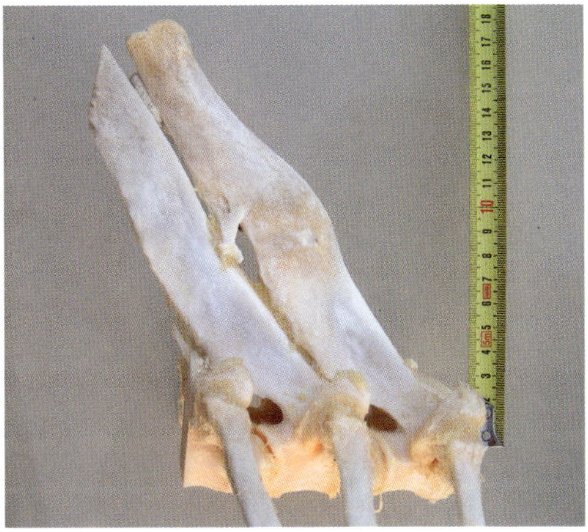

*Ausgekochtes Wirbelsäulenpräparat*

die Rückenmarkserschütterung (vergleiche Gehirnerschütterung) hochgradig, das Stück kann bis zu 15 Minuten am Anschuss liegen, um sich dann wieder zu erholen und zu flüchten.

Ob die Verletzungen ausheilen oder das Stück nach einem Krellschuss verludert, hängt vom Umfang der Verletzungen der Wirbelsäule und der langen Rückenmuskulatur, aber auch von der Jahreszeit (Fliegenmadenbefall, hohe Schneelagen) und vom Entstehen bakterieller Sekundärinfektionen ab. Gelegentlich dringen bei Krellschüssen Geschosssplitter in die Lunge ein und führen durch die Lungenblutung bzw. -entzündung zum Verenden des Stückes.

Die Forderung, nach jeder Schussabgabe auf Wild sofort wieder zu laden, hat im Zusammenhang mit Krellschüssen eine besondere Bedeutung. Bricht ein Stück im Feuer zusammen und liegt dann vorerst regungslos, kann auch mit einem Krellschuss gerechnet werden. Beginnt so ein Stück dann zu schlegeln und versucht auf die Läufe zu kommen, sollte nicht mit der Abgabe eines Fangschusses gezögert werden.

## Hypertrophe Osteopathie – Erkrankung nach Fütterungsfehlern?

Die „hypertrophe Osteopathie" beim Reh geht mit hochgradigen Knochenwucherungen im Bereich der Läufe einher. Ursache dieser bei Rehen gar nicht so seltenen Erkrankung dürfte in den meisten Fällen die Verfütterung von staubigem, pilzhaltigem Futter sein.

Die Abbildungen stammen von einer noch nicht verfärbten, stark abgemagerten Rehgeiß, ca. 6 Jahre alt, 12 kg aufgebrochen. In der rechten Lunge war bei der Sektion ein 13 x 11 x 10 cm großes Abszess festzustellen, das aufgrund feingeweblicher Untersuchungen auf eine Pilzinfektion zurückzuführen war. Aufgrund der veränderten Blutströmungsverhältnisse im Brustraum war des Weiteren eine Hypertrophie (= Masse- und Umfangsvermehrung eines Organs durch Zellvergrößerung ohne Vermehrung von Zellen) des Herzmuskels zu diagnostizieren.

Die hypertrophe Osteopathie kann bei allen Säugetieren und auch beim Menschen auftreten. Auslöser dieser auffallenden Knochenwucherungen sind meist raumgreifende Prozesse in der Brust-, seltener in der Bauchhöhle. Die genauen Zusammenhänge sind bis heute nicht eindeutig geklärt.

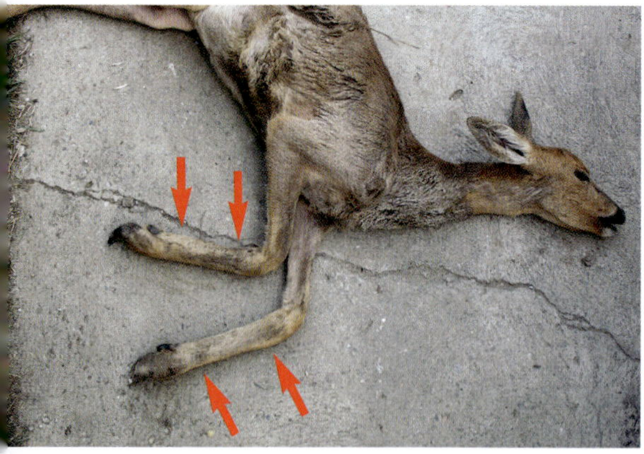

*Hochgradig knöchern verdickte Mittelhandknochen (Pfeile)*

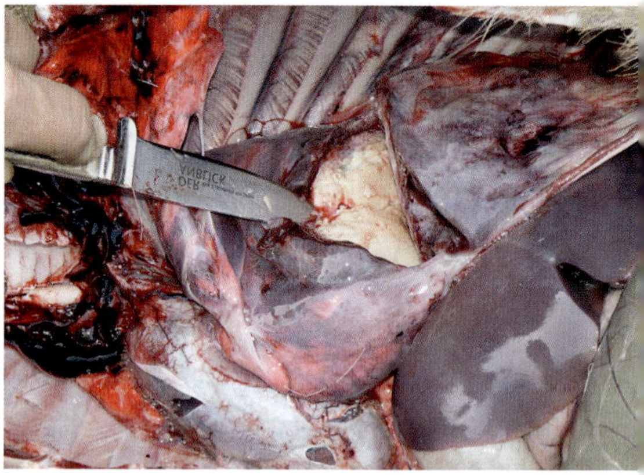

*Überfaustgroßes Abszess im entzündeten Lungenbereich als Ursache*

Als Auslöser diskutiert werden neurale (nervliche), humorale (Körperabwehr) oder hormonell bedingte Ursachen, die zu einer stark erhöhten Durchblutung in den Gliedmaßen führen, wobei auch lediglich strömungstechnische Effekte durch die Druckveränderungen im Brustraum in Erwägung gezogen werden müssen. Die Erkrankung beginnt an den Gliedmaßenenden und zeigt sich als teigige Schwellung und Knochenauflagerung vor allem an den Mittelfuß- und -handknochen sowie an Unterarm- und Unterschenkelknochen. Die Wucherungen sind das Ergebnis eines stark erhöhten Stoffwechsels infolge wesentlich gesteigerter Durchblutung. Neben Abszessen im Brustraum kommen als Ursachen noch schlecht abheilende Lungenwurminfektionen, Tumoren und auch Tuberkulose in Betracht.

Pilzsporen und andere Keime, die Abszessbildungen auslösen, können besonders leicht bei der Verfütterung von staubigem, verpilztem Getreide bzw. Getreideschrot eingeatmet werden, besonders, wenn ein Wildtier während der Futteraufnahme in den Trog hustet oder niest und dabei Staub aufwirbelt und diesen beim nächsten Atemzug einatmet. Auf das gesteigerte Risiko des Entstehens von Pilzinfektionen des Atmungstraktes bei Fütterung von Wildtieren bei hohen Temperaturen im Sommerhalbjahr muss nicht gesondert hingewiesen werden, da die Fütterung in diesem Zeitraum ohnehin untersagt und auch wildökologisch nicht vertretbar ist.

## Selteneres

### Hüftgelenksdysplasie beim Reh

Bei einem Becken mit Oberschenkelknochen einer Rehgeiß mit einer interessanten, bisher in der zugänglichen Literatur beim Reh noch nicht beschriebenen Hüftgelenkserkrankung konnte nach der Präparation eine Hüftgelenksdysplasie diagnostiziert werden. Dabei handelt es sich um vermutlich meist erblich bedingte Veränderungen am Hüftgelenk, wie Abflachung der Gelenkspfanne, Knorpelschäden und Abflachung bzw. „Entrundung" des Oberschenkelkopfes. Als klinische Symptome treten schmerzhafte Bewegungsstörungen und später Muskelschwund durch die Inaktivität auf (Inaktivitätsatrophie). Auch bei der vorgelegten ca. 3-jährigen Rehgeiß war die Oberschenkelmuskulatur geringgradig atrophiert, sonst waren keine weiteren Auffälligkeiten festzustellen. Auf die Hüftgelenksdysplasie (HD) des Hundes wird im Abschnitt „Hundekrankheiten" eingegangen.

### Knochentumor Rehbock

Dieser Fall betrifft einen Tumor am linken Vorderlauf eines Rehbockes, erlegt am 31. 8. 2008, Gewicht aufgebrochen nur mehr 11,5 kg. Der Bock wurde bereits

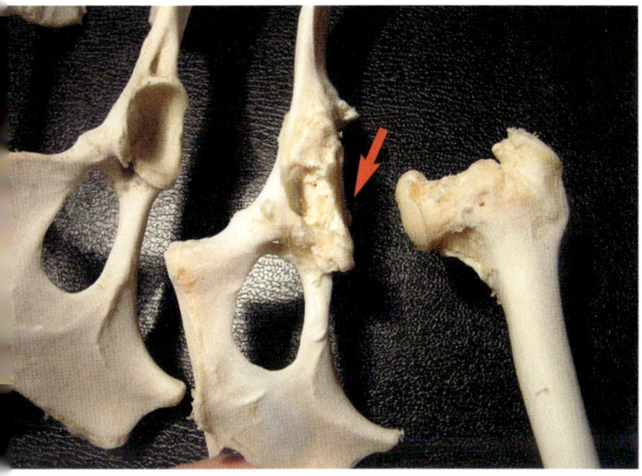

*Beckenknochen eines gesunden Rehes (links), Beckenhälfte (Pfeil) und Oberschenkelknochen der Rehgeiß mit hochgradiger Hüftgelenksdysplasie (rechts)*

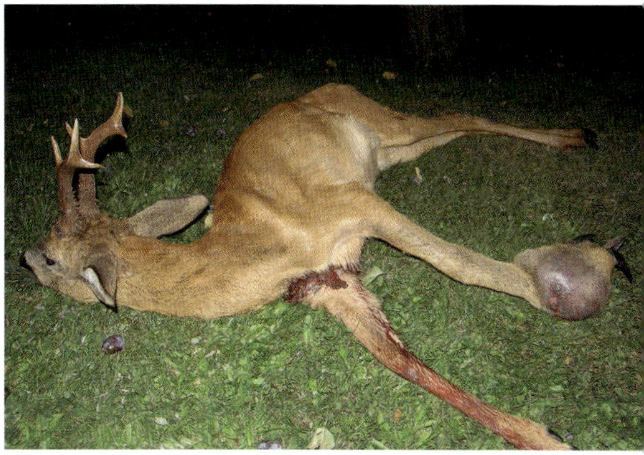

*Bösartiger Tumor am Vorderlauf eines Rehbockes*

Mitte Mai mit einer Schwellung am linken Vorderlauf beobachtet. Bei dem fast kindskopfgroßen Tumor handelt es sich um ein bösartiges Osteosarkom. Im Tumor fanden sich Blutungen, Nekrosen (abgestorbenes Gewebe) und eine hochgradige Osteolyse (Auflösung von Knochen).

# Abnorme Geweihe

*Wohl keine andere Wildart bringt so viele Spielarten der Trophäe hervor wie der Rehbock. Viele Abnormitäten entstehen während der Geweihbildung meist durch Verletzungen, andere sind hormonell verursacht oder witterungsbedingt, wieder andere geben Hinweise auf einen Parasitenbefall.*

**Am häufigsten beim Rehbock**

Bubenik meinte einmal, dass „für den Trophäenjäger das geweihtragende Wild als Lebewesen geradezu hinter der Trophäe verschwindet". Jahrzehntelange Bestrebungen der „Aufartung", der „Hegeabschüsse", des „Ausmusterns" gingen Gott sei Dank recht spurlos am Rehwild vorbei, nicht zuletzt deshalb, da einerseits die Erkenntnisse über die Vererblichkeit der Merkmale des Rehgeweihes nach wie vor lückenhaft sind und andererseits beim Rehwild auch keine feste Relation zwischen Geweih und Körpergewicht existiert und Rehwild zudem eine sehr stressanfällige Wildart ist. Bei den primitiveren, kleineren Hirscharten, zu denen das Reh zählt, hat das Geweih als optisches Signal nur nachrangige Bedeutung, da Wahrnehmungen vor allem olfaktorisch (geruchlich) stattfinden. Diese primitiveren Geweihformen sind für das Durchflüchten in dichter Vegetation gut geeignet und zeigen auch eine große Variabilität im Aufbau, wohingegen bei entwicklungsgeschichtlich fortgeschritteneren Hirscharten die Geweihe in der unteren Zone sehr stabilisiert sind und nur die obere Stangenregion zur Variabilität neigt. Zusätzlich ist beim Reh eine Reihe von Abnormitäten möglich, wobei **Missbildungen** meist angeboren sind und **Regelwidrigkeiten** durch Verletzungen, Stoffwechselkrankheiten und hormonelle Störungen entstehen.

## Angeborene Missbildungen

Echte Missbildungen entstehen bereits während der Embryonalphase, entweder genetisch bedingt oder erworben durch Mangelzustände des Muttertieres während der Tragzeit. Weiters können auch chemische Substanzen die Geweihentwicklung im Mutterleib beeinflussen. Angeboren sind beispielsweise das Fehlen von einem oder beider Rosenstöcke, was zu lebenslanger Plattköpfigkeit führt. Embryonal zu eng angelegte Rosenstöcke führen später zu Stangenverwachsungen im unteren Stangenbereich.

### Einstangenbock

Der abgebildete ca. 4-jährige Einstangenbock ist ein Beispiel für eine angeborene Abnormität. Das Auftreten echter Einstangengeweihe als Missbildung beruht auf vorgeburtlichen Veränderungen, der Defekt bleibt zeitlebens bestehen.

*Einstangenbock – diese Abnormität war angeboren*

## Regelwidrigkeiten

Regelwidrigkeiten entstehen erst nach dem Setzen und werden durch Verletzungen des (Bast-)Geweihes oder Wildkörpers, durch Stoffwechselkrankheiten (z. B. auch durch Parasiten oder Infektionen) und durch hormonelle Störungen verursacht. Verletzungen am wachsenden Geweih führen zu Deformationen und Stangenteilungen. Abgebrochene Baststangen, die noch vom Bast gehalten werden, reagieren mit Korrekturwachstum. Rosenstockbrüche können zu Pendelstangen führen und haben oft massive Kallusbildung um die Bruchstelle zur Folge. Schwere Verletzungen der Rosenstöcke führen zur Bildung zusätzlicher Enden oder Stangen, und abgesplitterte Rosenstockteile können ortsfremde Stangen hervorrufen, was im Übrigen auch durch operative Verlagerung von Rosenstockteilen bei Bockkitzen zu provozieren ist. Eine beim Damwild häufigere, bei Rot- und Rehwild seltenere Abnormität ist die „Doppelkopfbildung", bei der ein Geweih (meist Erstlingsgeweih) nicht abgeworfen wurde, während das neue bereits geschoben wird und dieses die nicht abgeworfenen Stangen umwächst und somit am Schädel hält. Noch seltener sind Doppelrosenbildungen. Ein abgebildetes Rehgeweih weist nach der Einziehung beider Stangen oberhalb der Rosen auf halber Höhe zwischen den Rosen und den Vorderenden so genannte Scheinrosen auf, die sehr selten vorkommen. Solche Rosenformen und Perlenansammlungen können auf Bastverletzungen zurückgehen, auch ein Frosteinfluss wäre denkbar.

### Veränderungen ein- oder mehrjährig

Bastverletzungen am Rehgeweih verursachen in der Regel lediglich einmalige Veränderungen. Rosenstockbrüche hingegen, führen zu wiederkehrenden interessanten Wuchsformen. Böcke ziehen sich Rosenstockverletzungen häufig nach Verfangen in Zäunen oder Zaunresten zu. Bei stark nach unten zeigenden Bruchstangen bildet sich in der Bastzeit durch den erhöhten Blutzufluss und erniedrigten Blutabfluss eine aufgetriebene Kolbenstange („Blutkolben"). Diese Stange wird nicht durchmineralisiert, bleibt porös und ohne Perlung.

### „Widder- oder Korkenziehergeweihe"

Obwohl die Geweihbildung im Winter in eine Phase fällt, in der Magen-, Darm- und Lungenwürmer wenig aktiv sind, scheint ein starker Endoparasitenbefall durch den Entzug von Nähr- und Mineralstoffen sowie Spurenelementen einen Einfluss auf die Bildung sog. Widder- oder Korkenziehergeweihe zu

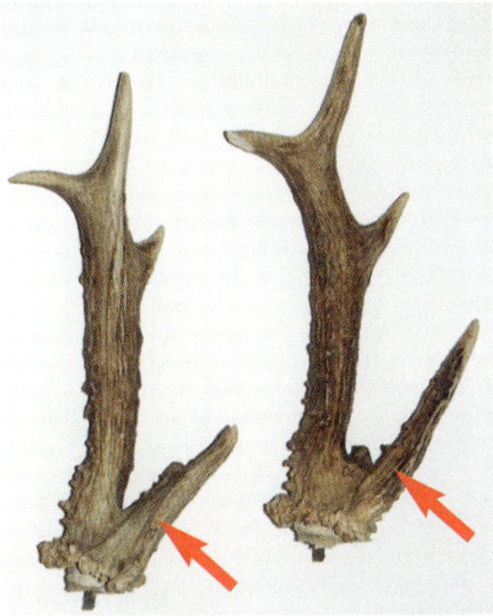

*„Doppelkopfbildung" mit Pfeilen auf die Jahrlingsspieße*

*Echter Dreistangenbock mit eigenem dritten Rosenstock*

*„Scheinrosenbildung" (Pfeil)*

*Rosenstockbruch mit Pseudogelenkbildung*

*Abnormes Hirschgeweih nach Bastverletzung*

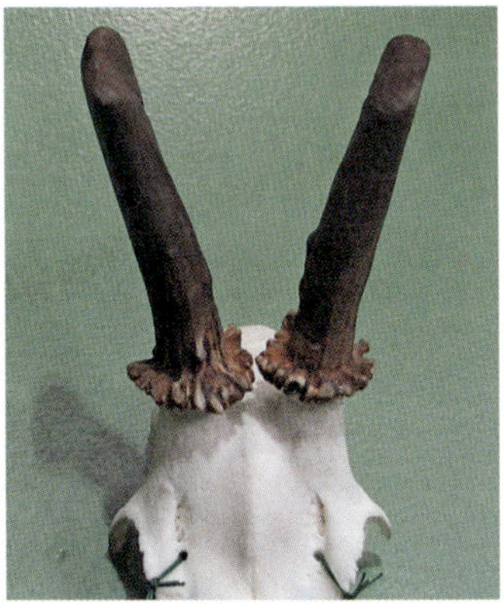

*„Frostgeweih" eines Rehbockes*

*Widder- oder Korkenziehergeweihe ...*

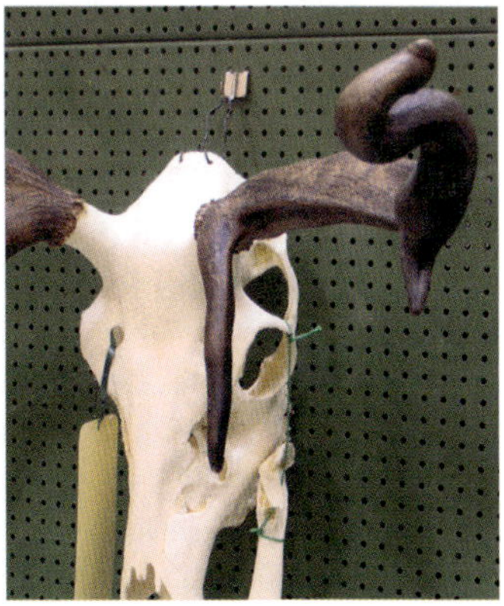

*... Hinweis auf eine Parasitose?*

haben. Dabei dürften auch immunologische Vorgänge, wie die Ausbildung einer Immunität gegen Parasiten während des Geweihwachstums, einen Wachstumseinfluss auf das Geweih – wie das Absenken und Wiederaufrichten der wachsenden Geweihmasse – haben (HERBST, 2001).

### Blasengeweihe

Prellungen, Quetschungen und heftige Schläge führen am stark durchbluteten Bastgeweih bei Gefäßverletzungen, besonders bei Verletzungen von Arterien, zu teils umfangreichen Blutergüssen (Hämatomen). Diese Blutblasen am Geweih können auch bakteriell besiedelt werden, wodurch Abszesse entstehen. Die dabei häufig entstehenden Fistelkanäle, aus denen Eiter abrinnt, sind meist am gefegten Geweih noch zu erkennen. Die von Bast und Geweihmaterial umschlossenen Blut- oder Eiterblasen können entweder mineralisiert werden, um nach dem Verfegen ein aufgetriebener Teil der Stange oder eines Endes zu sein oder das Blut bzw. der Eiter werden beim Verfegen mit verfegt und es entstehen hohle Stangen- oder Endenabschnitte. Aufgrund der traumatischen Ursachen sind Blasengeweihe Zufallsereignisse und treten beim nächsten Schieben der Stangen nicht mehr auf. RAESFELD beschreibt gewaltige Blasengeweihe bei einem 1892 in Schlesien aufgefundenen Bock mit Bastgeweih (50 cm Blasenumfang!) und bei einem in Sachsen erlegten Rehbock mit 26 cm Blasenumfang. Weitestgehend auszuschließen sind Insektenstiche als Ursache von Blasengeweihen.

*Blasengeweihe entstehen aus Blutergüssen oder Abszessen, die nach dem Verfegen ausfallen.*

Wenn wir Jäger uns auch über abnorme Trophäen – besonders beim Rehbock – freuen, so dürfen wir dennoch nicht versuchen, der Natur im Hervorbringen derartiger Raritäten über menschliche Maßnahmen nachzuhelfen.

# Krankheiten der Harn- und Geschlechtsorgane

## Nierenkrankheiten

### Nierenveränderungen durch Fütterungsfehler bei Rehwild

In letzter Zeit gibt es deutliche Hinweise, dass Fütterungsfehler durch die Beeinträchtigung des Immunsystems und der Darmschleimhaut die klinischen Erscheinungen von Parasitosen sowie von bakteriellen Infektionen verschlimmern können und dass weiters aus solchen Fehlern auch schwere Nierenveränderungen resultieren können. Ziel dieses Projektes war die Untersuchung von Nieren von nicht gefütterten sowie wiederkäuergerecht und kraftfutterbetont gefütterten Rehen, um diese Vermutungen zu überprüfen.

Insgesamt wurden Nieren von 50 Rehen mikroskopisch untersucht. Das Untersuchungsgut umfasste dabei 8 kraftfutterbetont bzw. ausschließlich mit Kraftfutter gefütterte Rehe, 24 wiederkäuer- und rehwildgerecht und 18 mit hoher Wahrscheinlichkeit nicht gefütterte Rehe. Die gefütterten Rehe wurden zum Probenahmezeitpunkt bereits über mehrere Wochen gefüttert und innerhalb der gesetzlich erlaubten Schusszeit erlegt. Unter den 8 kraftfutterbetont

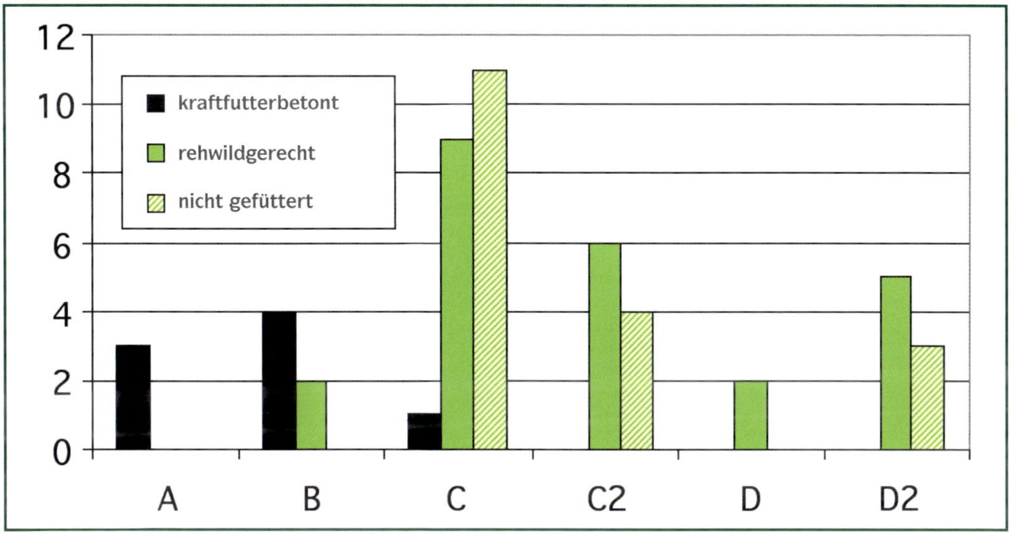


*Gegenüberstellung Fütterungsintensität und Grad der Nierenveränderungen (Deutz u. Völk, 2010)*

gefütterten Rehen waren auch drei mit akuter Pansenazidose. Die Nierenveränderungen wurden in 6 Kategorien (A bis D2) eingeteilt: **A** (stärkste degenerative Veränderungen: Erythrozytenzylinder, intratubuläre Extravasate, Pigmentnephrose, teils mit reaktiver interstitieller Entzündung), **B** (mildere Form von A), **C** (geringgradige degenerative Veränderungen im Sinne von hyalintropfiger Speicherungsnephrose, Nephrokalzinose, Hinweise auf Proteinurie; zusätzlich diskrete Pigmenteinlagerung in den Tubuli), **C2** (geringgradige degenerative Veränderungen im Sinne von hyalintropfiger Speicherungsnephrose, Nephrokalzinose, Hinweise auf Proteinurie), **D** (Pigmentnephrose, Nephrokalzinose, jedoch ohne nennenswerte Destruktion), **D2** (lediglich geringe Veränderungen, die man fast bei jeder Niere vorfinden kann).

In den Kategorien A und B, also jenen Klassen mit den schwerwiegendsten Nierenveränderungen, waren nur gefütterte Rehe vertreten. Die häufigsten Nierenveränderungen konnten der Kategorie C2 (geringgradige Veränderungen), in der sich auch ein hoher Anteil nicht gefütterter Rehe fand, zugeordnet werden.

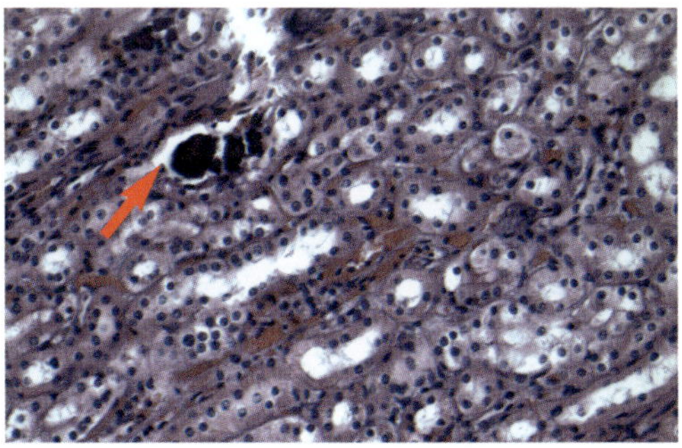

*Nephrokalzinose (Verkalkung) in einer Rehniere nach Pansenazidose (siehe Pfeil)*

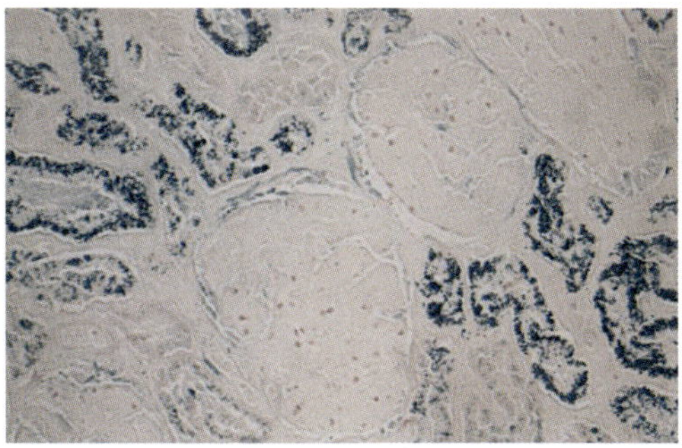

*Eiseneinlagerungen (dunkle Bereiche) in Nieren als Folge chronischer Pansenübersäuerung*

> Diese Arbeit belegt erstmalig hochgradig pathologische Veränderungen in Nieren von Rehen, die mit an Sicherheit grenzender Wahrscheinlichkeit aus Fütterungsfehlern resultieren.

Aus der Gegenüberstellung von Fütterungsintensität und Nierenveränderungen ist ersichtlich, dass schwerwiegende Nierenveränderungen (Kategorie A und B) nur bei gefütterten und vor allem bei intensiv, also kraftfutterbetont gefütterten Rehen auftraten. Obschon die Fallzahlen und die Anzahl der Kategorien eine statistische Absicherung nicht sinnvoll erscheinen lassen, kann von fütterungsbedingten Erkrankungen ausgegangen werden. In den Abbildungen auf Seite 109 werden einige häufig diagnostizierte Nierenbefunde dargestellt (Originalbilder aus dem Untersuchungsmaterial dieser Studie).

**Ursachen dieser Nierenveränderungen**

Die Aufnahme von leicht verdaulichem, stärkereichem, zu kurzem, nicht strukturiertem oder gemahlenem Futter verursacht akute oder chronischen Pansenazidosen (Pansenübersäuerungen). Bei lang anhaltender hoher Säureaufnahme aus Pansen und Darm entwickelt sich eine kompensierte metabolische Blutazidose („Blutübersäuerung").

> Es wird vermutet, dass sich die chronische Belastung des Säure-Basen-Haushaltes im Blut auf den Knochenstoffwechsel im Sinne einer Osteoporose sowie auf die Kalzium- und Phosphatausscheidung über die Nieren auswirkt. Beachtung verdient ferner, dass unter dem Einfluss einer anhaltenden metabolischen Azidose (Übersäuerung) erhöhte Kortisonausschüttung (Stresshormon) sowie verminderte Beweglichkeit von Leukozyten (Abwehrzellen) beobachtet wurden, was einen Einfluss auf die körpereigene Abwehrkraft und damit auf die Krankheitsanfälligkeit haben kann.

Durch länger dauernde und hohe Kraftfutteraufnahmen kommt es zu Änderungen der Harnzusammensetzung. Neben der durch die Fütterung induzierten oder verstärkten Ablagerung von Mineralstoffen und Spurenelementen in den Nieren können Fütterungsfehler auch zur Harnstein- oder Harngriesbildung führen. Es hat auch den Anschein, dass fütterungsbedingt geschädigte Nieren sich im Sommerhalbjahr wieder etwas erholen könnten.

Neben den in zu großen Mengen aufgenommenen leicht verdaulichen Kohlenhydraten wirkt auch ein zu hoher Eiweißgehalt im Futter nierenbelastend oder -schädigend. Die aufgenommenen Nahrungsproteine werden im Pansen durch mikrobielle Enzyme bis zu Ammoniak abgebaut. Ammoniak dient den Pansenbakterien und -protozoen als wichtigste Stickstoffquelle für die Eiweißsynthese („Einzeller-Proteinfabrik"). Die Ammoniakkonzentration des Pansensaftes ist in erster Linie vom Eiweißgehalt des Futters/der Äsung abhängig. Ammoniak wird überwiegend in der Leber zu Harnstoff abgebaut.

> Wiederkäuer verfügen mit dem so genannten ruminohepatischen Kreislauf über einen „Stickstoff-Sparmechanismus", indem ein Teil des gebildeten Harnstoffes nicht über die Nieren ausgeschieden wird, sondern über den Speichel wieder in den Pansen gelangt und dort für den Aufbau von Bakterienprotein zur Verfügung steht.

Daraus wird auch klar, dass sich für Wiederkäuer ein relativer Eiweißmangel nicht so negativ auswirkt wie mittel- oder längerfristig zu hohe Eiweißgaben über das Futter. Zu hohe Ammoniak- und Harnstoffspiegel belasten Leber und Nieren.

**Schlussfolgerungen**

Schwerwiegende Nierenveränderungen (Kategorie A und B) traten nur bei gefütterten und vor allem bei kraftfutterbetont gefütterten Rehen auf. Es kann daher von fütterungsbedingten Erkrankungen ausgegangen werden. Einerseits von akuten und chronischen Pansenazidosen mit Störung des Säure-Basen-Haushaltes im Blut und verändertem Ausscheidungs-

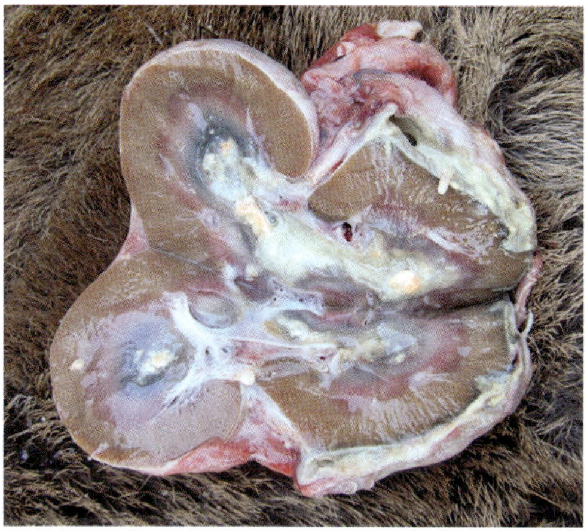

*Eitrige Nierenbeckenentzündung nach Forkelverletzungen, Rothirsch*

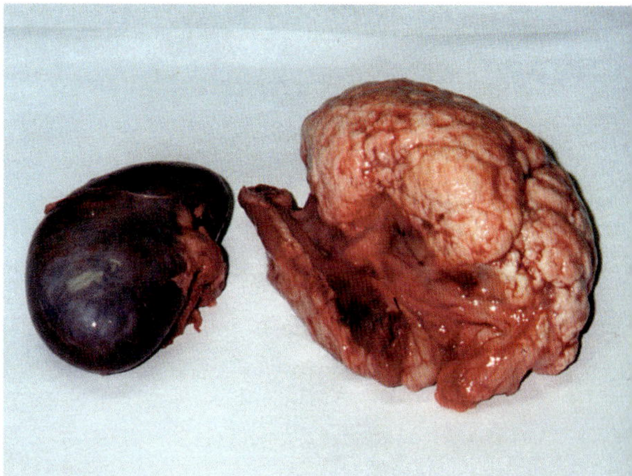

*Liposarkom in Rehniere (links gesunde Niere)*

verhalten von Mengen- und Spurenelementen und andererseits von zu hohen Eiweißgehalten im Futter mit dem Problem von hohen Ammoniak- und Harnstoffmengen.

## Nierenbeckenentzündung bei Rothirsch

Beim untersuchten Hirsch handelt es sich um einen ungeraden 16er, Klasse I, erlegt am 23. Jänner 2005. Der Hirsch wurde im Bereich einer Fütterung schwer krank aufgefunden und erhielt einen Fangschuss. Bei der Sektion wurden eine hochgradige Abmagerung, eine ca. 15 x 35 cm große Verletzung im Bereich der Innenseite des linken Oberschenkels, eine geringgradig vergrößerte rechte Niere und ein verdickter rechter Harnleiter festgestellt. Unter dem haarlosen, verschorften und eitrigen Hautareal, das sich vom linken Sprunggelenk bis in die Leistengegend zog, fand sich ein bindegewebig umgebener, teils eitriger Fistelkanal (Durchmesser 2 bis 3 cm, Wand des eitergefüllten Fistelkanals 2 bis 3 mm dick) ca. von der Mitte des linken Oberschenkels bis in den Bereich der linken Leiste und der Bruftrute. Nach Längsschnitt durch die rechte Niere war eine hochgradige eitrige Nierenbecken- und Nierenentzündungen (Pyelonephritis) mit bis zu 1 cm großen Eiterpfropfen im Nierenbecken als Ursache für das Festliegen des Hirsches zu diagnostizieren.

Die eitrige Nierenbeckenentzündung kann als Ursache für die hochgradige Abmagerung des Hirsches angenommen werden. Mit hoher Sicherheit handelt es sich dabei um eine aufsteigende Harnwegsinfektion, die von einem Forkelstich im Bereich des linken Innenschenkels und einer Mitverletzung der Vorhaut bzw. des Penis ausging. Das Alter der Verletzung wird auf rund 2 bis 3 Monate geschätzt, die Verletzung dürfte sich der Hirsch somit bei einem Brunftkampf zugezogen haben.

Nierenbecken- und Nierenentzündungen (Pyelonephritiden) treten bei Rindern selten auf, bei Wildtieren liegen überhaupt erst wenige Berichte vor. Überwiegend erkranken weibliche Stücke, da bei diesen aufgrund der kürzeren harnableitenden Wege eine aufsteigende Infektion leichter stattfinden kann.

Die vorliegende, hochgradig schmerzhafte Nierenbeckenentzündung sowie die fortgeschrittene Abmagerung des Hirsches rechtfertigten den Hegeabschuss.

## Liposarkom in Rehniere

Ein Liposarkom ist ein seltener bösartiger Tumor des Fettgewebes, welcher meist in der Bauchhöhle lokalisiert ist. Im gegenständlichen Falle war die linke Niere einer Rehgeiß betroffen, die, stark abgekommen, einen Fangschuss erhielt.

# Krankheiten der ableitenden Harnwege

## Harnstau und Harnvergiftung (Urämie)

Die Sektionsbilder stammen von einem am Weg festliegenden hochkapitalen Hirsch (8–9 Jahre, 14-Ender). Der Hirsch zeigte keinerlei Reaktion oder Fluchtverhalten, auch nicht auf ein Auf- und Abblenden des Lichtes oder die Anwesenheit des Jagdhundes. Der Hirsch wurde auf rund 5 m Entfernung mit einem Fangschuss erlegt. Auffälligkeiten beim Aufbrechen waren einige blutunterlaufene Stellen im Bereich des Schlosses und der Brunftrute, eine stark vergrößerte Harnblase sowie Blutgerinnsel im Bereich der Bauchhöhle.

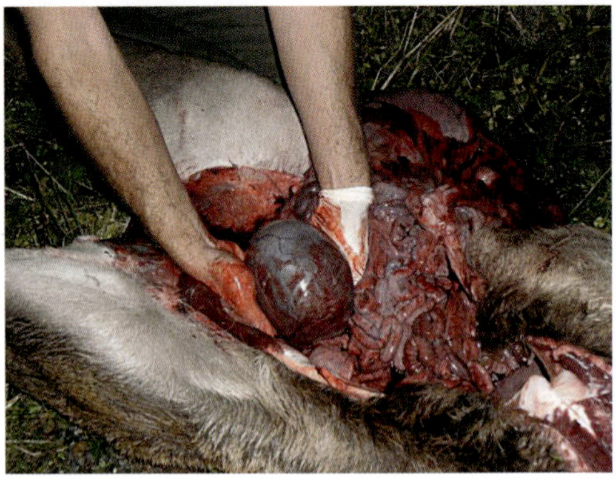

*Hochgradig vergrößerte Harnblase*

Mit an Sicherheit grenzender Wahrscheinlichkeit war das Festliegen des abgebildeten Hirsches Folge einer stumpfen Forkelverletzung im Bereich des Sitzbeines mit nachfolgendem Zuschwellen der Harnröhre, die zu einer Harnstoffvergiftung (Urämie) führte. Die Harnröhre ist bei Haus- und Wildwiederkäuern zentral im Penis (Brunftrute) eingebettet. Der Verlauf der Harnröhre ist ab Beginn des Harnblasenhalses durch mehrere Engstellen charakterisiert. Nach dem Umschlag um den hinteren Beckenrand verlaufen der Penis und damit die Harnröhre in einer S-förmigen Krümmung bis die Harnröhre nach außen mündet. Verletzungen, Blutgerinnsel oder auch Harnsteine können an diesen Engstellen zum teilweisen oder vollständigen mechanischen Verschluss der Harnröhre führen. Die infolge von Verlegungen oder Verletzungen entstehende Schleimhautschwellung in der Harnröhre führt zu einem schmerzhaften Harnrückstau in die Blase. Der Harnrückstau bewirkt weiters eine Schädigung des Nierengewebes und eine Harnstoffvergiftung (Rückstau harnpflichtiger Substanzen, v. a. Ammoniak in das Blut = Urämie). Durch das Harnpressen und die starken Schmerzen steigt bei erkrankten Tieren die Atemfrequenz an und die Atmung wird pumpend. Typisch sind weiters zentralnervale Erscheinungen, wie Taumeln, Torkeln, scheinbare Blindheit, Apathie oder Festliegen, evtl. mit Ruderbewegungen und Speicheln. Im gegenständlichen Fall wird die Krankheitsdauer auf rund drei Tage geschätzt. Die vorliegende Verletzung mit darauf folgender Urämie rechtfertigt den Hegeabschuss des festliegenden Hirsches.

# Krankheiten der weiblichen und männlichen Geschlechtsorgane

## Abortus bei Wildtieren

Unter „Abort" oder „Abortus" (Fehlgeburt, Frühgeburt) wird ein Abgang der Frucht vor Erreichen der unteren Grenze der normalen Tragezeit verstanden. Unterschieden werden können die Geburt einer nicht ausgereiften, aber lebensfähigen Frucht von einem vorzeitigen Abgang einer unreifen, nicht lebensfähigen Frucht und einer Ausstoßung der nicht lebensfähigen Frucht vor Abschluss der Embyonalentwicklung (Frühabort). Allgemein verläuft ein Abortus bis etwa zur halben Tragezeit ohne größere Beschwerden und meist komplett mit Eihäuten, später ereignet sich ein Abortus unter geburtsähnlichen Erscheinungen, oft unter Zurückbleiben von Nach-

*Abortus bei einer Rehgeiß*

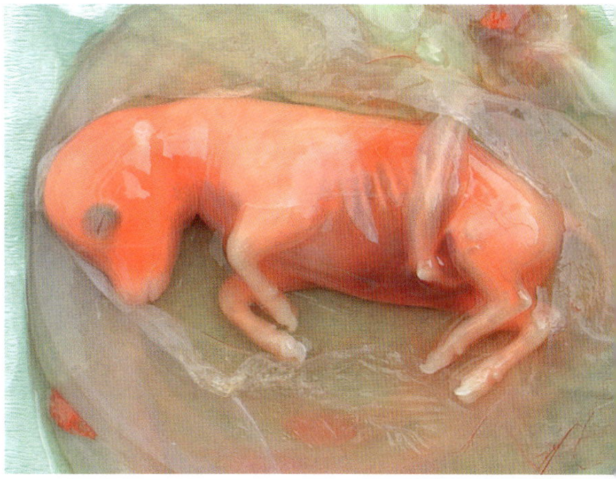

*Abortierte Frucht in Fruchthüllen*

geburtsteilen und Entzündungen der Gebärmutter sowie der Geburtswege.

> Eine Fehlgeburt droht bei allen Gebärmutterblutungen (bei Hormonstörungen, Verletzungen, Infektionen, Geschwülsten) oder bei langem, starkem Drängen und Pressen (Mastdarmreizungen, Blasenentzündung, Koliken). Abortusfälle sind meist Einzeltiererkrankungen, können aber auch seuchenhaft verlaufen.

Hauptursachen für nichtinfektiöse Aborte sind Verletzungen, Fütterungs- und Futterfehler (z. B. Mykotoxine), Vergiftungen, Missbildungen, Mehrlingsträchtigkeiten und bei Nutztieren auch Medikamentenanwendungen. Ursachen für infektiöse Aborte sind Erreger wie *Arcanobacterium pyogenes*, Listerien (in verdorbenen Silagen!), *E. coli*, Streptokokken, Schimmelpilze (Futter!), Toxoplasmen (z. B. in mit Katzenkot verunreinigtem Getreide) und Viren. Nach eigener Einschätzung treten Abortusfälle bei Wildtieren am häufigsten im Zusammenhang mit der Wildfütterung auf. Die allermeisten Fälle werden naturgemäß aber nicht beobachtet, da die abortierten Früchte und Nachgeburtsteile entweder vom Menschen nicht entdeckt oder sehr rasch von Vögeln oder Füchsen aufgenommen werden. Häufig ist ein Abortusgeschehen nur an einer erhöhten Anzahl an nicht führenden weiblichen Stücken zu vermuten. Falls aber abortierte Früchte zufällig gefunden werden, sollten diese zur Aufklärung der Ursache untersucht werden.

## Gebärmuttervorfall bei einer Rehgeiß

Dieser Fallbericht betrifft eine Rehgeiß mit einem Scheiden- und Gebärmuttervorfall (*Prolapsus vaginae et uteri*) nach dem Setzen des Kitzes/der Kitze. Unter einem Scheidenvorfall versteht man das Austreten der von der lockeren Bindegewebsunterlage sich abhebenden Scheidenwand durch die Scheide

*Rehgeiß mit Scheiden- und Gebärmuttervorfall*

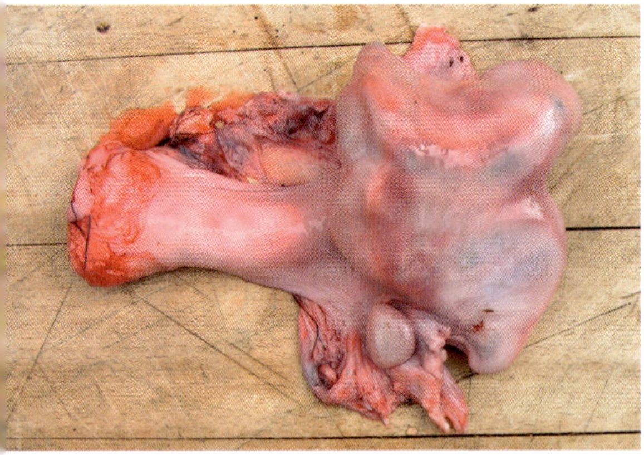

*Gebärmutter Rottier, abgestorbene Frucht rechts durchschimmernd („Steinfrucht“)*

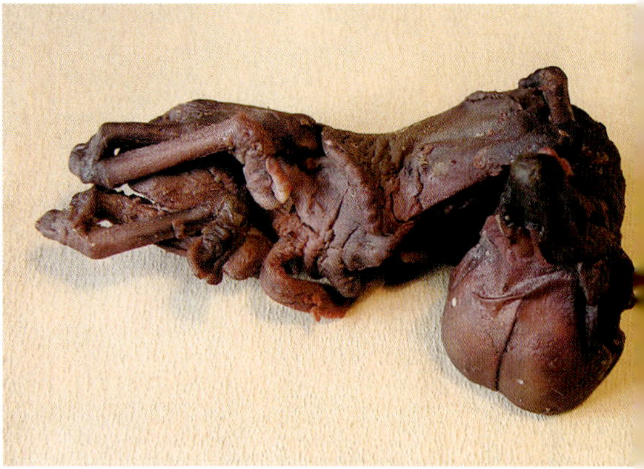

*In der Gebärmutter abgestorbenes Rotwildkalb als „Steinfrucht“ nach Mumifikation*

nach außen. Voraussetzung dafür ist eine Erschlaffung des Bindegewebes, der Bänder sowie der Muskulatur um die Scheide. In geringgradigen Fällen oder in der Anfangsphase tritt der Scheidenvorfall oft nur vorübergehend, vor allem am liegenden Tier in Erscheinung. Ist eine spontane Rückverlagerung nicht mehr möglich – so wie im gegenständlichen Falle – spricht man von einem permanenten Scheidenvorfall. Bei einem Gebärmuttervorfall fallen auch der Muttermund und die Gebärmutter vor.

## „Steinfrucht“ beim Rotwild

Beim Aufbrechen eines nicht führenden Alttieres Anfang August fiel eine vergrößerte und mit hartem Inhalt gefüllte Gebärmutter auf. Dieser Inhalt stellte sich als abgestorbenes, mumifiziertes Kalb („Steinfrucht“) heraus. Nach dem Entwicklungsgrad ist abzuschätzen, dass das Kalb ca. im 3. bis 4. Trächtigkeitsmonat abgestorben ist.

### Mumifikation

Zur Mumifikation einer ungeborenen Frucht kommt es, wenn nach einem Fruchttod im zweiten oder letzten Drittel der Trächtigkeit kein Abort eintritt. Die Mumifikation wurde bei allen Haustieren beobachtet. Am häufigsten werden ein oder mehrere mumifizierte Früchte zusammen mit lebenden Früchten beim Schwein gefunden. Bei den übrigen landwirtschaftlichen Nutztieren kommt es noch am häufigsten beim Rind, bei den anderen Tierarten nur gelegentlich zur Mumifikation. Gründe dafür können ein persistierender, funktionsfähiger Gelbkörper am Eierstock oder das Vorhandensein weiterer, normal entwickelter Feten in der Gebärmutter sein. Von der Mumifikation von Früchten bei Wildtieren liegen nur sehr sporadische Berichte und anekdotische Schilderungen vor.

Als Ursachen der Mumifikation kommen zum Teil die gleichen Faktoren wie für den Fruchttod oder den Abortus in Betracht (genetische Fruchtschäden, Infektionen, Verletzungen, Stress, Strangulation mit der Nabelschnur usw.).

Die Mumifikation einer Frucht kann als ein aseptisch verlaufender Rückbildungsvorgang angesehen werden, der unter Luftabschluss vor sich geht. Das heißt, der Muttermund bleibt dabei fest verschlossen, die Eihäute unversehrt und eine Infektion auf dem Blutwege findet nicht statt. Charakteristische Symptome oder äußerlich wahrnehmbare Erscheinungen, die das Vorliegen dieser Komplikation anzeigen, sind nicht bekannt. Bei landwirtschaftlichen Nutztieren gibt lediglich das Ausbleiben der Geburt zum erwarteten Zeitpunkt oder ein Rückgang des bereits vergrößerten Leibesumfanges einen Hinweis auf die Möglichkeit des Vorliegens einer mumifizierten Frucht.

Die Mumifikation beginnt mit der Resorption und Verminderung des Fruchtwassers, darauf folgt die

Eintrocknung der Frucht und der Eihäute und die Gebärmutterwand legt sich der Frucht immer enger an. Die Augäpfel der Frucht werden kleiner, verschwinden schließlich ganz, worauf nur mehr die leeren Augenhöhlen zu sehen sind.

Beim Vorhandensein von mumifizierten und lebenden Früchten werden alle Feten zum Geburtstermin ausgetrieben. Befinden sich jedoch nur mumifizierte Früchte in der Gebärmutter, ist ihre Verweildauer recht unterschiedlich. Es liegen Berichte vor, nach denen die Geburt oder Ausstoßung der Feten erst Monate oder Jahre nach Ablauf der normalen Trächtigkeitsdauer stattgefunden hat.

*In der Gebärmutter abgestorbenes Rotwildkalb als „Steinfrucht" nach Mazeration*

### Mazeration

Als „Mazeration" bezeichnet man einen Vorgang, bei dem die Weichteile der in der Gebärmutter abgestorbenen Frucht in eine bräunliche, rahmige, fade riechende Masse zerfallen und die Skelettknochen sich in ihren gegenseitigen Verbindungen lockern oder trennen. Ein solcher Fall wurde dem Autor bei einem Reh vorgestellt. In der Gebärmutter fanden sich frei schwimmend Knochen eines Kitzes mit einem Entwicklungsgrad von ca. einem Monat vor dem Setzen.

Mazerationen entstehen ebenfalls erst im zweiten oder letzten Drittel der Trächtigkeit, nachdem die Knochen entsprechend entwickelt und verkalkt sind. Sie ereignen sich meist im Anschluss an einen beginnenden Abort, wenn der Muttermund oder der weiche Geburtsweg nicht genügend geöffnet ist, um die Austreibung der Frucht zu gestatten, oder weil die tote Frucht in einer den Abort verhindernden abnormen Lage, Stellung oder Haltung vorliegt.

> Mazerationen verlaufen im Gegensatz zur Mumifikation unter bakterieller Beteiligung bei teilweise geöffnetem Muttermund. Das Allgemeinbefinden des Muttertieres ist dadurch meist stark beeinträchtigt.

Puls, Atmung und Temperatur sind erhöht. Es kommt durch die Reizzustände zu häufigerem Absatz von Losung/Kot und Harn. Erst im fortgeschrittenen Stadium wird das Pressen kaum noch beobachtet, und es bleibt nur ein Ausfluss über Wochen oder gar Monate erhalten. Die chronische Gebärmutterentzündung wird häufig von einer Bauchfellentzündung oder von Abszessbildungen im hinteren Bauchraum begleitet und führt meist zu deutlicher Abmagerung des Muttertieres, das auch verenden kann.

## Brunftverletzungen bei Tier und Kalb

Folgender Fallbericht handelt von durch einen Hirsch verursachten Brunftverletzungen bei einem Tier und einem Kalb und vom Versuch der Rekonstruktion dieser Vorfälle. Am 20. Oktober 2005 wurde ein auf der Forststraße festliegendes Wildkalb mittels Fangschuss erlegt. Grund des Festliegens war eine vollständige Lähmung der Hinterläufe aufgrund einer ca. zwei Tage alten Luxation („Ausrenkung") im Übergang von der Lendenwirbelsäule zum Kreuzbein. Die Wirbelsäule wies zwischen dem letzten Lendenwirbel und dem Kreuzbein eine deutliche Verschiebung mit Verletzung des Rückenmarkes auf, welche auch Grund für die Querschnittslähmung war. Drei Tage später erhielt an fast derselben Stelle ein schwerkrankes Tier, das vom Einstand auf die Forststraße abgerutscht war und festlag, einen Fangschuss. Nach dem Fangschuss konnte beim Tier eine rund eine Woche alte, hochgradige Bauchfellentzündung,

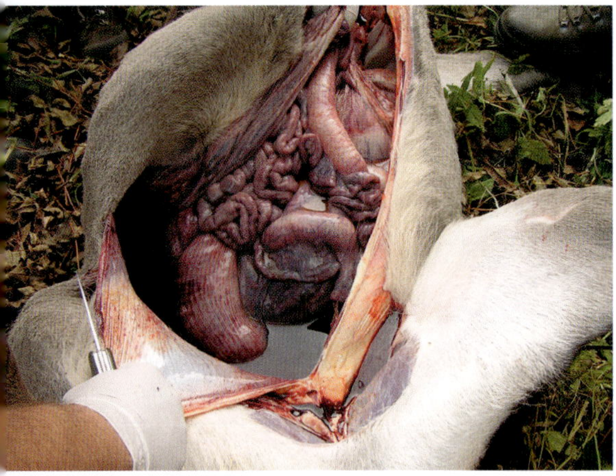

*Bauchfellentzündung mit massivem Flüssigkeitserguss (Aszites)*

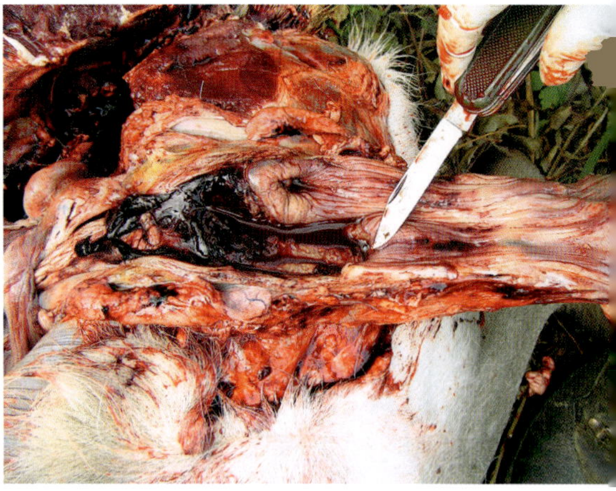

*Scheidenverletzung im Bereich der Messerspitze (links oberhalb Muttermund)*

ausgehend von einer Perforation (Durchtrennung) der Scheide neben dem Muttermund im Durchmesser von 1 x 2 cm, festgestellt werden. Diese Art der Scheidenverletzung, die als Deckverletzung bei landwirtschaftlichen Nutztieren bekannt ist, ging mit an Sicherheit grenzender Wahrscheinlichkeit von einem Beschlag durch einen Hirsch aus, der die Scheide seitlich des Muttermundes (Fornix vaginae) mit seiner Penisspitze (Brunftrute) durchstieß, was in der Folge durch das Eindringen von Bakterien in die Bauchhöhle zu einer massiven Bauchfellentzündung mit mindestens 5 Liter serös-eitriger Bauchhöhlenflüssigkeit führte (siehe Bilder oben).

Mit hoher Wahrscheinlichkeit wurde zuerst das relativ kleinrahmige Tier im steilen Gelände bei einem Beschlag durch einen starken Hirsch in der Scheide verletzt und kam infolge des mit der Bauchfellentzündung einhergehenden hohen Fiebers zum Festliegen. Das Wildkalb blieb beim kranken Tier und wurde wenige Tage später ebenfalls durch den Hirsch beschlagen, welcher dann dem Kalb die Wirbelsäulen- und Rückenmarksverletzung zufügte. An einem Eierstock des Wildkalbes war übrigens ein sprungreifer Follikel (Eibläschen) festzustellen. Im sehr steilen Gelände rutschten dann zuerst das Kalb und später das Tier, z. B. durch Aufstehversuche, sukzessive bis zur Forststraße ab, wo sie, wie oben angeführt, die Fangschüsse erhielten. Aus der einschlägigen Literatur sind dem Autor keine vergleichbaren Brunftverletzungen beim Rotwild bekannt.

## Hodentumor Gamsbock

Als Beispiel einer Tumorerkrankung an den Geschlechtsorganen ist ein Hodentumor (Seminom) bei einem Gamsbock angeführt. Der stark vergrößerte Hoden wog 210 g, der zweite, gesunde Hoden lediglich 20 g. Der Gamsbock war weder abgekommen noch schlecht verfärbt, obwohl der Tumor starke Schmerzen verursacht haben dürfte.

## Zwitterbildung

Definitionsgemäß wird unter „Hermaphroditismus" (Intersexualität, Zwitterbildung) das kombinierte Auftreten primärer und/oder sekundärer Geschlechtsmerkmale des männlichen und weiblichen Geschlechts bei einem Individuum verstanden. Bei Wildtieren ist die Zwitterbildung vorwiegend bei Reh- und Rotwild beschrieben, wo sie entweder erblich bedingt ist oder durch hormonelle Einflüsse während der Tragzeit zustande kommt. Nach IPPEN et al. (1995) kommt eine gleichzeitige Ausbildung voll funktionsfähiger männlicher und weiblicher Geschlechtsorgane beim Wild nicht vor.

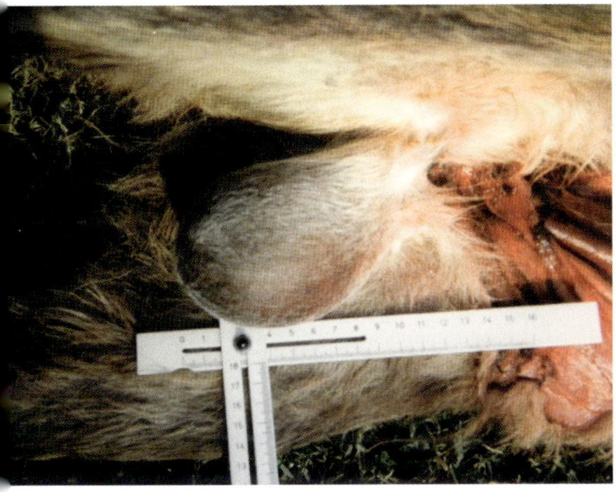

*Hodentumor mit ca. 10-fach vergrößertem Hoden bei einem Gamsbock*

In den wenigen bisher beobachteten Fällen von Zwitterbildung beim Wild handelte es sich um Scheinzwitterbildungen (Pseudohermaphroditismus), bei denen die Keimdrüsen (Hoden bzw. Eierstöcke) eingeschlechtlich sind, die sekundären Geschlechtsorgane (Geweih, Gesäuge, Pinsel usw.) aber verschiedenartige Abweichungen aufweisen.

Dazu zählt auch ein Teil der „gehörnten Geißen", wie auch männliche Rehe, deren Hoden in der Bauchhöhle verblieben und deren äußere Geschlechtsorgane weiblichen Charakter aufweisen.

Die bisher in der Veterinärmedizin übliche Klassifizierung der Zwitter geht auf KLEBS (1876) zurück, der eine Unterteilung in den „Hermaphroditismus verus", bei dem Keimdrüsen beider Geschlechter vorliegen, und den „Pseudohermaphroditismus", bei dem eine Keimdrüse mit dem Erscheinungsbild des jeweils anderen Geschlechts vorliegt. Nach COHRS (1970) ist auch der Pseudohermaphroditismus ein echter Hermaphroditismus. Er bezieht sich auf MOSZKOWICZ (1936), der eine zweckmäßige Einteilung in *Hermaphroditismus ambiglandularis* (Eierstöcke und Hoden), *H. testicularis* (nur Hoden) und *H. ovarialis* (nur Eierstöcke) getroffen hat. IPPEN et al. (1995) sprechen in diesem Zusammenhang von „Zweidrüsenzwittern", „Hodenzwittern" und „Eierstockzwittern". Seit damals erfolgten noch weitere Einteilungen in der Veterinär- und Humanmedizin, die allesamt aber noch keine allgemeine Anerkennung gefunden haben.

### Beispiele von Zwittern bei Wildtieren

Hermaphroditismus kommt beim Mensch und Haustier immer wieder vor und wird seltener auch bei Wildtieren beschrieben. Häufig finden sich jedoch nur anektotische Berichte mit unvollständiger Beschreibung der dabei vorgefundenen Geschlechtsorgane. In Standardwerken zur Wildbiologie und zu Wildkrankheiten werden verschiedene, vorwiegend aus der jagdlichen Literatur zitierte Zwitterformen beim Reh beschrieben und diese insgesamt als seltene Missbildungen angeführt. NETZER (1986) beschrieb ein 4- bis 5-jähriges Reh mit starkem, gut geperltem Sechsergeweih mit gleichzeitig ausgebildetem prallen Gesäuge, welches auch Milch bildete. Die Schürze (Vulva) war normal ausgebildet, ein Pinsel fehlte, vor der Gebärmutter und den Eierstöcken lagen voll entwickelte, etwas kleinere Hoden. BLAHA (1986) beschrieb ein „gehörntes" Schmalreh, bei der Feuchtblatt und Spinne ebenso vorhanden waren wie zwei verkümmerte Brunftkugeln unter der Decke. Als Einzelfall beschreiben IPPEN et al. (1995) einen Zweidrüsenzwitter, bei dem außer einer voll ausgebildeten Frucht in der Gebärmutter und funktionsfähigen Eierstöcken gleichzeitig die Entwicklung von Hoden festgestellt werden konnte, wobei das Tier ein Sechsergeweih trug und ein ausgesprochen männliches Verhalten zeigte. Nachstehender Befund wird in vergleichbarer Form in der uns zugänglichen Literatur beim Reh bisher nicht erwähnt.

### Fallbericht

Abgebildet ist das Vorliegen von Pseudohermaphroditismus bei einem zweijährigen Rehbock, erlegt wegen einer Laufverletzung am 15. August 2005, Gewicht aufgebrochen 14 kg, der ein vollkommen verecktes Geweih geschoben und dieses auch verfegt hatte. Neben einer in Größe und Form normal entwickelten Gebärmutter fanden sich anstelle der Eierstöcke zwei Hoden (Brunftkugeln), die wie auch die Gebärmutter histologisch (mikroskopische Untersuchung) normalen Aufbau zeigten. Die Hoden in der Bauchhöhle müssen auch eine entsprechende Menge männliche Geschlechtshormone produziert haben, da der Geweihaufbau und auch das Verfegen vollkommen der Norm entsprachen. Eine Spermienbildung war jedoch nicht vorhanden. Auffallend war noch, dass die Brunftrute des Bockes kurz und der Pinsel relativ weit hinten an der Bauchdecke angelegt war.

## Rehbock mit Gesäuge – „Gynäkomastie"

Da es im abgebildeten Falle keine weiteren Informationen über das gleichzeitige Vorliegen von weiblichen Geschlechtsorganen (Gebärmutter, Eierstöcke) gibt, kann man die Milch gebende Spinne unter den Begriff „Gynäkomastie" einreihen. Milchgebende Milchdrüsen kommen sowohl bei Männern als auch bei männlichen Tieren meist aufgrund hormoneller Störungen vor.

## Die Perücke

Perückengeweihe entstehen bei den entwicklungsgeschichtlich ältesten Hirscharten (Reh und Muntjak), da bei ihnen das Geschlechtshormon Testosteron als Bremse des Geweihwachstums notwendig ist. Bei Kastraten dieser Arten oder bei Ausfall der Hodenfunktion durch Verletzungen oder seltener Infektionen wächst das Geweih unaufhaltsam weiter, was zu monströsen Gebilden führen kann. Die Beanspruchung des Knochenstoffwechsels und die Verminderung der immunbiologischen Resistenz führen jedoch dazu, dass die Lebenserwartung dieser „Kastraten" stark begrenzt ist (BUBENIK, 1971). Kastrierte Rot- oder Damhirsche mit fast fertig geschobenen Geweihen leben mit ihren Kolben jahrelang ohne deutliche Wucherungen – sie sind also in der Lage, gewisse Verknöcherungsvorgänge auch ohne Testosteron aufrechtzuerhalten. In den Folgejahren können sich besonders an Stellen von Bastverletzungen „Knubbel" bilden. Wird ein Hirsch zu Beginn der Kolbenzeit kastriert, so bildet er auch meist Geweihwucherungen aus. Die entwicklungsgeschichtlich jüngste Hirschart, das Ren (bei dem übrigens auch die Weibchen geweihtragend sind), erhält einen Geweihzyklus auch aufrecht, wenn es kastriert wurde.

### „Kapitaler" Perückenbock

Der abgebildete ca. 4- bis 5-jährige Perückenbock, war in diesem Gebiet seit dem Vorjahr bekannt. Zum Zeitpunkt der Erlegung war der Rehbock hochgradig abgemagert und das Perückengeweih war von Maden befallen (Myiasis) und auffällig heiß, beide Brunftkugeln waren lediglich je ca. 2,5 cm lang, also atrophisch. Die histologische (feingewebliche) Untersuchung ergab eine hochgradige Dystrophie (durch Stoffwechsel- oder Hormonstörung verursachte Schädigung von Zellen und Geweben) der Hodenkanälchen mit deutlicher Fibrosierung (starke Bindegewebsvermehrung), als Ursache wird eine degenerative Hodenerkrankung vermutet.

Perückengeweihe sind ständig wachsende Geweihe mit meist hohem Bastanteil, die nicht gefegt und auch nicht abgeworfen werden. Der Hauptzuwachs erfolgt in jenen Monaten, in denen normalerweise die Geweihe geschoben werden, und der Zuwachs erfolgt meist nur an den Perlen, also besonders stark an den unteren Stangenteilen und Rosen. Die unteren Stangenteile verwachsen mit zunehmender Perückenbildung, schließlich können auch die Lichter überwuchert werden.

> Perückengeweihe bei erwachsenen Rehböcken entstehen im Zuge hormoneller Störungen (Mangel an Testosteron, einem männlichen Geschlechtshormon, welches u. a. bei Bockkitzen das Rosenstockwachstum anregt und beim erwachsenen Bock an der Verkalkung des Bastgeweihes beteiligt ist sowie in der Brunft einen hohen Hormonspiegel erreicht), nach Verletzungen, Infektionen oder einer degenerativen Erkrankung der Brunftkugeln (Hoden).

Falls nur ein Hoden betroffen ist, kommt es nicht zur Perückenbildung. Geschehen diese Hodenveränderungen (bzw. Kastration) bereits bei Bockkitzen vor

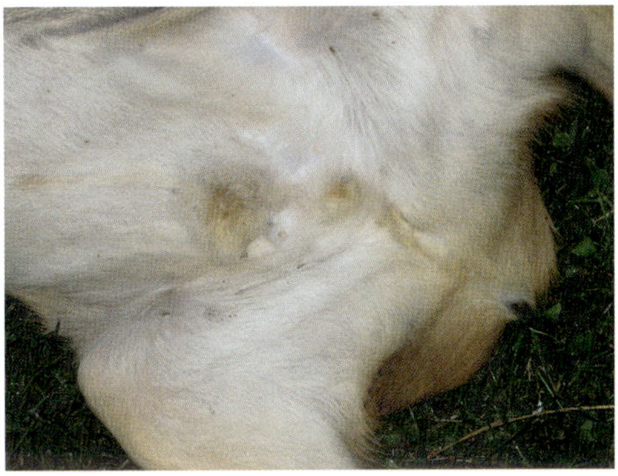

*Zwitter mit Sechsergeweih (links). Brunftrute kürzer als normal, Pinsel weiter hinten angesetzt, Hoden (Brunftkugeln) fehlen äußerlich (rechts) ...*

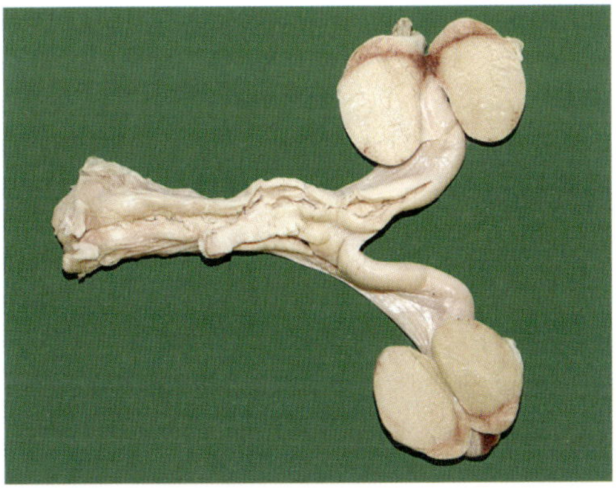

*... diese befanden sich mit einer Gebärmutter (mit angeschnittenen Hoden) in der Bauchhöhle*

*Kastrierte Hirsche können jahrelang ohne Wucherung des Bastgeweihes leben*

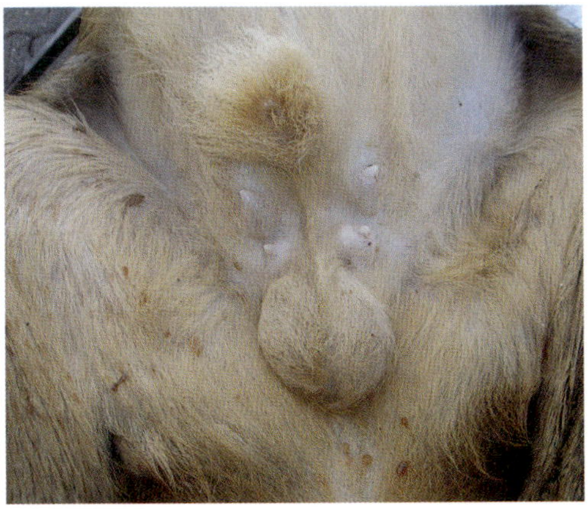

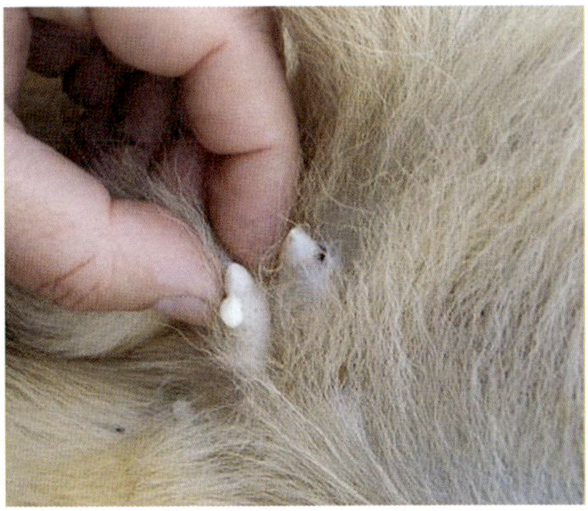

*Rehbock mit Milch gebendem Gesäuge (Gynäkomastie)*

*Beschriebener „kapitaler" Perückenbock*

*Zwei Perückenböcke (der rechte ausgekocht) aus einem umschriebenen Gebiet*

der Ausbildung der Rosenstöcke, so wird kein Geweih geschoben („Plattkopf"). Verlieren sehr junge Böcke die Brunftkugeln, so werden i. d. R. nur kurze, knollige Perücken geschoben. Auch Zwitter oder Scheinzwitter können Perückengeweihe tragen oder normal schieben und verfegen (HERBST, 2001).

Die wichtigsten Perückenformen sind „Bischofsmützen" (breite Basis und kegelig zusammenlaufend, rasch wachsend mit hohem Knorpel- und Bastanteil, wenig verkalkt, oft herunterhängende „Bastlappen") oder „Helmperücken" (langsam wachsend, mehr verknöchert, Wachstum besonders an der Basis). Der hier beschriebene Perückenbock trägt eine „Bischofsmütze", und es ist davon auszugehen, dass die Perückenbildung nur rund ein Jahr gedauert hat.

Perücken sind stark durchblutet, haben hohe Bast- und Knorpelanteile und sind deshalb – auch ohne Verletzungen – recht anfällig gegenüber bakteriellen Infektionen und Fliegenmadenbefall, weshalb Perückenböcke meist innerhalb von ein bis drei Jahren verenden. Durch den Druck der Perücke auf die Decke und die Knochenhaut des Stirnbeins kann es zu Nekrosen (Absterben von Zellen) und zum Abbau von Knochenanteilen der Schädelknochen und ebenfalls zu Infektionen kommen. BUBENIK (1966) führt an, dass kastrierte Rehböcke mit Perückenbildung innerhalb von 2 Jahren verenden.

## Hirsch mit Hodenatrophie

Mitte November 2010 wurde ein ca. 5-jähriger Hirsch, der mit drei anderen Hirschen austrat, aber sich immer etwas abseits hielt, erlegt. Auffallend war die geringe Geweihentwicklung im Vergleich zum geschätzten Alter und später beim Aufbrechen ein normaler und ein stark verkleinerter Hoden. Die Hoden wurden keiner histologischen Untersuchung unterzogen, und beim Aufbrechen fielen keine zusätzlichen weiblichen Organe (wie Gebärmutter oder Eierstöcke) auf, die auf das Vorliegen eines Zwitters oder Scheinzwitters hingedeutet hätten, es wurde vom Schützen aber auch nicht speziell darauf geachtet. Am wahrscheinlichsten ist in diesem Falle eine Hodenatrophie, entweder als Entwicklungsstörung oder als Folge einer Infektion. Eine Bestätigung war aber mangels Untersuchungsmaterial nicht möglich.

## Kapitaler Gamsbock nach Kastration

Dieser Fallbericht betrifft einen 11-jährigen, handzahmen Gamsbock, welcher seit dem frühen Kitzalter in einem Gatter gehalten wurde, nachdem die Geiß ca. 10 Tage nach dem Setzen verendet war. Bei der verendet aufgefundenen Gamsgeiß waren äußerlich nur heraushängende Nachgeburtsteile auffällig, was als Todesursache eine Nachgeburtsverhaltung mit darauf folgender Gebärmutterentzündung vermuten lässt. Im

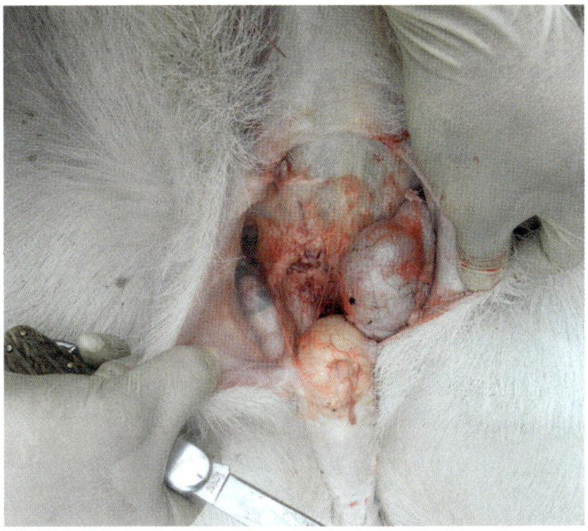

*5-jähriger Hirsch mit einem stark verkleinerten Hoden (Brunftkugel)*

Alter von rund einem Jahr zeigte der aufgezogene Gamsbock erste Anzeichen von Aggressivität und wurde deshalb kastriert. Bereits in den ersten Jahren fielen sowohl die jährlichen Zuwächse wie auch die eigenartig nach außen gedrehten Schläuche auf. Ab dem 5. Lebensjahr schob der Bock jährlich rund 4 mm undeutlich voneinander abgesetzte Jahresschübe, also deutlich mehr als die so genannten „Millimeterringe". Die Gamskrucke des Bockes hatte eine Höhe von 21,5 cm, eine Schlauchlänge von beiderseits 30 cm sowie eine Auslage von 21 cm. Auffallend waren weiters ein an eine Geißenkrucke erinnernder längsovaler Schlauchquerschnitt (ca. 1,6 cm x 2 cm) und eine extreme Drehung nach außen, wobei die Krucken für einen Bock aber normal gehakelt waren, was nicht verwundert, da die Hakelung einer Gamskrucke im ersten Lebensjahr vorgegeben wird. Eine Bewertung der Bockkrucke nach der Deutsch-österreichischen Einheitsformel ergab nach den vorliegenden Maßen ca. 117 Punkte. Vom Gesamtbild des kastrierten Gamsbockes fiel noch auf, dass der Bock im Winterhaar keinen Reif aufwies und fast keinen Bart sowie keine Pinselhaare trug. Im Alter von 10 bzw. 11 Jahren brachen beide Schläuche in der Höhe von ca. 6 cm an einer Engstelle (vom Hornen?) ab.

Eine Korrelation zwischen der Tätigkeit der Keimdrüsen und den damit verbundenen Hormonschwankungen auf das Hornwachstum vermuteten bereits KNAUS und SCHRÖDER (1975), indem sie behaupten, dass das Hornwachstum zur Zeit der Brunft durch den höheren Spiegel an Geschlechtshormonen sowohl bei Böcken als auch bei Geißen gehemmt wird. Der Einfluss der Kastration auf das Hornwachstum ist in der Haustierhaltung z. B. beim stärkeren Wachstum und der abweichenden Stellung der Hörner von Ochsen gegenüber von Stieren abzulesen. Ein zusätzlicher Einfluss auf das Hornwachstum des Gamsbockes durch die Fütterung ist nicht auszu-

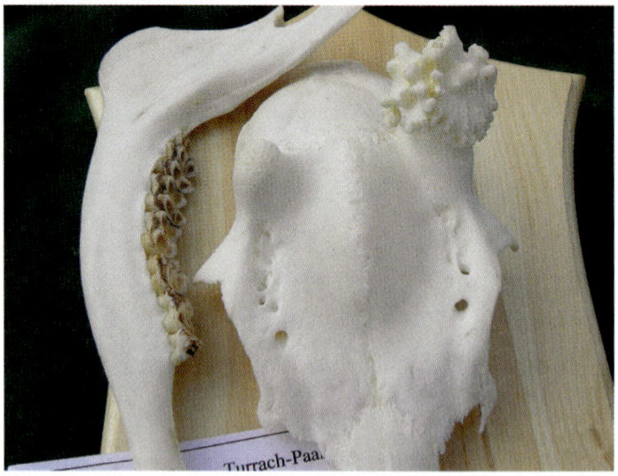

*Zwei „gehörnte" Rehgeißen*

schließen, dürfte aber, wenn man vergleichend ganzjährig gefütterte, gut genährte Zootiere heranzieht, keine große Auswirkung haben. Weiters sollten daraus keine Forderungen nach der Winterfütterung von Gamswild aufkeimen.

Im Zusammenhang mit den oben beschriebenen Hornwachstumssteigerungen bei Hormträgern nach der Kastration wären Träger von so genannten Spitzen- oder Rekordtrophäen auch danach zu beurteilen, ob sie über intakte Keimdrüsen (Brunftkugeln, Eierstöcke) verfügen.

## Geweihwachstum

Hirschartige (*Cervidae*) sind die einzigen, heute lebenden Säugetiere, deren männliche Tiere ein Geweih tragen. Ausnahmen bilden lediglich Rentiere, bei denen beide Geschlechter ein Geweih tragen, und die geweihlosen Moschustiere und Wasserrehe. Diese massiven knöchernen arttypischen Gebilde, die auf den stets hautbekleideten Rosenstöcken aufsitzen, sind während ihres Wachstums von einer stark durchbluteten Haut, dem Bast, umhüllt. Nach Beendigung des Geweihwachstums, somit mit dem Verfegen, ist das Geweih ein „toter", nicht durchbluteter Knochen, der jährlich abgeworfen und anschließend wieder neu gebildet wird. Zumindest in gemäßigten Klimaten folgt der Geweihzyklus infolge einer Steuerung durch die Lichtintensität dem Jahreszyklus. Zur Brunftzeit ist das Geweih bei allen Hirscharten voll ausgebildet.

Allgemein entsteht das Geweih der Hirsche aus der Haut auf den Stirnbeinen, lediglich beim männlichen Rehkitz aus dem darunter liegenden Stirnhautperiost (Periost = Knochenhaut). Bei Verpflanzung der für die Geweihbildung verantwortlichen Haut-/Perioststücke an andere Körperstellen entwickeln sich dort Stangen.

> Das Geweihwachstum wird vom Wachstumshormon Somatotropin beeinflusst, während der Wachstumsstillstand durch ein Gonadotropin (Geschlechtshormon), das Testosteron, gesteuert wird. Bei hoher Konzentration des Somatotropins erfolgt der Aufbau des Geweihes, bei Absinken dieser Konzentration und Ansteigen der Testosteronmenge im Blut wird das Geweihwachstum allmählich eingestellt. Wenn der Testosterongehalt dominiert und der des Somatotropins seinen Tiefpunkt erreicht hat, wird die Basthaut verfegt.

### „Gehörnte" Rehgeißen

Bei Rehgeißen kann im hohen Alter durch die Verminderung der Tätigkeit (und damit geringere Hormonproduktion) der Eierstöcke eine „Maskulinisierung" eintreten. Dann werden vorerst die Ansätze einer Rosenstockbildung – wie bei Böcken an der äußeren Stirnbeinleiste, aber viel weiter in Richtung Augenbogenrand – unter der Decke als Wülste erkennbar. Da-

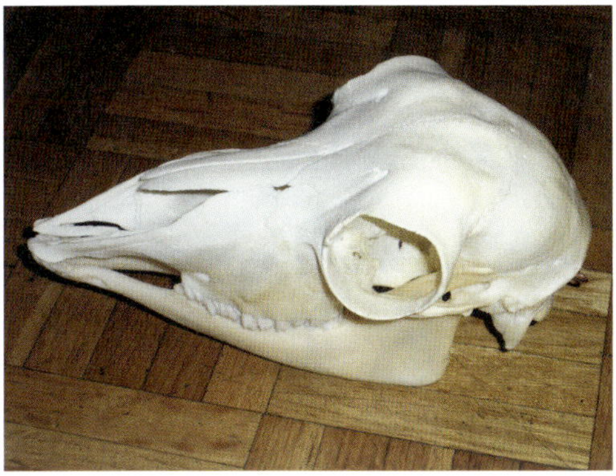

*Hornloser Gams*

rauf kann es auch zum Schieben von rosenlosen Kolben kommen, die aber geperlt sein und einem Perückengeweih ähneln können. Die Bildung von Rosenstöcken setzt einen länger dauernden Testosteronspiegel im Blut voraus, der jedoch beim Schieben des Geweihes einer Geiß wieder verschwunden oder zumindest abgesenkt sein muss. „Geißengeweihe" bleiben meist aber recht klein, werden auch nicht gefegt oder abgeworfen und ihnen fehlt auch das charakteristische, fortschreitende Wachstum der Bockperücke (HERBST, 2001 u. 2004). Zu unterscheiden von Geißengeweihen sind oft wuchtige Perückengeweihe bei Zwittern; Zwitter können nach den äußeren Geschlechtsorganen durchaus einer Geiß stark ähneln.

### Hornlosigkeit beim Gams

Über die Hornlosigkeit bei Gamswild liegen uns insgesamt drei Berichte vor, zwei aus der Schweiz, einer aus Österreich (Bjm. König, Lienz). Diese Einzelfälle sind als genetische Laune der Natur, als Mutation zu werten, die in freier Natur auch keine Chancen hat, sich durchzusetzen, da gezielte Anpaarungen wie bei Haustieren wegfallen. Sehr wohl aber gibt es intensive Untersuchungen zur Hornlosigkeit bei Rindern, Schafen und Ziegen. Beim Rind wurde die Hornlosigkeit bereits vor über 5.000 Jahren im Alten Ägypten beschrieben. Die Rate des Auftretens der Spontanmutation vom gehörnten zum hornlosen Rind wird auf 1:50.000 bis 1:100.000 geschätzt. Beim Rind wird die vererbliche Hornlosigkeit gezielt in der Tierzucht genutzt, um hornlose Nachkommen, besonders für die Laufstall- und Mutterkuhhaltung, zu erzeugen. Damit entfällt das Enthornen der Kälber. Vier verschiedene, bekannte Genorte beeinflussen den Hornstatus (Hörner, hornlos, Wackelhorn) des Rindes. Bei der Hausziege tritt Hornlosigkeit immer wieder gekoppelt mit Zwitterbildung auf.

# Erkrankungen des Kopfes

## Rachenbremsen- oder Rachendasselbefall

Ein Rachen- oder Nasen-Rachen-Dasselbefall kommt bei allen Hirscharten und Muffelwild vor und stellt als Parasitose des Rehwildes regionenweise ein sehr großes Problem dar. Es handelt sich dabei um einen Befall mit Larven der Rachenbremse, wobei es eigene Arten bei verschiedenen Wildwiederkäuern gibt (*Cephenemyia stimulator* beim Reh, *C. auribarbis* bei Rot- und Damwild und *Pharyngomyia picta* beim Rotwild). Ein Rachenbremsenbefall fällt entweder schon beim Ansprechen (Niesen, Schleudern mit dem Haupt, schnarchende Atemgeräusche, anfallsweiser krampfartiger Husten im April bis Juni – im Gegensatz zum Hüsteln bei Lungenwurmbefall, das ganzjährig auftreten kann) oder beim Entfernen des Hauptes bzw. Kappen der Trophäe in den Monaten April bis Juni auf. Die dabei gefundenen Larven der Rachenbremse sind 1,5 bis 2,5 cm lang. Die Entwicklung der drei Larvenstadien findet im Bereich der Nasengänge und des Rachenraumes statt, selten verirren sich Larven in die Luftröhre oder in die Stimmtaschen, was lebensbedrohliche Folgen haben kann.

> Entgegen weitläufiger Meinung dringen die Larven nicht bis ins Gehirn vor, sie können lediglich beim Kappen der Trophäen in diese Bereiche verschmiert werden.

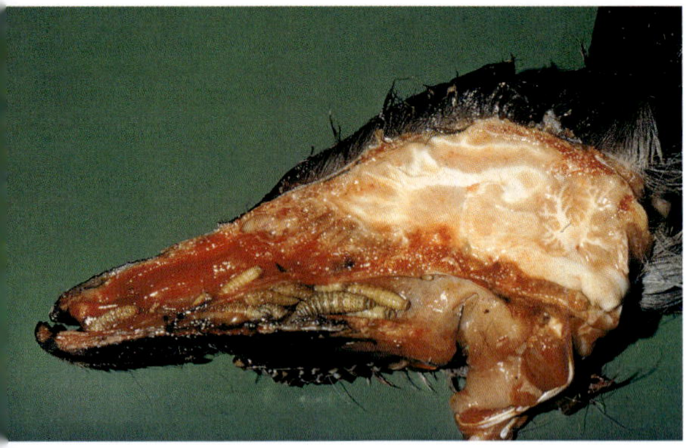

*Längsschnitt durch ein Rehhaupt mit Rachenbremsen in den Nasengängen*

Durch die wachsenden Larven kommt es ab März zu Schleimhautreizungen mit gesteigerter Sekretbildung und Schwellungen sowie krampfhaften Hustenanfällen und Atembeschwerden. Ab Anfang April werden die Larven von den Rehen ausgehustet oder lassen sich aus dem Windfang fallen, worauf sie sich im Boden verpuppen und ab Ende Juni als fertiges, hummelähnliches, ca. 2 cm langes Insekt schlüpfen. In der Flugzeit (Juli/August) nimmt die Rachenbremse keine Nahrung auf, sondern kommt in ihrem wenige Tage dauernden Leben lediglich ihrer Vermehrung nach. Dazu umfliegt sie ein Rehhaupt, schleudert die millimetergroßen Erstlingslarven (keine Eier, also „lebendgebärend"!) in einem Flüssigkeitstropfen an den Windfang, von wo die Larven in die Nasenhöhle kriechen, sich verankern und sich bis ins nächste Frühjahr über zwei weitere Larvenstadien wieder zu reifen Dreierlarven entwickeln, die erneut ausgehustet werden.

Nach Untersuchungen in Deutschland ist der Befall in verschiedenen Altersgruppen gleich stark und weiters besteht ein deutlicher Zusammenhang zwischen Rachenbremsenbefall und Rehwilddichte. Nach eigenen Erfahrungen ist der Befall bei einjährigen Stücken am stärksten und nimmt dann vermutlich aus immunologischen Gründen ab. Bei starkem Befall oder zusätzlichen Erkrankungen (weitere Parasitosen, Infektionskrankheiten) kümmern befallene Rehe oder können sogar verenden.

Allein die dauernde Beunruhigung der durchschnittlich mit 7 bis 10 Larven befallenen Rehe bedeutet eine deutliche Störung bei der Äsungsaufnahme, in Ruhephasen und wirkt allgemein auf das Wohlbefinden.

Vom Autor wurden einmal 47 Larven im Haupt eines einjährigen Rehbockes gefunden. Einen Einfluss auf die Trophäenentwicklung dürfte der Rachenbremsenbefall lediglich auf Jährlingsböcke haben, die ihr Trophäenwachstum erst im Mai, also zur Zeit des größten Wachstums der Dreierlarven, abschließen. Bei älteren Böcken, die wesentlich früher, in einer Zeit, wo die Larven nur wenige Millimeter groß sind, schieben, hat diese Parasitose keinen Einfluss auf die Trophäenstärke.

Erkrankte Rehe sind zu erlegen und die Larven zu vernichten (Larven sind ab Mitte Mai verpuppungsreif!). Wildbrethygienisch bestehen nach Entfernung des Hauptes, falls das Reh nicht stark abgemagert ist, keine Bedenken.

## Aktinomykose („Strahlenpilz")

Grundsätzlich unterscheidet man zwischen der Knochenaktinomykose (Erreger: *Actinomyces bovis* oder *Actinomyces israelii*) und der seltenen Weichteilaktinomykose meist an der Zunge (Erreger: *Actinobacillus lignieresii*).

Die Aktinomykoseerreger kommen als Umweltkeime im Erdboden und auf Pflanzen vor, und sie können auch als harmlose Begleitkeime auf der Mundschleimhaut, auf den Schleimhäuten der Verdauungswege sowie auf der äußeren Haut vorhanden sein, ohne primär eine Erkrankung auszulösen.

Von Tier zu Tier ist die Aktinomykose i. d. R. nicht übertragbar, außer es kommt zu einer massiven Erregerausscheidung über Fistelkanäle, wie im gegenständlichen Fall, und zu einer Verunreinigung von Futtertrögen.

Die Infektion erfolgt meist über kleine Verletzungen im Bereich der Maulschleimhaut (z. B. durch harte oder spitze Futterpartikel, Zahnwechsel) oder Hautverletzungen. Zunächst bilden sich kleine Entzündungsherde, aus denen sich später geschwulstartige Knochenauftreibungen entwickeln. Im weiteren Verlauf der Erkrankung kommt es mit zunehmender Größe und je nach Sitz der aktinomykotischen Geschwulst zu fortschreitender Beeinträchtigung (z. B. Äsungsaufnahme, Wiederkäuen) des erkrankten Stückes. Durch Auflösung der Knochensubstanz entstehen bei der Aktinomykose kleinere und größere Höhlen und Gänge, die mit graugelbem Gewebe (Granulomen) ausgefüllt sind, vielfach kommt es zu einer ausgedehnten eitrigen Einschmelzung des Granulationsgewebes. Letztlich endet die Krankheit, wenn auch unter Umständen erst nach ein bis zwei Jahren, immer tödlich.

## Ein- und beidseitige Blindheit

Eine meist einseitige Blindheit bei unseren Wildarten entsteht recht häufig nach Verletzungen der Hornhaut und einer bakteriellen Infektion der Hornhautwunde. Bei Gamsböcken sind Brunftkämpfe eine recht häufige Ursache für den Verlust eines Augapfels. Bei Gams- und Steinwild sind diese Einzelfälle, bei denen meist auch keine Sekretrinne unter den Augen (Lichtern) auftritt, nicht mit Gamsblindheit zu verwechseln.

In den letzen Jahren wurden aus der Obersteiermark einige Fälle von meist beidseitig erblindeten Rotwildkälbern und Rehen gemeldet, deren Ursache noch nicht geklärt werden konnte. Insgesamt mussten innerhalb der letzten drei Jahre allein in einem obersteirischen Gebirgsrevier 7 Kälber erlegt werden, die in fünf Fällen beidseitig und in zwei Fällen einseitig erblindet waren. Aufgefallen waren die

*Aktinomykose („Strahlenpilz") kann bei Fütterungen übertragen werden*

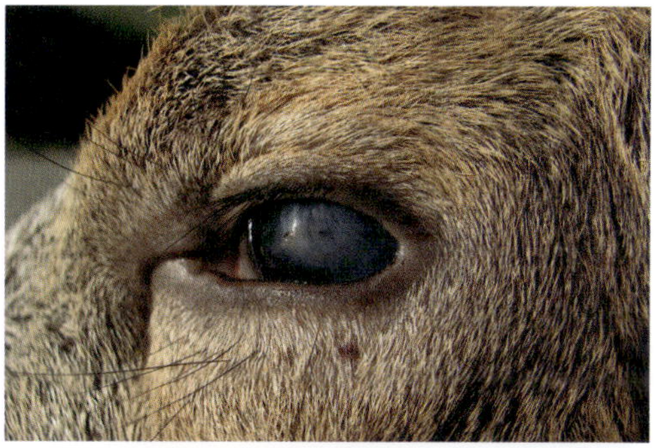

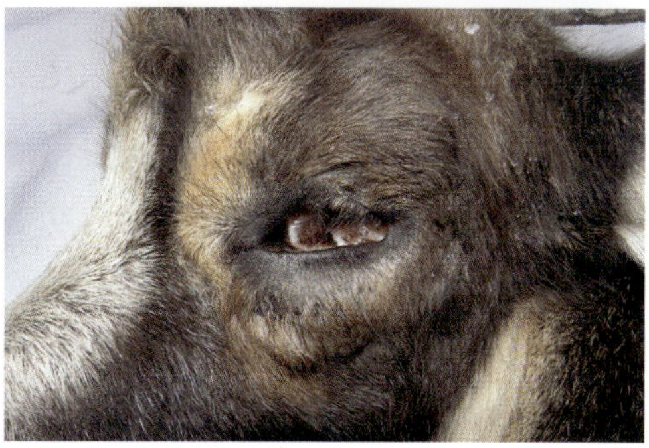

*Einseitig blinder Rehbock nach Hornhautverletzung und -entzündung (oben) Rechts: Gamsbock mit Verlust des Augapfels nach Brunftkampf („gehakelt") (unten)*

*„Monstergams" mit Hornhautentzündung und Linsentrübung vermutlich nach Verletzung*

Tiere durch ihr unsicheres Verhalten (Orientierungslosigkeit, tappender Gang usw.). Im Rahmen von Untersuchungen des Hauptes eines erkrankten Kalbes konnte festgestellt werden, dass bei diesem Kalb die Augen selbst keine krankhaften Veränderungen aufwiesen, aber eine massive Gehirnentzündung (auch im Bereich des Sehzentrums im Gehirn) vorlag und dass in diesem Falle von einer sog. zentralen Erblindung ausgegangen werden kann. Als Auslöser kommen beispielsweise virale oder bakterielle Infektionserreger in Frage, wobei bisher bekannte Erreger nicht aus dem Gehirn isoliert werden konnten.

## „Monstergams"

Zur Beurteilung lag eine hochgradige Augenveränderung bei einer 7-jährigen Gamsgeiß vor. Das Verhalten der Geiß war normal, die Geiß hatte ein Wildbretgewicht von 17 kg, ihr Bockkitz wog 7 kg. Die Diagnose lautete: „chronisch proliferierende Keratitis (Hornhautentzündung), beginnende Katarakt (Linsentrübung), vermutlich infolge einer überstandenen Verletzung". Die Vergrößerung des Augapfels deutet auf eine Abflussstörung des Kammerwassers hin. Ein Tumor am Augenhintergrund konnte als Ursache ausgeschlossen werden, eine Abflussstörung des Kammerwassers ist eine plausible Erklärung für die extreme und vermutlich schmerzhafte Vergrößerung des Augapfels.

## Mikrophthalmie

Die Mikrophthalmie ist eine angeborene abnorme Kleinheit eines oder beider Augen. Als Ursache für diese Erkrankung wurden zumindest bei allen Haustierarten ein autosomal rezessiver Erbgang als auch Umweltfaktoren, wie Gifte, oder ein Vitamin A-Mangel beobachtet. Die überwiegenden Fälle dürften erblich bedingt sein.

## Bauchhöhlenparasit in der Schädelhöhle

Seit dem Jahr 2004 liegen dem Autor insgesamt 5 Fälle von cerebraler Setariose beim Rotwild vor. Die zwischen 5- und 11-jährigen Hirsche zeigten hochgradige zentralnervale Symptome, wie im Kreis gehen, Gleichgewichts- und Koordinationsstörungen sowie abnormes Fluchtverhalten, einer erhielt den Fangschuss in einem Vorgarten. Nach dem Abheben des Schädeldaches bzw. Öffnen des Hinterhauptloches fanden sich eine hochgradige Flüssigkeitsansammlung in der Schädelhöhle (Hydrocephalus internus, „Wasserkopf"), eine Entzündung der Gehirnhäute und des Gehirnes sowie zwischen den Gehirnhäuten bis zu neun ca. 8 bis 10 cm lange und ca. 1 mm dicke Rundwürmer der Art *Setaria cervi*. Der Parasitenbefall der Schädelhöhle dürfte verantwortlich für die Abflussbehinderung der Gehirnflüs-

*Hirschkalb mit Verkleinerung des Augapfels (Mikrophthalmie)*

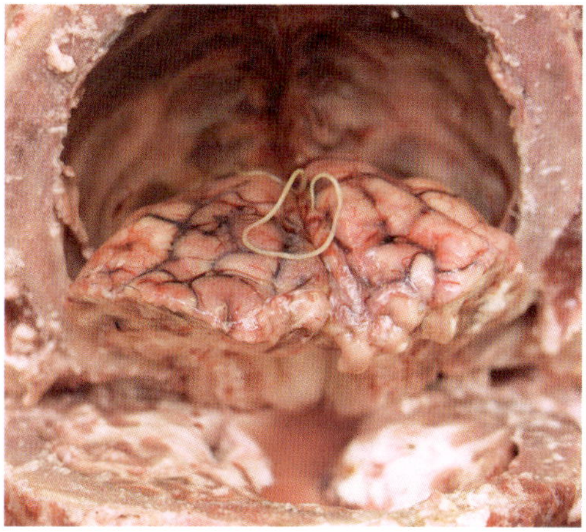

*Setaria cervi in der Schädelhöhle eines Rothirsches*

sigkeit und damit die Entstehung des „Wasserkopfes" gewesen sein. Diese Drucksteigerung führte wiederum zu einer Schädigung des Gehirnes und manifestierte sich in den Bewegungsstörungen.

Als Zwischenwirte für *Setaria cervi* sind einige Fliegenarten beschrieben, in denen sich die infektiösen Drittlarven entwickeln und über die Speicheldrüsen auswandern und damit übertragen werden können. Diese 6 bis 12 cm lange und nur ca. 1 mm dicke Rundwurmart parasitiert normalerweise beim Rotwild in der freien Bauchhöhle. In Europa wurde *S. cervi* nur gelegentlich zwischen den Hirnhäuten und im Subduralraum des Rückenmarks gefunden. Vermutet wird eine aktive Einwanderung der Larven über die Spinalnerven in den Wirbelkanal und von dort entlang des Rückenmarks in die Schädelhöhle. Infolge der Wanderung kann es zu einer Schädigung des Nervengewebes sowie zu Entzündungen der Gehirnhäute kommen, wobei erkrankte Tiere meist auffällige Bewegungsstörungen und ein verändertes Fluchtverhalten zeigen. Über die Verbreitung und Häufigkeit von *Setaria cervi* beim Rotwild liegen in Österreich keine Untersuchungen vor. In der ehemaligen Tschechoslowakei wurde *S. cervi* bei ungefähr 13 % der untersuchten Stücke Rotwild gefunden (KOTRLA et al., 1984). Der Autor hat diesen Parasiten beim Rotwild zumindest 10mal in der freien Bauchhöhle bzw. im Netz gefunden. Es ist vermutlich mit einer relativ weiten Verbreitung dieser Parasitenart zu rechnen. Ein weiterer Parasit, der auch bei Rotwild sowie Schafen und Ziegen in der Schädelhöhle vorkommen kann, ist *Elaphostrongylus cervi.*

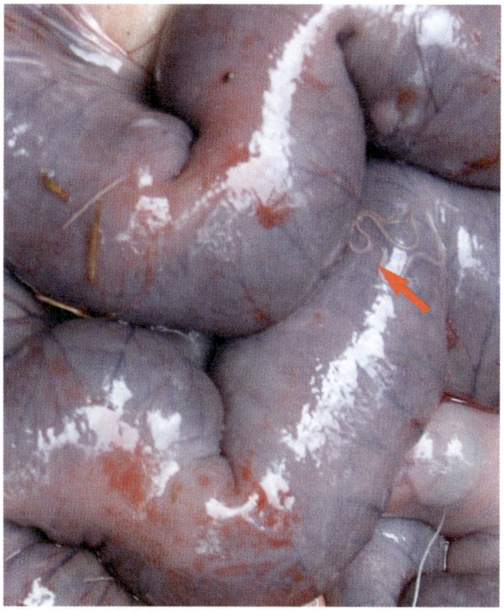

*Setaria cervi in der Bauchhöhle eines Rothirsches*

# Erkrankungen der Atemwege und der Lungen

## Lungenentzündungen – häufig bei Gamswild

Schwere Lungenentzündungen, oft begleitet von Rippen-/Lungenfellentzündungen, sind besonders bei Gamswild immer wieder zu beobachten und scheinen zuzunehmen. Diese lassen sich entweder bereits beim Ansprechen vermuten, wenn erkrankte Stücke husten oder hinter dem Rudel zurück bleiben, oder fallen spätestens im Zuge des Aufbrechens auf. Zusätzlich kann Nasenausfluss auftreten. Die abgebildete 8-jährige Gamsgeiß war Ende Juli noch im Winterhaar sowie stark abgekommen und hustete auf größere Distanz deutlich hörbar.

Erkrankte Lungenteile sind meist dunkler als das gesunde Nachbargewebe und fühlen sich derb-fleischig an. Auch beim Anschneiden solcher erkrankten Lungenteile sind die angeschnittenen Stellen fester als gesundes Lungengewebe.

Immer wieder finden sich bei chronischen Lungenentzündungen bis faustgroße Abszesse (im Bild liegt ein Abszess vor dem Herzen) in der Lunge sowie Verwachsungen zwischen Lungen- und Rippenfell. Im Falle einer Rippen-/Lungenfellentzündung lässt sich die Lunge beim Aufbrechen nicht leicht und komplett aus der Brusthöhle entfernen.

Ursache dieser oft hochgradigen Lungenentzündungen ist häufig ein vorausgehender Lungenwurmbefall. Dabei werden Bakterien durch die wandernden Lungenwurmlarven in das Lungengewebe eingebracht und rufen Entzündungen hervor. Als Zusatzbelastung wirkt zumindest bei männlichen Stücken die Brunft. Die häufigsten aus erkrankten Gamslungen isolierten Bakterien waren bisher *Arcanobacterium pyogenes, Mannheimia haemolytica, Pasteurella multocida* und *Escherichia coli*.

## Befall mit Kleinen Lungenwürmern

Bei einem Befall mit Kleinen Lungenwürmern sind an den Lungen typische Veränderungen in Form von Wurm- und Brutknoten sichtbar, wobei das Aussehen oftmals typisch für die vorhandene Lungenwurmart ist. Lungenwurmerkrankungen mit tödlichem Ausgang sind bei Reh- und Gamswild keine Seltenheit. Bei den meist vorliegenden Mischinfektionen oder bakteriellen Sekundärinfektionen ist das Aussehen der Veränderungen oft nicht mehr so charakteris-

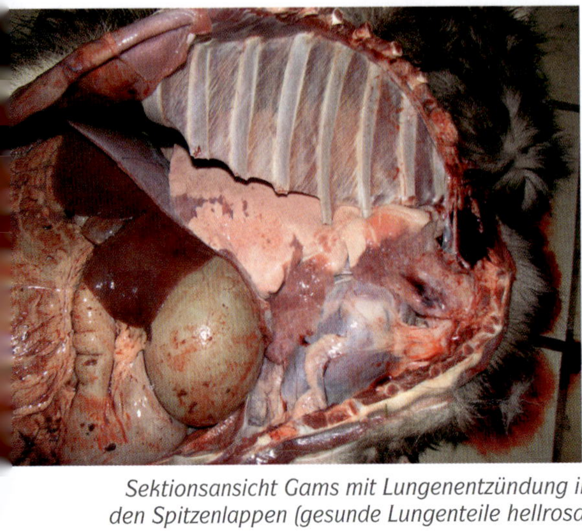

*Sektionsansicht Gams mit Lungenentzündung in den Spitzenlappen (gesunde Lungenteile hellrosa)*

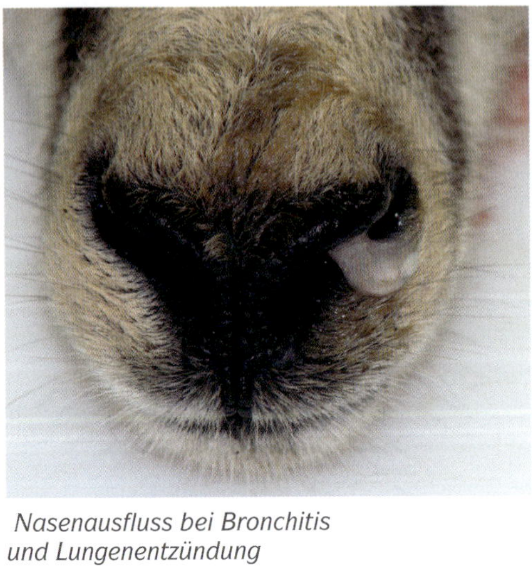

*Nasenausfluss bei Bronchitis und Lungenentzündung*

tisch. Die beetartig, milchig-gelblichen, „fleischigen" Vorwölbungen sind beim Anschneiden von fleischiger Konsistenz. Die weißgrauen oder gelben Knoten sind stecknadelkopf- bis über haselnussgroß und auch beim Durchtasten der Lunge deutlich tastbar. Bei knotig-eitrigen Veränderungen, besonders, wenn diese auch noch verkalkt sind, muss unbedingt auch an Tuberkulose gedacht werden. Lebensmittelrechtlich ist die Lunge für den menschlichen Verzehr untauglich, sonstige Organe und das Wildbret verzehrfähig, sofern keine weiteren Auffälligkeiten (z. B. Abmagerung, Brustfellentzündung) vorliegen.

## Befall mit Großen Lungenwürmern

Beim Rotwild werden Krankheitserscheinungen, außer einem kraftlosen, trockenen „Hüsteln", selbst bei starkem Befall mit Großen Lungenwürmern (*Dictyocaulus eckerti*) meist nicht beobachtet. Der Große Lungenwurm des Rotwildes kann auch auf Rinder und der Große Lungenwurm des Rindes (*D. viviparus*) auch auf Rotwild übertragen werden. Diese möglichen Wechselinfektionen sind jedoch bedeutungslos, da diese Lungenwurmarten sich nur in ihren jeweiligen Wirttierarten massiv vermehren und damit klinische Symptome hervorrufen können (PROSL u. KUTZER, 2006).

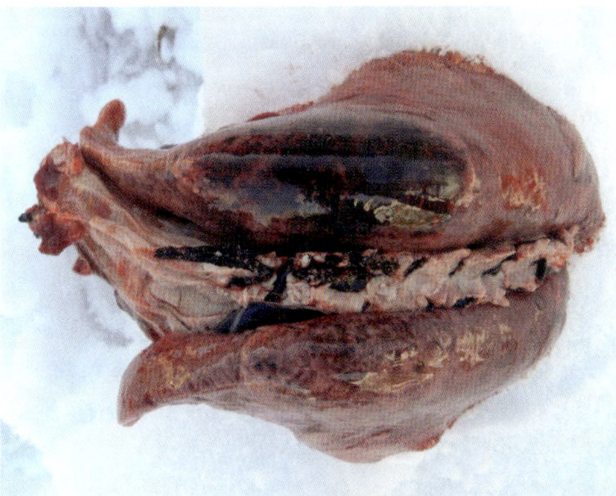

*Akute bakteriell bedingte Lungenentzündung bei einem Gamskitz infolge eines Lungenwurmbefalles*

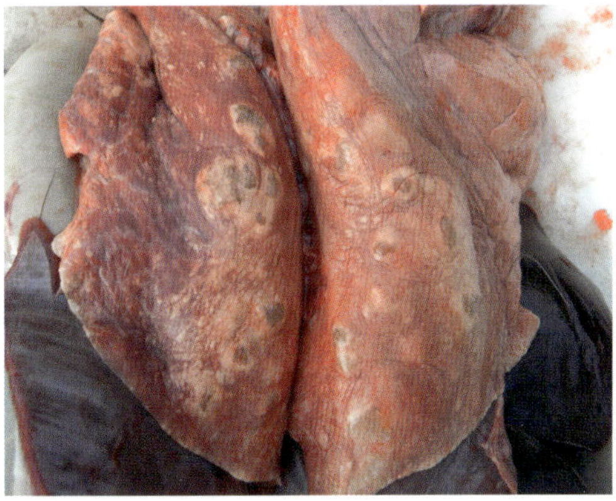

*Befall mit Kleinen Lungenwürmern, 6-jähriger Gamsbock*

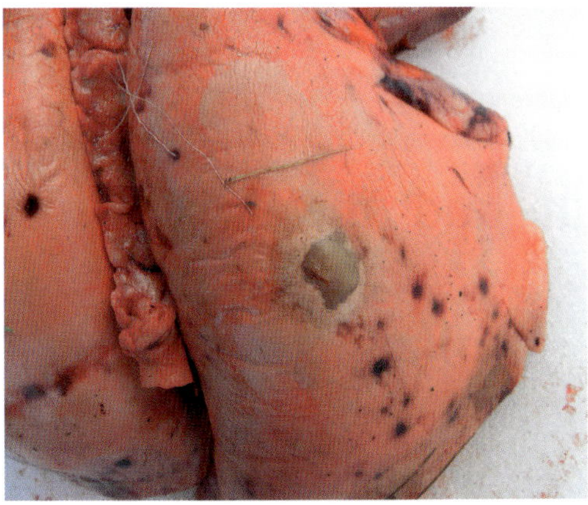

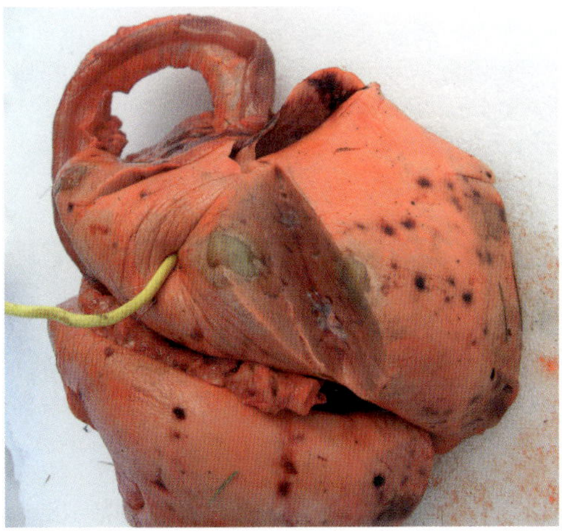

*Großknotige Lungenveränderungen, Befall mit Kleinen Lungenwürmern (Reh), rechts angeschnitten*

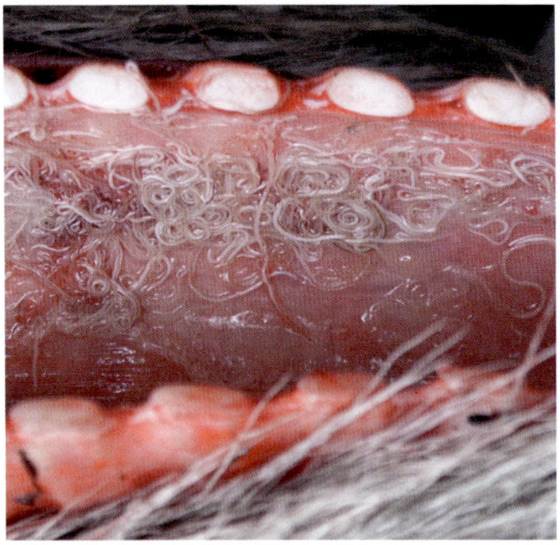

*Große Lungenwürmer in der Luftröhre eines Rottieres*

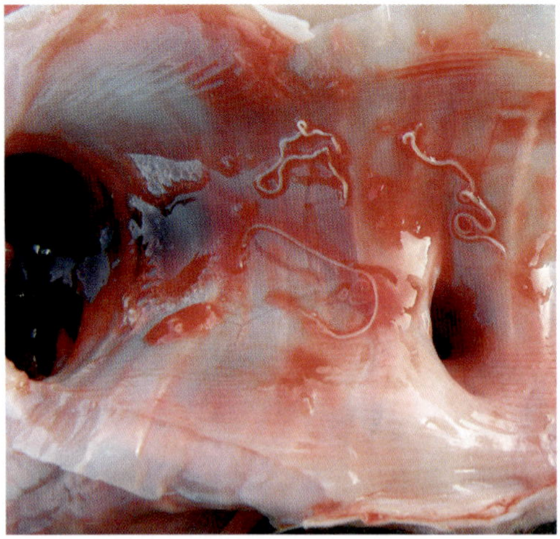

*Große Lungenwürmer in der Luftröhre eines Rehs*

## Brustfellentzündung

Brustfellentzündungen entstehen entweder als Folge schwerer Lungenentzündungen oder nach perforierenden Brustkorbverletzungen. Recht häufig findet man sie bei Gamswild im Gefolge von parasitär bedingten Lungenentzündungen (Kleine Lungenwürmer). Zu erkennen sind Brustfellentzündungen am besten, wenn beim Aufbrechen der Brustkorb im Bereich des Brustbeines geöffnet wird und somit eine gute Übersicht gewährleistet ist. Beim Aufbrechen kann die Lunge bei einer Brustfellentzündung nur unter Zug entnommen werden und Lungenteile können an der Brustwand kleben bleiben. Wildbrethygienisch ist eine Brustfellentzündung ein auffälliges Merkmal.

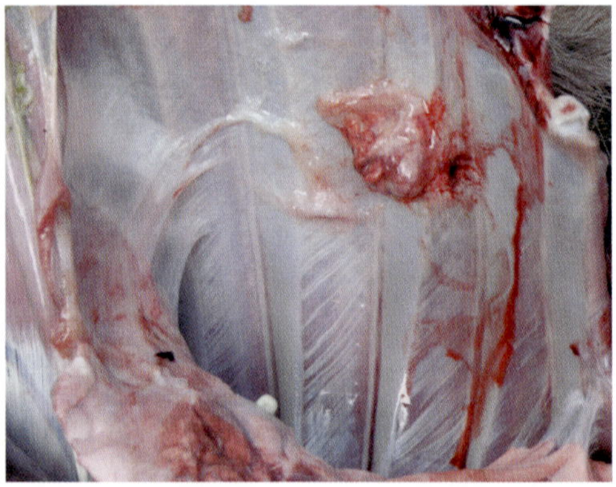

*Brustfellentzündung mit anhaftenden Lungenteilen, Reh*

# Erkrankungen des Kreislauf- und Abwehrsystems

## Schlagendes Herz außerhalb der Brust

Diese seltene Missbildung wird *Ektopia cordis* genannt und bezeichnet eine Verlagerung des Herzens aus dem Brustkorb bei einer angeborenen Spaltbildung im Bereich der vorderen Brustwand. Sie ist bei Wildtieren äußerst selten und auch beim Menschen sowie bei Haustieren sehr selten.Selbst beim Menschen tritt bei einer derartigen Missbildung der Tod, trotz intensiver Behandlung, meist wenige Tage nach der Geburt infolge von Komplikationen ein. Wild- und Haustiere überleben diese Missbildung, falls noch lebend geboren, nur kurze Zeit.

Das abgebildete Kitz wurde während der Setzzeit, frisch verendet, aufgefunden. Der Wildkörper war ohne Auffälligkeiten, mit Ausnahme einer etwa 2,7 cm langen und 1,8 cm breiten, ovalen, ringsum be-

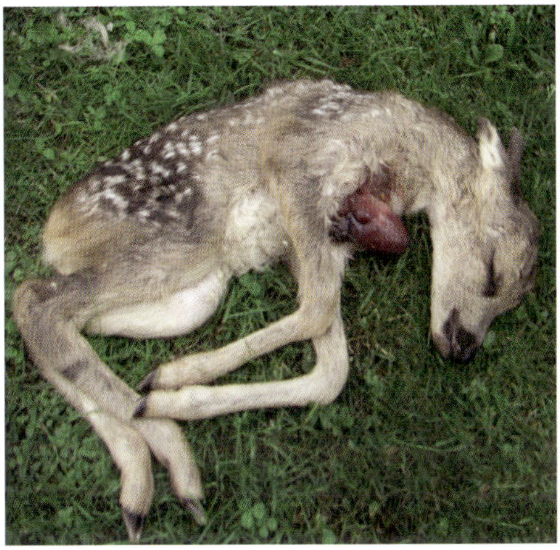

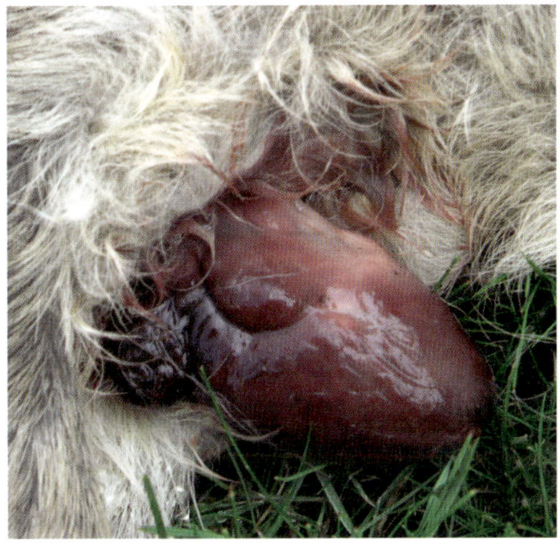

*Rehkitz mit nach außen verlagertem Herzen*

haarten Öffnung am Brustkorb. Außerhalb des Tierkörpers lag das Herz des Kitzes, welches, von außen betrachtet, normal ausgebildet war. Es hatte einen Durchmesser von 3,2 cm und eine Länge von 5,2 cm. Allem Anschein nach wurde das Rehkitz noch lebend gesetzt.

## Riss der Aorta bei einem Rehbock

Vorliegendes Sektionsergebnis samt Bilddokumentation stammt von Dr. Neumayr, Saalfelden, über einen Riss der Hauptschlagader (Aortenruptur) als Verendensursache bei einem Rehbock. Aortenrupturen sind bekannt vom Menschen sowie von Rindern, Pferden, Hunden, Katzen sowie Gorilla und afrikanischem Strauß. Von heimischen Wildtieren ist in der zugänglichen Literatur bisher kein Fall bekannt.

Der zweijährige Rehbock wurde am 20. 8. 2010 bei Mäharbeiten frisch verendet aufgefunden. Da der Bock keine äußerlich erkennbare Todesursache aufwies, wurde er zur Sektion vorgelegt. Ein Autounfall konnte nach Beurteilung der Unterhaut ausgeschlossen werden. Bei der Eröffnung der Bauchhöhle zeigte sich eine vergrößerte, lehmfarbene Leber, und der Pansen war nur mäßig gefüllt. In der Brusthöhle befanden sich ca. 1,5 Liter ungeronnenes Blut. Bei der Untersuchung des Herzens fiel bereits geronnenes Blut innerhalb des Herzbeutels auf. Nach Eröffnung des Herzbeutels konnte eine ca. 5 mm große Ruptur (Riss) an der Aortenbasis gefunden werden. Dieses Loch in der Aortenwand bestätigte die Verdachtsdiagnose „Aortenruptur" nach dem Auffinden großer Blutmengen im Brustraum.

Während der Brunft wurde der Rehbock beim Beschlagen von zwei Geißen beobachtet, er erschien in den letzten Tagen abgekämpft, bis er schließlich verendet aufgefunden wurde. Aufgrund dieser Vorgeschichte liegt die Vermutung nahe, dass entweder eine vorerst noch kleinere Ruptur schon länger bestand, die Blutung aber in den Herzbeutel erfolgte, was vorläufig zu einer Blutstillung, aber gleichzeitig zu einer Herztamponade mit eingeschränkter Herztätigkeit führte (müdes Erscheinungsbild, fast leerer Pansen), oder dass vorerst nur eine Aortendissektion (Einriss der inneren Gefäßwand und Aufspaltung der Wandschichten der Aorta) vorlag, die erst kurz vor dem Verenden zu einem Einriss der gesamten Gefäßwand führte. Der Bock verendete dann nach einer geringfügigen Vergrößerung der Ruptur an der inneren Verblutung. Dieser Fall belegt eindrucksvoll, dass durch eine sorgfältige Sektion auch sehr seltene Verendensursachen erkannt werden können (Bilder S. 134).

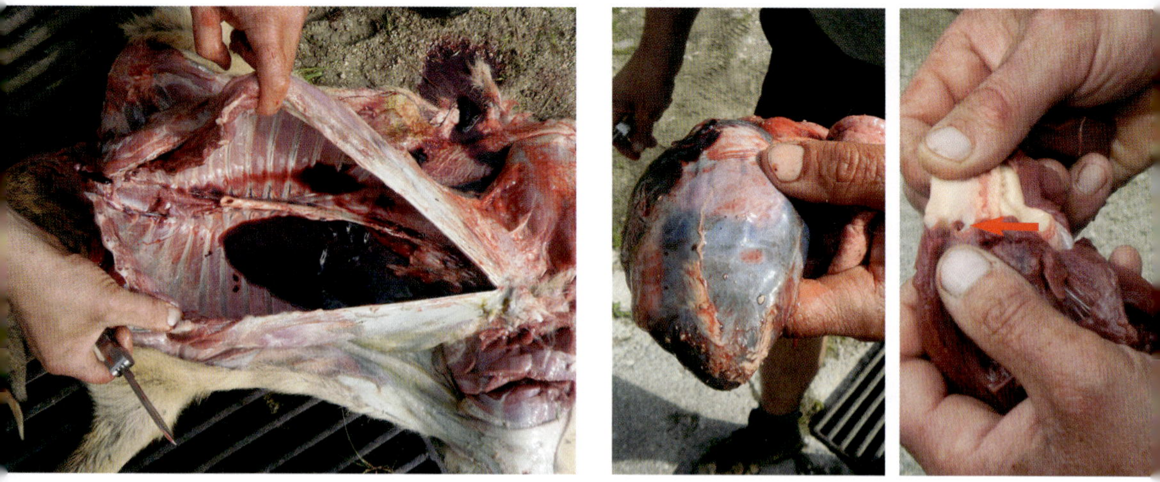

*Bock mit Riss der Hauptschlagader: große Blutmengen im Brustkorb, mit Blut gefüllter Herzbeutel und aufgefundenes Loch in der Aorta*

## Milzvergrößerung

Zu einer Vergrößerung der Milz, einem Organ des Abwehrsystems, kommt es entweder im Verlauf einer akuten Infektionskrankheit oder die vergrößerte Milz ist als sog. Stauungs- oder Schockmilz Symptom eines Schockes, z. B. im Zusammenhang mit der Erlegung. Beim Schockgeschehen versackt viel Blutvolumen in die Gefäße des Darmtraktes sowie in Bauchorgane. Im abgebildeten Fall war auch die Leber gestaut und stumpfrandig und die Darmgefäße stark mit Blut gefüllt. Es handelt sich demnach um eine Stauungsmilz (schussbedingtes Schockgeschehen) und nicht um eine akute Infektion.

Die Milz hat außer der Produktion von Abwehrstoffen (Antikörpern) und Immunzellen wichtige Funktionen sowohl im Abbau von roten Blutkörperchen als auch in der Bildung von Blutfarbstoff und dient als Blutspeicherorgan.

> Die Milz des wiederkäuenden Schalenwildes hat eher eine rundliche Form und ist mit dem Pansen verwachsen, die des Schwarzwildes, der Hasenartigen und des Haarraubwildes ist zungenförmig und mit dem Netz verbunden.

## Milzabszess

In der Milz, aber auch in der Leber, können über den Blutstrom verschleppte und in diese Organe gelangte Bakterien zu Abszessbildung führen. Abszesse sind meist bereits an der gewölbten Oberfläche des Organs zu vermuten, oft ist auch die helle Abzesskapsel zu sehen. Sie können bis überfaustgroß werden und dennoch werden die Tiere durch Abszesse oft über lange Zeit nicht beeinträchtigt.

## Lymphknotenabszesse

Abszesse in Lymphknoten sind ein Hinweis auf eine bakterielle Infektion. Lymphknoten sind im Verlaufe von Infektionen bzw. Entzündungen in ihrem Einzugsgebiet vergrößert. So reagieren die Unterkieferlymphknoten z. B. bei Infektionen im Bereich des Kopfes. Solche Lymphknoten sind deutlich vergrößert, zeigen einen höckerige Oberfläche und beim Anschneiden Abszesse. Neben den Unterkieferlymphknoten sind als wichtige tastbare Lymphknoten beim Schalenwild noch die Lymphknoten an der Ohrspeicheldrüse sowie der Buglymphknoten (Bereich Schultergelenk) und der Kniefaltenlymphknoten (über Kniegelenk) zu finden.

Bei Abszessen in Lymphknoten ist immer an chronische Infektionskrankheiten wie Tuberkulose, Bru-

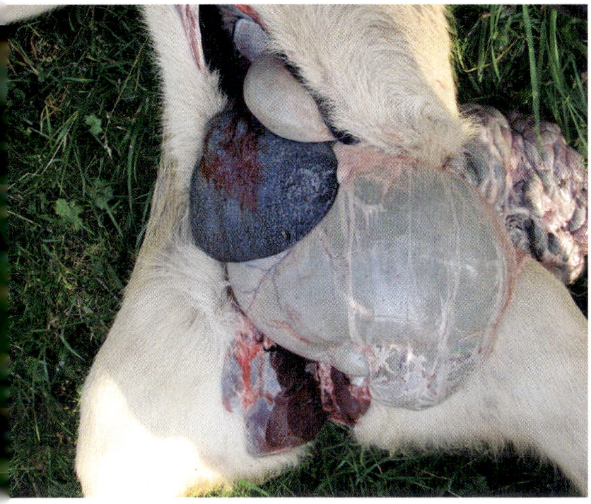

*Vergrößerte Milz: Schockorgan oder Reaktion auf eine Infektion?*

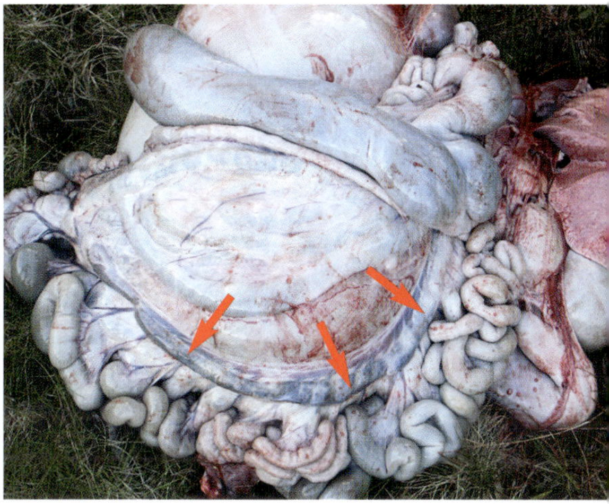

*Vergrößerte Darmlymphknoten (Pfeile) treten auch bei Paratuberkulose auf*

cellose oder Streptokokkeninfektionen zu denken. Solche Lymphknoten sind deshalb ein bedenkliches Merkmal. Falls das Stück verwertet werden sollte, sind Organe und Wildkörper durch einen amtlichen Tierarzt zu untersuchen oder das erlegte Stück ist unschädlich zu entsorgen.

### Vergrößerung von Lymphknoten

Vergrößerte Lymphknoten treten im Verlaufe von akuten und chronischen Infektionskrankheiten oder bei einem Befall mit Magen-Darmparasiten auf. Bei Jungtieren sind die Lymphknoten während des Aufbaues des Immunsystems allgemein größer als bei älteren Tieren. Eine mittlerweile bei Wildtieren recht häufige Ursache für die Vergrößerung der Darmlymphknoten ist Paratuberkulose, in manchen Gebieten auch Tuberkulose (S 149 ff.).

Im Gekröse (Aufhängung) des Dünndarmes sind im Abstand von wenigen Zentimetern parallel zum Darm stark vergrößerte, z. T. strangförmig verlaufende Darmlymphknoten (Mesenteriallymphknoten) zu sehen. Die Lymphknoten sind von fleischiger Konsistenz und weiß, graugelb oder graubraun.

Beim Aufbrechen ist auch auf Vergrößerungen der Lungenlymphknoten zu achten, die seitlich beiderseits der Luftröhre und hinter deren Aufgabelung liegen. Auffallen könnten auch noch Vergrößerungen von Kopf-, Hals-, Bug- oder Kniefaltenlymphknoten.

# Erkrankungen des Verdauungstraktes

## Erkrankungen der Mundhöhle

Wie bei der Knochenaktinomykose am Unterkiefer können auch Zahnanomalien oder hochgradiger Zahnabschliff bzw. -verlust bei alten Tieren zu Problemen bei der Äsungsaufnahme und beim Kauen führen. Beim Wiederkäuer wirken häufig der Zahnabschliff und -verlust und nicht die Gesamtkonstitution lebensbegrenzend.

### Unterkieferverkürzung bei einem Wildkalb

Abgebildet ist ein Wildkalb mit deutlicher Unterkieferverkürzung (*Brachygnathia inferior*). Häufiger tritt diese meist angeborene Missbildung des Kopfskelettes beim Rehwild auf. Unter Missbildungen werden Veränderungen der Form und Gestalt des ganzen Körpers oder von einzelnen Körperteilen verstanden, die auf Störungen der vorgeburtlichen (pränatalen)

Entwicklung zurückzuführen sind. Die meisten Missbildungen sind angeboren. Regelwidrigkeiten dagegen sind Veränderungen, die durch Mangelzustände, Verletzungen usw. erst nach der Geburt entstehen. Die häufigsten Missbildungen bei Wildtieren sind Doppelbildungen einzelner Organe sowie an Zähnen und Extremitäten. Geweihanomalien, die durch Verletzungen, Stoffwechselerkrankungen oder hormonelle Störungen entstehen können, sind zu den Regelwidrigkeiten zu zählen, obwohl sie vielfach als Missbildungen bezeichnet werden.

An Missbildungen des Kopfskelettes bei Wildtieren können u.a. Verkürzungen bzw. Verbiegungen des Ober- oder Unterkiefers, Verkürzungen der Gesichtsknochen in Form der „Mopsköpfigkeit" und Kiefer- sowie Zahnanomalien auftreten. Diese Veränderungen können erblich bedingt oder umweltbedingt (z. B. beengte Lage der Frucht in der Gebärmutter) sein.

Kieferanomalien bei Rotwild treten oft in umschriebenen Gebieten auf, was ebenso auf einen erblichen Einfluss hinweist. Die Kurzkiefrigkeit beim Rot- und Rehwild betrifft überwiegend den Unterkiefer.

Das abgebildete Wildkalb zeigt eine deutliche Unterkieferverkürzung, man spricht auch von einem „Karpfengebiss". Derartige Gebissanomalien behindern das Stück in der Äsungs- und Futteraufnahme und können damit zu Kümmern führen. Auffällig war auch ein starker Zahnabrieb an Milch- und Dauerzähnen.

## Fehlende und überzählige Zähne

Der alte Fuchs war stark abgekommen und wies eine schwere Zahnanomalie auf. Anstatt des vollständigen Gebisses (42 Zähne) waren im Oberkiefer nur 11 und im Unterkiefer 9 Zähne vorhanden, es fehlten 22 Zähne. Am Zahnfleisch und auch am Kieferknochen des vorgelegten Fuchses waren entzündliche Reaktionen festzustellen. Zahn- und Kieferfehler bei Füchsen wurden in der Fachliteratur mehrfach beschrieben. Zahnfehler können angeboren (z. B. überzählige Backenzähne, Fehlen von Fang- oder Schneidezähnen) oder erworben (Zahnausfall) sein. Im Falle des Fuchses ist mit hoher Sicherheit von einem erworbenen Zahnfehler, d.h. vom altersbedingten Verlust einzelner Zähne auszugehen. Die überzähligen Zähne bei der abgebildeten Steingeiß könnten als Hinweis auf eine Inzuchtdepression gewertet werden.

Der abgebildete Rehbock mit 4 fehlenden Zähnen zeigte äußerlich keine Auffälligkeiten und war auch nicht abgemagert. Erst beim Entfernen des Kiefers und Zurichten der Trophäe fielen fehlende Zähne im Ober- und Unterkiefer auf. Insgesamt fehlen vier Zähne

*Deutliche angeborene Unterkieferverkürzung bei einem Wildkalb*

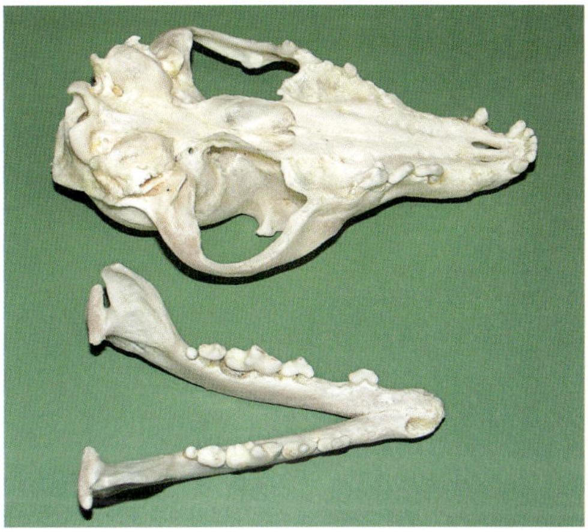

*Altersgebiss eines Fuchses*

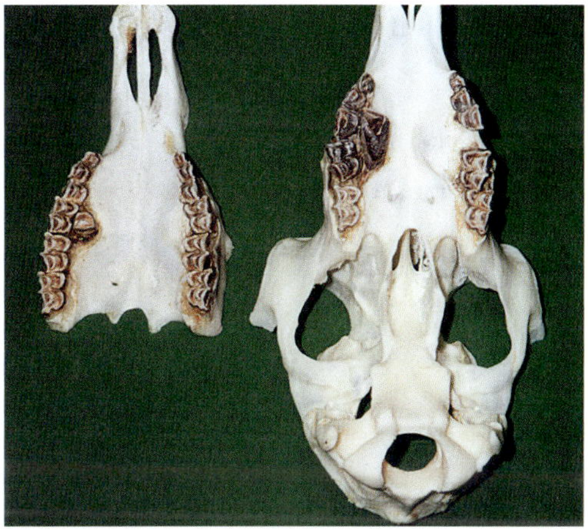

*Überzählige und „verschobene" Zähne im Ober- und Unterkiefer bei einer Steingeiß*

(dreimal 1. Molar und ein 3. Prämolar). In diesem Fall ist von einem angeborenen Zahnfehler auszugehen.

Zahnanomalien bei Wildtieren – unabhängig davon, ob es sich um Pflanzen-, Alles- oder Fleischfresser handelt – behindern die Nahrungsaufnahme und führen bei starker Ausprägung früher oder später zu einem Kümmern der Tiere. Von Wiederkäuern wird während der Äsungsperioden die nur grob gekaute, wenig zerkleinerte und eingespeichelte Nahrung im Pansen gespeichert. In den Ruheperioden wird die Nahrung hochgewürgt und wiedergekäut. Fehlende, oder seltener überzählige Zähne, stören meist beim Wiederkäuen. In Zahnlücken können sich auch Äsungs- bzw. Futterpartikel hineindrücken, was zu Entzündungen des Zahnfleisches und der angrenzenden Zahnfächer sowie in weiterer Folge der Kieferhöhlen führen kann. Gams- und Steinwild haben deutlich härtere Zähne als Reh- und Rotwild, was sicherlich ein Mitgrund für das höhere Durchschnittsalter von Gams- und Steinwild ist, da „Altersgebisse" bei diesen Wildarten erst in einem Alter um die 20 Jahre auftreten.

*Rehbock mit vier fehlenden Zähnen*

*Altersgebiss eines Rehbockes*

Hirsch mit deutlichen Schwellungen im Backenbereich

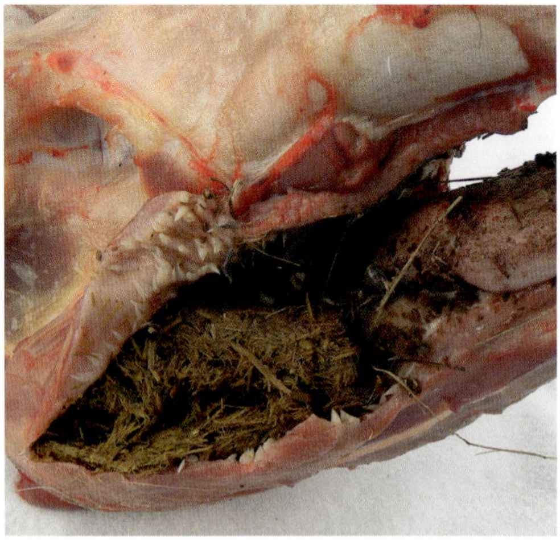

Futter-/Äsungsmassen in den Backentaschen und Stufenbildung vom Gaumen nach außen

## Ein „Hamsterhirsch"

Bei einem ca. 13-jährigen Rothirsch wurde immer wieder bereits beim Anwechseln an die Fütterung eine beidseitige Schwellung zwischen Ober- und Unterkiefer beobachtet. Nachdem sich die Schwellung mit der Zeit vergrößerte und der Hirsch auch mittlerweile Schwierigkeiten bei der Futteraufnahme hatte, wurde er als Hegeabschuss erlegt. Im Rahmen der Sektion des Hauptes stellte sich heraus, dass die Ursache für diesen „Hamsterhirsch" ein starker altersbedingter Zahnabrieb der Prämolaren und Molaren im Oberkiefer war. Futter und Äsung gelangten bei der Aufnahme sowie beim Wiederkäuen infolge eines starken gaumenseitigen Abriebes der Zähne in die Backentaschen, wegen der Stufenbildung von den Backentaschen aber nur mehr teilweise in Richtung Maulhöhle zurück. Diese in den Backentaschen befindlichen Futter-/Äsungsmassen behinderten einerseits eine weitere Aufnahme sowie das Wiederkäuen und stellten auch einen Entzündungsreiz für die Backenschleimhaut dar. In diesem Falle wäre nicht mehr mit einer Selbstheilung bzw. Besserung zu rechnen gewesen.

## Zahnfleischentzündung

Zahnfleischentzündungen können durch Äsungs- oder Futterreste zwischen den Zähnen, aber auch durch Verletzungen am Zahnfleisch sowie während des Zahnwechsels entstehen. Solche Entzündungen sind schmerzhaft, behindern die Äsungs- und Futteraufnahme und das Wiederkäuen. In fortgeschrittenen Fällen treten Wucherungen auf, kann der Kieferknochen oder die Kieferhöhlen mit betroffen sein oder fallen sogar Zähne aus. Im Falle des abgebildeten Rehbockes kam es zu einer haselnussgroßen Wucherung im Bereich der Schneidezähne und zu einer Loslösung der

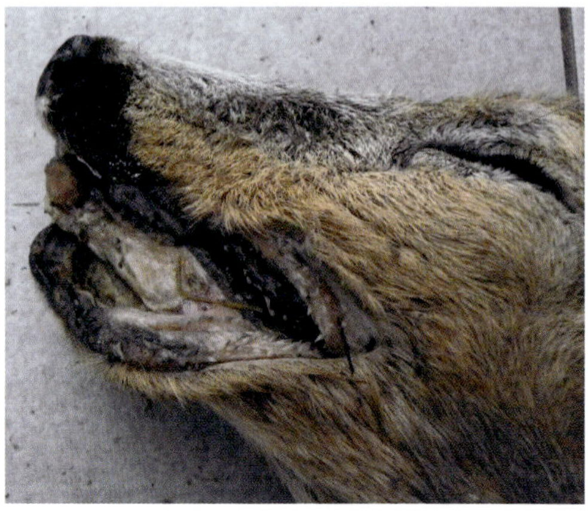

Zahnfleischentzündung mit Wucherung im Bereich der Schneidezähne und Taschenbildung seitlich

Maulschleimhaut vom Unterkiefer mit Taschenbildung und massiver Entzündung dieser Tasche. Der alte Rehbock wurde vollkommen abgemagert und geschwächt aufgefunden und erhielt einen Fangschuss.

## Symptom Durchfall

Durchfall ist ein häufig zu beobachtendes Symptom nicht nur bei Tieren, sondern auch beim Menschen. Dennoch sind die Zusammenhänge über Ursachen, Infektionsmöglichkeiten, Auswirkungen auf den Verdauungstrakt sowie Gegenmaßnahmen meist unbekannt. Die vielfältigen Ursachen von Durchfällen bei Wildtieren listet folgende Tabelle auf.

**Übersicht zu Durchfallursachen**

1. **eigenständige Magen-Darmentzündung** bei
   - Parasitenbefall mit Magen-Darmwürmern,
   - Pansenübersäuerung oder Magen-Darmversandung
2. **eigenständige Darmentzündung** bei
   - auf den Darm beschränkten Parasitosen (z. B. Strongyloidose, Kokzidiose)
   - bakteriellen oder viralen Darminfektionen (z. B. Tbc, Paratuberkulose)
   - abnormer Fett-/Milchsäurevergärung (bes. bei handaufgezogenen Kitzen)
   - verdorbenem oder stark mit Sand verunreinigtem Futter, Giftaufnahme
3. **nicht eigenständige (symptomatische) Darmentzündung** bei
   - bakteriellen oder viralen Allgemeininfektionen
4. **nicht eigenständige (symptomatische) Störungen der Darmfunktion** bei
   - chronischer Kreislauf- oder Niereninsuffizienz, Bauchfellentzündung
5. **Durchfall ohne krankhafte Ursache** bei
   - Aufnahme von sehr jungem Gras (Frühjahr!), größeren Mengen Rübenblättern oder anderer laxierenden Futtermitteln

Normalerweise ist der an den Labmagen anschließende Dünndarm („Leerdarm") beim Wiederkäuer nur wenig, der Dickdarm mäßig bis gut gefüllt, wobei die Konsistenz des Darminhaltes in Richtung Dickdarm fester wird. Der Darm kann entweder selbstständig erkranken oder bei einer Reihe von Organ- oder Allgemeinerkrankungen symptomatisch mitbeteiligt sein. Häufig wird der Darm in Erkrankungen der Vormägen miteinbezogen, was z. B. bei den fütterungsbedingten Vormagenstörungen (Pansenübersäuerung, Pansenfäulnis) der Fall ist. Durchfall entsteht grundsätzlich entweder aufgrund einer zu raschen Passage des Magen-Darminhaltes durch den

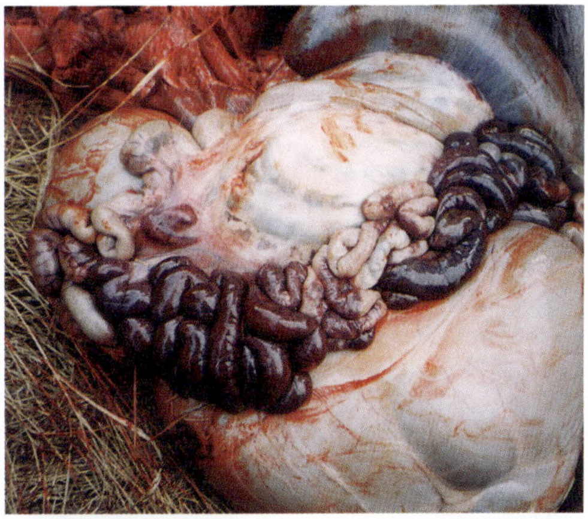

*Hochgradige blutige Darmentzündung als Durchfallursache, Hirschkalb (oben) Hirschkalb mit Durchfall (unten)*

Verdauungstrakt (durch verstärkte Darmbewegungen oder Entzündungen) oder infolge gestörter Wasserresorption aus dem Darminhalt und damit fehlender Eindickung des Kotes im Dickdarm. Neben den damit verbundenen Nährstoffverlusten ist besonders bei Jungtieren häufig der Flüssigkeitsverlust lebensbedrohend.

Viele der aufgezählten Ursachen sind von uns Jägern nicht oder nur in beschränktem Maße zu bekämpfen, dennoch soll danach getrachtet werden, den Auslöser aufzuklären. Eine der Hauptursachen von Durchfällen, nämlich Fütterungs- und Futterfehler, ist bei wiederkäuergerechter Fütterung zu verhindern.

### Befall mit Magen-Darm-Würmern

Ein Befall mit Magen-Darm-Nematoden ist neben dem Lungenwurmbefall die wichtigste Endoparasitose bei Wildwiederkäuern. Es gibt eine Reihe von Arten dieser Magen-Darm-Würmer, wie Magen-Dünndarm-Fadenwürmer (Trichostrongyliden), Dickdarmwürmer oder Peitschenwürmer. Magen-Darm-Wurmerkrankungen können bei Reh- und Gams- oder Steinwild seuchenhaft verlaufen. Der Anteil von Parasitosen am Gesamtfallwild wird von BRAUNSCHWEIG mit 49 % und von NESTEROV mit 30 % angegeben. Wechselseitige Ansteckungen zwischen Wildtierarten oder zwischen Wild- und Haustieren sind bei einigen Parasitenarten zwar möglich, werden in ihrer Bedeutung jedoch überschätzt (Ausnahme: Großer Leberegel).

Ein geringgradiger Magen-Darm-Wurmbefall verläuft klinisch unauffällig, bei stärkerem Befall treten Durchfall, struppige Decke, verzögerter Haarwechsel, Ödembildung im Kehlgang und an der Unterbrust sowie Kümmern auf. Kranke Tiere machen oft einen matten, müden Eindruck, schwanken im Ziehen und stehen mit gekrümmtem Rücken (PROSL u. KUTZER, 2006).

### Befall mit Bandwürmern

Besonders bei jungem Reh-, Gams- und Muffelwild kann ein starker Bandwurmbefall zu Kümmern oder Abmagerung führen. Bandwurmglieder sind auch immer wieder auf der Losung zu erkennen. Wildwiederkäuer können auch Zwischenwirte verschiedener Arten von Fuchs- und Hundebandwürmern sein. Finnenstadien dieser Bandwürmer sind dann in der Leber, Lunge (Abbildung Seite 139) oder auch im Gehirn zu finden.

## Erkrankungen der Leber

### Chronische Leber- und Gallengangsentzündung durch Befall mit Kleinen Leberegeln

Der Kleine Leberegel oder Lanzettegel (*Dicrocoelium dendriticum*) entwickelt sich über zwei Zwischenwirte (Kalkböden bevorzugende Landschnecken- und Ameisenarten), er kommt häufig bei Schalenwild, Wildkaninchen, Feldhasen und Haustieren (Schaf, Ziege, Rind) vor. Nach der zufälligen Aufnahme von Ameisen mit infektiösen Larven über die Äsung werden die jungen Saugwürmer im Magen-/Darmtrakt des Endwirtes frei und wandern über den Gallengang in die Leber. Die Reizung der Gallengänge führt zu vermehrter Schleimbildung und chronischer Gallengangsentzündung, in schweren Fällen auch zu Leberzirrhose. Die Leberoberfläche ist bei einem Befall mit Kleinen Leberegeln meist unauffällig, ein Befall ist dann erst durch das Anschneiden der Leber quer zu den Gallengängen ersichtlich. Am Leberschnitt sind verdickte Gallengänge deutlich sichtbar. Aus diesen sind Kleine Leberegel (8–10 mm lang, 1,5–2,5 mm breit) auszudrücken oder sie quellen spontan hervor. Normalerweise verläuft der Befall mit Kleinen Leberegeln symptomlos. Die Leber ist für den menschlichen Verzehr untauglich, sonstige Organe und Wildbret sind verzehrsfähig, sofern keine weiteren Auffälligkeiten (z. B. Abmagerung) vorliegen.

### Befall mit Großen Leberegeln

Der Große Leberegel (*Fasciola hepatica*) befällt sowohl Haus- als auch Wildtiere und ist nicht wirtsspezifisch. Bei Muffel- und Rehwild können erhebliche Leberschäden auftreten und besonders beim Muffelwild Verluste verursachen. Die befallenen Gallengänge sind beim Muffelwild extrem verdickt und

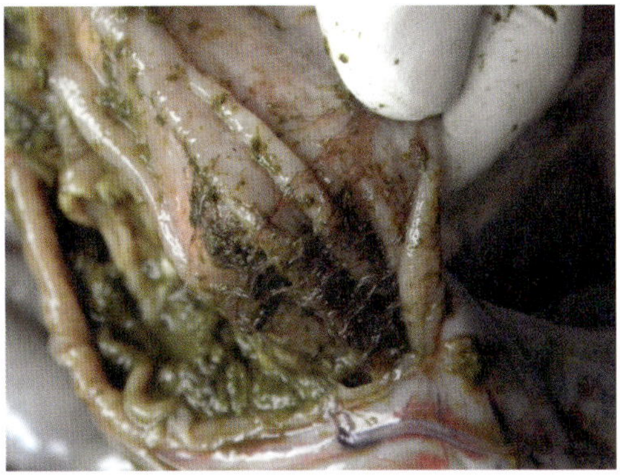

Bereits mit freiem Auge sichtbarer Befall mit dem Magenwurm Haemonchus contortus, Reh

Teile von Bandwürmern aus dem Darm eines Muffellammes

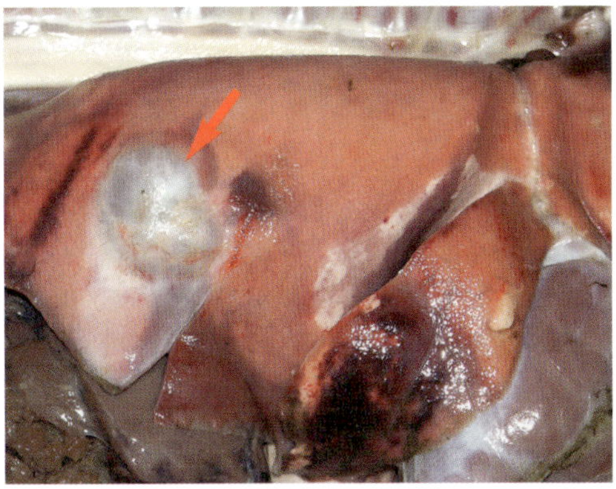

Bandwurmfinnen in der Lunge eines Rehs

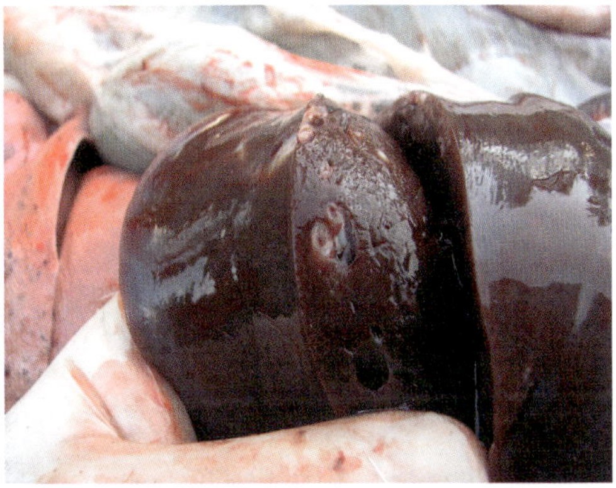

Verdickte Gallengänge (Pfeil) und aus den ...

... Gallengängen ausgedrückte Kleine Leberegel

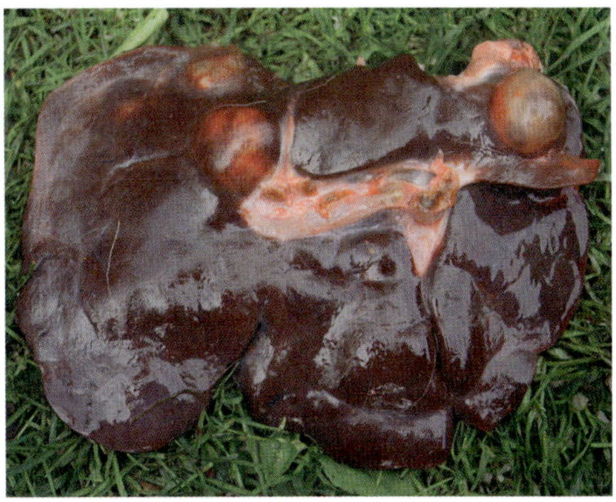

Leber mit Befall mit Großen Leberegeln und Leberabszessen

oft auch verkalkt. Auch beim Rotwild kann es zu klinischen Erscheinungen, wie Abmagerung und Ödemen (Flüssigkeitsansammlungen) im Kehlgangsbereich sowie an Unterbrust und Unterbauch kommen. Eine wechselseitige Übertragung zwischen Rotwild und Rindern ist bei gemeinsam genutzten Weiden und Almen möglich.

#### Vorbeugemaßnahmen gegen schwere Parasitosen

Maßnahmen zur Erzielung eines stabilen Gleichgewichtes zwischen Wild und Parasiten sind (modif. nach PROSL, 2008):

- Fütterungsfehler vermeiden (Pansenübersäuerung fördert auch Parasiten)
- Keine Bodenvorlage von Futtermitteln, Hygiene am Futterplatz (evtl. Fütterungen befestigen)
- Stress vermeiden, insbesondere in Notzeiten (Wintermonate)
- Bestandszahlen auf Lebensraum (Winterlebensraum!) abstimmen (ggf. Bestand reduzieren)

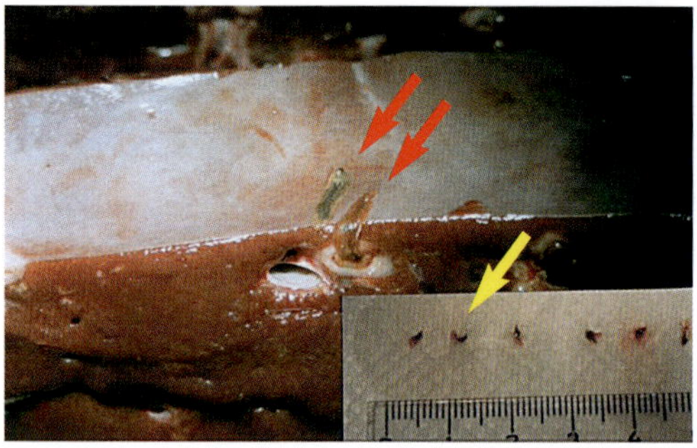

*Befall einer Rehleber mit Großen (rote Pfeile) und Kleinen Leberegeln (gelber Pfeil)*

- Schwache Stücke (v. a. schwache Jungtiere) frühzeitig aus dem Bestand nehmen!
- Lenkung des Wildes im Winter auf trockene und sonnige Standorte
- Lenkung des Wildes im Frühjahr weg von den stark kontaminierten Wintereinständen
- Äsungsflächen anlegen mit Esparsette- und Hornkleeanteilen (gesättigte Tannine)

# Fütterungsbedingte Erkrankungen

In diesem Kapitel wird auf einige fütterungsbedingte Erkrankungen näher eingegangen. Diese sind meist Folge von nicht wiederkäuergerechten Rationen oder von verdorbenen Futtermitteln. Obwohl Fehler vermeidbar wären, umfassen fütterungsbedingte Erkrankungen einen hohen Prozentsatz des Fallwildes. Zudem können Fütterungsfehler die körpereigene Immunantwort beeinträchtigen und die Abwehrkraft schwächen, wodurch falsch gefüttertes Wild auch anfälliger gegenüber Parasitosen und Infektionskrankheiten wird.

**Die häufigsten fütterungsbedingten Erkrankungen sind:**

- Akute und chronische Pansenübersäuerung (Pansenazidose)
- Überversorgung mit Eiweiß und Energie
- Schädigungen der Pansenflora nach abrupten Futterwechseln
- Pansenfäulnis (Pansenalkalose)
- Mykotoxikosen oder Organmykosen (verpilztes/verschimmeltes Futter)
- Übertragung von Infektionskrankheiten und Parasitosen bei Fütterungen (z. B. Paratuberkulose, Tuberkulose, Listeriose, Aktinomykose)

Fütterungs- und Futterfehler zählen nach wie vor zu den häufigsten Ursachen für das Verenden von Rehen im Winter. Eine noch so gut gemeinte Fütterung von Reh- und auch Rotwild kann, wenn man die Besonderheiten der Wiederkäuerverdauung nicht berücksichtigt (= Fütterungsfehler) oder verdorbenes Futter (= Futterfehler) vorlegt, mehr Schaden anrichten als nützen.

## Akute Pansenübersäuerung

Die Pansenübersäuerung ist die häufigste und auch gefährlichste fütterungsbedingte Erkrankung von

Wildwiederkäuern. Pansenübersäuerung entsteht nach Fütterung von leicht verdaulichen, stärkereichen, zu kurzen, nicht strukturierten oder gemahlenen Futtermitteln (Getreide, Getreideschrot, Bruchmais, Mühlen- und Bäckereiabfälle usw.). Da diese Futtermittel, welche im Lebensraum nicht in dieser Form und Menge natürlich vorkommen, zumeist auch sehr gerne und dadurch auch in zu großen Mengen aufgenommen werden, wird die Aufnahme von strukturwirksamen Grundfuttermitteln zurückgedrängt.

Somit kommt es durch den Rohfasermangel zu einer reduzierten Wiederkäutätigkeit und zugleich durch den sehr raschen Stärkeabbau zur Ansammlung großer Mengen freier Fettsäuren im Pansen, insbesondere von Milchsäure. Durch die Säurewirkung (Absinken des pH-Wertes) werden die Pansenmikroben und damit das gesamte Pansenmilieu schwer geschädigt.

Es kommt zu massiven Entzündungen der Pansenschleimhaut, und nach Aufnahme in die Blutbahn können zentralnervale Störungen (Fressunlust, Zähneknirschen, Lahmheiten, Festliegen, Koma) verursacht werden.

Rehe besitzen gegenüber den anderen Wildwiederkäuern sehr große Speicheldrüsen und einen relativ kleinen Pansen, der häufigere Äsungsperioden (im Sommer 8–10, im Winter 5–7, relativ gleichmäßig über 24 Stunden verteilt) zur Füllung benötigt. Die Speicheldrüsen eines Rehs produzieren täglich – abhängig von der Äsung/Fütterung – zwischen 2 und 10 Liter Speichel. Die Hauptaufgabe des Speichels ist die Regulierung des Säuregrades im Pansen, wie die Abpufferung der durch den Nährstoffabbau entstehenden kurzkettigen Fettsäuren durch das im Speichel enthaltene Natriumbikarbonat („Speisesoda"). Bei der Aufnahme von oben angeführten Futtermitteln wird wenig gekaut und danach wenig bis gar nicht wiedergekäut, was eine deutlich verringerte Speichelproduktion und geringere Abpufferung des Pansensaftes zur Folge hat. An Pansenazidose verendete Rehe findet man häufig in Fütterungsnähe, die Analgegend ist zumeist von Durchfallkot verschmiert bzw. verschmutzt.

## Chronische Pansenazidose

Neben der beschriebenen akuten Pansenazidose resultiert aus länger anhaltenden relativ zu hohen Kraftfuttergaben die chronische Form der Pansenübersäuerung. Die Folgen sind: Verhornungen und Entzündungen der Pansenschleimhaut, Leberabszesse, verminderte Infektionsabwehr, Nierenschäden, Mineralstoffwechselstörungen, Kalziummangel, Organverfettungen, chronische Klauen- und Gliedmaßenschäden sowie un-

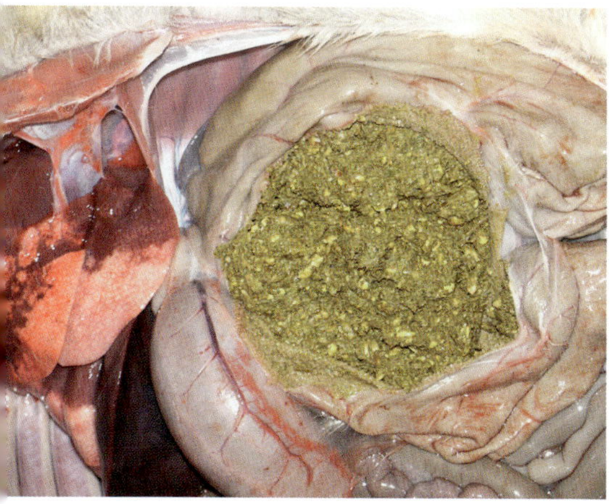
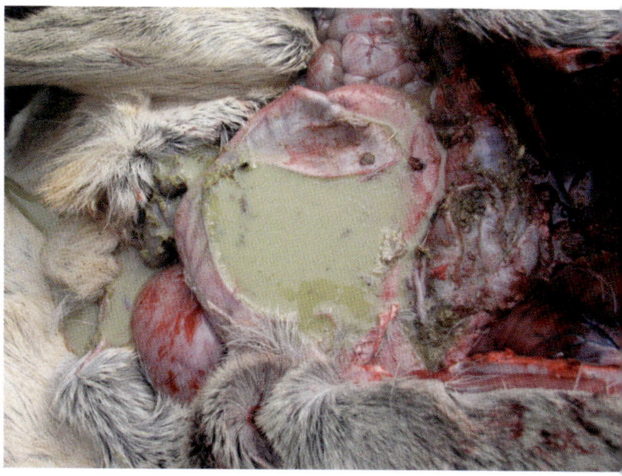

*Häufiger Sektionsbefund „akute Pansenazidose" nach übermäßiger Getreidefütterung (Pansen jeweils eröffnet)*

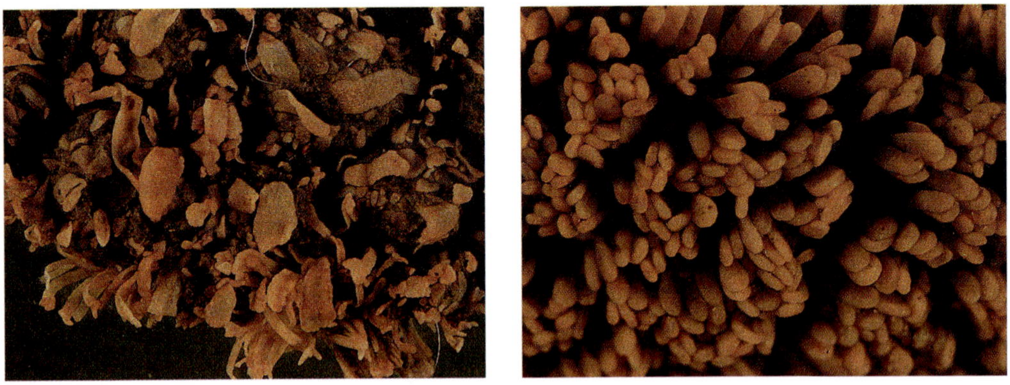

*Chronische Pansenazidose (Pansenübersäuerung), Verklumpung der Pansenzotten nach Verfütterung von Getreideschrot und Mühlenabfallprodukten (links) Pansenzotten eines gesunden Rehs (rechts) (Hinterdorfer u. Deutz, 1996)*

regelmäßige Fresslust, chronische Abmagerung und Durchfall bzw. weicher Kot („schmierige Losung"). Durch die chronische Pansenazidose verursachte Mineralstoffwechselstörungen (z. B. Hypokalzämie, d.h. zu wenig Kalzium im Blut) sind auch Schuld daran, dass beispielsweise „überfütterte" Rehböcke mit chronischer Pansenübersäuerung ein schwächeres Geweih als nicht gefütterte Rehböcke schieben!

### Weitere Fütterungsfehler

Abrupte Futterwechsel führen zu massiven Störungen der Pansenmikroben, da diese rund 3 Wochen benötigen, um sich in ihrer Zusammensetzung auf neue Futtermittelrationen einzustellen. Die Pansenzotten passen sich überhaupt erst nach 5–6 Wochen an geänderte Rationsbedingungen an. Bis faustgroße „Pilzknoten" (Lungenmykosen) können nach Einatmen vom Staub stark verpilzter, trockener, gemahlener Futtermittel entstehen. Saftfutter kann besonders in milden Wintern innerhalb von zwei Tagen verderben und nach Aufnahme zu schweren Verdauungsstörungen führen.

## Mykotoxikosen

Mykotoxine sind giftige Stoffwechselprodukte von Fadenpilzen. Obwohl Rehe als Wiederkäuer nicht so empfindlich auf Mykotoxine sind wie beispielsweise Schweine, so liegen dennoch Fallberichte von Mykotoxikosen bei Haus- und Wildwiederkäuern vor. Zusätzlich zu berücksichtigen ist das – verglichen mit anderen Wiederkäuern – kleine Pansenvolumen (mit kürzerer Pansenpassage des Futters/der Äsung und häufigeren Äsungszyklen) beim Rehwild, wodurch Mykotoxine in geringerem Umfang im Pansen abgebaut und damit vermehrt aus dem Darm aufgenommen und damit stoffwechselwirksam werden. Die Auswirkungen von Mykotoxinen können bei Vorliegen einer Pansenübersäuerung noch gravierender ausfallen.

Aufgrund der klimatischen Produktionsbedingungen in Mitteleuropa ist immer wieder mit so genannten „Mykotoxinjahren" zu rechnen. Ein ungünstiger Witterungsverlauf, insbesondere zum Zeitpunkt der Blüte des Getreides und vor der Ernte (hohe Niederschlagsmengen, feuchtwarme Witterung), kann zu einem starken Befall mit Arten der pflanzenpathogenen Fadenpilze (Gattung *Fusarium*) führen. Verschiedene Fusarienarten bilden die Pilzgifte Vomitoxin (= Deoxynivalenol) und Zearalenon.

> Die Verfütterung verschimmelter/verpilzter Futtermittel führt zu Vergiftungen (Toxikosen), Leistungsdepressionen und Fruchtbarkeitsstörungen bis zum Verwerfen. Fusarientoxine wirken zellschädigend und beeinträchtigen das Immunsystem.

*Stehen gelassener Maisacker – hohes Vergiftungsrisiko bei Aufnahme von verpilztem Mais! (links) Nicht immer ist ein Pilzbefall so deutlich sichtbar; der abgebildete Maiskolben wies stark erhöhte Mykotoxin-Gehalte auf und ist damit gesundheitsschädlich. (rechts)*

Zearalenon wird den Stoffen mit östrogener Wirkung zugeordnet. Es konkurriert mit körpereigenen Östrogenen (Geschlechtshormonen) um die Bindung an Östrogenrezeptoren und führt zu Fruchtbarkeitsstörungen. Besonders Mais und Hafer sind häufig mit Mykotoxinen belastet. Da Rehe in Revieren mit intensiven Fütterungen im darauf folgenden Frühjahr/Sommer geringere Wildbretgewichte aufwiesen und auffallend wenig Feist angesetzt hatten, lässt dies eine chronische Mykotoxinwirkung (Schäden an der Bauchspeicheldrüse bzw. Leber) bei Rehen befürchten. In diesem Zusammenhang sind auch die als Winterdeckung und -äsung für Niederwild nicht abgeernteten Maisfelder anzusprechen, bei denen die Maiskolben im Herbst stark verpilzen (Wachstum der Pilze noch bei 4 °C!) und die bei Aufnahme durch Rehe ein hochgradig toxinbelastetes Futtermittel darstellen.

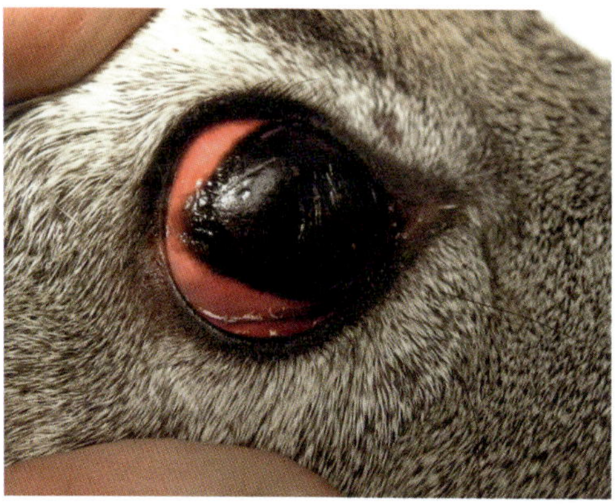

*Hochgradige Rötung der Lidbindehaut und der Sklera bei Listeriose*

## Listeriose

Als Beispiel für Infektionskrankheiten, die an Fütterungsstandorten übertragen werden bzw. durch Futterfehler entstehen können, wird hier die Listeriose angeführt. Weitere Infektionskrankheiten, die ebenfalls an Fütterungen übertragen werden können (Tuberkulose, Paratuberkulose, Aktinomykose), finden sich in den Spezialkapiteln.

> Listeriose ist eine bakteriell bedingte Infektionskrankheit bei Tieren und beim Menschen, die bei Wildwiederkäuern neben Aborten und vermehrter Jungtiersterblichkeit, Gesäuge- und Gehirnentzündungen hervorrufen kann. Der klassische Übertragungsweg ist die Aufnahme von erregerhältigem Material, wie vor allem schlecht vergorene Silage.

Erreger der Listeriose ist *Listeria monocytogenes*. Dies ist ein grampositives Stäbchenbakterium, das in der Umwelt weit verbreitet und relativ resistent ist und zur Vermehrung einen pH-Wert > 5 braucht. Dadurch ergeben sich auch die Zusammenhänge zwischen den in der Praxis recht häufig zu beobachtenden Fällen von Listeriose bei der Verfütterung von (Gras)silage schlechter Qualität. Wird die Silage zu trocken eingebracht, kommt es nur zu einer unzureichenden Säuerung und somit zu pH-Werten von pH > 5. Diese Silagen sind in Folge dann sehr instabil, und es kommt sehr leicht zu Nacherwärmungen, was wiederum zu einer starken Vermehrung der Listerien in der Silage führen kann.

Da der Kontakt mit Listerien für Wildwiederkäuer höchstwahrscheinlich ein alltägliches Ereignis ist, dürften zusätzliche Faktoren notwendig sein, damit eine Erkrankung ausgelöst wird (verschiedene Stressoren, hoher Infektionsdruck, parasitär bedingte Schädigungen der Darmschleimhaut, Abwehrschwäche). Der häufigste Infektionsweg sind kleinste Verletzungen in der Schleimhaut von Mundhöhle, Nasenhöhle und den Lidbindehäuten. Die Bakterien steigen dann über Nervenbahnen, vor allem entlang von Ästen des Nervus trigeminus oder anderer Hirnnerven, zum Hirnstamm auf. Dort entsteht eine eitrige Enzephalitis (Gehirnentzündung) mit mikroskopisch kleinen Abszessen, in deren Verlauf die Kerngebiete verschiedener Hirnnerven betroffen werden können. In der Folge entsteht auch eine nicht eitrige Meningitis (Gehirnhautentzündung).

### Parasitosen und Fütterung

Bei Fütterungen kommt es zu einer starken Anreicherung von Parasiteneiern und -larven über die im Fütterungsbereich abgesetzte Losung. Zusätzlich geschieht auch die Übertragung von Außenparasiten (Lausfliegen, Haarlinge usw.) im Fütterungsbereich, wie an Raufen und Trögen, leichter als im restlichen Lebensraum.

> Wenn zusätzlich fütterungshygienische Probleme (Futtervorlage am Boden, verdorbenes Futter usw.) oder durch Fütterungsfehler chronische Pansenazidosen auftreten, werden der Infektionsdruck sowie die Anfälligkeit der Darmschleimhaut erhöht.

Ein Kalken des Fütterungsbereiches am Ende der Fütterungsperiode ist nur nach möglichst gründlicher Entfernung von größeren Losungsmengen und Futterresten wirksam, da Desinfektionsmittel keine Tiefenwirkung besitzen. Bei Fütterungen im Grünland werden ein bis zwei Reinigungsschnitte mit Entfernung des Mähgutes angeraten, dass UV-Licht auf parasitäre Stadien einwirken und der nahe Bodenbereich besser austrocknen kann, was die Überlebenszeit der Parasiten stark verkürzt.

# Spezifische Infektionskrankheiten und Tierseuchen

*Seuchen können nicht nur bei Haustieren, sondern auch bei Wildtieren auftreten beziehungsweise zwischen Haus- und Wildtieren zirkulieren. Durch die Mobilität der Wildtiere – man denke nur an Zugvögel – sind sie ein besonders schwer zu kontrollierendes Seuchenreservoir und zur Krankheitsübertragung über weite Strecken fähig. Wildtierseuchen können auch erheblichen finanziellen Schaden bereiten, falls sie in Haustierbestände eingetragen werden.*

## „Seuchen"

Definitionsgemäß wird unter einer Tierseuche eine Anhäufung einer gefährlichen (hochansteckenden und wirtschaftlich bedeutenden) Infektionskrankheit in einem bestimmten Gebiet über einen bestimmten Zeitraum verstanden. Wie rasch sich Seuchen ausbreiten können, demonstrierten die letzten Ausbrüche von Maul- und Klauenseuche bzw. Schweinepest in Großbritannien und Nordeuropa oder auch Seuchenzüge von Tollwut oder Blauzungenkrankheit.

### Monitoring von Tierkrankheiten

Der Bedarf an Informationen über die Tiergesundheit hat in den letzten Jahren zugenommen und ist zu einem zentralen Teil der Gesundheitspolitik geworden. Im internationalen Handel ist der Nachweis des krankheitsfreien Status (z.T.

auch schon für Wildtierpopulationen – siehe Wildschweinepest) unabdingbar, da Import-Entscheide aufgrund sorgfältiger Risikoanalysen gefällt werden. Ein Monitoringsystem zum Nachweis der Seuchenfreiheit ist daher von zentraler Bedeutung, um das Vertrauen sowohl der Konsumenten als auch der Handelspartner zu erhalten und zu stärken.

Ein gut funktionierendes Überwachungssystem erlaubt zudem, Seuchenherde frühzeitig zu erkennen und rasch Maßnahmen zu ergreifen, die ein Ausbreiten der Seuche verhindern.

*Zahlreiche Krankheiten sind wechselweise zwischen Wild- und Haustieren übertragbar.*

Heute gelten in Mitteleuropa die meisten klassischen Tierseuchen bei landwirtschaftlichen Nutztieren (wie Tuberkulose oder Brucellose der Rinder) dank rigoroser Seuchenbekämpfungsmaßnahmen in den letzten Jahrzehnten als weitestgehend ausgerottet. Jedoch lauert jederzeit die Gefahr, dass gefürchtete Tierkrankheiten in seuchenfreie Gebiete eingeschleppt werden. Besondere Gefahren in diesem Zusammenhang bergen auch der (internationale) Handel mit Wildtieren, der Wildfleischhandel oder die Mitnahme unzureichend präparierter Trophäen, wo Krankheitserreger sogar über Kontinente hinweg verschleppt werden können (siehe Afrikanische Schweinepest oder Amerikanischer Riesenleberegel nach Europa!). Infolge der weiträumigen Handelsbeziehungen kann eine Krankheit auch durch kontaminiertes Futter oder infizierte Haustiere über weite Distanzen verschleppt werden, wie es die jüngste Maul- und Klauenseuche-Epidemie in Großbritannien im Frühjahr 2001 vor Augen führte. Neben der direkten Verschleppung von Nutztierseuchen durch infizierte Tiere oder Tierprodukte birgt der Kontakt von Haustieren mit infizierten Wildtieren das Risiko einer Seucheneinschleppung in Haustierbestände in sich. Studien in Deutschland zeigten, dass 46 % der Erstausbrüche von Schweinepest in Hausschweinebeständen zwischen 1993 und 1997 auf direkten Kontakt zwischen Haus- und Wildschweinen zurückzuführen sind. Als weitere gut dokumentierte Beispiele für Wildtiere als Reservoir für Haustierkrankheiten gelten Dachse in Großbritannien und Fuchskusus in Neuseeland jeweils als Infektionsquelle für Tuberkulose bei Rindern.

## Was bedeutet Überwachung?

Überwachungsprogramme umfassen das Aufzeichnen und die Analyse von Gesundheitsdaten mit dem Ziel, Veränderungen bezüglich des Gesundheitsstatus einer Population festzustellen. Beim Überschreiten gewisser Schwellenwerte sind bestimmte, weitergehende Abklärungs- und Bekämpfungsmaßnahmen vorgesehen. Mit einem gut funktionierenden Monitoringsystem können wir Seuchenausbrüche bei Wildtieren frühzeitig erkennen und Maßnahmen zur Verhinderung einer Ausbreitung auf weitere Wildtiere oder Haustiere ergreifen.

Während sich der Nachweis der Seuchenfreiheit bisher allermeist auf Haustiere beschränkt hat, wird deren Überwachung in Zukunft vermutlich auch bei Wildtieren erforderlich sein. Ein entsprechender Vorschlag der EU zur Dokumentation der Klassischen Schweinepest beim Wildschwein existiert bereits. Aufgrund europaweit wachsender Schwarzwildpopulationen könnte in naher Zukunft ein Nachweis der Seuchenfreiheit hinsichtlich zusätzlicher haustierrelevanter Seuchen beim Schwarzwild erforderlich werden (LEUENBERGER, 2004).

In solchen Überwachungsprogrammen sind gut ausgebildete und interessierte Jäger und auch Jagdvereinigungen, die voll hinter diesem Gedankengut stehen, erforderlich. Erfolge der Vergangenheit, wie die Unterstützung der Tollwutbekämpfung oder Teilerfolge in der Bekämpfung der Wildschweinepest, demonstrierten diese wichtige Aufgabe der Jagd.

Die Beschäftigung der Jäger mit der Überwachung der Wildtiergesundheit wird sicherlich auch eine wesentliche öffentlichkeitswirksame Zukunftsfrage der Jagd darstellen und möglicherweise dann auch die Notwendigkeit der Jagd außer Streit stellen können.

*Jäger haben eine große Verantwortung in der Überwachung der Wildtiergesundheit und Haus- und Wildtiergesundheit sind eng miteinander verknüpft.*

## Tuberkulose: Eine alte – neue Krankheit?

Erste Hinweise auf Tuberkulose beim Menschen reichen zurück bis in die Jungsteinzeit sowie ins alte Ägypten, und die Rindertuberkulose wurde bereits im 3. Buch Moses erwähnt. Heute erkranken weltweit jährlich ca. 10 Mio. Menschen an Tuberkulose, in den letzten Jahren mit steigender Tendenz. Weltweit sind derzeit rund 1,7 Milliarden Menschen infiziert oder waren es. Ging früher in Mitteleuropa die größte Infektionsgefahr für den Menschen von Rindern aus (z. B. über Rohmilch), ist die Rindertuberkulose in Mitteleuropa heutzutage durch erfolgreiche Seuchenbekämpfungsprogramme bis auf seltenste Ausnahmen getilgt. So waren beispielsweise unter den im Jahre 2008 in Österreich diagnostizierten 631 Tuberkulosefällen beim Menschen nur mehr drei Fälle mit *Mycobacterium bovis* und zwei mit *M. caprae*, die eventuell auf eine Herkunft von Tieren im In- oder Ausland schließen lassen könnten. In anderen Ländern – auch der EU – ist die Tuberkulose besonders in größeren Rinderbeständen noch eine recht häufige Tierseuche. In den letzten Jahren gibt es wieder vermehrt Berichte über Tuberkuloseausbrüche bei Rindern und Rotwild in Süddeutschland, Westösterreich und Südtirol. Österreich wurde 1999 der Status als amtlich anerkannte Rindertuberkulose-freie Region zuerkannt, was nur gewährt wird, wenn mehr als 99,9 % der Rinderbestände über einen Zeitraum von 10 Jahren tuberkulosefrei sind.

Tuberkulosen sind ansteckende, chronische Infektionskrankheiten durch pathogene Mykobakterien bei Mensch und Tier, die meist unter Bildung charakteristischer Veränderungen („Tuberkel" = typische Abszesse) und oft fortschreitend sowie generalisierend verlaufen.

Sie treten bei Mensch und Säugetieren, bei Vögeln und wechselwarmen Wirbeltieren auf. In fortgeschrittenen Stadien führt Tuberkulose zu Abmagerung und Schwäche, früher beim Menschen als „Schwindsucht" bezeichnet.

### Tuberkulose bei Wildtieren

Bei wildlebenden Tieren scheint die Tuberkulose nicht so selten zu sein wie noch vor wenigen Jahrzehnten angenommen. So liegen beispielsweise Befunde von diversen Haarwildarten (Reh-, Rot-, Dam-, Gams- und Schwarzwild, Feldhasen) sowie von Federwild (Krähen, Adler, Ringeltaube, Blässhuhn, Birk-

*Hochgradig abgemagerter Hirsch mit Tuberkuloseverdacht*

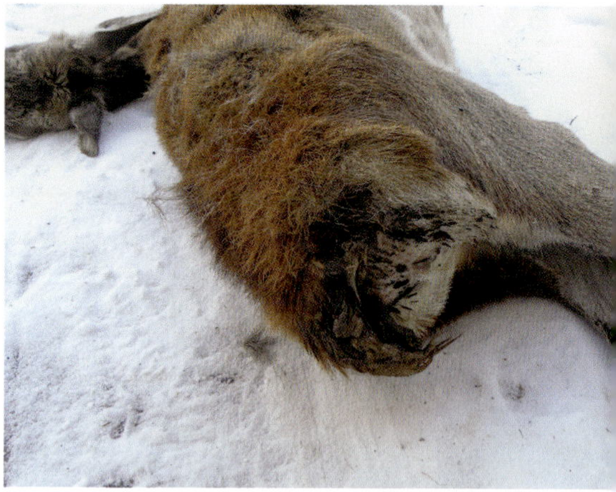

*Neben Abmagerung kann bei Tuberkulose auch Durchfall auftreten.*

und Auerwild, Rebhuhn, Fasan) vor. Grundsätzlich kann Tuberkulose bei allen heimischen Haar- und Federwildarten auftreten. Häufiger als in der freien Wildbahn ist die Tuberkulose in der Gatter-, Zoo- und Volierenhaltungen sowie in Fasanerien.

## Übertragung

Die Übertragung der Tuberkulose erfolgt durch eingeatmete oder mit der Äsung aufgenommene Mykobakterien. Als Ansteckungsquelle für Wildtiere galt früher in erster Linie der Kot tuberkulöser Rinder, der entweder die mit dem Lungenschleim aufgehusteten und abgeschluckten oder die bei Darmtuberkulose im Darm befindlichen Erreger enthält. Hauptinfektionsquellen für Wild- und Haustiere sind weiters der Kot und Lungenschleim von tuberkulösem (Haus)-Geflügel und erkrankten Menschen; in Großbritannien, Irland, den Niederlanden und der Schweiz auch der Dachs (in anderen Ländern unzureichend untersucht), in Neuseeland Lemuren-Ringschwanzbeutler und auf den hawaiischen Inseln Wildschweine. Gattertiere sind auch durch Zukauf infizierter Tiere gefährdet. Tuberkuloseerreger sind durch ihren speziellen Zellwandaufbau sehr widerstandsfähig. Im Rinderkot bleiben sie bis 2 Wochen, im eingetrockneten Lungenschleim 4 Monate und in tuberkulösen Organen bis zu 3 Jahre ansteckungsfähig.

Stressfaktoren, zu enger Lebensraum, ungünstiges Klima und unzureichende oder zu kohlenhydratreiche Fütterung (chronische Pansenübersäuerung!), fütterungshygienische Mängel (Bodenvorlage) können die Entstehung der Krankheit begünstigen.

Nur ein geringer Teil der infizierten Tiere werden im Verlaufe der Erkrankung auch zu Ausscheidern („offene Tuberkulose"). Man kann aber davon ausgehen, dass zumindest Tiere mit klinischen Krankheitszeichen (Durchfall, Husten, Abmagerung, ...) auch Ausscheider sind.

## Krankheitszeichen

Bei der Aufnahme der Erreger mit der Äsung können die Halslymphknoten und auch der Darm bzw. die Darmlymphknoten sowie die Leber infiziert werden. Brechen Mykobakterien in die Blutbahn ein, dann können beispielsweise die Milz und die Nieren erkranken und auch das Gehirn oder die Knochen.

Der klinische Verlauf der Tuberkulose ist im Anfangsstadium uncharakteristisch und bleibt in Abhängigkeit von der Widerstandskraft des befallenen Organismus entweder lokal begrenzt oder breitet sich weiter aus; es kann auch zur Abkapselung und

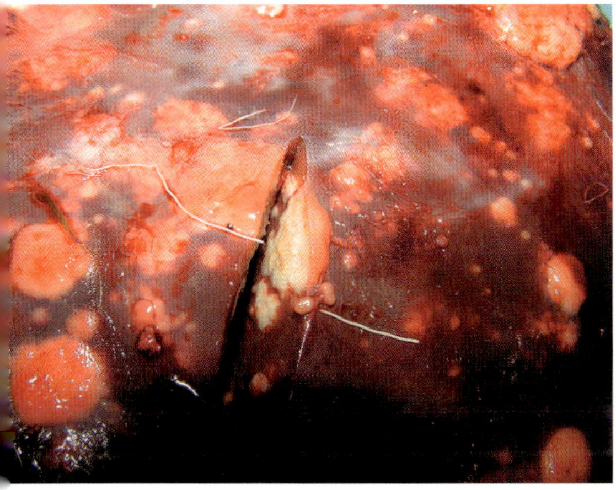

*Abszesse, die teilweise verkalken, sind typisch für Tuberkulose (Leber, Rotwild).*

*Hauttuberkulose (Mykobakteriose) bei einem Spießhirsch (32 kg Wildbretgewicht, tlw. noch Bast, November)*

Ausheilung kommen. Je nach erkranktem Organ treten Husten, Röcheln, Atemnot (Lungentuberkulose) oder Durchfall (Darmtuberkulose) auf, später magern die Tiere hochgradig ab. Der Kot ist stinkend und manchmal mit Blut vermischt. Daneben sind die Tiere matt, nehmen wenig Äsung auf und verfärben schlecht oder zeigen ein struppiges, glanzloses Haarkleid. Es wird auch berichtet, dass kranke Stücke teilnahmslos in Fütterungsbereichen aufgefunden wurden, was auf die hochgradige Schwächung („Schwindsucht"), ähnlich wie bei der Paratuberkulose, zurückzuführen ist.

Man findet die Lungen- oder Darmlymphknoten hochgradig vergrößert und verkäst oder auch verkalkt. Die Lymphknoten sind oft stärker verändert als das primär entzündete Organ, Lymphknoten können bis faustgroß werden. Von den Innenorganen erkrankt beim Schalenwild in erster Linie die Lunge. Die meist auffällig veränderte Lunge enthält viele kleine, oder wenige große tuberkulöse Herde. Von der Lunge kann die Tuberkulose auch auf das Rippenfell übergreifen, wobei dann das Krankheitsbild der so genannten „Perlsucht" entsteht. Eine Sonderform ist die Miliartuberkulose (lat. milium = Hirse) der Lunge, bei der das ganze Organ mit kleinen hirsekorngroßen Knötchen durchsetzt ist. Auf der Schnittfläche der Knoten sind eine zentrale Verkäsung und häufig Verkalkung

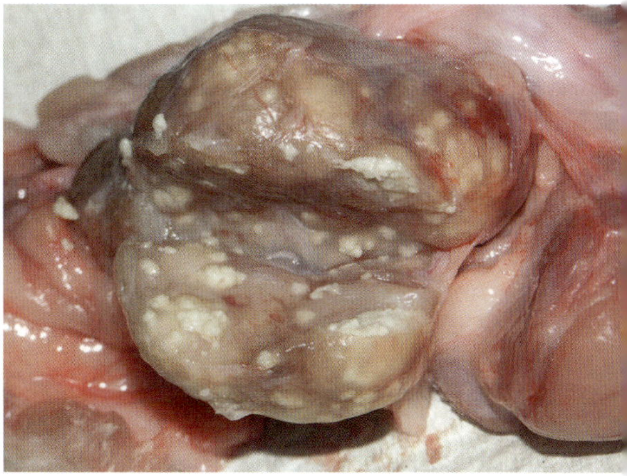

*Vergrößerte Lymphknoten mit Abszessen sind ebenfalls Tuberkulose-verdächtig.*

zu erkennen, verkäsende Einschmelzungsherde können zusammenfließen. Grundsätzlich kann Tuberkulose nahezu in jedem Organ auftreten, auch eine Hauttuberkulose ist möglich.

## Paratuberkulose – häufiger als vermutet!

Aus Österreich lagen bis ins Jahr 2002 Berichte über das Auftreten von Paratuberkulose bei Rindern, Schafen und Ziegen und bei Wildtieren aus Gatter-

**Vorgeschlagene Maßnahmen bei einem Auftreten von Tbc bei Wild- und Haustieren**

- Gesprächsbereitschaft und Sachlichkeit bewahren, gegenseitige Schuldzuweisungen zwischen Landwirten und Jägern sind nicht zweckmäßig
- Erkennen eines gemeinsamen Zieles („Zeitbombe")
- Frühzeitige Anzeige (Rind) bzw. Meldung (Rotwild) bei Seuchenverdacht
- Keine „Vertuschung" von Verdachtsfällen
- Schulungen von Jägern/Kundigen Personen im Hinblick auf Krankheitsbilder der Tbc
- Untersuchungen zu sämtlichen Verdachtsfällen, Querschnitts-Untersuchungen
- Abschätzung der regionalen Verbreitung der Tuberkulose („hot spots")
- Seuchensichere Entsorgung von Fallwild und Aufbrüchen bei Verdacht (inklusive Untersuchung!)
- Keine Aufbrüche auf Weideflächen liegen lassen
- Schwerpunktbejagung auf kritischen Weidebereichen (Jagddruck vertreibt Wild von sensiblen Zonen)
- Großzügige Hegeabschüsse bei geringsten Verdachtsmomenten (Vorlage, Probennahme!)
- Strenge Fütterungshygiene, keine Bodenvorlage von Futtermitteln
- Reinigungsschnitte im Fütterungsbereich, damit UV-Licht bis zum Boden gelangt, Kalken
- Entfernung von Salzlecken, die von Rindern und Rotwild genutzt werden
- Kompostierung („Misthaufen") von Losung und Futterresten aus dem Fütterungsbereich und Ausbringung erst im Herbst oder darauf folgenden Frühjahr
- Schaffung von Äsungsflächen im Wald, Begrünung von Forststraßen
- Wenn nötig Wald-Weide-Trennung
- Reduktion des Rotwildbestandes, wo nötig (besonders über Kahlwild!)

haltung sowie vereinzelt aus freier Wildbahn bei Rotwild vor. Ab dem Jahr 2002 häuften sich Fälle bei Wild in freier Wildbahn. Paratuberkulose ist eine weltweit verbreitete, ansteckende, chronische Darmerkrankung besonders der Wiederkäuer, die durch *Mycobacterium avium* subsp. *paratuberculosis* (Kurzform: MAP oder *Mycobacterium paratuberculosis*) hervorgerufen wird.

Das Wirtsspektrum der Paratuberkulose umfasst außer Haus- und Wildwiederkäuern auch Pferd, Hund, Schwein, Esel, Geflügel, Primaten, Fuchs, Dachs, Großes und Kleines Wiesel, Hasen, Kaninchen, Rabenvögel, Ratten und Waldmäuse, die jedoch i. d. R. nicht klinisch erkranken, sondern vor allem als Ausscheider auftreten.

Beim Menschen wurde MAP bei Morbus Crohn (chronische Darmentzündung) isoliert, ein Zusammenhang zwischen Paratuberkulose und Morbus Crohn konnte aber bislang noch nicht schlüssig bewiesen werden.

Der Erreger wird vorwiegend über Kot (bis 100 Mio. Erreger pro Gramm Kot/Losung!) ausgeschieden, die Infektion erfolgt vor allem durch orale Aufnahme der Erreger meist schon in den ersten Lebenswochen. Die Infektionsdosis, die zu einer Infektion führt, ist bei jungen Tieren vermutlich sehr

*Gamsgeiß noch lebend, völlig entkräftet, Paratuberkulose*

gering, zudem kann der Erreger in der Umwelt über ein Jahr überleben. Die Inkubationszeit (Zeitraum von der Infektion bis zum Ausbruch von Krankheitserscheinungen) beträgt beim Rind mindestens 2 Jahre, kann aber bis zu 10 Jahre dauern. Bei Wildtieren dürfte nach unseren bisherigen Erfahrungen die Inkubationszeit kürzer sein. Bei den von uns untersuchten Wildtieren waren auch Erkrankungsfälle bei 4- bis 6-monatigen Kitzen und Kälbern von Reh-, Gams- und Rotwild zu beobachten, die vermutlich auch auf einen hohen Infektionsdruck hindeuten.

*Drei einjährige Stück Damwild, das mittlere hatte Paratuberkulose (Abmagerung, Losungsspuren am Sprunggelenk)*

**Untersuchte Wildtierarten und positive Paratuberkulose-Befunde, Steiermark 2002–2008**

| Spezies | gesamt | MAP pos. |
|---|---|---|
| Rotwild | 127 | 34 |
| Rehwild | 357 | 99 |
| Gamswild | 69 | 12 |
| Mufflon | 16 | 5 |
| Damwild* | 4 | 3 |
| Steinwild | 4 | 3 |
| Fuchs | 106 | 4 |
| Dachs | 1 | 0 |
| Feldhase | 3 | 0 |
| Schneehase | 1 | 1 |
| Wildkaninchen | 1 | 0 |
| Murmeltier | 1 | 1 |
| Mäuse** | 18 | 1 |
| Vögel*** | 9 | 1 |
| **gesamt** | **717** | **164** |

* *2 Stück aus Gatter*
** *Gelbhalsmaus 10 (1 pos.), Waldmaus 5, Rötel-, Feld- und Waldspitzmaus je 1*
*** *Eichelhäher 4, Auerhahn 2 (1 pos.), Birkhahn 1, Stockente 1, Gartenrotschwanz 1*

## Krankheitsbild

Folgende Symptome konnten bei erkrankten Tieren festgestellt werden: Abmagerung, vergrößerte Darmlymphknoten, Hinweise auf Durchfall (wie Losungs-/Kotspuren um After/Weidloch und an den Sprunggelenken) in ca. 15 % der Fälle, verzögerter Haarwechsel, verspätetes Verfegen, abnormer Geruch bei frisch verendeten oder mittels Fangschuss erlegten Tieren, Lebergranulome (stecknadelkopfgroße Abszesse), Lungenveränderung, Ödeme im Bereich des Darmtraktes sowie Bauchwassersucht. Die für das Rind typische hochgradige („hirnwindungsähnliche“) Verdickung und Faltenbildung der Darmwand ist bei Wildtieren nicht oder nur in geringgradiger Ausprägung zu beobachten. In einem Fall wurde bei Rotwild beobachtet, dass gesunde Tiere einem erkrankten Stück möglicherweise wegen des abnormen Geruches drei Tage lang auswichen. Es war auch festzustellen, dass Jagdhunde bzw. Füchse den näheren Kontakt zu erlegten/verendeten kranken Stücken weitgehend mieden. Zusätzlich wurden bei drei einjährigen Stücken Rotwild Gelenksentzündungen beobachtet, ein Zusammenhang mit Paratuberkulose konnte jedoch noch nicht verifiziert werden. Erstmalig gelang der Nachweis der intrauterinen Übertragung (Infektion der noch ungeborenen Kälber/Kitze) von *M. paratuberculosis* bei Rot- (3 Fälle) und Gamswild (1 Fall) sowie die bei Wildtieren bislang nicht beschriebene Isolierung des Erregers aus Leber, Lunge und Unterhautabszessen (DEUTZ et al., 2005).

## Ähnliche Krankheitsbilder

Differentialdiagnostisch sind Abmagerungen infolge anderer Ursachen (Endoparasitose, hohes Alter, weitere Infektionskrankheiten, verwaiste Kälber und Kitze), andere Durchfallursachen (Parasitosen, Fütterungsfehler, Frühjahrs- und Herbstäsung, Darmentzündungen infolge anderer Ursachen) sowie bei Gatterwild auch Mangelerkrankungen zu berücksichtigen.

### Vermutete Ursachen

Als Ursachen für die Häufung klinischer Fälle ab dem Jahre 2002 werden allgemein Fütterungen (Massierung von Tieren), Mängel in der Fütterungshygiene (wie Bodenvorlage von Futtermitteln), die Rotwildhaltung in Wintergattern und der Zukauf von (Gatter)Wild sowie die starke Zunahme der Mutterkuhhaltung und Rinderimporte mit einer Anreicherung der Erreger in der Umwelt vermutet. In Mutterkuh- und Fleischrinderzuchtbetrieben stellt Paratuberkulose auch in der Steiermark seit zumindest Anfang der 1990er Jahre ein klinisches Problem dar. Zu untersuchen wäre auch, ob durch milde, feuchte Winter die Überlebensfähigkeit der Erreger auf Weide-/Äsungsflächen erhöht wird und ob Hitzestress und Wassermangel (wie im Jahre 2003) oder auch chronische Pansenübersäuerungen durch Fütterungsfehler (Getreideschrot- und Maisfütterung) und schwere Parasitosen bei Wildwiederkäuern zusätzliche prädisponierende Faktoren für das Auftreten von Paratuberkulose sein können.

Wildtiere können nicht nur von Hauswiederkäuern mit Paratuberkulose infiziert werden, sondern tragen offensichtlich selbst zur Verbreitung des Erregers bei. In Versuchen in Schottland gelang es, Rinder mit von aus Wildkaninchen isolierten Paratuberkulose-Erregern zu infizieren.

### Übertragung Rind – Wildtier

In einem Gebiet mit massiven Paratuberkulose-Problemen bei Rindern konnten wir die Erkrankung auch bei abgemagerten Rehen nachweisen. Daraufhin wurden Erregerstämme von Haus- und Wildtieren genetisch verglichen und dabei in 3 Regionen der Steiermark drei eigenständige Stämme bei Haus- und Wildtieren festgestellt, die die gegenseitige Übertragbarkeit der Paratuberkulose untermauern. PAVLIK (2000) vermutete importierte Rinder (Limousin, Holstein) als Infektionsquelle für Reh- und Damwild in der Tschechischen Republik, wo er ebenfalls idente Stämme bei Wildtieren und Rindern nachgewiesen hat. Er fand Paratuberkulose bei Rot-, Reh-, Muffel- und Damwild in freier Wildbahn, Wildtiergehegen bzw. Jagdgattern, wobei der Anteil positiver Proben mit 7 % bei Rotwild, 2 % bei Rehen und 4 % bei Dam- und Muffelwild unter den Ergebnissen der eigenen Untersuchung liegt.

### Vorbeuge- und Bekämpfungsmaßnahmen

Bei der Bekämpfung von Paratuberkulose muss neben der hohen Überlebensfähigkeit des Erregers in der Umwelt auch die intrauterine Übertragung (Infektion noch Ungeborener) beachtet werden. Der Erreger kann bis ein Jahr auf Äsungs-/Weideflächen infektionsfähig bleiben und damit auch den Winter

*Bei Rindern, Schafen, Ziegen und Farmwild ist ein Verdacht auf Paratuberkulose anzeigepflichtig (links). Bei der Bodenvorlage wird Futter mit Losung und Krankheitserregern verunreinigt (rechts).*

*Rehgeiß, scheinbar noch „gesund“ und neun Wochen später, an Paratuberkulose verendet.*

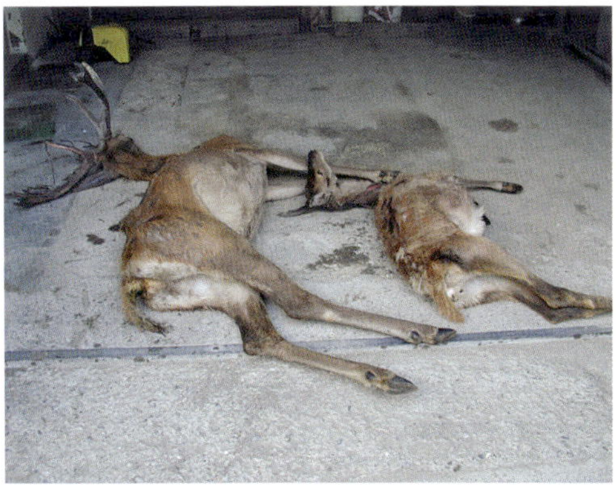

*Paratuberkulose bei 4-jährigem Rothirsch (Wildbretgewicht 55 kg) und einem Schmaltier (Wildbretgewicht 22 kg), erlegt am 27. August 2002 (teilweise noch im Winterhaar!) (links); 8-jähriger Steinbock mit Paratuberkulose, 35 kg unaufgebrochen! (rechts)*

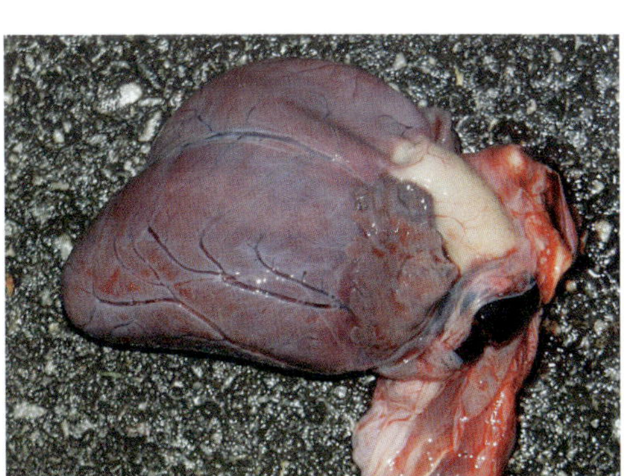

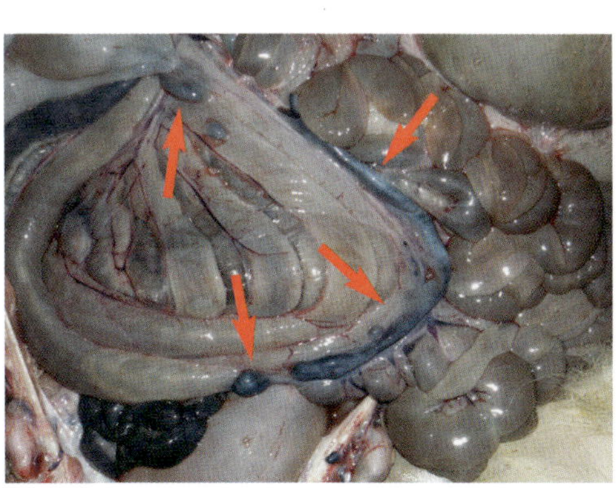

*Sektionsbefunde Paratuberkulose: Gamsherz ohne Fett in den Herzfurchen (links), vergrößerte Darmlymphknoten, Rehwild (rechts)*

überdauern. Insgesamt begünstigen niedrige Temperaturen, Feuchtigkeit und fehlende Sonneneinstrahlung das Überleben des Erregers. Weiterhin scheint der pH-Wert des Bodens einen Einfluss zu haben, da nach Literaturberichten Paratuberkulose verstärkt in Gebieten mit saurem Boden (niedriger pH-Wert) vorkommt. Eigene Beobachtungen, wonach rund 40 % der Nachweise von Paratuberkulose bei Wildtieren und drei der vier beschriebenen Fälle intrauteriner Übertragung im Kalkgebirge auftraten, relativieren hingegen die Aussagen bezüglich des Einflusses des pH-Wertes des Bodens.

**Fütterungshygienische Maßnahmen**

Möglichst zu vermeiden ist die Bodenvorlage von Futtermitteln zur Verhinderung der Kontamination des Futters mit Krankheitserregern (Problembereich Großfütterungen und Wintergatter). Zusätzliche Maßnahmen sind das mehrmalige Entfernen der Losung aus dem Fütterungsbereich während der Fütterungsperiode und Kalken des Fütterungsbereiches nach Fütterungsende, Reinigungsschnitte im Fütterungsbereich mit Entfernung des Mähgutes (UV-Licht gelangt bis zum Boden und kann Erreger abtöten) sowie eine Schadnagerbekämpfung in Futtermittellagern. Grundsätzlich wäre zumindest in Problemgebieten die Notwendigkeit jeder einzelnen Fütterung zu hinterfragen.

**Jagdliche Maßnahmen**

Zuerst sind die Jäger über diese Krankheit zu informieren, um ihr Verständnis und ihre Mitarbeit für langfristige und großräumige jagdliche Entscheidungen zu sichern. Der Abschuss und die Untersuchung aller krankheitsverdächtigen Stücke (zu jeder Jahreszeit, natürlich Kitze und Kälber vor erkrankten Muttertieren), die regionale Reduktion von Wildbeständen nach Häufung von Krankheitsfällen und eine möglichst frühzeitige Abschusserfüllung mit stark reduziertem Jagddruck ab November sind konkrete jagdliche Maßnahmen zur Senkung des Infektionsdruckes. Eine Anpassung der Wildbestände an den jeweiligen Lebensraum, lebensraumverbessernde Maßnahmen, die eine Massierung von Wild verhindern und erhöhter Jagddruck im Bereich von kontaminierten Weidegebieten/Äsungsflächen (Lenkungseffekt!), wo Rinder aus Paratuberkulose-positiven Betrieben aufgetrieben werden, sind zusätzlich notwendig.

**Weitere Massnahmen**

Kranke und krankheitsverdächtige Tiere und Aufbrüche müssen seuchensicher entsorgt werden. Die Abklärung sämtlicher Verdachtsfälle, ein flächendeckendes Paratuberkulose-Monitoring unter Einbindung unverdächtiger Stücke sowie die Untersuchung von Indikatortieren (z. B. Fuchs) und die Erfassung von Erregerreservoiren (Nagetiere, Vögel usw.) würden über die regionale Verbreitung der Paratuberkulose bei Wildtieren Aufschluss geben und könnten in ein Informationssystem über Wildtierkrankheiten einfließen.

**Wildtiergatter**

Zugekaufte Tiere müssen untersucht werden, wobei aber zu berücksichtigen ist, dass ein negatives Ergebnis sämtlicher bisher zur Verfügung stehenden praxistauglichen Untersuchungsmöglichkeiten am Lebendtier keine Paratuberkulose-Freiheit garantieren. Fütterungshygienische Maßnahmen sind wie oben beschrieben zu berücksichtigen. Die Schaffung hygienisch einwandfreier Setzplätze (sauberer, trockener Boden und damit auch saubere Gesäuge der Muttertiere) bieten einen gewissen Schutz für die infektionsanfälligen Kälber. Das Auswildern von Gehegewild in freie Wildbahn ist nicht nur illegal, sondern birgt auch ein erhebliches Risiko der Verbreitung von Paratuberkulose.

> Eine Behandlungsmöglichkeit gegen Paratuberkulose gibt es nicht.

Eine Bekämpfung der Paratuberkulose bei Wildtieren wird erst nach einer Eindämmung der Paratuberkulose bei Rindern Wirkung zeigen. Der zunehmende Nachweis von *M. paratuberculosis* bei Wildtieren muss als Indikator für eine Zunahme von Paratuberkulose in Rinderbetrieben gewertet werden. Momentan kann die Paratuberkulose beim Rind lediglich in Grenzen gehalten werden, zur praxistauglichen Sanierung von Betrieben fehlen noch entsprechend aussagekräftige Tests auf Einzeltierebene, ein in Bezug auf Paratuberkulose kontrollierter Tierverkehr und nicht zuletzt eine entsprechende Bewusstseinsbildung in verantwortlichen Kreisen der Veterinärmedizin, Landwirtschaft und auch Jägerschaft. Seit 2006 ist die Paratuberkulose bei Rindern, Schafen, Ziegen und bei Farmwild eine in Österreich anzeigepflichtige Tierseuche.

## Wildschweinepest

Die **Europäische** oder **Klassische Schweinepest** ist eine weltweit verbreitete, virusbedingte (Pestivirus), hochansteckende Krankheit bei Haus- und Wildschweinen. Andere Tierarten und der Mensch sind nicht gefährdet. Menschen können aber nach Kontakt mit infektiösem Material die Seuche weiterverbreiten. In den letzten Jahren gab es Seuchenzüge mit größten wirtschaftlichen Schäden für die Landwirtschaft, vor allem in Norddeutschland, wobei die Hälfte der Ausbrüche bei Hausschweinen mit dem Auftreten der Schweinepest in Wildschweinpopulationen in Zusammenhang gebracht wurde. In Ostösterreich (im Jahr 2000), der Slowakischen Republik und Ungarn wurde die Wildschweinepest in den letzten Jahren diagnostiziert. Die letzten Ausbrüche von Schweinepest bei Hausschweinen in Österreich ereigneten sich in den Jahren 1994 und 1995. Der Verdacht auf Schweinepest ist sowohl bei Haus- als auch bei Wildschweinen anzeigepflichtig.

Der Vollständigkeit halber ist das seltene, aber verlustreiche Auftreten der **Afrikanischen Schweinepest** in Portugal, Spanien, Italien, Belgien und nunmehr in Osteuropa zu erwähnen. Der Ausbruch in Belgien im Jahre 1985, der einen Schaden von rund 35 Mio. Euro verursachte, wurde von einer weggeworfenen Wurstsemmel eines Afrikatouristen ausgelöst.

### Übertragung

Hauptsächlich erfolgt eine direkte Infektion durch den Kontakt mit befallenen Tieren, da diese bereits einen Tag nach der Ansteckung das Virus mit Speichel, Augen- und Nasensekret, später auch massiv mit Harn und Losung ausscheiden. Auch der indirekte Infektionsweg über infiziertes Futter (Fallwild, Aufbrüche, Schlachtabfälle, nicht erhitzte Speisereste und Abfälle von Rast- und Campingplätzen) spielt eine wesentliche Rolle. Besonders zu berücksichtigen ist die hohe Widerstandsfähigkeit des Schweinepestvirus, das in Fallwild 14 Tage, in gekühltem Fleisch mindestens 1 Monat und in gefrorenem Fleisch mehrere Monate bis Jahre infektiös bleibt. Durch Pökeln, Räuchern oder Salzen wird das Schweinepestvirus nicht beeinträchtigt. Getrocknetes virushältiges Blut bleibt 20 bis 40 Tage ansteckungsfähig, Kot und Harn 2 bis 7 Tage.

Aufgrund des gehäuften Auftretens der Klassischen Schweinepest bei Wildschweinen in Europa erscheint eine Überwachung des heimischen Wildschweinebestandes hinsichtlich dieser Seuche als notwendig. Dies sollte nicht nur dem Schutz des Schwarzwildes dienen, sondern auch ein Übergreifen der Schweinepest auf die landwirtschaftliche Schweinehaltung und die daraus resultierenden wirtschaftlichen Schäden verhindern.

*Schweinepestverdacht in Wildschwein-Gehege: Bewegungsstörung, Nasenausfluss und vermutetes Fieber sowie Verendensfälle nach Tierzukauf!*

## Akuter Verlauf

Das rechtzeitige Erkennen der Erkrankung ist von wesentlicher Bedeutung. Verdächtig sind vermehrte Todesfälle bei Frischlingen und Überläufern, verminderter Fluchtreflex, Lähmungen, Muskelzittern, Taumeln sowie aufgefundenes Erbrochenes und blutige Losung. Bei der akuten Schweinepest sind Wildschweine auch tagsüber anzutreffen, sie suhlen häufig (Fieber!) und nehmen Salzlecken stark an. Auffällig ist, dass kranke oder verendete Wildschweine vor allem in der Nähe von Gewässern gefunden werden (Fieber!). Am verendeten oder erlegten Wildschwein sind vielfach punktförmige, stecknadelkopfgroße Blutungen vor allem an Kehlkopf, Harnblase, Nieren, Herz und unter dem Brust- oder Bauchfell festzustellen. Häufig sind auch blutig marmorierte Lymphknoten zu finden, seltener zeigt die Milz spezifische Veränderungen (Randinfarkte). Akut erkrankte Tiere sind teilnahmslos, haben hohes Fieber und Durchfall, sie verenden meist innerhalb weniger Tage.

## Chronischer Verlauf

Die Verlaufsformen der Schweinepest hängen hauptsächlich vom jeweiligen am Ausbruch beteiligten Virusstamm ab. Neben akuten Krankheitsbildern mit hohem Fieber und Verenden innerhalb weniger Tage treten in den letzten Jahren immer häufiger chronische oder schleichende, oft unauffällige Verlaufsformen mit Kümmern, Husten, Durchfall, Erbrechen und Abortusfällen bzw. überhaupt mit dem Fehlen von Symptomen auf. Verendensfälle treten oft erst nach einigen Wochen auf. Chronisch erkrankte Tiere sind Dauerausscheider, sie verbreiten die Seuche weiter, ohne selbst als Träger erkannt zu werden.

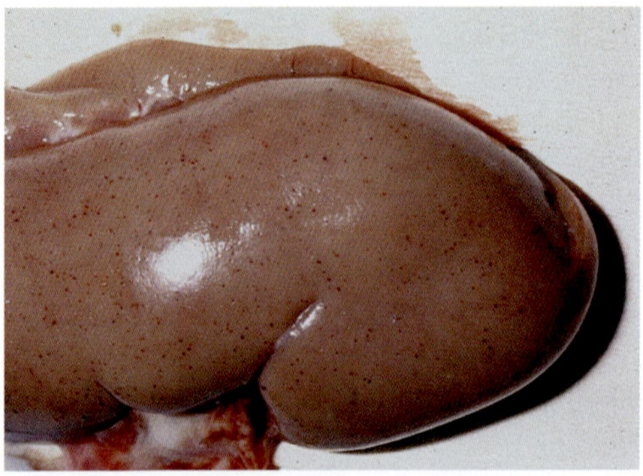

*Punktförmige Blutungen in der Niere*

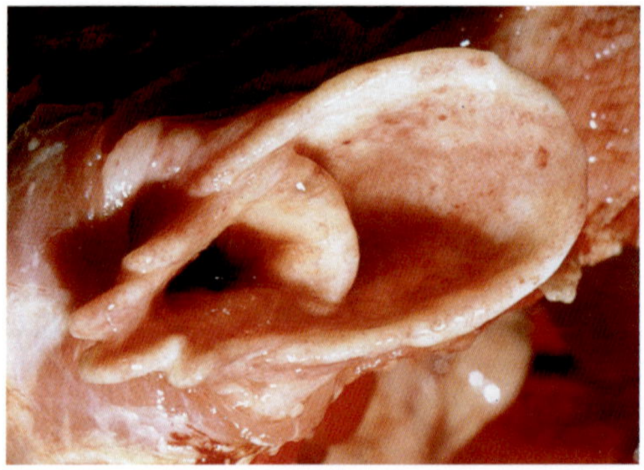

*Blutungen am Kehldeckel*

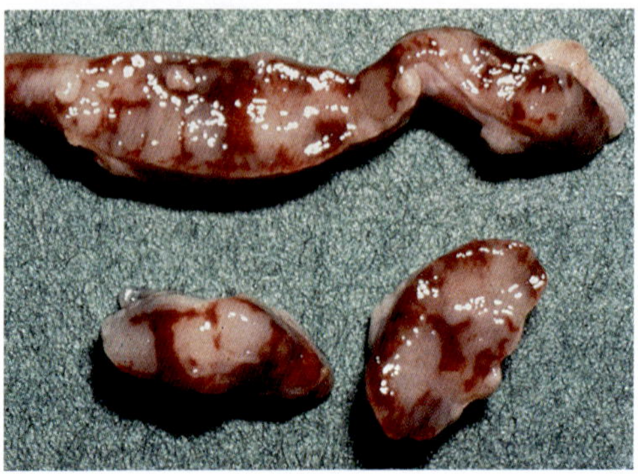

*Starke Vergrößerung der Lymphknoten*

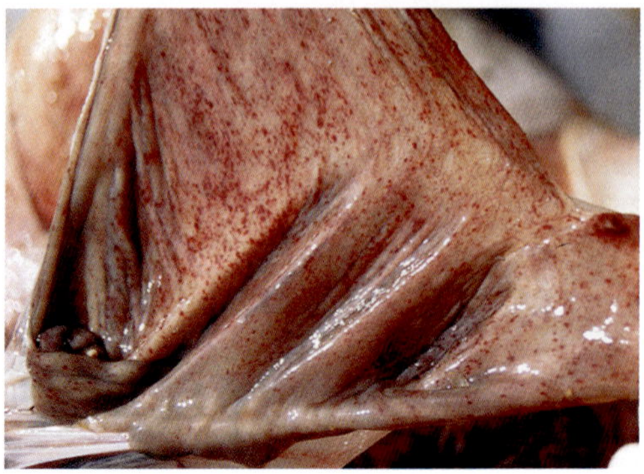

*Massive Blutungen in der Harnblase*

Da diese schleichende Form der Schweinepest unauffällig verläuft, kann sie bereits längere Zeit in einem Gebiet bei Wild- oder Hausschweinen auftreten und sich dementsprechend ausbreiten, ehe sie diagnostiziert wird und entsprechende seuchenhygienische Maßnahmen eingeleitet werden können.

Verdächtig für chronische Schweinepest sind geringe Wurfgrößen sowie kümmernde und lebensschwache Frischlinge. Bestätigt wird der Schweinepestverdacht, der unverzüglich der zuständigen Bezirksverwaltungsbehörde (Amtstierarzt) anzuzeigen ist (Wildschweine-Schweinepestverordnung, BGBl. Nr. 427/1994), durch Laboruntersuchungen. Werden verendete Wildschweine gefunden, so sind diese nach Rücksprache mit dem Amtstierarzt an die zuständige Untersuchungsanstalt einzusenden.

### Vorbeuge- und Schutzmaßnahmen

Vorbeugend und als Schutzmaßnahme gegen den möglichen Ausbruch von Schweinepest dürfen (Schlacht-) Abfälle von Haus- oder Wildschweinen, Aufbrüche von Wildschweinen und Küchenabfälle niemals als Kirrungen für Schwarzwild verwendet werden. Auch sollte man Füchse nicht mit Aufbrüchen ankirren (Luderplätze), wenn die Möglichkeit besteht, dass Wildschweine auch nur ausnahmsweise in diesem Gebiet vorkommen. Weiters ist es verboten, unerhitzte Speisereste oder Schlachtabfälle an Hausschweine zu verfüttern oder Schlachtabfälle für Luderplätze zu verwenden. In Deutschland laufen seit Jahren Versuche zur Impfung von Wildschweinen gegen Schweinepest.

## Aujeszky'sche Krankheit beim Schwarzwild – Jagdhunde sind besonders gefährdet

Österreich gilt bezüglich des Hausschweinebestandes seit 1997 als frei von Ausjeszky'scher Krankheit (AK). Mehrere Fälle von AK bei Jagdhunden lassen wie in vielen anderen Ländern ein Reservoir in der Wildschweinepopulation vermuten. Bei Hunden verläuft diese Krankheit immer tödlich.

### Seit über 100 Jahren bekannt

Die weltweit verbreitete und durch ein Herpesvirus hervorgerufene Aujeszky'sche Krankheit (Pseudowut, Juckseuche) wurde 1902 in Ungarn erstbeschrieben. Das Haus- und das Wildschwein fungieren als natürliche Hauptwirte und Reservoire für SHV-1. Endwirte sind Hunde, Katzen, Frettchen und andere Fleischfresser sowie Rinder, Schafe und Ziegen. Für Endwirte verläuft die AK meist tödlich, eine Übertragung zwischen Endwirten (z. B. Hund zu Hund) erfolgt nicht. Neben dem Schwarzwild sind bei freilebenden Wildarten Fälle bei Rotwild, Reh, Fuchs, Dachs, Fischotter, Marder, Iltis, Feldhase, Kaninchen, Ratten und Luchs beschrieben. Menschen sind für das Virus der Aujeszky'schen Krankheit nicht empfänglich.

Die Aujeszky'sche Krankheit ist eine bei Hausschweinen anzeigepflichtige Tierseuche und hat in betroffenen Ländern nicht nur klinische, sondern auch wirtschaftliche Bedeutung (Handelshindernis). Österreich gilt bezüglich des Hausschweinebestandes als frei von AK.

Vorausgegangen war ein Ausmerzprogramm bei Hausschweinen in Österreich, nunmehr besteht ein Überwachungsprogramm in Hausschweinebeständen. Österreichische Schwarzwildbestände sollen ab dem Jahr 2011 stichprobenartig untersucht werden. Eine Impfung gegen die AK ist in Österreich beim Schwein verboten. Die für das Schwein international entwickelten Lebendimpfstoffe wären für Rinder, Katzen und Hunde krankmachend. Gegen das Virus der Aujeszky'schen Krankheit sind Desinfektionsmittel auf Chlor-, Ammonium- oder Formalinbasis wirksam, Alkohol und Phenole wirken nicht!

### Variable Symptomatik

Die AK beim Schwein und Wildschwein führt nach einer Inkubationszeit von wenigen Tagen bei Ferkeln/Frischlingen zu Fieber, Krankheitssymptomen des Zentralnervensystems (Bewegungsstörungen, Kreisbewegungen, Schlucklähmung, Juckreiz), Erbrechen, Krämpfen bzw. Lähmungserscheinungen.

Die Sterblichkeit bei Saugferkeln liegt – je nach Alter – bei 50 bis 100%. Ältere Ferkel/Frischlinge zeigen Nasenausfluss, Fieber, Atemnot und Depression der Futteraufnahme, bei Mastschweinen/Überläufern treten Atemwegserkrankungen, Teilnahmslosigkeit und nur mehr selten zentralnervöse Störungen auf und die Sterblichkeit beträgt nur mehr wenige Prozent. Bei Zuchtschweinen und erwachsenen Wildschweinen stehen Fruchtbarkeitsprobleme (z. B. Abortus) im Vordergrund. Symptomlose Virusträger und Ausscheider sind bei älteren Schweinen/Wildschweinen möglich. Bei Wildschweinen werden die Symptome häufig nicht beobachtet.

Endwirte wie Hund, Katze, Rind oder auch Wildwiederkäuer erkranken im Zuge der AK an einer Gehirn- und Rückenmarksentzündung mit zentralnervösen Erscheinungen, Speichelfluss und sehr starkem Juckreiz, wobei die Erkrankung i. d. R. nach 1 bis 3 Tagen tödlich endet.

Differentialdiagnostisch zur Tollwut haben die an AK erkrankten Endwirte Durst, keine Wasserscheu, zeigen keine Aggressivität, dafür aber häufig Symptome einer Atemwegsinfektion. Beim Hund ist die AK durch eine rasch fortschreitende und fatal verlaufende Gehirnentzündung gekennzeichnet.

## Häufig beim Schwarzwild

In zahlreichen europäischen Ländern wurden in den letzten Jahren Untersuchungen zur Verbreitung von Antikörpern gegen die AK bei Schwarzwild durchgeführt So konnten in Italien bei 51 %, in Kroatien, Spanien und der Tschechischen Republik bei 30 %, in Slowenien bei 26 % der untersuchten Wildschweine spezifische Antikörper nachgewiesen werden, was auf eine zurückliegende Infektion hinweist.

## Übertragung meist durch Kontakt

Die Virusübertragung erfolgt beim Haus- und Wildschwein sowohl über Tröpfcheninfektion (Nasen-Rachen- und Bronchialsekret), durch direkten Kontakt (auch Deckakt) als auch durch Kannibalismus bei Ferkeln/Frischlingen. Das Virus ist gegenüber Umwelteinflüssen relativ stabil und kann – vor Sonneneinstrahlung geschützt – und bei niederen Temperaturen über Wochen und sogar Monate ansteckungsfähig bleiben. Fleischfresser können sich sowohl durch direkten Kontakt mit lebenden oder erlegten (Wild)Schweinen als auch durch das Fressen am Kadaver oder Anschneiden erlegter Stücke mit dem Virus der AK infizieren. Das „Genossen machen" mit Wildschweinorganen oder Verfüttern roher Wildschweinprodukte an Hunde ist eine potente Infektionsquelle. Auf Hunde ist die Übertragung auch durch den Biss eines infizierten Wildschweines möglich. Kleinste Mengen von infektiösem Fleisch oder Organen

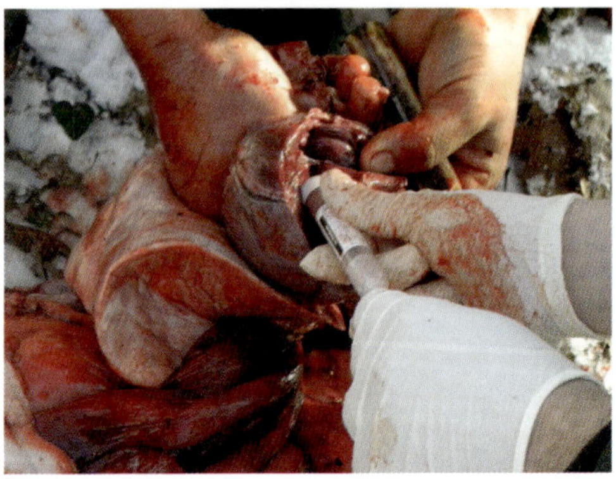

*In einigen europäischen Ländern ist die AK beim Wildschwein weit verbreitet (Bild: Probennahme Herzblut beim Wildschwein).*

*Kontakt zu Wildschweinen oder die Aufnahme von Organen sind häufige Infektionsquellen für (Jagd-) Hunde.*

reichen für eine Infektion, auch Blut kann virushältig sein (Ein- und Ausschuss!), Losung und Urin bergen nur ein geringes Risiko.

### Aktuelle Fälle bei Hunden

In den letzten Jahren ereigneten sich in Österreich zumindest 6 Fälle von Aujeszky'scher Krankheit bei Jagdhunden. Die Hunde hatten im Rahmen von Schwarzwildjagden einen möglichen oder bestätigten direkten Kontakt zu erlegten Wildschweinen (z. B. am Aufbruchplatz), wobei bei vier Hunden auch die orale Aufnahme von Wildschweinblut und -organen beobachtet wurde. Die ersten Symptome ließen Verdachtsmomente in Richtung Lungenentzündung oder Vergiftung aufkommen. Innerhalb weniger Stunden setzte bei den Hunden heftiger Juckreiz mit Kratzverhalten an der Schulter und am Kopf ein, deutliche Kratzwunden entstanden.

> Das plötzlich einsetzende Kratzverhalten, hohes Fieber, erhöhte Atem- und Pulsfrequenz, verminderte Reaktionsbereitschaft auf äußere Reize und Krampfanfälle sind typische Symptome für eine AK beim Hund.

Der Juckreiz führt bis zur Selbstverstümmelung. Erkrankte Hunde versterben meist innerhalb von ein bis zwei Tagen nach Einsetzen der klinischen Symptome, es gibt keine Therapie. Bei solchen Krankheitsverläufen muss natürlich differentialdiagnostisch auch an andere virale Gehirnentzündungen wie Tollwut gedacht werden, zumal es aktuelle Tollwutfälle in Oberitalien gibt. Diagnostiziert und bestätigt wurden die beschriebenen AK-Fälle an der Veterinärmedizinischen Universität Wien und an der AGES Mödling.

### Risikofaktoren

Besondere Risikofaktoren im Zusammenhang mit dem Auftreten von AK bei Wildschweinen und einer möglichen Übertragung auf Hausschweine oder (Jagd)Hunde sind Freilandschweinehaltungen und die Produktion von „Waldschweinen“ (Kreuzung von Wild- mit Hausschweinen), der Frischlingfang mit Aussetzen der Frischlinge an anderen Orten, das „Genossenmachen“ von Jagdhunden, der Kontakt von Jagdhunden mit erlegtem Schwarzwild, „Schwarzwild-Übungsgatter“ (Kleingatter zur Ausbildung von Jagdhunden, besonders in Deutschland), das illegale Verfüttern von Abfällen an Hunde/Schweine sowie der Umstand, dass Wildschweine (und Waldschweine!) aus landwirtschaftlichen Wildtiergattern an Jagdgatter und in die freie Wildbahn geliefert werden. Epidemiologisch bedenklich ist die Erlaubnis des Frischlingfanges, wenn die gefangenen Frischlinge in anderen – oft weit entfernten –

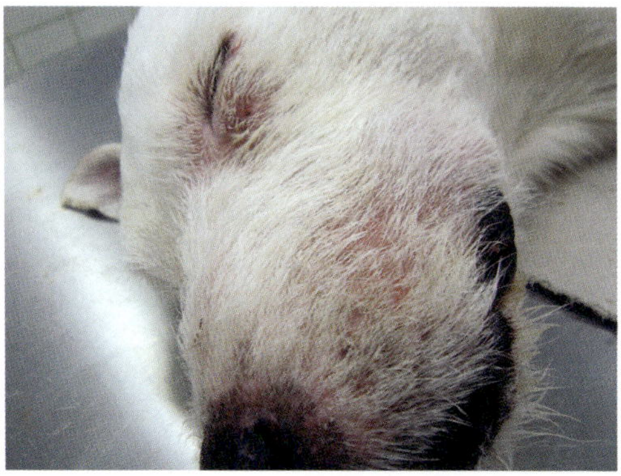

*Deutliche Hautrötung und Haarverlust durch exzessives Kratzverhalten*

*Am Aufbrech- und Streckenplatz sind Hunde anzuleinen!*

Revieren/Jagdgattern wiederausgesetzt werden oder zu Kreuzungszwecken („Waldschweine") in Hausschweinestallungen geraten. Schweinehalter, die zugleich Jäger sind, sollten auch keinesfalls Schwarzwild am Gehöft aufbrechen.

### Schutzmaßnahmen

Der direkt Kontakt Schwarzwild – Jagdhund sollte möglichst eingeschränkt werden, gänzlich zu verhindern ist er im Jagdbetrieb ja nicht. Auf alle Fälle vermieden werden sollten das „Genossen machen" mit Organen vom Schwarzwild, ein intensiver Kontakt zu Ein- und Ausschusswunden, das Anschneiden von Schwarzwild, ein Kontakt zu Aufbrüchen oder zu Schwarzwildstrecken. Wenn die Schutzmaßnahmen eingehalten werden, ist die AK als „Berufskrankheit" von Jagdhunden mit hoher Sicherheit zu verhindern.

## Tollwut – seit Jahrtausenden bekannt

Bereits der babylonische Codex Eshnunna aus dem 23. vorchristlichen Jahrhundert enthält Strafbestimmungen gegen die Besitzer von Hunden, die Tollwut übertragen. Auch Hippokrates machte Hundebisse für Tollwutfälle verantwortlich und beschrieb exakt die Übertragungswege und Symptome der Wutkrankheit, ohne freilich den Erreger selbst zu kennen. Der Fuchs als Quelle von Tollwutinfektionen ist erst seit rund 150 Jahren bekannt. Heute ist die Tollwut, mit Ausnahme von Australien und vielen Inseln, auf allen Kontinenten verbreitet. Seit Mitte der 1960er Jahre hat die Tollwut in Österreich wieder Bedeutung. Der Grund für die rasche Ausbreitung waren vielerorts sehr hohe Populationsdichten beim Fuchs (Anpassungsfähigkeit an Kulturlandschaft, Nahrungsüberfluss – auch auf Luderplätzen!, regionaler Rückgang der Bejagung, Fortpflanzungsflexibilität, Fehlen natürlicher Feinde usw.).

### Übertragung durch Biss

Der Erreger der Tollwut (Wutkrankheit, Wut, Lyssa, Rabies), das Lyssavirus, ist gegenüber Umwelteinflüssen relativ widerstandsfähig (außer gegen Sonnenlicht, höhere Temperaturen und Austrocknung) und verursacht eine akute, praktisch immer tödlich verlaufende Gehirnentzündung. Die Inkubationszeit kann je nach Wirt und Ort des Bisses 10 bis über 200 Tage betragen, liegt jedoch meist zwischen 2 und 9 Wochen. Die Krankheitsdauer beträgt 1 bis 7 Tage.

Die Übertragung geschieht nahezu ausschließlich über Biss (virushältiger Speichel). Das in den Körper eingedrungene Virus vermehrt sich zuerst lokal an der Bissstelle, kann dort längere Zeit verweilen und gelangt dann über Nervenendigungen in die Nerven und von dort ins Rückenmark und Gehirn.

Beim Hund kann der Speichel schon 5 Tage vor Ausbruch von Krankheitserscheinungen virushaltig sein. Infektionen über Verunreinigungen frischer, tiefer Wunden mit infektiösem Speichel oder über Aerosole (infektiöser Staub, z. B. in südamerikanischen Fledermaushöhlen) sind äußerst selten. Neben dem Speichel können auch Blut, Harn, Kot, Milch und Lungenschleim Tollwutvirus enthalten. Die durch die Hirnveränderungen verursachte Aggressivität sowie die Virusausscheidung im Speichel garantieren die Weiterverbreitung der Krankheit.

*In Europa ist der Fuchs Hauptüberträger der Tollwut.*

## Verschiedene Typen und Verläufe

Die Epidemiologie unter Wildtieren, die Gefährdung des Menschen und das Ausmaß der Schäden unter landwirtschaftlichen Nutztieren sind regional sehr unterschiedlich und abhängig vom jeweiligen Hauptwirt (z. B. in Mitteleuropa Fuchs, in Nordamerika Skunk und Waschbär) des Virus. Für den Menschen (weltweit jährlich 40.000 bis 70.000 Todesfälle, derzeitiger Schwerpunkt Indien) hat die Tollwut ihre größte Bedeutung in Gebieten unkontrollierter Hundetollwut. In Österreich starben in den letzten 40 Jahren 2 Menschen an Tollwut. Große wirtschaftliche Schäden verursacht die Fledermaustollwut (blutleckende Fledermäuse) unter südamerikanischen Rinderherden (jährlich ca. 500.000 Fälle bei Rindern). Fledermaustollwut kommt auch bei europäischen, insektenfressenden Fledermäusen vor.

Heute kennt man 9 Tollwutvirustypen, wovon 7 Typen nur bei Fledermäusen vorkommen. Je nach Tierart, die als Hauptüberträger fungiert, kann man 2 Formen unterscheiden, die **silvatische Wut** (Fuchs, andere Wildtiere, selten Haustiere) und die **urbane Wut** (Hund, andere Haustiere, selten Wildtiere). Beispiel Tollwutbilanz für Österreich 1990: 2.440 Wildtiere (2.091 Füchse, 131 Marder, 110 Dachse, 9 Iltisse, 1 Wiesel, 41 Rehe, 5 Hirsche, 1 Gams, 1 Mufflon, 1 Stück Damwild), 74 Haustiere (27 Katzen, 11 Hunde, 14 Rinder, 20 Schafe, 2 Pferde).

Im Verlauf der Tollwut kann man 3 Stadien abgrenzen (Beispiel Fuchs):

1) **Prodromalstadium:** Scheu, Unruhe, Bewegungsdrang (in Dänemark wanderte ein erkrankter Fuchs nachgewiesene 140 km)
2) **Exzitations- oder Erregungsstadium:** Verlust der Scheu, Angriffslust, Beißsucht und gesteigerte Aufregung
3) **Paralyse- oder Lähmungsstadium:** Lähmung der Schluck- und Kaumuskulatur, Einknicken der Hinterextremitäten etc.

Bei manchen Tierarten kann anstatt der rasenden Wut eine stille Form auftreten, die Krankheitssymptome sind oft uncharakteristisch (z. B. Rind). Nachdem in den letzten Jahrzehnten rund 800 Fälle von Tollwut bei Fledermäusen in elf europäischen Ländern (vorwiegend Nordeuropa) aufgetreten waren und aus Österreich noch keine Untersuchungsdaten vorliegen, wurden 40 verendete, frischtote Fledermäuse aus dem Bundesland Steiermark auf Tollwut untersucht, alle erwiesen sich als negativ.

## Unterschiedliche Empfänglichkeit

Die Empfänglichkeit für diese Erkrankung ist unterschiedlich: sehr hoch (Fuchs, Wolf, Maus), relativ hoch (andere Nagetiere, Katze, Rind), mäßig (kleine Wiederkäuer, Hund, Pferd), gering (Mensch). Etwa

*Ein Verlust der Scheu …*

*… tritt auch bei Staupe auf*

20 % der Menschen, die von einem wutkranken Tier gebissen werden, würden ohne postexpositionelle Impfung erkranken. Das Erkrankungsrisiko ist vom Sitz sowie von der Art und Schwere der Bissverletzung abhängig, da das Virus entlang von Nervenbahnen zum Gehirn wandert. Gefährlich sind ausgedehnte Bissverletzungen (viel Virus), Kopfbisse (kurzer Weg zum Gehirn) und Fingerbisse (Nervenreichtum).

## Ausbreitung dichteabhängig

Eine ganz entscheidende Rolle in der Ausbreitung und Häufigkeit der Tollwut spielt die Dichte der Fuchspopulation. Die Tollwut, die aus einem dichten Fuchsbestand bis 50 % der Tiere tötet, zeigt eine Tendenz bei einem reduzierten Bestand zu erlöschen. Dieser reduziere Bestand wird durch Abschusszahlen von 0,3 Füchsen und weniger pro km$^2$ charakterisiert (STECK u. WANDELER, 1978). Der Fuchsbestand erholt sich allerdings durch die hohe Nachwuchsrate rasch und die Tollwut kann aus Residualherden wieder aufflackern.

> Eine nachhaltige Reduktion des Fuchsbestandes mit einem entsprechenden Verschwinden der Tollwut ohne Impfmaßnahmen ist in Europa nur in wenigen Gebieten erreicht worden.

Es ist sehr schwierig, eine ausreichende Reduktion allein durch jagdliche Maßnahmen zu erzielen. Meist wird dies nur in Verbindung mit der Tollwut selbst oder anderen Krankheiten (z. B. Fuchsräude) erreicht. Ein Warten auf das Selbsterlöschen der Tollwut ist allein aus gesundheitspolitischen Gründen nicht zu akzeptieren, da die Tollwut eine der gefährlichsten Zoonosen ist. Jäger nehmen sich bei Verweigerung in der Mitwirkung zur Seuchenbekämpfung bei Wildtieren einen Teil ihrer Kompetenz und verzichten auf positive öffentlichkeitswirksame Argumente für die Jagd.

In verseuchten Gebieten ist die Zahl der Tollwutfälle bei andern Tierarten (Wild- und Haustieren) proportional zur Zahl der Fuchstollwutfälle. Mit dem Verschwinden der Fuchstollwut verschwinden auch die Tollwuterkrankungen bei den andern Tierarten.

## Emotionen betreffend Bekämpfung

Die Tollwut ist noch immer eine der gefährlichsten Krankheiten, die bei Mensch und Tier stets tödlich verläuft und in allen Ländern bekämpfungspflichtig ist. Über Bekämpfungsmaßnahmen wird häufig emotional diskutiert.

Es gibt zahlreiche Beispiele für eine erfolgreiche Tollwutbekämpfung mittels oraler Immunisierung der Füchse, und es ist gelungen, eine Reihe europäischer Länder tollwutfrei zu bekommen (Schweiz, Italien, Niederlande) oder tollwutfrei zu erhalten (Großbritannien, Irland, Spanien, Portugal, Skandinavien). In Deutschland gingen die Fälle bei Haustieren drastisch zurück (in den Jahren 1980 und 1990 noch 1.296 bzw. 1.092 Fälle bei Haustieren, 1997 und 1998 nur mehr jeweils 8). Zwischen 1980 bis 1990 wurden in Europa 192.499 Tollwutfälle registriert! Durch die hohe Dunkelziffer bei Wildtieren muss noch mit wesentlich höheren Gesamtzahlen gerechnet werden.

> Der drastische Rückgang der Tollwutzahlen hat offensichtlich dazu geführt, die Gefahr, die von der Tollwut ausgeht, zu unterschätzen. Äußerungen wie „die Tollwut kann oder solle eine Zeitlang ruhig wieder häufiger auftreten", können daher nur als Spiel mit dem Feuer gewertet werden.

Die Erfahrungen der letzten Jahrzehnte haben gezeigt, dass Tollwutseuchenzüge in Europa kaum steuerbar waren (SCHLÜTER u. GORETZKI, 1999). Als besonders gefährlich für den Menschen gilt ein Überspringen der Tollwut von Wild- auf Haustiere.

Als Argumente gegen die orale Immunisierung der Füchse werden immer wieder steigende Fuchsbesätze, die Zunahme des Fuchsbandwurmbefalls sowie die Gefährdung des Niederwildes oder bedrohter Arten angeführt. Die Fuchspopulation ist unabhängig von Impfgebieten in den letzten drei Jahrzehnten angestiegen. Die Gefährdung von Tierarten durch den Fuchs wird gern genutzt, um die komplexen Vorgänge bei Bestandsrückgängen zu vereinfachen. Die Tollwut kann örtlich und zeitweise ein bedeutender Verlustfaktor für den Fuchs sein. Die oft zitierte Ausschließlichkeit der Tollwut als Regulativ ist hingegen nicht belegbar und auch nicht verantwortbar. Die zunehmende Besiedelung städtischer Lebensräume durch den Fuchs bringt zusätzliche Probleme neben der Tollwutbekämpfung. Ein Anstieg der Fuchspopulation könnte die Befallsdichten mit dem Kleinen Fuchsbandwurm erhöhen, vorausgesetzt weitere Faktoren (z. B. Biotop, Befall von Zwischenwirten, Witterungseinflüsse, Jagd usw.) verschieben sich. Dies ist dann aber unabhängig von der oralen Immunisierung der Füchse und müsste mit entsprechenden Lösungsansätzen bekämpft werden.

Zusammenfassend kann festgestellt werden, dass die Tilgung der Tollwut nur bei konsequenter Umsetzung der Impfkonzeption, verbunden mit flankierenden Maßnahmen gelingen kann. Dabei kommt den Jägern eine wichtige Aufgabe im öffentlichen Gesundheitswesen zu.

### Ähnliche Krankheitsbilder

Ähnliche Krankheitsbilder mit Verlust der Scheu treten beim Fuchs auch bei Staupe, Fuchsenzephalitis oder bei der Aujeszky'schen Krankheit auf. Ein Verlust der Scheu kann auch daraus resultieren, dass Füchse relativ leicht, besonders in Stadtrandgebieten, futterzahm und damit sehr zutraulich werden.

### Tollwutbekämpfung, Schutzmaßnahmen

- Der Verdacht auf Tollwut ist anzeigepflichtig!
- Schutzimpfung besonders gefährdeter und für die Übertragung auf den Menschen wichtiger Haustiere, vor allem der Hunde (Jagdhunde!) und Katzen
- Orale Immunisierung der Füchse, Überwachung des Impferfolges
- Systematische Bestandesreduktion des Fuchses (Abschuss, Fang, Jungfuchsreduzierung), Beachtung des Populationsanstieges bei Waschbär und Marderhund
- Schutzimpfung von Risikogruppen, wie z. B. Tierärzten und Jägern, bei aktuellem Seuchengeschehen
- Erste Hilfe nach Bissverletzungen in Tollwutsperrgebieten: Keine Panik! Auswaschen der Wunde mit viel Wasser und Seife, Desinfektion mit Jodlösung oder 40 – 70 %igem Alkohol; Aufsuchen eines Arztes oder Krankenhauses
- Tierärztliche Untersuchung von Hunden und Katzen, die gebissen haben
- Aufklärung der Bevölkerung bei Seuchenzügen
- Besondere Vorsicht bei Jagden in Sperrgebieten, Verdacht anzeigen, Tiere einschicken
- Beim Aufbrechen von Wild Gummihandschuhe tragen, Vorsicht beim Kappen von Trophäen (Verletzungen durch Knochensplitter oder Gebiss)

## Räude bei Gams- und Steinwild

Vor etwa hundert Jahren war die Räude auf die Gebirge von Kärnten, Salzburg und der Steiermark beschränkt. Ab den 1950er Jahren nahm das Verbreitungsgebiet der Räude ständig zu. In den letzten Jahrzehnten trat die Gamsräude massiv in Italien (Südtirol und Region Tarvis) sowie in Slowenien auf, wo sie bei Erstauftreten mit Ausfällen zwischen 82 % und 94 % bestandsgefährdende Züge annahm. Weiters wurde über massive Räudezüge in spanischen Gamspopulationen (Cantabrische Gämse, *Rupicapra pyrenaica parva*) berichtet.

### Räude und „Räudejäger“

Erste Berichte über Gamsräude im Alpenraum reichen zurück bis zum Beginn des 19. Jahrhunderts, und bis heute kommt die Räude in den meisten dieser Gebiete bei Gams- und Steinwild noch vor. Hier kam es vermutlich nie zu einem längerfristigen Erlöschen der Krankheit bzw. hielt sich die Räude zumindest an „stillen Milbenträgern“, die keine klinischen Erscheinungen zeigen.

Während des Zweiten Weltkrieges wurde vom Reichsjägermeister für die Durchführung der Maßnahmen zur Verhütung und Bekämpfung der Gamsräude ein „Gamsräudekommissar für die Gamsräudebekämpfung in der Ostmark“ eingesetzt. In vielen Seuchengebieten wurden Berufsjäger und Forstbeamte zu „Gamsräudejägern“ berufen, die das Recht hatten, die ihnen zugewiesenen Jagdgebiete zu be-

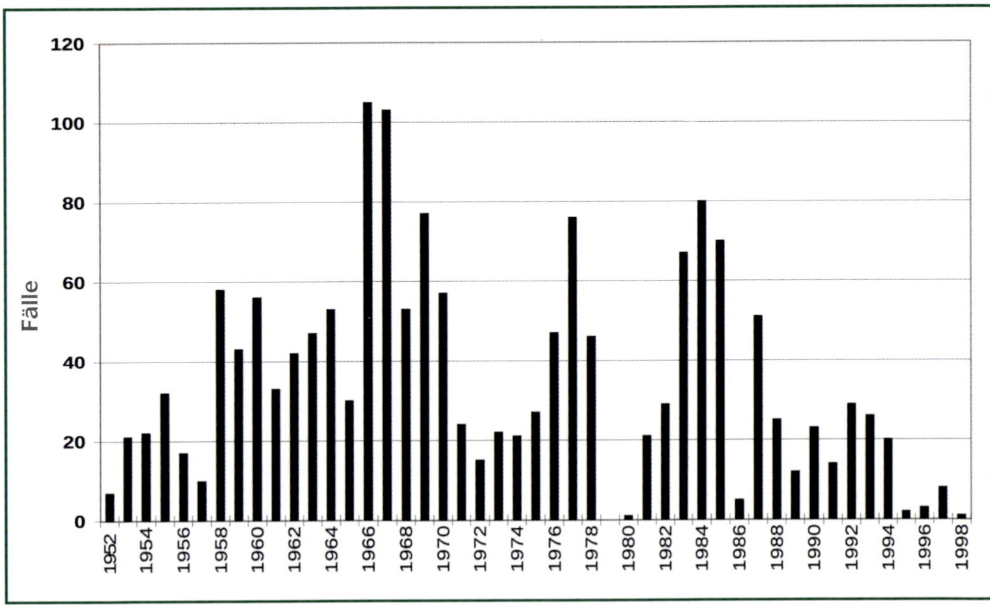


*Räudefälle bei Gams- und Steinwild mit typischen Krankheitsgipfeln, Steiermark (1952-1998)*

treten und die erforderlichen Erhebungen und Maßnahmen durchzuführen. Beim Betreten fremder Jagdgebiete mussten sie ihr Räudejägerabzeichen tragen. Da bei sog. „Kontrollabschüssen" oft recht wahllos vorgegangen wurde, gab es vielerorts Kritik am Vorgehen der Räudejäger (SCHASCHL, 2003).

## Verbreitung und Ausfälle

Räude tritt in vielen Gams- und Steinwildpopulationen der Ostalpen (Österreich, Slowenien, Italien, Bayern) auf und kann erhebliche Verluste verursachen. In den letzten Jahrzehnten trat die Gamsräude massiv in Italien (Südtirol und Region Tarvis) sowie in Slowenien auf. Ein schwerer Räudeausbruch unter Steinwild ereignete sich Mitte der 1970er Jahre in der Schobergruppe bei Heiligenblut (Kärnten) mit Ausfällen von über 70 %. Der Autor konnte 1990/91 einen Räudeausbruch in einer kleinen Steinwildkolonie in Mittelgebirgslage im steirisch-kärntnerischen Grenzgebiet im Bezirk Murau mitverfolgen, wo diese Kolonie durch Räude nahezu aufgelöst wurde und sich die gemeinsam vorkommende Waldgamspopulation auf Einzelstücke reduzierte. Typisch für Räude ist ein wellenförmiger Krankheitsverlauf mit 7- bis 15-jährigen Intervallen.

## Faktoren und Ausbreitung

Die Mortalitätsrate bei erstmaligem Auftreten der Räude ist abhängig von der Gamsdichte. Dies konnte besonders bei dem südlichen Ausläufer der Räude in

*Beginnende Räude oder Befall mit anderen Ektoparasiten?*

der Steiermark beobachtet werden, als die Räude hier besonders in Waldgamspopulationen mit hohen Wilddichten Mortalitätsraten von über 80 % verursachte. Unzweifelhaft haben sich im Untersuchungsgebiet und darüber hinausgehend im gesamten Alpenraum die Lebensbedingungen für Gamswild (Beunruhigung durch alpinen Massentourismus im Sommer und Winter, Abdrängen von Gamswild in Waldgebiete und suboptimale Lebensräume) insgesamt großteils verschlechtert.

Neben einer möglichst frühzeitigen Erfüllung des Gamsabschusses ist es wichtig, die sozialen Strukturen (Wilddichte, Altersklassenaufbau, Geschlechterverhältnis) in den Beständen zu berücksichtigen und jagdlich auf optimale Verhältnisse hinzuwirken. Ein unausgeglichenes Geschlechterverhältnis zugunsten der Geißen oder zu wenig alter Böcke ziehen beispielsweise die Brunft und damit die Belastung der Böcke und Beunruhigung der Rudel unnötig in die Länge.

In einer italienischen Untersuchung wurde ein jährliches Fortschreiten der Räude um durchschnittlich 3,4 km beobachtet. Im Untersuchungsgebiet war bei der Ausbreitung der Räude in Richtung Süden in den Jahren 1980 bis 1984 ein jährliches Fortschreiten um 15

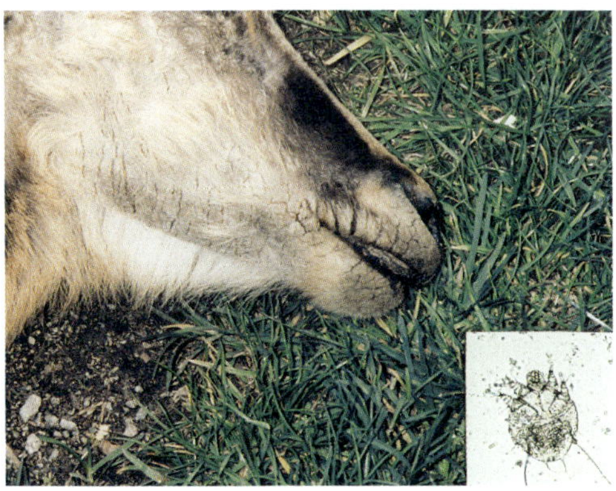

*Hochgradige Gamsräude und Gamsräudemilbe*

bis 20 km festzustellen. Dies wird von den Autoren mit gleichzeitig auftretenden Fällen bei Steinwild, welches hier z. T. in suboptimalen Lebensräumen lebt, in Zusammenhang gebracht. Steinwild wäre hier als wesentlicher Vektor für Gamsräude zu nennen, weil es durch weiträumige Wanderungen – besonders der Böcke – die Räude in kurzer Zeit relativ weit verschleppen kann.

## Erreger und Krankheitsbild

Den Erreger der Gamsräude, die Grabmilbenart *Sarcoptes rupicaprae*, zeichnet eine hohe Vermehrungsrate aus. Die etwa 0,2 bis 0,4 mm großen Milbenweibchen graben Bohrgänge in die Haut, wo sie Eier ablegen. Die daraus schlüpfenden Larven wandern nach ein bis zwei Häutungen an die Hautoberfläche und paaren sich dort nach Erreichung der Geschlechtsreife, die bereits 18 bis 24 Tage nach dem Schlüpfen aus den Eiern eintritt.

Räude beginnt mit vermehrter Schuppenbildung am Kopf/Haupt und Hals/Träger sowie an der Bauchdecke und den Beugeflächen der Läufe, sie befällt später in schweren Fällen den ganzen Körper und verläuft mit hochgradigem Juckreiz.

In der Folge entstehen starke Hautverdickungen mit schwarzbraunen Krusten und Schuppenbildung, Haarausfall und eitrige Hautentzündungen durch bakterielle Sekundärinfektionen sowie Scheuerstellen und Hautverletzungen durch Kratzen an Felsen, Bäumen und anderen Gegenständen.

## Übertragung

Die Übertragung erfolgt durch direkten Kontakt, wie Benützung derselben Lager, Geiß-Kitz-Kontakt und Kontakte in der Brunft. Der Befund, dass Geißen nach der Brunft meist am Rücken und Böcke meist am Bauch erkranken, weist auf die Übertragung während des Beschlagens hin. Zu ersten klinischen Erscheinungen kommt es zwei Monate nach der Ansteckung. Mitunter befallen Milben auch den Menschen, wo sie eine Scheinräude hervorgerufen, die nach spätestens 3 Wochen spontan abheilt, da Gamsräudemilben sich in der menschlichen Haut nicht vermehren. Außerhalb des Wirtstieres sind Räudemilben nur kurzfristig (max. 14 Tage bei 5 °C und hoher Feuchtigkeit, meist höchstens 1 Woche) überlebensfähig und sie entfernen sich auch nur max. 1 m vom toten Wirt, was „Verbrennungsaktionen" bei Fallwild erübrigt.

### Räude im Jahresverlauf

Im Monatsverlauf der Räudefälle zeigten sich im Untersuchungsgebiet Steiermark ein Anstieg im August (Beginn der Jagdzeit) und ein weiteres deutliches Ansteigen in und nach der Brunft im November und Dezember. Danach ist ein starker Rückgang der gemeldeten Fälle von Jänner bis März zu erkennen, was nicht zuletzt mit der geringeren Beobachtung des Gamswildes in dieser Zeit zusammenhängen mag (Ende der Schusszeit im Dezember, hohe Schneelagen, Lawinengefahr). Eine größere Anzahl von Krankheitsfällen lässt sich wieder im April beobachten. Möglicherweise hängt dies nicht nur mit der wiederum ansteigenden Beobachtungsfrequenz im Frühjahr, sondern auch mit den häufig zu dieser Zeit noch auftretenden Nassschneefällen zusammen. Dadurch kann es bei den ohnedies durch den Winter geschwächten Tieren zu einem Krankheitsausbruch kommen.

> Räude wurde am häufigsten bei mittelalten und alten Tieren festgestellt, wobei Räudefälle bei mittelalten Tieren relativ konstant im Jahresverlauf auftreten, jene bei alten Stücken und Kitzen vorwiegend im November und Dezember. In der Jugendklasse (1–3 Jahre) ist ein Gipfel der Erkrankungsfälle im August zu beobachten. Auffallend ist, dass die Krankheitsfälle bei den Böcken zur Zeit der Brunft rapide ansteigen und dies bis in den Februar anhält.

Dadurch wird deutlich, dass extreme körperliche Belastung, Stress und mangelnde Nahrungsaufnahme neben den in der Brunft natürlich häufigeren Körperkontakten prädisponierende Faktoren im Räudegeschehen darstellen können. Bei den Geißen fällt ein Gipfel der Erkrankungshäufigkeit im August (Zeit der Hochlaktation) auf.

### Räudebekämpfung

Erfahrungsgemäß sind die Ausfälle in Gebieten, wo die Räude erstmalig auftritt wesentlich dramatischer als in Gebieten, in denen sie schon längere Zeit vorkommt, was sicherlich auch auf immunologische Faktoren zurückzuführen ist. Bisher wurden weder über medikierte Lecksteine noch mittels strenger jagdlicher Maßnahmen („Räudejäger") wirkungsvolle Konzepte zur Räudebekämpfung gefunden, was durch die mannigfaltigen Faktoren, die im Räudegeschehen mitbestimmend sind, nicht verwundert. Jagdlich ist jedoch vorbeugend auf alle Fälle darauf zu achten, dass die Gamswild- bzw. Steinwilddichten den (Winter-)Lebensräumen angepasst sind und der Altersklassenaufbau sowie das Geschlechterverhältnis in der Norm liegen.

> In Räudegebieten darf das Wild – auch jagdlich – nicht zu stark beunruhigt werden, um ein Auswechseln von räudekranken Stücken zu verhindern. In umliegenden Gebieten, wo die Räude noch nicht auftritt, soll der Abschuss bei hohen Wilddichten erhöht sowie das Gams- und Steinwild genauestens beobachtet und im Zweifelsfall diagnostisches Material eingesandt werden.

Hohe Gebirgszüge, breite Taleinschnitte oder große Flüsse halten die Ausbreitung der Räude nicht auf. Als effektive künstliche Barrieren konnten im Untersuchungsgebiet ein im Jahre 1922 errichteter Gamsräudeabwehrzaun sowie eine Autobahn mit Wildzaun erkannt werden. Da diese Barrieren selbstverständlich nicht überall aufgestellt werden können, führen nur konsequente, revierübergreifende Maßnahmen zum Ziel, einerseits in Räudegebieten die Prävalenz zu senken und andererseits ein weiteres Vordringen der Räude zu verhindern.

### Räude bei anderen Wildarten

Die Sarcoptes-Räude kommt v. a. bei Gams- und Steinwild vor, bei Rot- und Rehwild sehr selten und bei diesen vermutlich hauptsächlich bei schweren Abwehrschwächen des körpereigenen Abwehrsystems. Bei Rot- und Rehwild wurde Räude nur vereinzelt beobachtet. Aufgrund morphologischer Merkmale und epidemiologischer Zusammenhänge kann die beim Reh festgestellte Sarcoptes-Milbe als identisch mit *Sarcoptes rupicaprae*, der Räudemilbe des Gams- und Steinwildes, bezeichnet werden (BOCH u. SCHNEIDAWIND, 1988). Durchgeführte Übertragungsversuche sind jedoch nicht gelungen. Aus der Steiermark, dem Untersuchungsgebiet des Autors, liegen insgesamt 11 Befunde von Räude bei Rot- und Rehwild aus den Jahren 1970, 1978, 1983 und 1984 aus Gebieten vor, in denen auch Gamsräude herrschte.

> Der Fuchs erkrankt an einer eigenen Grabmilbenart (*Sarcoptes canis* oder *Sarcoptes scabiei* var. *canis*), seltener erkranken daran Dachs, Iltis, Wiesel und Steinmarder und nur ausnahmsweise der Baummarder (siehe Seite 72).

Derzeit werden die Klassifizierung der Räudemilbenarten und ihr Wirtsspektrum neu überarbeitet. Seltener treten beim Wild auch noch andere Räudemilbenarten auf (z. B. *Chorioptes*-Räude bei Gamswild), wo von einer Übertragung von Haustieren auf das Wild ausgegangen werden kann.

### Juckreiz durch weitere Ektoparasiten

Weitere Erkrankungen, die ebenfalls mit einem bisweilen starken Juckreiz einhergehen und die mit Räude verwechselt werden können, sind der Befall mit Gamslausfliegen, Haarlingen, seltener Läusen oder den Larven von Herbstgrasmilben. Eine sichere Räudediagnose ist – außer in hochgradigen Fällen mit deutlicher Borkenbildung an den typischen Lokalisationen (Haupt, Träger, Bauchdecke, Beugeflächen der Läufe usw.) – durch die mikroskopische Untersuchung eines Hautgeschabsels zu stellen.

## „Gamsblindheit“ – oft seuchenhaft auftretend

> Diese meist durch Fliegen übertragene und auch bei anderen Tier-/Wildarten auftretende Erkrankung ist in Einzelfällen auf den Menschen übertragbar.

Die infektiöse Keratokonjunktivitis (IKK, Keratokonjunktivitis = Lidbindehautentzündung) ist die häufigste Augenerkrankung der Haus- und Wildwiederkäuer. An IKK, die beim Schaf weltweit vorkommt, erkranken auch Gams- („Gamsblindheit"), Stein- und Muffelwild. Obwohl das Krankheitsbild seit über 200 Jahren bekannt ist, gelang der Erregernachweis (*Mycoplasma conjunctivae*, eine kleine Bakterienart) bei Schaf und Ziege erst vor rund 40 Jahren und für Gams- und Steinwild erst in den letzten drei Jahrzehnten.

> Als die Krankheit begünstigende und mit auslösende Faktoren werden Fliegen, Staub, intensives Sonnenlicht, hohe Tierdichten, sekundäre Infektionserreger und auch der Klimawandel angeführt.

Im Jahr 1993 hat in der Schweiz (Raum Arosa) unter Steinböcken eine große Epidemie mit Infektiöser Keratokonjunktivitis begonnen, bei der ca. 50 % der Steinböcke verendeten. Eine Selbstheilung mit teilweiser Vernarbung ohne Behandlung ist möglich. Bei gealpten Schafen finden sich zumeist nur leichte Formen unter den Lämmern. Daher wird die Krankheit bei Schafen oft nicht erkannt oder vernachlässigt. Die Identifizierung der Erreger ist sehr schwierig und nur in sehr frischem Probenmaterial möglich. Bei experimenteller Infektion von Schaf auf den Steinbock entstehen nach 2–3 Tagen erste Symptome.

### Symptome

Die IKK, die meist beidseitig auftritt, kann klinisch in vier Stadien eingeteilt werden. Im ersten Stadium sind Tränenfluss, verstärktes Blinzeln, Lichtscheue

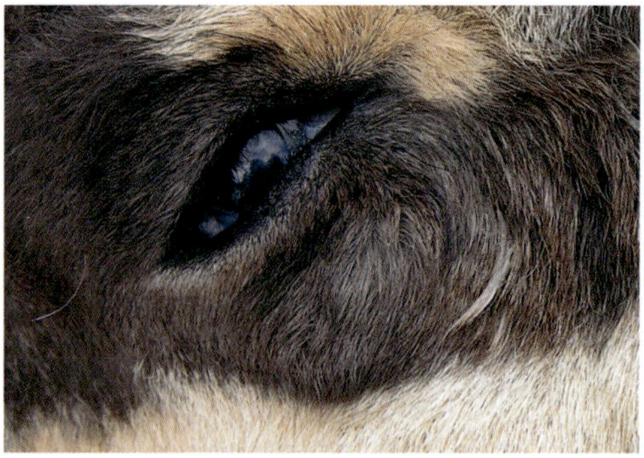

Stadium I: Tränenfluss

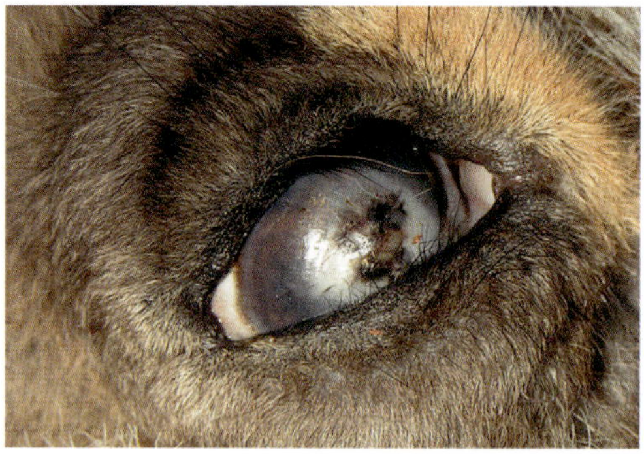

Stadium II: Hornhautentzündung

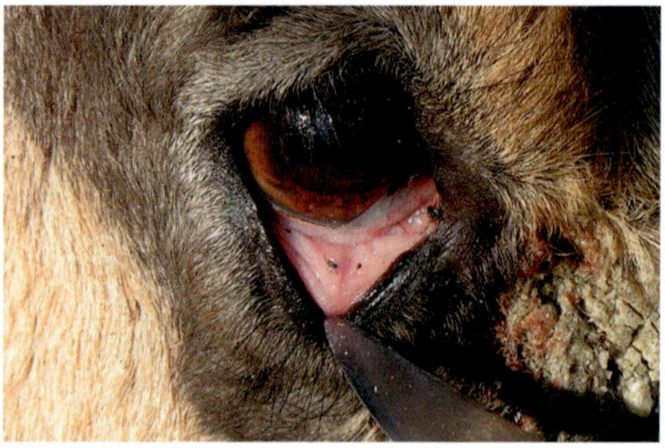

Stadium III: Eitrige Lidbindehautentzündung

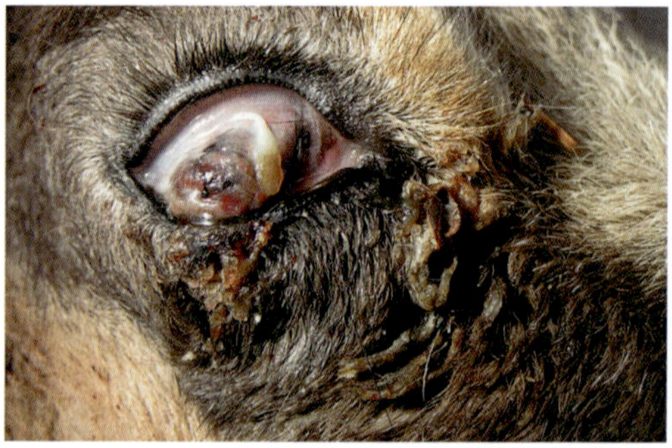

Stadium IV: Hornhautgeschwür

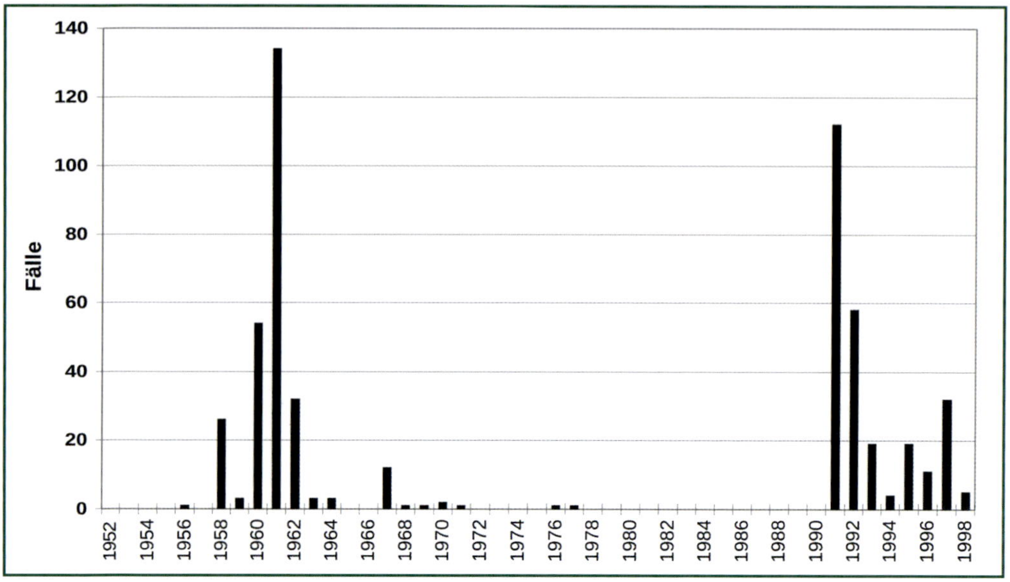


Fälle von IKK bei Gamswild („Gamsblindheit"), Steiermark, 1952–1998

und eine Lidbindehautentzündung, die häufig spontan abheilt, charakteristisch. Das zweite Stadium ist durch eine beginnende Hornhautentzündung und das Einwandern von Blutgefäßen in die Hornhaut gekennzeichnet. Im dritten Stadium sind eine eitrig-schleimige Lidbindehautentzündung, Trübung der Hornhaut und starker Tränenfluss („Sekretrinne“), die Ausbildung gelber Herde auf der Hornhaut und Vorwölbung der Hornhaut zu erkennen. Das vierte Stadium führt zu Hornhautgeschwüren, die aufbrechen können und durch Ausrinnen des Kammerwassers zum Erblinden führen. In milderen Fällen klart die Hornhaut vom Rand ausgehend wieder auf, die Lidbindehautentzündung geht zurück, und es kann im Zuge der Selbstheilung wieder zur Erlangung der vollen Sehkraft kommen. Durch die Sehstörungen sind eine Einschränkung der Äsungsaufnahme sowie die Gefahr des Abstürzens gegeben.

## Gamsblindheit ist hoch ansteckend

Die IKK ist innerhalb von Wildtierrudeln und Schafherden hoch ansteckend. Häufige und enge Kontakte zwischen Tieren scheinen die Voraussetzung für die rasche Ausbreitung zu sein. Der Erreger kann über Aerosole (z. B. Staub, Nebeltröpfchen), augenbesuchende Insekten, aber auch zwischen verschiedenen Tierarten übertragen werden.

Eine Verhaltensstudie ergab, dass Begegnungen zwischen geweideten oder gealpten Schafen, Ziegen, Gams- und Steinwild in den Schweizer Alpen relativ häufig vorkommen. Haus- und Wildtiere können sich während längerer Zeit in unmittelbarer Nähe nebeneinander aufhalten, wo dann auch Fliegen bei der Übertragung des Erregers eine wesentliche Rolle spielen.

In diesem Zusammenhang ist auch der Klimawandel von Bedeutung. So waren im Zuge des Gamsblindheits-Seuchenzuges in den Niederen Tauern im Jahre 2006 noch Ende November Fliegen in Seehöhen von über 1.800 m zu beobachten.

Im Zeitraum 1952 bis 1998 wurden in der Steiermark 536 Fälle von IKK bei Gamswild dokumentiert (GRESSMANN, 2001). Der zeitliche Verlauf der IKK bei Gamswild mit jahrelangen erkrankungsfreien Intervallen spricht dafür, dass sich der Erreger in Wildtierpopulationen nicht allzu lange hält, sondern immer wieder von Haustieren (Schafen) eingebracht wird. Wenn es in der Steiermark Perioden von 12 Jahren ohne Gamsblindheit gegeben hat, Gamsblindheit auch in Einzelfällen auf größere Entfernung zu diagnostizieren ist, die Begehbarkeit und Übersichtlichkeit der meisten steirischen Gams- und Steinwildreviere eine recht gute ist und auch die Sensibilität der Jäger gegenüber Gamsblindheit hoch ist, wird Gamsblindheit über diese langen Zeiträume nicht übersehen worden sein.

## IKK auf Menschen übertragbar?

Nach einer internationalen Schafausstellung Ende Jänner/Anfang Februar 2003 in Westösterreich traten in zwei steirischen Schafbetrieben, die an dieser Ausstellung mit insgesamt 7 Tieren teilnahmen, zahlreiche Fälle von IKK auf. Nach erfolglosen Behandlungsversuchen wurden durch den behandelnden Betreuungstierarzt von insgesamt 16 Schafen Augentupfer entnommen und zur bakteriologischen Untersuchung versandt.

Zwei Kinder aus einem dieser Betriebe erkrankten in unmittelbarem zeitlichem Zusammenhang ebenfalls an Lidbindehautentzündung, aus Augentupfern war *M. conjunctivae* vom selben Stamm wie bei den Schafen nachzuweisen. Bisher existierten in der Literatur aber keine Hinweise, dass IKK auf Menschen übertragbar sei. Da die Empfindlichkeit von Kindern, immungeschwächten und alten Personen gegenüber Infektionen höher ist, kann in diesen Fällen von einer Übertragung Schaf – Mensch ausgegangen werden. Hinsichtlich der möglichen Übertragbarkeit der IKK auf den Menschen ist der Kontakt von Kindern zu erkrankten Schafen/Gämsen zu verhindern und es wird empfohlen, im Umgang mit erkrankten Tieren Schutzhandschuhe zu tragen sowie übliche Hygieneregeln (Vermeidung von Schmierinfektionen usw.) einzuhalten.

### Vorbeuge- und Bekämpfungsmaßnahmen

Vorbeugemaßnahmen hinsichtlich der Übertragung und Einschleppung der IKK in Schafbetriebe sind Ankaufsuntersuchungen und Quarantänemaßnahmen bei Zukauftieren sowie Auftriebsuntersuchungen bei der Weidehaltung auf Gemeinschaftsweiden. Solche Untersuchungen bieten auch einen gewissen Schutz vor der Übertragung von IKK von Hausschafen auf Gams- oder Steinwildpopulationen, obwohl in Schafherden nicht alle infizierten Tiere auffallen. Falls in einer Herde einzelne Fälle auftreten, gilt demnach der gesamte Bestand als „infiziert". Auftriebsuntersuchungen von gealpten Schafen und Ziegen werden in Westösterreich freiwillig durchgeführt und sind in einigen Schweizer Kantonen vorgeschrieben. Die IKK ist beim Hausschaf heilbar.

Treten in einem Gebiet Fälle von „Gamsblindheit" bei Gams- oder Steinwild auf, so sind schwer erkrankte Stücke (Stadium III und IV) möglichst ohne Beunruhigung und Versprengung des Restbestandes zu erlegen.

Da Fälle im Stadium I und II vermutlich in einem hohen Prozentsatz selbst ausheilen und sich damit eine Bestandsimmunität aufbauen kann, sind Abschüsse in diesen Fällen umstritten, obwohl natürlich sämtliche erkrankten Stücke auch Infektionsquellen für noch gesunde Stücke darstellen.

## Maul- und Klauenseuche

Die MKS (Maul- und Klauenseuche) ist eine hoch ansteckende, weltweit gefürchtete und teils verlustreiche Tierseuche. An dieser Virusinfektion erkranken vor allem Rinder, Schweine, Schafe und Ziegen sowie seltener zahlreiche Arten von Wild- und Zootieren. Die bisher beschriebenen, seltenen Infektionen vom Menschen nach Schmierinfektionen infolge direkter Tierkontakte oder Rohmilchgenuss verliefen mit nur relativ harmlosen Symptomen, wie Übelkeit, Kopf- und Gliederschmerzen, Fieber sowie Bläschenbildung im Mund- und Rachenraum, an Fingern und Zehen.

Vom Erreger der MKS, einem Virus, sind 7 Serotypen bekannt; das MKS-Virus ist hitzelabil und kältestabil. In Kot überlebt es bei tiefen Temperaturen bis 6 Monate, in Gefrier- und Pökelfleisch bleibt es monatelang infektiös. Nach der Virusübertragung durch direkten Tierkontakt oder über Vektoren (Personen, Geräte, Schuhe, Kleidung, Fahrzeuge, kleine Nagetiere, Vögel, Insekten, Futtermittel) sind bei infizierten Tieren nach 2 bis 12 Tagen (= Inkubationszeit) erste Symptome an der Maulschleimhaut, den Klauen und inneren Organen (Schlund, Vormägen, Herz) festzustellen.

Infizierte Tier scheiden bereits schon während der Inkubationszeit Viren aus. An den Klauen kann es besonders bei Schweinen/Wildschweinen zum sogenannten Ausschuhen (Loslösen des Klauenhornes vom Klauenbein) kommen, später zum Festliegen, zu sekundären bakteriellen Entzündungen und schließlich zum Verenden. Zur Ansteckung eines Rindes reichen ca. 10 Viren – ein erkranktes Rind scheidet aber mindesten 1 Mio. Viren/Tag, ein Schwein bis zu 400 Mio. Viren/Tag aus! Wildtiere infizieren sich häufig auf Viehweiden. In Wildschwein-Gattern waren früher des öfteren Schlacht- und Küchenabfälle, die unzureichend erhitzt worden sind, Infektionsquellen.

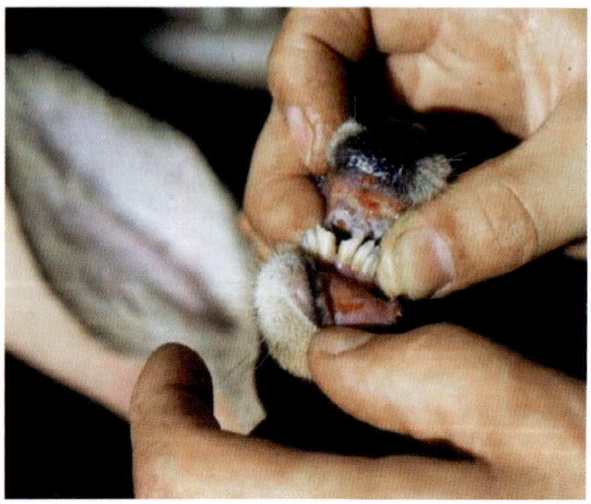

*MKS beim Reh: Teils geplatzte Blasen am Maul ...*

## MKS bei Wildtieren

Bei Seuchenzügen unter Haustieren traten immer wieder auch Einzeltiererkrankungen bei Rot-, Reh-, Dam-, Muffel-, Gams-, Elch-, Sika- und Schwarzwild sowie Muntjak und Weißwedelhirsch auf. Unter den Wildtieren sind hauptsächlich Wildschwein, Reh und Muntjak empfänglich für eine MKS-Infektion. Beim Reh wurden schwere Krankheitserscheinungen mit deutlicher Blasenbildung im Äserbereich, Schwellungen am Haupt und plötzliches Verenden von Kitzen infolge Herzmuskelentzündung beobachtet. Beim Muffelwild kann zusätzlich deutliches Speicheln und beim Schwarzwild Ausschuhen (Abgehen der Schalen vom Klauenhorn) auftreten. Aus Wildgattern, Wildparks und Zoos sind auch Massenerkrankungen bekannt, was sicherlich mit den höheren Tierdichten in Zusammenhang steht.

Bei weitem nicht jedes infizierte Wildtier erkrankt auch klinisch an MKS, kann aber den Erreger über längere Zeit ausscheiden.

Besonders für Igel ist ein Übertragungszyklus Klauentiere – Igel – Klauentiere nachgewiesen. Ratten, Mäuse, Nutria sowie Hunde und Katzen zeigen nur geringe Empfänglichkeit, können jedoch wie auch Füchse und Vögel (z. B. Stare) als Vektoren die Krankheitserreger übertragen. Einmal infizierte Büffel und Rinder können noch lange nach der Abheilung der klinischen Erscheinungen (bis zu 5 Jahre!) MKS-Viren ausscheiden, beim Schalenwild geht man von einem ca. 11-wöchigen Trägertum aus.

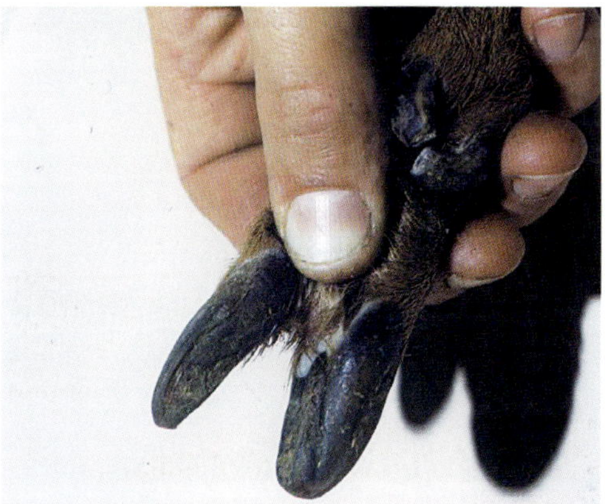

*... und im Zwischenklauenspalt (DEFRA)*

## Typische Krankheitszeichen

Verdächtige Krankheitserscheinungen, die auf MKS hindeuten, sind verstärkter Speichelfluss, schmatzende Geräusche mit dem Maul (Äser), Beeinträchtigung der Nahrungsaufnahme, Bewegungsunlust, Lahmheit, manchmal Festliegen.

Schmerzhafte Blasen befinden sich in der Maulschleimhaut und in der Haut, besonders oberhalb der Schalen, im Zwischenklauenspalt, auch um die Afterschalen und an anderen wenig behaarten Hautstellen (z. B. um den Äser).

Bei der Sektion sind teilweise auch Blasen im Schlund, in der Vormagenschleimhaut sowie seltener eine Entzündung der Herzmuskulatur mit Vernarbungen („Tigerherz") festzustellen. Die Blasen in der Maulschleimhaut und an den Schalen platzen nach einigen Tagen und hinterlassen zuerst rote runde Hautschäden, die dann unter Schorfbildung abheilen. Fieber, Speichelfluss und Lahmheiten dauern an. Bei den meisten Wildtieren sind die Krankheitserscheinungen weit weniger ausgeprägt als bei Haustieren.

## Krankheitsübertragung und -einschleppung

Der weitaus häufigste Übertragungsweg ist jener von Tier zu Tier, seltener geschieht die Übertragung durch Menschen (z. B. kotverschmutztes Schuhwerk), Gegenstände, Fahrzeuge und Futter.

Ein hohes Risiko bergen Lebensmittel oder Speisereste von erkrankten Tieren (Rohwürste, Fleisch, Fleischprodukte, Milch und Milchprodukte), die an Klauentiere verfüttert werden (Verfütterungsverbot von Speiseresten!).

Eine Krankheitseinschleppung ist aber auch durch weitere tierische Produkte, wie Häute, Felle oder auch nicht präparierte (z. B. nicht ausgekochte) Trophäen möglich, was Jäger unbedingt zu berücksichtigen haben. Ebenso sollte im größeren Umkreis um Seuchengebiete auf den Besuch landwirtschaftlicher Betriebe verzichtet werden.

## Chronic Wasting Disease („Hirschenwahn")

Wie BSE bei Rindern, Scrapie bei Schafen (auch bei Muffelwild!), Creutzfeldt-Jakob-Krankheit beim Menschen, trat bei mehreren Hirscharten (Großohrhirsch, Wapiti, Schwarz- und Weißwedelhirsch) in Nordamerika ebenfalls eine Transmissible Spongiforme Enzephalopathie (TSE, „übertragbare schwammförmige Gehirnerkrankung") in Form der Chronic Wasting Disease („chronisch zehrende Hirschkrankheit") auf. Erkrankte Tiere zeigen ab einem Alter von rund 2 Jahren nervale Erscheinungen wie Unsicherheiten beim Ziehen, Zittern, Furchtlosigkeit gegenüber Menschen, Absondern vom Rudel, Übererregbarkeit oder Teilnahmslosigkeit, struppiges Haarkleid, Hängenlassen von Haupt und Lauschern, starkes Speicheln sowie Abmagerung trotz normaler Futter-/Äsungsaufnahme.

Für Europa kann von einem sehr geringen CWD-Risiko ausgegangen werden. Es ist aber dringend vor Importen von Hirscharten aus betroffenen Gebieten Nordamerikas zu warnen.

In den Jahren 2007 und 2008 wurden innerhalb der EU erstmals stichprobenartige Untersuchungen von Gehirnen von Rotwild aus freier Wildbahn sowie aus Gattern (Farmwild) verpflichtend vorgeschrieben. In Europa gab es bislang noch keinen positiven Fall, was durch diese Stichprobenuntersuchungen bei Rotwild abgesichert wurde.

## Blauzungenkrankheit auch bei Wild?

Die einst nur bei Schafen in Afrika auftretende Blauzungenkrankheit hat sich u. a. auch in Europa ausgebreitet und betrifft heute auch Rinder und weitere (Wild-) Wiederkäuer.

Die bereits 1905 erstmalig in Südafrika beschriebene Tierkrankheit breitete sich in den folgenden Jahrzehnten in ganz Afrika, in Asien, über den Nahen Osten bis nach Australien und über Nord- und Mittelamerika aus. Die ersten europäischen Fälle ereigneten sich 1998 in Spanien. Danach wurden Ausbrüche in der Türkei, Bulgarien, Italien, Frankreich, Griechenland, Albanien, Zypern, Portugal und im ehemaligen Jugoslawien gemeldet, wobei ein Fortschreiten in Richtung Norden festzustellen war. Im Jahr 2006 traten plötzlich Fälle bei Schafen und Rindern in Belgien, Deutschland, den Niederlanden und

*Weißwedelhirsch mit Verdacht auf „Hirschenwahn"*

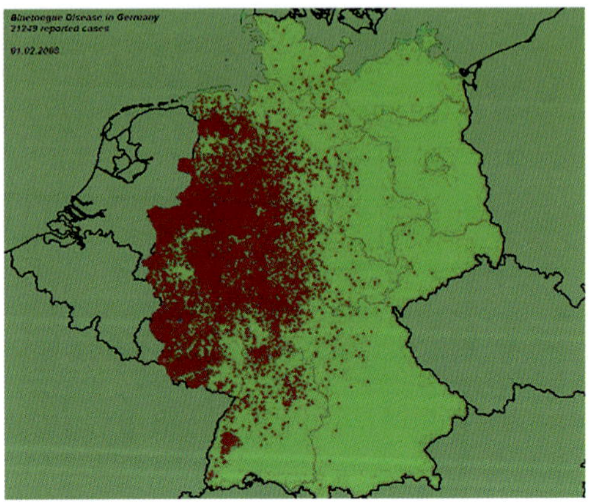

*Ausbrüche der Blauzungenkrankheit in Deutschland bis 1. Februar 2008 (21.249 Fälle)*

Luxemburg auf, und im Jahre 2007 häuften sich die Ausbrüche in diesen Gebieten sowie in Frankreich. Zusätzlich erkrankten weitere Wiederkäuerarten.

## Gefährdete Tierarten

Die Blauzungenkrankheit oder Bluetongue (BT) ist eine anzeigepflichtige Viruserkrankung, die durch blutsaugende Insekten, hauptsächlich 1–3 mm lange Gnitzen (Stechmücken) der Gattung Culicoides, von Tier zu Tier übertragen wird. Neben Schafen sind Rinder, seltener Ziegen sowie andere Haus- und Wildwiederkäuer für die Krankheit empfänglich. Virusnachweise unter Wildtieren gelangen in Deutschland bei Rot- und Rehwild sowie bei Mufflons, sowohl bei Gatterwild als auch bei Wild aus freier Wildbahn. In Hessen verendeten in einem Wildpark 8 Stück einer Wisentherde. Im Extremfall können auch exotische Pflanzenfresser wie Lamas, Kamele, Gazellen, Giraffen, Antilopen sowie Elefanten in Zoos betroffen sein. Für den Menschen ist das Bluetongue-Virus ungefährlich. Es besteht auch kein Risiko, dass sich die Krankheit durch Fleisch oder Milch überträgt.

## Übertragung

Das saisonale Auftreten der Erkrankung (Häufung der Fälle von Juni bis November) hängt eng mit der Flugzeit der Stechmücken zusammen, von denen sich einige Arten aufgrund des Klimawandels ausbreiten. Eine direkte Übertragung von Tier zu Tier spielt keine Rolle, obschon auch eine Virusausscheidung über Sperma nachgewiesen wurde.

*Culicoides*-Mücken sind hauptsächlich zwischen der Abend- und der Morgendämmerung aktiv und fliegen vor allem Tiere im offenen Gelände an. Mittlerweile sind aber auch schon Gnitzenarten bekannt, die in Stallungen die Krankheit verbreiten können. Die meisten *Culicoides*-Arten benötigen für ihre Fortpflanzung feuchte Stellen.

*Culicoides*-Weibchen legen ihre Eier bevorzugt in nassen Boden, Schlamm oder Dung, wo sich auch die Larven entwickeln. Die Populationsgrößen der Überträgermücken hängen stark von der jahreszeitlichen Durchschnittstemperatur ab, da die Mücken für ihre Entwicklung längere Wärmeperioden benötigen. Temperaturen unter 12 °C reduzieren ihre Aktivität. Sie können sehr leicht durch den Wind verfrachtet werden (bis zu 200 km!). Als Virusreservoir gelten vor allem Rinder und Wildwiederkäuer, in denen der Erreger bis 150 Tage (nach neueren Berichten bis zu jahrelang) persistieren – also auch überwintern – kann. Infektiöses Virus sammelt sich insbesondere unter der Haut an.

Eine Tilgung des Erregers in einem von der Blauzungenkrankheit betroffenen Gebiet ist praktisch unmöglich, da eine umfassende Bekämpfung der Gnitzen nicht zu erreichen ist und ökologisch auch nicht zu vertreten wäre. Ebenfalls unmöglich ist es, alle Virusträger unter den empfänglichen Nutztieren oder gar Wildwiederkäuern einer Seuchenregion zu ermitteln. Daher muss davon ausgegangen werden, dass sich das Virus in befallenen Regionen für einen längeren Zeitraum festsetzt. Erfolge in der Verdrängung des Virus aus Haustierpopulationen über die Impfung von mindestens 80 % der Tiere wurden in Mitteleuropa erreicht. Damit ist auch mit einer Verringerung des Infektionsdruckes für Wildtiere zu rechnen.

*Muffelwild kann wie andere Wildarten an Blauzungenkrankheit erkranken*

## Krankheitserscheinungen

Die Blauzungenkrankheit tritt in zwei verschiedenen Krankheitsformen, einer schnell und heftig verlaufenden (= akuten) und einer mild verlaufenden (= subklinischen) Form auf, wobei zwischen der Infektion und dem Auftreten der Krankheitszeichen 2 bis 15 Tage liegen können. Ziegen und Rinder zeigen gewöhnlich seltener Krankheitssymptome als Schafe. Beim Serotyp 8, der z. B. in Deutschland auftritt, waren allerdings mehr Rinder klinisch erkrankt. Bei der akuten Form werden Fieber, Schwellungen sowie Geschwüre und Blutungen im Bereich des Maules und der Zunge, dünnflüssiger bis eitriger Nasenausfluss sowie (schaumiger) Speichelfluss beobachtet. Besonders bei Schafen treten hochgradige Schwellungen der Lippen, Augenlider und Ohren sowie im Kehlgang und mitunter eine Blauverfärbung der geschwollenen Zunge (Name der Erkrankung!) auf, die mit entsprechenden Atemproblemen einhergehen. Bei Veränderungen im Bereich des Kronsaumes der Klauen treten Bewegungsstörungen und Lahmheiten auf. Bei Rindern sind Entzündungen der Zitzenhaut und Schleimhäute im Bereich der Augenlider, Maulhöhle und Genitalien möglich. Diese Symptome ähneln somit Symptomen, wie sie auch bei Maul- und Klauenseuche, Lippengrind oder Schafpocken auftreten.

## Sterblichkeitsraten

Vom Erreger sind mindestens 24 verschiedene Serotypen bekannt, die unterschiedliche krankmachende Wirkung haben. Der Serotyp 8, der am Seuchenzug in Deutschland verantwortlich war, verursachte hohe Sterblichkeitsraten. So verendeten 32 % der erkrankten Schafe, 20 % der erkrankten Rinder und 16 % der Ziegen. Es war auch eine deutliche Zunahme der krankmachenden Wirkung des Erregers von 2006 auf 2007 festzustellen. Besonders unter dem Umstand, dass der Erreger seine Eigenschaften ändern kann, ist es auch nicht ausgeschlossen, dass die Blauzungenkrankheit auch für Wildwiederkäuer zu einem klinischen Problem werden könnte. Nach eigener Einschätzung ist besonders Muffel- und Rehwild gefährdet. Über Erkrankungs- und Sterblichkeitsraten unter Wildtieren in Seuchengebieten liegen aber nicht einmal Schätzungen vor.

# Rund um den Hund

## Entwicklung des Hundes

Die ersten zwei Wochen nach der Geburt werden die **vegetative Phase** genannt. Hundewelpen kommen blind, taub und zahnlos auf die Welt. Welpen nehmen ihre Umwelt überwiegend durch Berührungs-, Wärme- und Geruchsreize wahr. Als Nesthocker benötigen sie eine intensive Betreuung durch die Mutterhündin. Da ihr Wärmeregulationssystem noch nicht fertig ausgebildet ist, benötigen Welpen in den ersten zwei Lebenswochen viel Wärme.

Die Zeit zwischen der 2. und 4. Lebenswoche ist die **Übergangsphase**. Mit etwa vierzehn Tagen öffnen die Welpen ihre Augen und können hören, sie nehmen vermehrt Kontakt mit ihrer Umwelt auf und verlassen schon kurz die Wurfkiste. In dieser Phase entwickelt sich der Schreckreflex, der für das Überleben in der Natur notwendig ist. Jetzt ist es wichtig, dass der Welpe öfter mit plötzlichen Reizen (Licht, Geräusche) konfrontiert wird.

Die wichtigste Phase ist die **Prägungsphase**, die von der 4. bis zur 8. Woche andauert. In dieser Zeit nimmt der Welpe bewusst die Umwelt wahr und lernt seine Sozialpartner kennen.

Liegen in dieser Zeit Defizite vor, etwa durch isolierte Aufzucht im Zwinger, können diese nicht mehr aufgeholt werden. Solche Hunde bleiben meist verhaltensgestört (Angst vor Artgenossen, Schreckhaftigkeit, Aggressivität gegenüber fremden Menschen etc.).

Die Wölfin wechselt mit ihrem Wurf 7- bis 10-mal die Höhle, um den Wolfsjungen in der Prägephase möglichst viele verschiedene Umweltreize zu bieten. Das heißt für den Züchter, dass er in dieser Prägungsphase dem Welpen möglichst viele Eindrücke bieten sollte.

Bevor ein Welpe den Züchter verlässt, sollte er beispielsweise Folgendes kennen:

- verschiedene Häuser und Gärten
- an der Leine gehen
- Mitfahren im Auto
- Geräusche von elektrischen Geräten
- Umweltgeräusche und plötzliche optische Effekte
- Kinder, Gehbehinderte, Andersfarbige, Uniformierte
- Kontakt mit Artgenossen
- Kontakt mit anderen Tieren (Katzen, Pferden, Kühen etc.)
- laute Umgebungen (Straßenlärm, Eisenbahn, Traktor usw.)
- Gänge, Treppen, Lift
- glatte und unebene Böden
- stehende und fließende Gewässer

Bei vernünftiger Prägung nimmt das Reflexverhalten in dieser Phase ab und der Hund beginnt mit seinen in den Erbanlagen verankerten Instinkten Verhaltensformen zu üben.

In der **Rangordnungsphase** (3.–5. Lebensmonat) sucht der Welpe seinen Rang unter seinen Sozialpartnern (Familie). Entscheidend ist jetzt die psychische Stärke und Konsequenz, es werden die Weichen für eine erfolgreiche Eingliederung in die Familie gestellt.

In der **Rudelordnungsphase** (5.–7. Lebensmonat) ist es an der Zeit, mit der konsequenten Erziehung zu beginnen. Wolfswelpen werden in dieser Phase durch den Leitwolf ihren Aufgaben im Rudel zugeführt.

In der **Pubertät** (7.–10., 11. Lebensmonat) kommt der Hund in die Endphase der körperlichen Entwicklung, er merkt, dass seine Körperkraft gestiegen ist, was wiederum zu Rangordnungsstreitigkeiten führen kann. In der Erziehung des Hundes in einem „Mensch-Hund-Rudel" bedeutet das: den Hund nicht zu viel Eigeninitiative entwickeln lassen und die bisherige Erziehung konsequent stabilisieren.

Das **Erwachsenenalter** beginnt etwa ab dem 11. Lebensmonat. Im psychischen Bereich dauert der Reifungsprozess allerdings bis zum 2. oder 3. Lebensjahr, auch sind einige Instinkte dann erst voll ausgebildet. Jetzt kann es noch einmal zu Problemen kommen, da ein „Wildtier" Hund in freier Wildbahn nun sein eigenes Rudel aufbauen würde. Es kann zu Aggressionen gegenüber anderen Hunden oder auch gegenüber Menschen kommen, wenn die Erziehung bislang nicht konsequent genug war.

*Kranker Welpe mit Spulwurmbefall*

*Kontakte zu Kindern und anderen Hunden sind einige der wichtigen Eindrücke für Welpen.*

## Ein Hund kommt ins Haus

### Auswahl des Züchters

Der Züchter hat enormen Einfluss auf eine gesunde und normale körperliche und Wesens-Entwicklung Ihres zukünftigen Hundes.

- Sie sollten das Muttertier (und eventuell auch das Vatertier) kennen lernen können.
- Achten Sie darauf, dass sowohl der Welpe als auch die Hündin gesund sind (siehe „Der gesunde Hund" S. 180).
- Lassen Sie sich relevante Gesundheitsuntersuchungen der Elterntiere vorlegen (z. B. Freiheit von Hüftgelenksdysplasie).
- Überprüfen Sie, ob bei vorhergehenden Würfen Gesundheitsprobleme aufgetreten sind.
- Fragen Sie nach, welche Sozialisierung bisher mit dem Welpen vorgenommen wurde (siehe Prägungsphase S. 177).
- Erkundigen Sie sich über den Impf- und Entwurmungsplan (siehe Impfung und Entwurmung S. 183,186). Wenn Sie den Welpen kaufen und mitnehmen, muss er bereits gechippt sein, fragen Sie nach den entsprechenden Unterlagen.
- Falls Sie mit Ihrem Welpen in Zukunft bei Ausstellungen teilnehmen oder züchten wollen, müssen Sie sicherstellen, dass alle Rassemerkmale, wie Fellfarbe, Augenfarbe, Zähne usw., entsprechend ausgebildet sind.

### Verhaltensabweichungen

Beobachten Sie das Verhalten des Welpen, der Hündin und wenn möglich des Deckrüden. Viele Wesensmängel werden vererbt.

Hier eine Auflistung der wichtigsten Verhaltensabweichungen:

- Bissigkeit: diese Aggression wird vererbt und durch fehlende Sozialisierung anerzogen
- Angstbeißen: vererbtes falsches Fluchtverhalten
- Extreme Unruhe: wird vererbt
- Gewitterangst und fehlende Schussfestigkeit: genetisch bedingte Überempfindlichkeit
- Nicht allein bleiben: anerzogen
- Standlaut, Waidlaut: Überreizbarkeit, vererbt und anerzogen
- Mangelnde Wildschärfe: vererbbar und durch falsche Ausbildung (zu großer Druck) verursacht

### Abholen des Welpen

Nehmen Sie ein Handtuch mit, wenn Sie den Welpen abholen. Reiben Sie damit die Hündin und die Wurfgeschwister ab, damit Sie den Geruch mit nach Hause nehmen können. Der Welpe gewöhnt sich so schneller an die neue Umgebung. Weiters sollten Sie beachten, dass den meisten Welpen beim Autofahren schlecht wird. Geben Sie den Welpen bei der Fahrt in die eventuell schon vorhandene Transportbox oder in einen anderen Behälter (Kiste, Schachtel), damit das Auto nicht verschmutzt wird.

#### Der Welpe zu Hause

Zuhause gewöhnen Sie den Hund von Anfang an seinen endgültigen Ruhe-, Schlaf- und Fressplatz. Soll der Hund im Zwinger schlafen, dann gewöhnen Sie ihn auch in kalten Jahreszeiten sofort daran. Ein späteres Umgewöhnen ist oft mit nächtelangem Jaulen und Bellen verbunden. Die notwendige Wärme kann mittels Wärmelampe oder Wärmflaschen erzeugt werden. Füttern Sie den Welpen von Anfang an in seinem Zwinger, so ist der Zwinger für den Hund mit

*Hunde sollten sich sofort an den endgültigen Ruhe-, Schlaf und Fressplatz gewöhnen.*

positiven Reizen verbunden und das Einsperren im Zwinger wird nicht als Strafe empfunden.

### Hundesicheres Zuhause

Damit die Umgebung, in der sich der Hund aufhält, hundesicher wird, sind folgende Punkte zu beachten:

- Reinigungsmittel und Chemikalien sollen außer Reichweite des Hundes aufbewahrt werden.
- Gefährlichen Pflanzen, wie Rhododendren, Azaleen, Dieffenbachia, Weihnachtsstern, Eibe, Oleander, Engelstrompete entfernen.
- Zerbrechliche Gegenstände nicht im Bereich des Welpen aufbewahren.
- Stromkabel vor dem Anknabbern schützen.
- Falls Sie einen Swimmingpool besitzen, diesen abdecken oder umzäunen.

## Rechte des Hundes

Das Tierschutzgesetz (BGBL.I Nr.118/2004) regelt die Rechte der Tiere und damit die Pflichten des Tierhalters. Die Unterbringung, Ernährung, Bewegungsfreiheit, Betreuung und die Möglichkeiten zu Sozialkontakten müssen angemessen sein. Dem Tier dürfen keine Schmerzen, Leiden oder Schäden zugefügt werden. Es darf auch nicht in schwere Angst versetzt werden. Das Kupieren von Schwanz und Ohren ist verboten und ein Töten von Hunden zur Gewinnung von Nahrung oder anderen Produkten (z. B. Hundefett) ist untersagt. Hunde müssen ab einem Alter von drei Monaten (oder bei Inverkehrbringen) gechippt und registriert werden.

Hier einige Rechte:

- Recht auf mindestens einmal täglich ausreichenden Auslauf.
- „Wohnungshunden" ist mehrmals täglich Gelegenheit zu Harn- und Kotabsatz zu gewähren.
- Recht auf mindestens zweimal täglich Sozialkontakt zu Menschen.
- Mehrere Hunde sind als Gruppe zu halten.
- Welpen dürfen erst in einem Alter von 8 Wochen vom Muttertier getrennt werden.
- Maulkörbe müssen der Kopfform angepasst sein und ein Hecheln sowie die Wasseraufnahme erlauben.

## Der gesunde Hund

Um den Gesundheitszustand eines Hundes selbst einigermaßen beurteilen zu können sind zumindest folgende Punkte zu beachten:

- Die Augen sind klar, das Fell um die Augen ist nicht verklebt, es ist kein Augenausfluss zu bemerken, der Hund folgt mit den Augen Ihren Bewegungen.
- Die Nase ist sauber und bis zum Nasenspiegel behaart, es sind keine schnaufenden Geräusche bemerkbar.

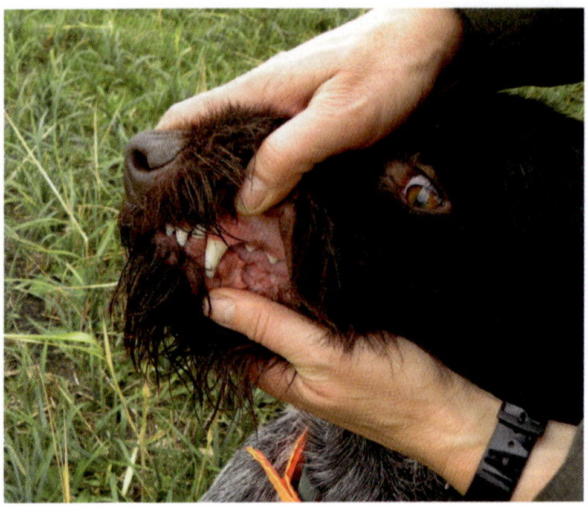

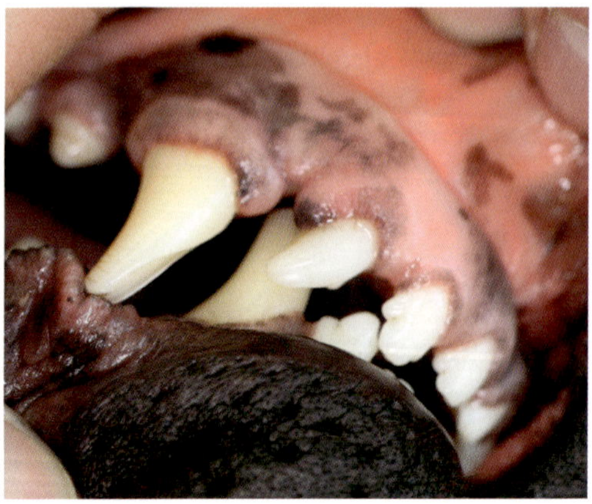

*Es gibt einige Möglichkeiten, um selbst den Gesundheitszustand des Hundes beurteilen zu können (rechts: abgesplitterter Fangzahn).*

| | kleine Hunde (bis 15 kg) | mittlere Hunde (15-45 kg) | große Hunde (über 45 kg) |
|---|---|---|---|
| **Körpertemperatur** (° C) | 38,6–39,4 | 38,2–39,2 | 37,5–38,8 |
| **Puls** (Schläge/min) | 90–160 | 80–130 | 70–100 |
| **Atemfrequenz** (Atemzüge/min) | | 10–30 | |

*Normalwerte von Hunden*

- Das Fell an den Ohren ist nicht verklebt, die Gehörgänge sind sauber (etwas gelb-bräunliches Ohrensekret ist normal), der Hund schüttelt nicht vermehrt den Kopf und kratzt sich höchstens sporadisch an den Ohren.
- Das Fell ist glänzend und der Rasse entsprechend, es sind keine kahlen Stellen oder Schuppen erkennbar.
- Die Haut an wenig behaarten Stellen (Bauch, Achseln) ist glatt und zeigt keine Rötungen oder Pusteln.
- Die Mundschleimhaut ist rosa, die Zähne sind ohne Zahnbelag und die Zahnstellung entspricht der Rasse.
- Der Hund steht vom Liegen oder Sitzen schnell auf und belastet alle 4 Extremitäten gleich (kein Hinken oder Anheben eines Beines).
- Der Kot ist fest und die Umgebung des Afters ist sauber.
- Der Hund frisst mit Appetit und ist an seiner Umgebung interessiert
- Die Umgebung der Vorhautöffnung bzw. der Scheide ist sauber und nicht verklebt, es ist kein Ausfluss bemerkbar.

## Erste Hilfe für den Jagdhund

### Kontaktaufnahme

Wenn Sie sich einem verletzten Tier nähern, sollten Sie daran denken, dass Tiere, die Angst und Schmerzen haben oder in einem Schockzustand sind, völlig unberechenbar sein können. Oft schon sind Besitzer in Notfallsituationen von ihrem eigenen Hund gebissen worden. Sprechen Sie das Tier an, während Sie sich nähern. Gute Dienste leistet eine Decke, Attacken können abgefangen werden, die Decke kann über das Tier geworfen werden, um es abzulenken, und mit einer Decke kann ein bewusstloses Tier schonend transportiert werden. Zu diesem Zweck wird die Decke unter dem Hund durchgezogen und dann wie ein Sprungtuch gespannt.

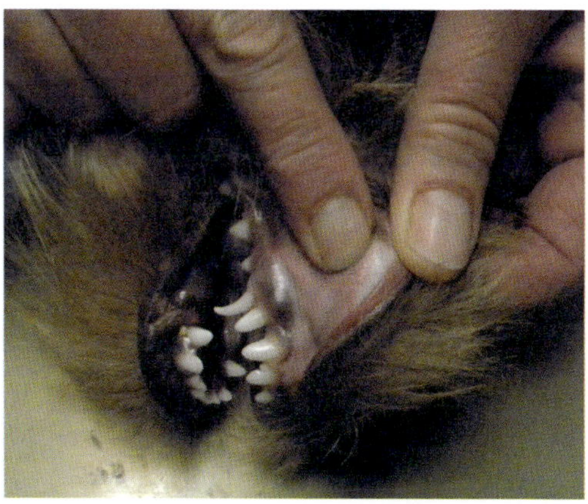

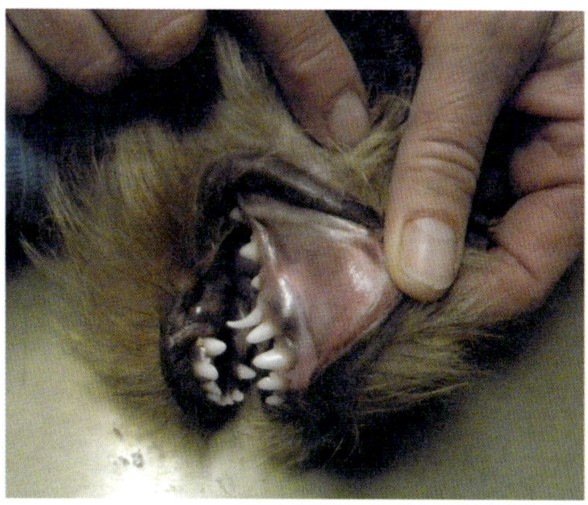

*Kreislaufkontrolle mittels Druck auf die Maulschleimhaut und das Zahnfleisch (Wiederbefüllung)*

**Erste Hilfe für den Jagdhund**

| | Krankheit | Erste Hilfe |
|---|---|---|
| Augenbeeinträchtigung | Blinzeln, Lichtscheue, halbgeschlossenes oder geschlossenes Augenlid, Augenausfluss, Lidschwellung, Rotfärbung der Bindehaut, Fremdkörper (Granne) | Verringerung des Lichteinfalls, kalte Bausche mit Wasser oder Kamillentee; sichtbare Fremdkörper, wenn leicht entfernbar, herausnehmen, falls keine Besserung Tierarzt aufsuchen |
| Akuter Durchfall | Entleerung von wässrigem Kot, gelbbraun bis blutig, vermehrter Kotabsatz | Kein Futter, als Flüssigkeit leichten russischen Tee oder Kamillentee anbieten, warm halten, keine Arzneimittel eingeben, Tierarzt aufsuchen |
| Bissverletzung, Verletzung | Oft nur kleine Wunden, die die Haut durchdringen, aber starke Abhebung in der Unterhaut, erhöhte Infektionsgefahr durch Eindringen von Bakterien; tiefe Fleischwunden, starke Blutung | Wegen der bakteriellen Infektion von Bisswunden innerhalb von max. 4–6 Stunden fachgerechte Versorgung, bis dahin flüssige Desinfektion, sauberer nicht einschnürender Verband (keine Gummiringe!); bei Verdacht auf Schussverletzung – Röntgen |
| Erbrechen, Speichelfluss | Würgebewegungen, Entleerung von Futter und Schleim oder weißem Schaum aus dem Fang; heftige Pfotenbewegungen zum Fang | Nahrung und Flüssigkeit entziehen; bei wiederholtem Erbrechen: Verdacht auf Fremdkörper, Entzündungen oder Infektionskrankheiten – unbedingt Tierarzt aufsuchen |
| Insektenstiche | Schwellungen an den Lippen und im Kopfbereich, Nesselausschlag | Stachel entfernen, Stichstelle kühlen, im Kopfbereich Erstickungsgefahr – sofort Tierarzt aufsuchen |
| Knochenbrüche | Hochgradige Schmerzhaftigkeit, Lahmheit, ev. abnorme Stellung von Gliedmaßen, evtl. Atembeschwerden (Rippenfraktur) | Fixierung auf fester Unterlage, wenn notwendig Blutstillung – Tierarzt aufsuchen |
| Krampfanfälle | Gekrümmte Körperhaltung, Muskelzittern, evtl. Speichelfluss; Bewegungsstörungen bis zur Bewusstlosigkeit | Auf den Boden legen; nichts eingeben! Transport: Decke unterbreiten; sofort Tierarzt aufsuchen |
| Magendrehung | Plötzliches Anschwellen des Bauches, Kurzatmigkeit | Akute Lebensgefahr – sofort Tierarzt aufsuchen! |
| Ohrenschmerzen | Kopfschütteln, Kratzbewegungen mit den Pfoten, eventuell Gleichgewichtsstörungen; plötzlich auftretendes Kopfschütteln spricht für das Eindringen einer Getreidegranne | Äußeres Ohr reinigen; nicht in den Gehörgang eindringen, da Grannen durch Kopfschütteln tiefer eindringen, Gefahr der Trommelfellverletzung; fallskeine Besserung eintritt Tierarzt aufsuchen |

| | Krankheit | Erste Hilfe |
|---|---|---|
| Schlangenbiss | Plötzliches Aufjaulen, Verhaltensänderung, Biss häufig im Kopfbereich | Evtl. Schlangenart erkennen, keine Blutstillung, wenig Bewegung und Aufregung des Hundes – unverzüglich Tierarzt aufsuchen |
| Unfall | Sichtbare Verletzungen und/oder Verdacht auf innere Verletzungen, Blutungen, Atembeschwerden (z. B. bei Zwerchfellriss) | Tiere ruhig lagern; Vorsicht, verletzte Tiere machen Abwehrbewegungen (Bissgefahr); Blutstillung durch lockeren Verband; Transport: Decke unterlegen, vorsichtig heben und legen |
| Wärmestau (Hitzschlag) | Starkes Hecheln, Krämpfe bis zur Bewusstlosigkeit | Für langsame Abkühlung sorgen (Schatten, kaltes Wasser) |
| Vergiftung | Erbrechen, Durchfall, Krämpfe, Bewusstlosigkeit, Blutungen aus Körperöffnungen | Wenn möglich, Feststellung des Giftes (Arzneipackung, Pflanze,...), sofort Tierarzt aufsuchen; Tierkohle eingeben, wenn Tierarzt nicht sofort erreichbar |
| Zeckenbiss | Festgesaugtes Insekt, Rötung der Bissstelle | Mit Pinzette Zecke drehen, bis sie abfällt; Bissstelle mit Alkohol betupfen |

*modif. nach IEMT, aus: „Unsere Hunde", Organ des Österr. Kynologenverbandes*

## Prüfung der Lebensfunktionen

Schon aus der Ferne können Sie den Zustand eines Tieres überprüfen. Durch Zuruf oder Händeklatschen aus der Entfernung kann überprüft werden, ob ein Tier bei Bewusstsein ist. Am Heben und Senken des Brustkorbes kann die Atmung überprüft werden. Den Zustand des Kreislaufes überprüft man, indem man die Lefze anhebt und mit dem Finger fest auf die Maulschleimhaut bzw. das Zahnfleisch drückt. Wenn man loslässt, sollte das Zahnfleisch innerhalb von 2 Sekunden wieder rosa sein, andernfalls liegt ein Kreislaufschock vor. Den Herzschlag kontrolliert man am Brustkorb in der Höhe des Ellbogens. Den Puls können Sie gegebenenfalls an der Innenseite des Schenkels spüren.

## Wiederbelebung

Stellen Sie keine Atmung fest, können Sie das Tier eventuell durch eine richtige Wiederbelebung retten. Öffnen Sie den Fang und ziehen Sie die Zunge heraus. Entfernen Sie etwaige Fremdkörper (Schleim, Erbrochenes) aus dem Rachen. Sind die Atemwege frei, können Sie den Hund beatmen. Der Hals soll gestreckt sein, die Zunge wird vorgezogen und der Fang mit der Hand geschlossen. Beatmen Sie den Hund durch die Nase (Taschentuch vorhalten) ca. alle drei Sekunden und überprüfen Sie, ob sich der Brustkorb hebt. Hat auch der Herzschlag ausgesetzt, sollten Sie

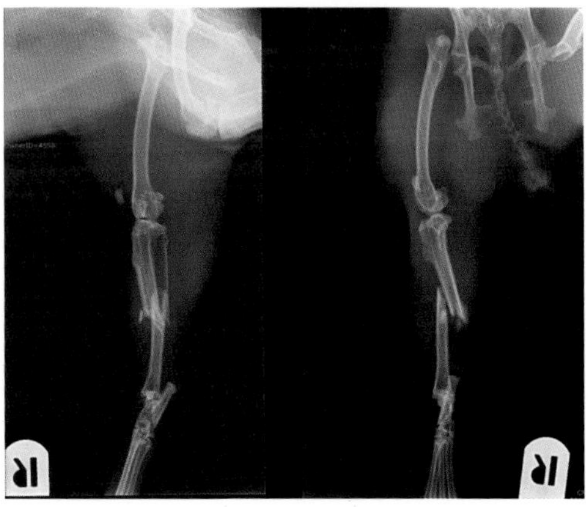

*Knochenbrüche erfordern eine Ruhigstellung des Hundes und möglichst rasche Versorgung.*

eine Herzmassage durchführen. Dazu legen Sie ein zusammengefaltetes Kleidungsstück unter den Brustkorb des Hundes und legen die linke Hand flach auf den Brustkorb, und zwar in der Höhe des Ellbogens. Danach mit der rechten Hand auf Ihre linke Hand in schneller Folge 5- bis 10-mal pressen. Nach jeder Herzmassage den Hund ein- bis zweimal beatmen.

## Jagdhunde – wie oft impfen?

### Prinzip der Impfung

Ein immunkompetenter Organismus baut gegenüber Krankheitserregern körpereigene Abwehrstoffe (= Antikörper) auf. Sind gegenüber einem Krankheitserreger ausreichend spezifische Antikörper vorhanden, so ist das Tier (bzw. der Mensch) gegenüber der jeweiligen Krankheit geschützt. Bei Impfungen werden abgetötete, abgeschwächte oder Teile von Krankheitserregern verabreicht, damit im Impfling ein spezifischer Schutz (= Immunität) aufgebaut wird. Dies bedeutet, dass jede Impfung eine natürliche Infektion in milder Form simuliert, um gegen einen späteren Kontakt mit diesen Krankheitserregern zu schützen. Da die Impfimmunität gegen die meisten Erreger nicht zeitlebens anhält, sind Auffrischungsimpfungen nötig, aber meist nicht so häufig wie früher angenommen.

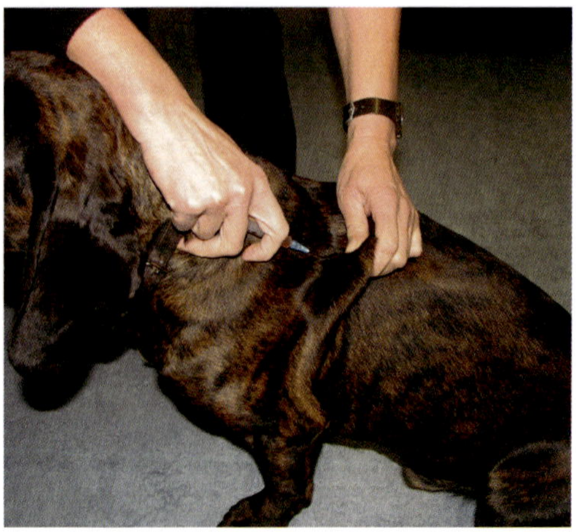

*Viele Impfintervalle können aus fachlicher Sicht verlängert werden*

### Wogegen wird geimpft?

Staupe ist eine wieder zunehmend auftretende virusbedingte Infektionskrankheit bei Hunden, Füchsen, Dachsen, Mardern und Frettchen, die vor allem Jungtiere befällt und neben Fieber, Husten und Augen- und Nasenausfluss auch zu Durchfall und Erbrechen („Darmstaupe"), Mandel- und Lungenentzündung („Lungenstaupe") sowie Bewegungsstörungen („Gehirnstaupe") führen kann. Eine weitere Form der Staupe führt zu Verhornungen der Ballen und des Nasenspiegels.

> Da die Staupe bei Wildtieren weit verbreitet ist, sind besonders Hunde mit häufigeren Wildtierkontakten ausreichend zu schützen.

Bei der **Ansteckenden Leberentzündung** (*Hepatitis contagiosa canis*) kann das Virus, wie auch bei anderen Krankheiten, von älteren Tieren ohne Krankheitssymptome ausgeschieden werden und Jungtiere infizieren, die dann Fieber, Rachenentzündungen, Brechdurchfall und Hornhauttrübungen zeigen. Symptomatisch beim Hund ist ein Bauchschmerz in der Schaufelknorpelgegend, beim Fuchs eher zentralnervöse Störungen.

Eine bakterielle Infektionskrankheit, die **Leptospirose**, geht bei zahlreichen Haus- und Wildtieren wie auch beim Menschen mit Fieber, Inappetenz, Brechdurchfall, Nierenentzündungen (Blutharnen), Aborten und Gelbsucht einher. Nagetiere, Igel, Maulwürfe und vermutlich auch der Feldhase beherbergen oft symptomlos die Erreger und sind somit ständige Infektionsquellen für Mensch und Tier.

Die **Parvovirose** mit dem etwas irreführenden Namen „Katzenseuche" wird nicht durch Katzen übertragen. Diese erst 1978 beschriebene Erkrankung kommt mittlerweile weltweit vor. Sie führt zu beinahe unstillbaren blutigen Durchfällen, Erbrechen und Austrocknung, bei Jungtieren treten durch Infektionen des Herzens plötzliche Todesfälle auf.

Der **„Zwingerhusten"** ist ein Krankheitskomplex, der durch mehrere Viren- und Bakterienarten verursacht wird. Er tritt vorwiegend in größeren

Zwingern und Tierheimen sowie nach auslösenden Faktoren („Stress", wie andere Erkrankungen, Prüfungen, Zwinger- oder Futterwechsel) auf. Symptome sind heiseres Husten, Nasen- und Augenausfluss, teilweise Bronchitiden und Lungenentzündung.

Wenn auch die Seuchensituation hinsichtlich **Tollwut** in den letzten Jahren sehr beruhigend ist, muss jederzeit mit einem Aufflackern gerechnet werden; für Auslandsaufenthalte sind Tollwutimpfungen zwingend vorgeschrieben.

Zusätzlich ist in Risikogebieten sowie bei Hunden, die häufig Zecken tragen, eine Impfung gegen **Borreliose** und **Babesiose** möglich.

### Impfpläne/Impfintervalle

Grundsätzlich gibt es keinen allgemein gültigen Impfplan für Hunde, da Impfpläne auf die aktuelle Seuchensituation, das Alter der Impflinge sowie die Verwendung und Exposition des Hundes (z. B. häufiger Kontakt mit anderen Hunden?) Bedacht zu nehmen haben.

Die erste Grundimmunisierung gegen Parvovirose sollte wegen der damit verbundenen Immunsuppression, wenn möglich getrennt von anderen Impfungen erfolgen. Ebenso sollte die Grundimmunisierung gegen Tollwut, um eine ausreichende Antikörperbildung zu erreichen, erst nach der Impfung gegen die anderen Infektionskrankheiten erfolgen (evtl. 1. Tollwutimpfung gemeinsam mit 2. Grundimmunisierung gegen Staupe/Hepatitis/Leptospirose/Parvovirose). Weiters wird vor Impfungen eine Entwurmung angeraten. Bei einem erhöhten Infektionsdruck durch Staupe kann die Erstimpfung bereits in der 6. Lebenswoche, bei einem erhöhten Infektionsdruck durch Parvovirose in der 8. Lebenswoche erfolgen.

### Grundimmunisierung wichtig

Besonders wichtig ist eine ausreichende Grundimmunisierung. Als Grundimmunisierungen gelten alle Impfungen im ersten und zweiten Jahr nach der ersten Impfung. Das heißt also, die Grundimmunisierung umfasst eine wirksame zweimalige Impfung (dreimalige Impfung, wenn bereits vor der 12. Lebenswoche begonnen wird) im Abstand von 3 bis 4 Wochen, gefolgt von einer weiteren Impfung nach einem Jahr. Ab einem Alter von 12 Lebenswochen ist eine zweimalige Impfung im Abstand von drei bis vier Wochen, gefolgt von einer weiteren Impfung nach einem Jahr, für eine erfolgreiche Grundimmunisierung ausreichend.

Der Zeitpunkt der Impfung im Welpenalter ist deshalb von Bedeutung, da bis zu einem Alter von rund 8 bis 12 Wochen mütterliche Antikörper, also Schutzstoffe aus dem Blut des Muttertieres, im Welpenblut vorkommen, die das Impfantigen abbinden und so einen Impferfolg verhindern können.

### Spätere Impfintervalle

Die späteren Impfungen, bei in der Jugend ausreichend grundimmunisierten älteren Hunden, spielen eine untergeordnete Rolle, da eine richtige Grundimmunisierung einen sehr langen Schutz gewährleistet. Man kann davon ausgehen, dass der Schutz gegen Staupe, Parvovirose, Ansteckende Leberentzündung und Tollwut mindestens drei Jahre anhält. Lediglich gegen Leptospirose, Babesiose und Borreliose sollten exponierte Hunde öfter, d. h. bis zu 2x/Jahr geimpft werden. Gegen Tollwut sind die jährlichen Impfintervalle jedenfalls einzuhalten, falls der Hund ins Ausland mitgenommen wird.

### Nebenwirkungen

Es wird immer heftiger diskutiert, ob wir unsere Haustiere zu häufig impfen. Diese Diskussion resultiert sowohl aus der Tatsache, dass erwachsene Menschen wesentlich seltener geimpft werden als erwachsene Katzen und Hunde, als auch aus beobachteten Nebenwirkungen, die bei Impfungen auftreten können. Bei den Nebenwirkungen unterscheidet man zunächst Symptome, die durch den Impferreger entstehen, sowie Reaktionen, die direkt nach der Impfung auftreten (Entzündung an der Injektionsstelle, Fieber), die als Reaktion des Immunsystems zu werten sind und eine gute Immunität anzeigen. Bei Katzen werden Sarkome (Tumoren) und beim Hund Autoimmunkrankheiten mit Impfungen in Zusammenhang gebracht. Diesen sehr geringen Risiken muss jedoch das wesentlich größere Risiko, an einer Infektionskrankheit zu erkranken, gegenübergestellt werden.

### Impfempfehlungen

> Da bei Hunden, Füchsen, Dachsen und Mardern Infektionskrankheiten weit verbreitet vorkommen, sind ein ausreichender Impfschutz für den Jagdhund und eine entsprechende Durchimpfungsrate in der Hundepopulation unbedingt erforderlich.

Parvoviren beispielsweise sind extrem stabil, können in der Umwelt bis zu einem Jahr überleben und sind daher überall vorhanden. Der einzige Schutz gegen die Parvovirose ist also eine regelmäßige Impfung. Wichtig ist daher, zu impfen, wenn es nötig ist, aber auch nur dann! Das Motto der Anpassung der Impfempfehlungen an neue wissenschaftliche Erkenntnisse lautet „Mehr Tiere impfen, das einzelne Tier aber weniger häufig!" Die jährliche Gesundheitsberatung mit Impfgespräch dient der Ermittlung eines individuellen Impfprogramms. Eine vollständige Grundimmunisierung ist Voraussetzung für einen optimalen Schutz des Einzeltieres. Ein höchstmöglicher Durchimpfungsgrad (>70 % der Hunde) ist in einer Tierpopulation anzustreben, um Epidemien zu verhindern.

## Entwurmung

Jeder Hund kann sich mit Parasiten infizieren. Je nach Alter, Haltung, Nutzung und Ernährung ist das Risiko jedoch unterschiedlich hoch. So haben beispielsweise Hunde, die Mäuse oder rohe Organe fressen, viel häufiger Bandwürmer. Die Symptome eines Wurmbefalls hängen stark vom Alter, Gesundheitszustand und der Widerstandsfähigkeit des Einzeltieres sowie der Wurmart und der Befallsmenge ab.

> Folgende Anzeichen können auf einen Wurmbefall hinweisen: Würmer oder Bandwurmglieder im Kot, Durchfall, Erbrechen, Blutarmut, glanzloses, struppiges Fell, Gewichtsverlust, verzögertes Wachstum, aufgeblähter Bauch und herabgesetzte Widerstandskraft. Da einige Wurmarten auch für den Menschen gefährlich sind (siehe Kapitel Zoonosen), ist auf eine wirksame und regelmäßige Entwurmung zu achten.

Anders als bei Schutzimpfungen gegen Infektionskrankheiten kann man beim Wurmbefall nicht vorbeugend behandeln. Jede Entwurmung tötet nur die Parasiten ab, die sich bereits im Körper des Hundes befinden und wirkt nicht vorbeugend. Der Hund kann sich anschließend wieder neu infizieren. Gegen den Gurkenkernbandwurm *(Dipylidium caninum*, siehe S. 206) kann durch eine konsequente Flohbekämpfung vorgebeugt werden, da Flöhe Zwischenwirte dieses Bandwurmes sind.

Entweder bringen Sie Ihrem Tierarzt alle drei Monate eine Kotprobe, die er auf ausgeschiedene Parasiteneier und -larven untersucht und danach das entsprechende Wurmmittel verabreicht. Diese Methode hat den Vorteil, dass der Hund nur dann Medikamente bekommt, wenn es notwendig ist. Der Nachteil ist, dass nicht jede Verwurmung erkannt wird, da manche Wurmarten nicht dauernd, sondern in Intervallen Eier ausscheiden. Die andere Möglichkeit ist, nach einem Schema vorzugehen: Welpen werden bis zu einem Alter von 5 Monaten alle drei Wochen entwurmt, danach empfiehlt sich bei Jagdhunden eine vierteljährliche Entwurmung. Zuchthündinnen sollen 2 Wochen nach dem Decken und nach der Geburt alle 2 Wochen bis zum Absetzen der Welpen entwurmt werden (Bekämpfung des Spulwurmbefalles). Da es kein „Universal-Wurmmittel" gibt, ist es wesentlich, den Wirkstoff (z. B. Bandwurm-wirksam oder nicht) je nach Alter und Exposition des Hundes auszuwählen – fragen Sie Ihren Tierarzt.

## Ernährung

> Eine ausgewogene und den Bedürfnissen des Hundes entsprechende Ernährung ist die Voraussetzung für ein langes und gesundes Hundeleben. Vor allem Junghunde großer Rassen sollten ein auf ihre Bedürfnisse abgestimmtes Fertigfutter bekommen, um ein optimales Knochenwachstum zu gewährleisten. Bei wachsenden Hunden beim Futter zu sparen, kann später teuer kommen.

Viele Erkrankungen, wie z. B. die bekannte HD (Hüftgelenksdysplasie) oder auch Hauterkrankungen werden durch falsche Fütterung begünstigt. Früher wurden Hunde fast ausschließlich mit Küchen- und Tischabfällen gefüttert. Heute ist das Angebot an Fertigfuttermitteln unüberschaubar geworden. Alternative Fütterungsarten, wie das **„Barfen“** sind im Kommen („BARF“: Bones And Raw Feeders). Diese Methode orientiert sich an den Fressgewohnheiten des Wolfes, es werden ausschließlich rohes Fleisch, Knochen und rohes Gemüse verfüttert. Es ist sehr schwierig, eine ausgewogene Ration, vor allem für wachsende Hunde, zusammenzustellen. Tierärzte sehen bei „gebarften“ Hunden vermehrt Mangelerscheinungen, Magen-Darm-Probleme, Fremdkörper (Knochen) und Zahnfrakturen. Die Möglichkeit der Übertragung von Krankheiten von den Rohprodukten auf den Hund erhöht sich und somit auch die Gefahr für den Menschen (z. B. Salmonellose, Campylobakteriose, Coli-Infektionen). Auch beim **„Selbstkochen“** ist eine bedarfsgerechte Ration schwierig zu gestalten, Sie sollten sich von einem spezialisierten Tierarzt beraten lassen.

An **„Fertigfutter“** gibt es heute ca. 100 verschiedene Sorten, sowohl Trocken- als auch Nassfutter. Anhand der Deklaration auf der Verpackung ist es oft nicht möglich, die wirkliche Qualität des Futters zu beurteilen. Zwar müssen die Inhaltsstoffe auf der Verpackung mengenmäßig angegeben werden, z. B. „22% Rohprotein“. Dies sagt aber nichts über die Qualität des Eiweißes aus: es kann sich um hochwertiges Fleisch oder auch um Federn und Klauen handeln, die kaum verdaulich sind! Achten Sie daher darauf, ob der Fleischanteil genau definiert ist (Geflügelfleisch beispielsweise ist ein hochwertiger Eiweißträger). Die Kotmenge eines Hundes kann Aufschluss darüber geben, wie gut er sein Futter verwertet. Eine große Kotmenge deutet oft auf ein minderwertiges Futter hin.

> Hat Ihr Hund ein glänzendes Fell, ein bis zweimal täglich wenig und festen Stuhlgang und ist er vital, so ist das ein Zeichen für ein geeignetes Futter.

**Futterwechsel** sollten nicht zu oft vorgenommen werden, da unterschiedliches Futter den Verdauungstrakt irritiert (viel Abwechslung beim Essen ist ein menschliches Bedürfnis!). Bezüglich der **Futtermenge** sollten Sie sich an die Empfehlungen der Hersteller halten. Bei extrem wenig oder viel Bewegung muss die Menge individuell angepasst werden. Junghunde sollen 4-mal täglich gefüttert werden, erwachsene Hunde brauchen nur eine Mahlzeit pro Tag. Allerdings kann die Tagesration ohne weiteres auch auf zwei bis drei Mahlzeiten aufgeteilt werden. Dies empfiehlt sich bei laktierenden Hündinnen oder bei großen Hunderassen, die zur Magendrehung nei-

*Bei der Hundefütterung können unbewusst große Fehler passieren*

gen. **Futterzusätze** sollten nur in Absprache mit dem Tierarzt gegeben werden.

Die Tradition des **Genossenmachens** des Jagdhundes am zustande gebrachten Stück findet sich schon in der mittelalterlichen Jagdliteratur. Heute wissen wir aber einerseits, dass durch rohe Organe, Wildbretteile bzw. auch durch rohe Abfälle beim Zerwirken von Schalen- oder Niederwild Krankheitserreger bzw. Erkrankungen (Aujeszky'sche Krankheit, Finnen mehrerer Bandwurmarten, Salmonellen, Tularämie usw.) auf den Hund übertragen werden können und dass andererseits sich aus dem Genossenmachen auch Untugenden des Hundes entwickeln können.

Neben den angeführten hygienischen Bedenken muss nämlich mit einem erhöhten Risiko gerechnet werden, dass durch das Genossenmachen mit rohen Organteilen am erlegten Stück der Hund zum „Anschneider" werden kann.

Dies besonders dann, wenn der Hund geschnallt oder am erlegten Stück abgelegt wird. Als Belohnung für eine erfolgreiche Nachsuche oder das Ausarbeiten einer künstlichen Schweißfährte werden dem Schweißhund mittlerweile von vielen Jägern als Ersatz für rohe Aufbruchteile „Leckerlis" gegeben. Zuneigung und Lob sind aber durch die besten Belohnungsbrocken nicht zu ersetzen.

**Fütterung und jagdlicher Einsatz**

Bei höheren Belastungen hat es sich bewährt, Hunden fettreichere Futtermischungen zu geben, dadurch ist es möglich, den Energiebedarf mit kleineren Futtermengen zu decken. Nach längerer Verabreichung fettreicher Rationen an hochleistende Hunde kommt es zu einer sog. Adaptation, d. h. Hunde nutzen Fette dann sehr effektiv als Energiequelle. Zeitpunkt und Zusammensetzung der Fütterung beeinflussen die Leistung und Ausdauer des

**Energie- und Eiweißbedarf des wachsenden und des erwachsenen Hundes** (Zentek 1999)

| **Körpergewicht** | **Erhaltungsbedarf** in Kilojoule/Tag | Mehrfaches des Erhaltungsbedarfs **bei 4–6 Std. Bewegung** | **Eiweißbedarf** in Gramm verdauliches Protein/Tag |
|---|---|---|---|
| 10 kg wachsend | 7.000 | 1,9 | 38 |
| 10 kg ausgewachsen | 3.000 | 1,9 | 100 |
| 20 kg wachsend | 11.200 | 2,0 | 60 |
| 20 kg ausgewachsen | 4.200 | 2,0 | 160 |
| 30 kg wachsend | 14.500 | 2,1 | 210 |
| 30 kg ausgewachsen | 6.300 | 2,1 | 84 |

**Mineralstoff- und Vitaminbedarf des wachsenden und des erwachsenen Hundes** (Zentek 1999)

| **Körpergewicht** | **Wachsende** Hunde pro kg Gewicht und Tag | **Erwachsene** Hunde pro kg Gewicht und Tag |
|---|---|---|
| Kalzium (mg) | 240–305 | 80 |
| Phosphor (mg) | 130–160 | 60 |
| Natrium (mg) | 60 | 50 |
| Vitamin A (IE) | 250 | 75–100 |
| Vitamin D (IE) | 20 | 10 |
| Vitamin E (IE) | 2 | 1 |

*mg … Milligramm* *IE … Internationale Einheiten*

Jagdhundes im jagdlichen Einsatz. Zwischen Fütterung und jagdlichem Gebrauch muss ein ausreichender zeitlicher Abstand liegen.

Es empfiehlt sich, den Hauptteil der Tagesration am Vorabend der Belastung zu verabreichen und ebenso Hunde nach Jagden erst nach einer Erholungsphase von rund zwei Stunden wieder zu füttern (z.B. bei Stöberjagden).

Eine immer wieder gehörte Empfehlung, Hunde während längerer Jagden zwischendurch zu füttern ist nicht notwendig bzw. kann für Hunde sogar belastend sein. Hunde sind sehr gut imstande bei Belastungen Fettsäuren als Energiequellen zu mobilisieren, sie sind deshalb nicht von Zwischenmahlzeiten abhängig. Falls Hunde vor der Jagd aber sehr unruhig sind, können kleine Futtermengen (bis ca. 1/5 der Tagesration bis zu 3 Stunden vor Jagdbeginn vorgelegt werden (ZENTEK, 1999).

Unbedingt notwendig – besonders an warmen Jagdtagen – ist jedoch eine ausreichende Wasserversorgung vor, während und nach der Jagd. Ein Wassermangel senkt nicht nur die Leistungsbereitschaft, sondern ist auch belastend für den Kreislauf.

## Ernährung des alten Hundes

Im Alter kommt es zu einer Abnahme des Energiebedarfes um 20 bis 40 %. Damit kann es auch bei gleichbleibender Fütterung leicht zu Übergewicht kommen. Zu einem Untergewicht im Alter führt eine ungenügende Energieaufnahme beispielsweise aufgrund von Schäden am Gebiss oder an anderen Verdauungsorganen bzw. wegen Schmerzzuständen. Auch ein energiezehrender Prozess, wie er bei „Krebsleiden" (Tumoren) auftritt, führt zur Gewichtsreduktion. Eine Gewichtsabnahme bei einem alten Hund ist damit immer ernst zu nehmen und tierärztlich abzuklären.

Durch ein mehrmaliges Füttern (2 bis 3 x täglich) von hochwertigen, leicht verdaulichen Futtermitteln wird der alternde Organismus entlastet. Ei, Fisch und Geflügelfleisch enthalten hochwertiges, leicht verdauliches Protein (Eiweiß) und sind wegen der abnehmenden körpereigenen Proteinreserven günstig. Bei gewissen Nierenleiden muss aber eine Proteinreduktion erwogen werden, zumindest sollte aber nur sehr hochwertiges Eiweiß verfüttert werden. Die Verdaulichkeit der Mengen- und Spurenelemente scheint sich im Alter nicht wesentlich zu verändern.

## Generelle Fütterungsempfehlungen

- Wegen der großen Dehnbarkeit des Hundemagens können große Mengen pro Mahlzeit aufgenommen werden, womit eine einmal tägliche Fütterung reicht. Benötigt der Hund aufgrund einer starken körperlichen Belastung größere Futtermengen, so sollte diese auf zwei Rationen aufgeteilt werden.
- Fütterungszeitpunkt nach Möglichkeit gleich halten (Organismus gewöhnt sich und Hund bettelt weniger)
- Kein Füttern direkt vor der Jagd (max. 20 % der Gesamtfuttermenge bis zu 3 Stunden vor Beginn der Jagd), Zwischenmahlzeiten bei längeren Jagden sind nicht nötig – jedoch frisches Wasser!
- Keine rohen Aufbruchteile oder Schlachtabfälle verfüttern (Bandwurmrisiko, Aujeszky'sche Krankheit, Salmonellen, Tularämie)
- Bei warmem, schwülem Wetter breiiges Futter nicht länger als 3 Stunden stehen lassen
- Keine abrupte Umstellung der Futterration; neues Futter der gewohnten Nahrung zunächst beimischen
- Stellen Sie Ihrem Hund immer einen Napf mit frischem Wasser zur Verfügung
- Für eine ausgewogene Ernährung sprechen bei ausgewachsenen Hunden ein konstantes, der Rasse oder dem Typ des Hundes angemessenes Gewicht; normale Kotabsatzfrequenz (1 bis 2 Mal/Tag) und feste Kotkonsistenz; glänzendes Fell, rassespezifische Behaarung und keine übermäßige Schuppenbildung sowie ein lebhaftes Verhalten.

# Einige typische Erkrankungen des Jagdhundes

## Insektenstiche/Allergie

Bei einer allergischen Reaktion nach einem Insektenstich schwillt die betroffene Körperregion an (Lippen, Nase, Pfoten). Lebensbedrohliche Folgen hat es, wenn der Insektenstich im Rachen liegt und die Atemwege zuschwellen. Dann muss sofort ein Tierarzt aufgesucht werden, der durch Cortisonpräparate die Schwellung zum Abklingen bringt. Bei lebensbedrohlicher Atemnot muss ein Luftröhrenschnitt durchgeführt werden. Stiche an den Lippen oder an der äußeren Haut behandelt man mit kalten Umschlägen und versucht den Stachel zu finden und zu entfernen.

## Hitzschlag

Werden Hunde an warmen Tagen im Auto eingesperrt, kann sich der Innenraum sogar im Halbschatten so stark aufheizen, dass es zu einem Hitzschlag kommt. Der Hund hechelt stark, taumelt und hat gerötete Schleimhäute. Mit einem feuchten Tuch das Tier insbesondere am Kopf langsam abkühlen und die Beine massieren, um den Kreislauf anzuregen. Ist das Tier bereits bewusstlos oder erbricht es, müssen Sie sofort einen Tierarzt aufsuchen.

## Unterkühlung

Hunde sind durch ihr Fell sehr gut gegen Kälte geschützt. Bei extremen Temperaturen kann es jedoch zu Erfrierungen kommen, und zwar am Behang und an der Schwanzspitze (Rute). Erfrierungen sollten Sie durch einen Tierarzt behandeln lassen. Gefährdet für Unterkühlung sind Hunde nach der Wasserarbeit. Das durchnässte Fell verliert seine Dämmfunktion, und die Tiere können rasch auskühlen. Unterkühlung führt zu Zittern, Schwäche, Krämpfen und Bewusstlosigkeit. Tiere müssen trockengerieben und in eine Decke gewickelt werden, dann sofort an einen warmen Ort bringen.

## Bissverletzungen

Bissverletzungen durch andere Hunde, Katzen, Füchse, Dachse, Marder oder Wildschweine bergen ein großes Risiko hinsichtlich bakterieller Wundinfektionen, die in den meisten Fällen durch die Mundflora des jeweiligen Tieres übertragen werden. Bei Bisswunden unterscheidet man Kratz-, Ausriss-, Durchbiss- und Quetschwunden. Besonders infektionsgefährdet sind tiefe und verschmutzte Wunden oder Wunden mit massiven Quetschungen. Bisswunden müssen gründlich gereinigt und desinfiziert werden, denn sonst können sich unter einer Kruste oder wieder geschlossenen Wundhöhle durch rasches Wachstum von Bakterien Eiterherde (Abszesse) bilden. Außer bei oberflächlichen Kratzwunden ist bei jeder Bisswunde eine Behandlung mit

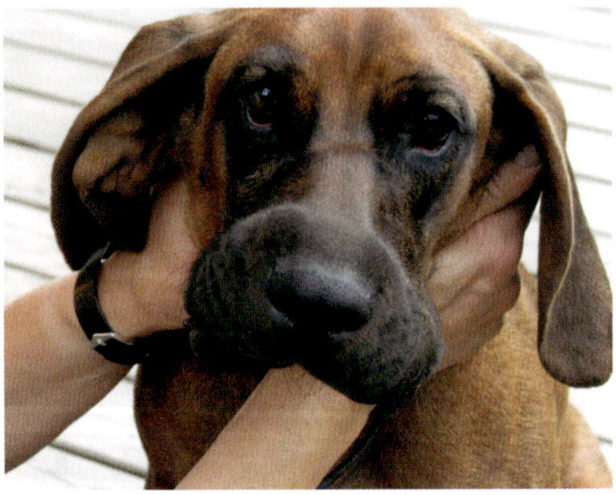

*Hochgradige Schwellung der Lefzen nach einem Wespenstich, allergische Reaktion*

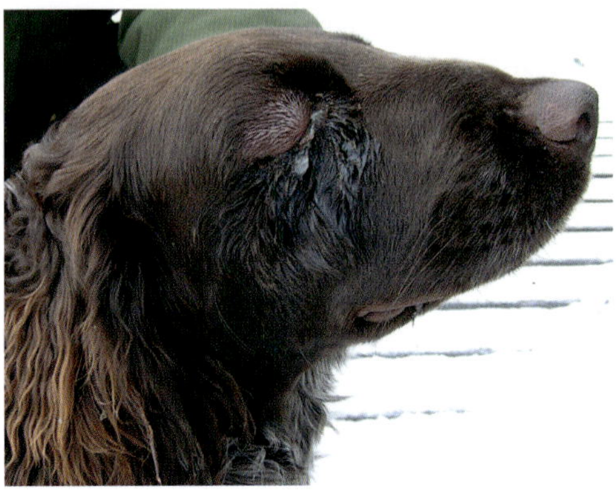

*Ältere Bissverletzung in Augennähe, Schwellung und Eiterbildung*

Antibiotika durchzuführen (dies gilt auch für den Menschen!).

## Verletzungen des Behanges und der Rute

Bei der Arbeit im Gelände kommt es immer wieder zu Schnitt- und Rissverletzungen besonders an den Behängen oder an der Rute durch Stacheldraht, Schilf, usw. Die Blutung ist meist sehr stark und wird durch Schütteln des Kopfes oder Wedeln mit der Rute immer wieder neu angeregt. Es muss ein Verband angelegt werden, der die verletzte Stelle schützt. Kann die Blutung nicht zum Stillstand gebracht werden, sollte ein Tierarzt aufgesucht werden, der die Wunde operativ versorgt.

## Schussverletzungen

Form und Umfang von Schussverletzungen sind abhängig vom Geschoßtyp und von der Auftreffgeschwindigkeit. Relativ häufig sind versehentliche Schrotschüsse auf Jagdgebrauchshunde anlässlich von Treibjagden. Bei aus geringer Distanz abgegebenen Schüssen ist die Schrotgarbe gebündelt und die Einzelschrote können tief in den Körper eindringen. Der damit verbundene Schock führt meist zum Tod. Mit zunehmender Distanz nimmt der Schweregrad der Verletzung ab. Ebenso spielt die Größe des Hundes eine Rolle. Je größer der Hund, umso weniger tief dringen die Schrotkörner ein. Der Verschmutzungsgrad der Schusswunden ist beträchtlich, da mit Haut und Haaren auch Bakterien von der Hautoberfläche in die Wunde eindringen.

> Werden keine lebenswichtigen Organe verletzt oder dringt kein Schrotkorn in ein Gelenk ein, sollen die Schrotkugeln nicht herausoperiert werden, da das zu einer massiven Gewebszerstörung führt. Wichtig ist aber eine Versorgung mit Antibiotika, um Wundinfektionen zu vermeiden.

Diskutiert wird eine Bleivergiftung durch die im Körper befindlichen Schrote. Die Praxis hat jedoch gezeigt, dass die Schrote abgekapselt werden und es kaum zu einem Bleieintrag in den Organismus kommt.

Bei Hochgeschwindigkeitsgeschossen haben Deformations- und Zerlegungsgeschosse den stärksten Verwundungsgrad. Beim Auftreffen auf Kopf, Brustkorb oder Bauchraum wirken diese Geschosse immer tödlich. Je dichter das Gewebe (Muskel, Knochen), desto verheerender ist die Wirkung. So kommt es beim Auftreffen auf die Extremitäten zu erheblichen Weichteilschäden und massiven offenen Trümmerfrakturen.

> Jede Schussverletzung ist ein Notfall. Eventuelle starke Blutungen zu stillen versuchen (Abbinden ober der Wunde an den Extremitäten, Druckverband anlegen) und den Hund zum nächsten Tierarzt bringen.

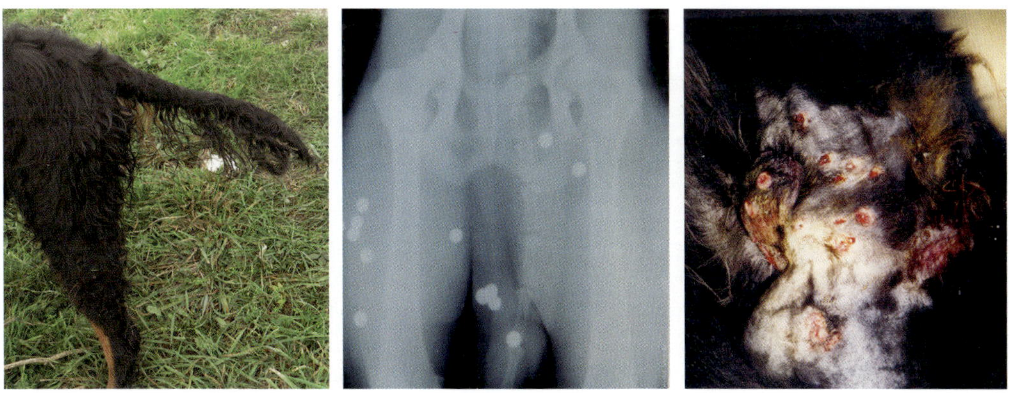

*Blutungen des Behanges oder der Rute sind oft schwer zu stillen (links). Schrotschussverletzung eines Hundes in der Beckengegend und Röntgenaufnahme (Mitte und rechts)*

### Infektionskrankheiten

Durch den häufigen Aufenthalt von Jagdhunden im Freiland sowie durch den Kontakt mit Wildtieren sind Jagdhunde auch Infektionskrankheiten wie Tollwut, Staupe, Leptospirose und Borreliose stärker ausgesetzt. Näheres ist im Kapitel „Infektionskrankheiten" nachzulesen.

# Erkrankungen von Haut und Haarkleid

Die Haut des Hundes ist glatt, elastisch und lässt sich leicht verschieben. Zieht man am Rücken eine Hautfalte hoch, so verstreicht sie beim gesunden Hund sofort nach dem Loslassen. Ist der Hund dehydriert („ausgetrocknet", z. B. infolge von Durchfall oder Erbrechen), so verstreicht die Falte langsam oder bleibt stehen.

> Der Hund hat am Körper verteilt kaum Schweißdrüsen, er schwitzt hauptsächlich mit den zahlreichen Schweißdrüsen an den Fuß- und Zehenballen. Ein aufgeregter Hund hinterlässt feuchte Pfotenabdrücke. Die Haut des Hundes ist krankheitsanfällig und muss daher regelmäßig kontrolliert werden.

Man achtet auf Parasiten (Flöhe, Läuse, Haarlinge, Zecken, etc.) und Hautveränderungen (Rötungen, Pusteln, Krusten, Knötchen, Wunden, etc.).

Das Haarkleid des Hundes ist je nach Rasse unterschiedlich ausgebildet. Bei langhaarigen Hunden unterscheidet man die längeren Deck- und die feinen Wollhaare, die das Unterfell bilden. Bei kurzhaarigen Hunden fehlen die Wollhaare ganz. Das Haarkleid wird zweimal pro Jahr gewechselt, wobei das bei Wohnungshunden nicht im Frühjahr und Herbst sein muss. Auch gesunde Hunde verlieren immer Haare, aber es wachsen gleich viele nach. Hauterkrankungen treten beim Hund sehr häufig auf, etwa ein Drittel der in der Praxis vorgestellten Hunde leiden an Veränderungen des Haarkleides und der Haut. Die Ursachen sind sehr mannigfaltig, sodass nicht auf alle Erkrankungen und deren Ursachen eingegangen werden kann.

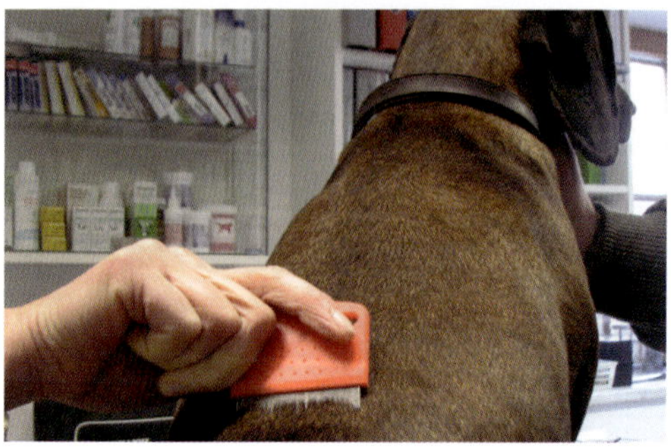

*Mit einem Flohkamm können Hunde leicht auf Flöhe untersucht werden*

## Vorbeugende Maßnahmen

- Regelmäßige Hautparasitenkontrolle (Flöhe, Zecken, Haarlinge etc.). Hilfreich ist ein engzahniger Flohkamm, an dem Flohkot oder Parasiten hängen bleiben. Bei Befall sofort behandeln! Floh-und Zeckenpräperate , die nicht rezeptpflichtig sind (Drogerien, Kaufhäuser) haben oft keine zufriedenstellende Wirkung.
- Regelmäßige Fellpflege: Bürsten und Kämme sollen keine scharfen Spitzen haben, da sie sonst die Haut verletzen. Besonders zur Zeit des Haarwechsels täglich ausbürsten. Bei vermehrtem Auftreten von Schuppen mit entsprechenden Shampoons waschen.
- An veränderten Hautstellen Haare scheren, mit milden Hautdesinfektionsmitteln reinigen, desinfizierende Salbe auftragen, Belecken und Kratzen verhindern (Halskrause).
- Häufige Waschen des Hundes mit Shampoons vermeiden, Verschmutzungen mit lauwarmem Wasser abspülen (Ausnahme: vom Tierarzt verschriebene Waschkuren mit Spezialshampoon).
- Ausgewogene und dem Bedarf entsprechende Ernährung.

## Glanzloses (stumpfes) Fell

Das Haarkleid ist glanzlos, oft struppig und es kann Juckreiz und vermehrter Haarausfall auftreten.

### Ursache

Unausgewogene Fütterung (zu wenig ungesättigte Fettsäuren, Vitaminmangel, Mineralstoffunterversorgung), unzureichende Fellpflege, Hautparasiten und Pilze, Verwurmung, Hormonstörungen und Organerkrankungen können verantwortlich sein.

Finden Sie keine eindeutige Ursache, wie einseitige Fütterung, Flöhe oder Hautpilze, so sollten Sie zur Abklärung der Ursache einen Tierarzt aufsuchen.

## Haarausfall

Es handelt sich um einen über das normale Maß hinausgehenden Haarausfall. Er kann über den ganzen Körper verteilt, nur an bestimmten Stellen, symmetrisch oder zu bestimmten Jahreszeiten auftreten. Zusätzlich kann Juckreiz bestehen, die Hautdicke kann zunehmen oder die Haut kann sich dunkel verfärben (Pigmentierung).

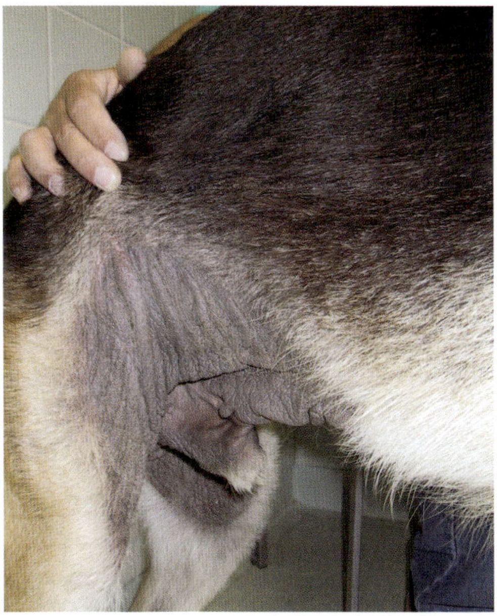

*Hautkrankheiten sind oft schwer zu diagnostizieren und zu behandeln*

### Ursache

Haarausfall beim Hund kann viele verschiedene Ursachen haben. Normal ist er während der Zeit des Haarwechsels (meist Frühling und Herbst). Er kann aber auch Symptom eines Hautparasitenbefalls, eines Pilzbefalls, einer Imbalance von Vitaminen und Mineralstoffen, einer Organerkrankung oder Stoffwechselstörung sein.

Untersuchen Sie Haarkleid und Haut genau, achten Sie auf Parasiten (Flöhe, Haarlinge). Sollten Sie keine eindeutige Ursache für den Haarausfall finden, wenden Sie sich an Ihren Tierarzt.

## Hautpilze (Z!)*

(***Anmerkung:** dieses Zeichen deutet jeweils auf eine Zoonose, d. h. eine auf den Menschen übertragbare Krankheit, hin)

Meist äußert sich ein Befall mit Hautpilzen (*Mikrosporum, Trichophyton*) durch kreisrunde, haarlose, scharf begrenzte Stellen, die am Rand gerötet sind und mehr oder weniger jucken. Empfänglich sind vor allem Welpen, alte Hunde und Tiere, deren Abwehrkraft durch andere Erkrankungen geschwächt ist.

### Ursache

Hautpilze, die durch direkten Kontakt (oft auch von Katzen) oder durch indirekten Kontakt (z. B. Kämme und Bürsten) übertragen werden. Hautpilze sind auf den Menschen übertragbar! Betroffen sind hier vor allem Kinder, alte Menschen und Immunsuppremierte. Bei Verdacht auf eine Hautpilzerkrankung daher sofort den Tierarzt aufsuchen, er kann mittels Hautgeschabsels den Pilz diagnostizieren und die entsprechende Behandlung einleiten. Nach Manipulationen an einem erkrankten Hund (Baden, Bürsten, eincremen etc.) die Hände gründlich mit Seife waschen, um eine Übertragung zu vermeiden. Kinder sollten keinen Hautkontakt mit erkrankten Tieren haben. Bemerken Sie an sich oder an einer anderen Person des Haushaltes Hautveränderungen (meist kleine juckende Pusteln), suchen Sie Ihren Arzt auf und informieren Sie ihn über die Pilzerkrankung ihres Hundes (siehe auch Kapitel „Zoonosen“).

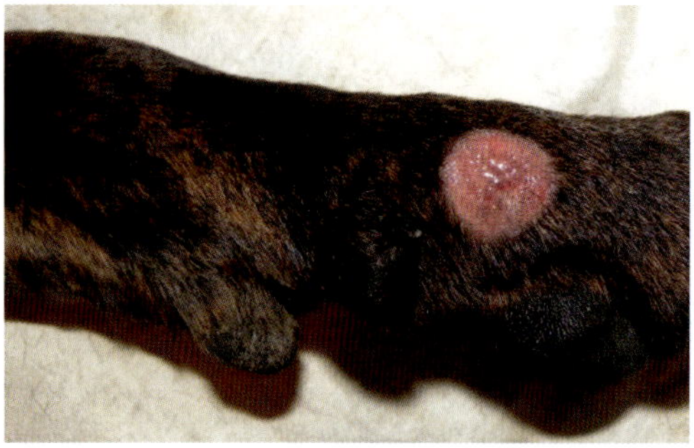 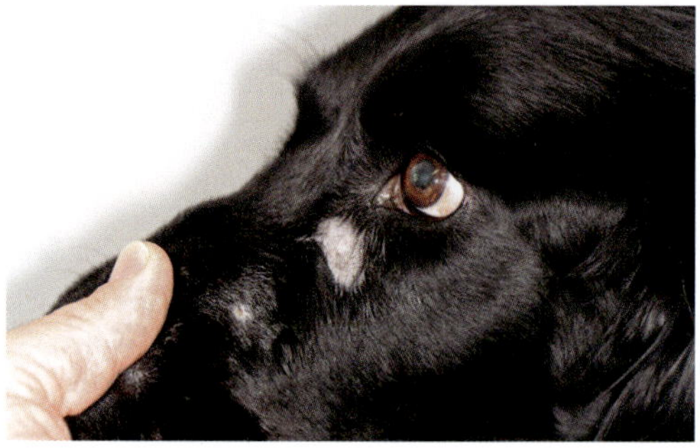

*Hautveränderungen durch Hautpilze am Vorderlauf und am Kopf*

## Räudemilben (Z!)

Durch das derzeit häufige Vorkommen von Fuchsräude in Mitteleuropa kommt es immer wieder zur Ansteckung von Hunden und sporadisch auch von Menschen mit Räudemilben von Füchsen. Diese Erkrankung verursacht bei Hunde- und Marderartigen und nach neueren Untersuchungen auch bei Kaninchen Hautveränderungen, beginnend zumeist am Kopf (besonders an den Ohrrändern), dem Nasenrücken und den Augenbogen, aber auch an anderen weichhäutigen Körperstellen wie Unterbauch und Schenkelinnenflächen. Die ersten sichtbaren Veränderungen sind kleine Knötchen und Pusteln oder vermehrte Schuppenbildung. Gleichzeitig tritt starker Juckreiz (besonders bei warmer Umgebungstemperatur) auf, die Tiere kratzen sich ständig. Später kommt es zur Verdickung und Faltenbildung der Haut. Dabei entstehen graue Krusten und die Haare fallen aus bzw. brechen ab. An die Krusten schließen zumeist stark schuppende Hautzonen an, die frisch von Milben besiedelte Gebiete anzeigen. Bei bakteriellen Sekundärinfektionen entstehen eitrige Hautentzündungen.

### Ursache

Der Erreger dieser „Körperräude" ist eine Milbe (*Sarcoptes canis*). Die Räudeübertragung erfolgt hauptsächlich durch Kontakt von Tier zu Tier. Außerhalb ihrer Wirte können *Sarcoptes*-Milben bei feuchtkühler Witterung ca. 2 Wochen überleben. Die Entwicklung der *Sarcoptes*-Milbe vom Ei bis zur Milbe verläuft über ein Larven- und zwei Nymphenstadien, wobei diese Entwicklung 2 bis 3 Wochen, seltener kürzer, dauert. Die Weibchen legen Bohrkanäle in der Haut an, in denen sie Eier ablegen.

Beim Menschen kann *Sarcoptes canis* eine Scheinräude verursachen. Die juckenden Hautveränderungen heilen jedoch nach zwei bis drei Wochen ab, da sich diese Milbenart in der menschlichen Haut nicht vermehren kann. Die an den Menschen angepasste Räudemilbe *Sarcoptes scabiei*, Erreger der „Krätze", ist in unseren Breiten seit dem Zweiten Weltkrieg nur mehr selten nachzuweisen.

**Vorbeugende Maßnahmen**

- Räudige Füchse mit Plastikhandschuhen angreifen und in dicht verschlossenen Säcken transportieren
- Baujagden in Räudegebieten bergen ein großes Infektionsrisiko für Bauhunde
- Hundebesitzer in Gegenden mit Fuchsräude sollten aufgeklärt werden; Hunde sollten auf Spaziergängen an die Leine genommen werden, um (unbemerkte) Fuchskontakte zu vermeiden
- Kadaver räudekranker Füchse sollten nach Möglichkeit (Plastikhandschuhe, dichter Plastiksack) an eine TKV-Sammelstelle verbracht und entsorgt bzw. bei Transportschwierigkeiten eingesteint werden (die Milben entfernen sich jedoch nur ca. 1 m vom Kadaver weg)
- Keine Hysterie oder Panikmache (wie früher bei Tollwut oder „Fuchsbandwurm")

### Behandlung

Gegen die *Sarcoptes*- und *Notoedres*-Räude haben sich zweimalige Injektionsbehandlungen innerhalb von 1–2 Wochen bewährt, weil bei einer zweimaligen Behandlung die aus den die Erstbehandlung überlebenden Eiern geschlüpften Larven abgetötet werden. Gleichzeitig mit der Therapie ist das Hundelager mit einem Akarizid (z. B. Pyrethroide) zu behandeln und sind die Hundedecken auszukochen. *Demodex*-Milben (Haarbälge) sind sehr schwierig zu behandeln.

## Flöhe

Flöhe halten sich meist am Rücken und Hals des Hundes auf. Mit dem Flohkamm können die Parasiten und vor allem der Kot aus dem Fell gekämmt werden. Mit einem Tropfen Wasser vermischt, ergibt der Flohkot eine rotbraune Flüssigkeit (verdautes Blut). Flohbisse verursachen Juckreiz, und durch ständiges Kratzen und Beißen kommt es als Folge zu Hautveränderungen. Eine häufig vorkommende Komplikation ist die „allergische Flohdermatitis“, eine Allergie gegen Flohspeichel. Am Rücken, Schwanzansatz und Unterbauch entstehen stark juckende Pusteln, die durch Lecken und Kratzen zu einer eitrigen Hautentzündung und/oder fettigen Schuppenbildung mit Haarausfall führen können. Weiters sind Flöhe auch Überträger von Bandwürmern. Die häufigste Flohart des Hundes (*Ctenocephalides felis*) lebt ständig auf dem Hund, da der erwachsene Floh zum Überleben Blutmahlzeiten braucht. Außerhalb des Wirtes überlebt er nur wenige Tage. Das Weibchen legt etwa 2.000 Eier, die vom Hund fallen und sich an den Aufenthaltsplätzen des Hundes zu Flohlarven entwickeln. Je nach Temperatur und Luftfeuchtigkeit verpuppen sich die Larven in ein bis zwei Wochen. Frühestens nach 8 Tagen schlüpfen die fertigen Flöhe. Allerdings können die Puppen bis über 6 Monate ruhen und erst bei Erscheinen eines neuen Wirtes (auch Mensch!) und Ansteigen der Temperatur schlüpfen (Wochenendhaus, Jagdhütte).

Daher ist es bei der Flohbekämpfung neben der Behandlung des Hundes (Flohhalsband, Spot on, Flohtabletten) besonders wichtig, die Umgebung des Hundes mechanisch (Staubsauger, Austausch und Waschen der Schlafunterlage) zu reinigen.

## Läuse, Haarlinge, Herbstgrasmilben, Fellmilben

Weitere vorkommende Hautparasiten, die Juckreiz hervorrufen, sind **Cheyletiellen** (Schuppenbildung am Rücken, Eier kleben an den Haaren), **Herbstgrasmilben** (rostähnliche Flecken, bestehend aus Milben, meist an Beinen und Unterbauch, vor allem im Sommer und Herbst), **Läuse** (räudeähnliche Hautveränderungen durch Kratzen, Nissen kleben an den

*Flöhe (links), Haarlinge (Mitte) und Zecken (rechts) sind häufige Ektoparasiten des Hundes (rasterelektronenmikroskopische Aufnahmen, Bayer Tiergesundheit)*

Haaren, häufig am Kopf und an den Ohren) und **Haarlinge** (intensiver Juckreiz, Hunde sehr unruhig, Eier an den Haaren festgeklebt). Bei diesen Erkrankungen ist nach gestellter Diagnose der Wirkstoff Fipronyl das Mittel der Wahl.

## Malassezien

Es handelt sich dabei um eine häufig vorkommende Hefepilzart, die ein normaler Bewohner der äußeren Gehörgänge ist. Durch chronische Ohrenentzündung, besonders bei Hängeohren, kann es zu einer starken Vermehrung und Verbreitung der Hefen kommen. Neben Juckreiz treten Hautveränderungen (Rötungen, Pappeln, Pusteln, Schuppenbildung) auf. Befallen sein können Ohren, Analdrüsen, Pfoten, Hautfalten oder auch der ganze Körper. Die Diagnose wird durch ein Hautgeschabsel gestellt, die Behandlung ist schwierig und kann bis zu 6 Wochen dauern.

## Zecken

Zecken leben in Bodennähe, sie lauern auf Säugetiere, Vögel und auch auf den Menschen. Vor dem Blutsaugen betäuben sie die Hautstelle mit einem Biss und bleiben daher oft unbemerkt. Sie benötigen für ihre Entwicklung Temperaturen von über 5 °C in Bodennähe, somit kommen sie von März bis Oktober vor. In unseren Breiten übertragen Zecken vor allem die Borreliose und die FSME (Frühsommer-Meningoenzephalitis). Hunde erkranken nur selten an FSME. Die Borreliose wird bei Hunden immer häufiger beobachtet. Borrelien leben im Darm infizierter Zecken und werden durch die Blutmahlzeit aktiviert. Es dauert 24 Stunden, bis die Bakterien aktiviert sind und in den Wirt eindringen. Die beim infizierten Menschen typischen ringförmigen Hautrötungen werden beim Hund meist übersehen. Die Symptome der Hunde-Borreliose sind Fieber, Müdigkeit oder Leistungsabfall, Lahmheit, Abmagerung oder neurologische Ausfallserscheinungen. Die Impfung gegen Borreliose hat beim Hund aus verschiedenen Gründen nur eine etwa 30%-ige Wirksamkeit. Daher ist es sehr wichtig, den Hund mit wirksamen Mitteln (Zeckenhalsband, Spot-on) zu behandeln und nach jedem Einsatz nach Zecken abzusuchen. Durch das rechtzeitige Entfernen der Zecken kann eine Borreliose-Infektion verhindert werden, da die Erreger erst 24 Stunden nach dem Biss übertragen werden.

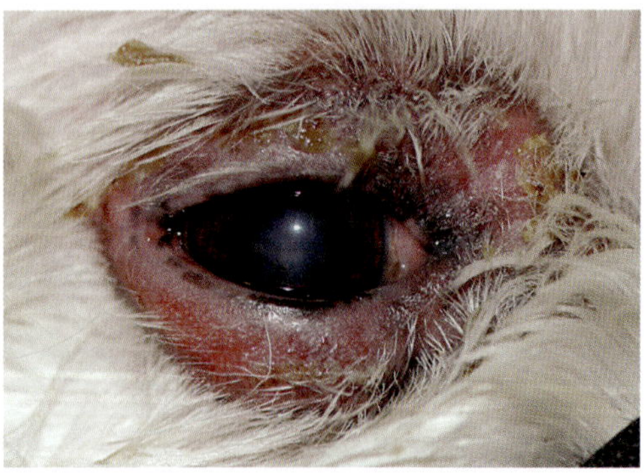

*Auch Allergien können zu eitrigen Hautentzündungen führen.*

## Hautentzündung (Dermatitis)

Die Hautentzündung kann binnen weniger Stunden auftreten. Es bilden sich meist runde, hochrote, schmerzhafte, eitrig-nässende Stellen. Die Haare verkleben, und es entstehen Krusten. Die Entzündung kann auf Körperregionen beschränkt sein oder den ganzen Körper betreffen. An den veränderten Stellen wird intensiv geleckt und gebissen, was zu einer Verschlimmerung führt.

### Ursache und Behandlung

Verletzungen, die vom Hund beleckt und durch die im Maul befindlichen zahlreichen Bakterien infiziert werden, sind oft Ursache von lokalen Entzündungen. Auch zu häufiges Baden mit ungeeigneten Shampoons kann die natürliche Abwehrkraft der Haut so schädigen, dass es zur Vermehrung der Bakterien kommt. In Hautfalten oder unter verfilztem Fell entstehen leicht Entzündungen durch mangelnde Luftzufuhr und erhöhte Feuchtigkeit. Schädigungen der Haut durch Parasiten, Milben und Pilze sowie häufiges Kratzen und Lecken bei Allergien führen ebenfalls zu eitrigen Hautentzündungen.

Vorbeugen kann man durch regelmäßige Fellpflege, Flohbekämpfung, Baden – nur wenn nötig, und dann mit geeigneten Shampoons. Bei Hautverletzungen oder Entzündungen sollten die Haare um die veränderte Stelle abgeschoren, die Wunde gereinigt und entsprechend versorgt werden (milde Hautdesinfektionsmittel, Wundsalben). Wichtig ist, dass der Hund am Belecken und Benagen der Wunde gehindert wird (Anlegen einer Halskrause). Führen diese Maßnahmen nicht zur Heilung, sollte ein Tierarzt aufgesucht werden.

## Allergie

Die Krankheit beginnt mit Juckreiz, Rötungen, Schuppen, Haarausfall, Pappeln und eitrigen Pusteln. Es gestaltet sich meist sehr schwierig, die Ursache für die Erkrankung zu finden,

#### Ursache und Behandlung

Die Ursachen für allergische Hauterkrankungen sind – wie beim Menschen – auch beim Hund sehr vielfältig. Am häufigsten sind Ektoparasiten (z. B. Flöhe), stechende Insekten, Futter, Bakterien, Milben (z. B. Hausstaubmilben), Pollen, Pilzsporen, Medikamente (z. B. Flohmittel, Shampoons) und Hormone Auslöser einer Allergie. Genetische Veranlagung und auch psychische Störungen spielen eine wesentliche Rolle bei der Entstehung einer Allergie. Hat man den oder die allergieauslösenden Stoffe festgestellt, kann eine Desensibilisierung durchgeführt werden.

Weiters gibt es noch die große Gruppe der autoimmun- und immunbedingten Hauterkrankungen (z. B. Pemphigus, Lupus), die dieselben Hautveränderungen hervorrufen. Gewebsproben und Blutuntersuchungen können zu einer Diagnose führen.

## Liegeschwielen

Liegeschwielen entstehen durch Liegen auf harten oder rauen Unterlagen an Stellen, wo sich Knochenvorsprünge befinden (Ellbogen, seitlich an den Extremitäten über den Gelenken, am Brustbein). Die Haut wird dicker, oft pigmentiert und rissig, wodurch Bakterien eindringen (z. B. durch Belecken) und eine Entzündung verursachen können.

Weiche Unterlage an den bevorzugten Ruheplätzen anbieten und pflegende oder bei entzündeten Schwielen antibiotische Salben auftragen.

# Erkrankungen des Kopfes

## Erkrankungen des Auges

Früher hat man angenommen, dass der Hund nur über ein Schwarz-Weiß-Sehen verfügt. Nach eingehenden Untersuchungen wurde festgesellt, dass auch Hunde „farbsehen", allerdings anders als der Mensch. Die Stäbchen sind für das Sehen von Graustufen verantwortlich, die Zäpfchen für das Farbsehen. Stäbchen sind im Hundeauge viel zahlreicher und benötigen weniger Licht, weiters verfügt das Hundeauge über ein Tapetum lucidum, eine Art Spiegel, der das einfallende Licht noch einmal reflektiert. Hunde können daher in der Dämmerung viel besser sehen als der Mensch. Für das Farbsehen hat der Hund nur 2 unterschiedliche Zapfenarten (der Mensch hat 3), die für Gelb und Blau empfindlich sind. Rot ist daher eine Farbe, die der Hund nicht erkennt.

Bei allen Erkrankungen des Auges ist möglichst rasch ein Tierarzt aufzusuchen, da immer die Sehkraft des Hundes auf dem Spiel steht. Informationen zu Augenkrankheiten bietet die Homepage www.augentierarzt.at.

### Rolllid und Hängelid

Beim Rolllid wird der Lidrand einwärts gerollt, durch das Reiben der Wimpern auf der Hornhaut und auf der Bindehaut kommt es zu Entzündungen und im schlimmsten Fall zu Hornhautgeschwüren. Der Hund reibt an den Augen, Augenausfluss tritt auf, die Bindehaut ist gerötet.

#### Ursache und Behandlung

Die Erkrankung kann ein- oder beidseitig auftreten, meist ist sie vererbt, kann aber auch durch Narbenzug entstehen. In leichten Fällen kann der Tierarzt die Haut unter dem Lid raffen, in schwereren Fällen muss das Rolllid operativ korrigiert werden.

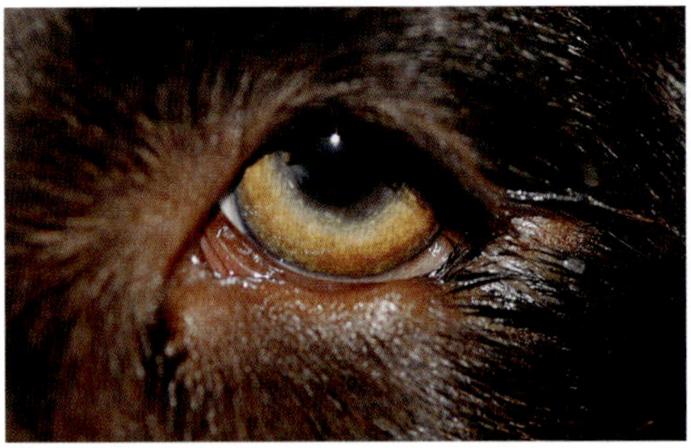
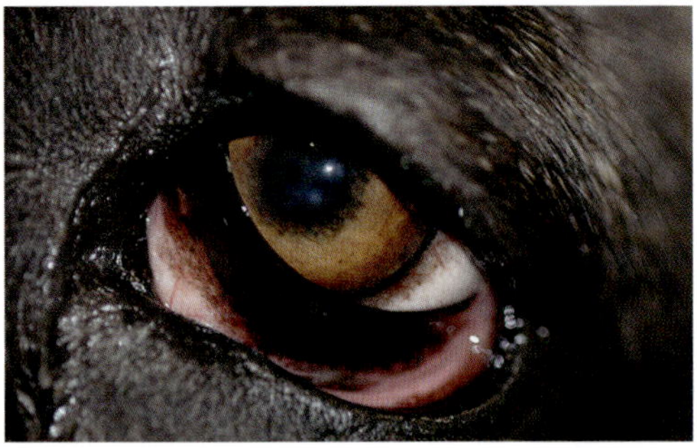

*Rolllid (links) und Hängelid (rechts) sind meist vererbt und müssen häufig operiert werden*

Beim Hängelid, das vor allem bei großen Hunderassen vererbt wird, kommt es zu einer Außendrehung des Unterlides. Der unvollständige Lidschluss verursacht eine Entzündung der Lidbindehaut. Eine dauerhafte Heilung ist nur durch eine Operation möglich.

## Bindehautentzündung

Die Bindehautentzündung gehört zu den am häufigsten auftretenden Augenerkrankungen. Es kommt zu vermehrtem Augenausfluss (klar oder später auch trüb), Rötung der Bindehaut, die Hunde blinzeln vermehrt und reiben den Kopf über den Boden.

### Ursache und Behandlung

Tritt die Entzündung einseitig auf, ist die Ursache meist eine Verletzung oder ein Fremdkörper. Eine beidseitige Bindehautentzündung kann durch Zugluft, Staub, Sonne und Bakterien verursacht werden. Bindehautentzündungen können auch Folge einer anderen Augenerkrankung, einer Stoffwechselerkrankung (z. B. Zuckerkrankheit) oder einer infektiösen Allgemeinerkrankung (z. B. Staupe) sein.

Als Sofortmaßnahmen legt man kalte Kompressen auf das geschlossene Auge und tropft das Auge mit pflegenden Augentropfen ein. Auf keinen Fall Kamillentee oder Borwasser ins Auge bringen, beide Substanzen wirken reizend. Bei anhaltenden Symptomen den Tierarzt aufsuchen!

## Hornhautverletzungen, Hornhautgeschwüre

Der Hund versucht mit der Pfote am Auge zu reiben, Lichtempfindlichkeit und Augenausfluss treten auf, die Lider werden zusammengezwickt. Die Hornhaut erscheint uneben oder ist bereits getrübt. Das betroffene Auge durch einen Verband gegen Lichtreiz und Kratzen schützen und den Tierarzt aufsuchen!

## Grüner und grauer Star

Der graue Star ist meist eine Alterserscheinung, die Linse wird langsam trüb, und die Sehkraft nimmt ab.

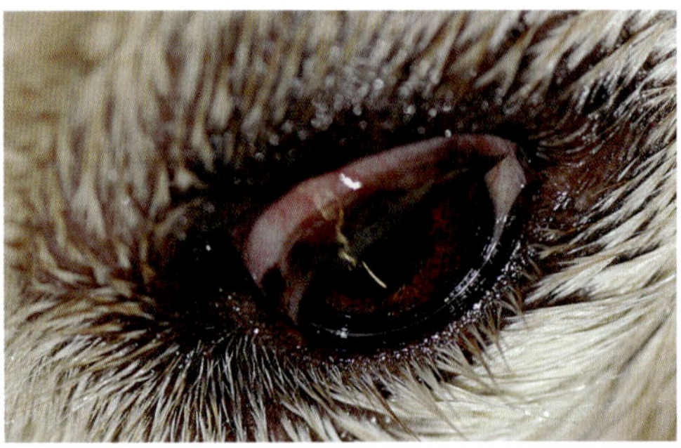
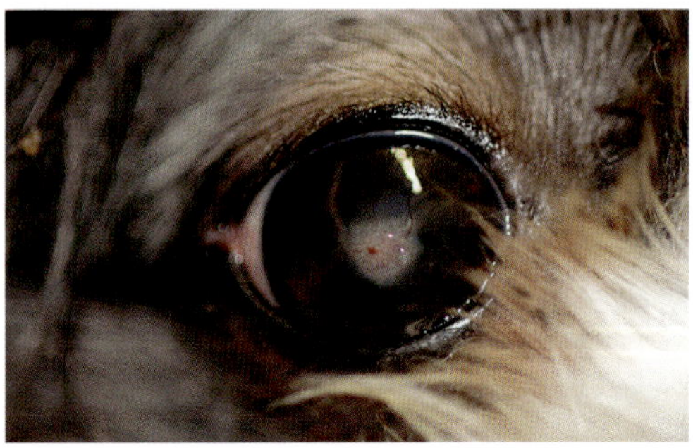

*Lidbindehautentzündung (links) und Hornhautgeschwür (rechts)*

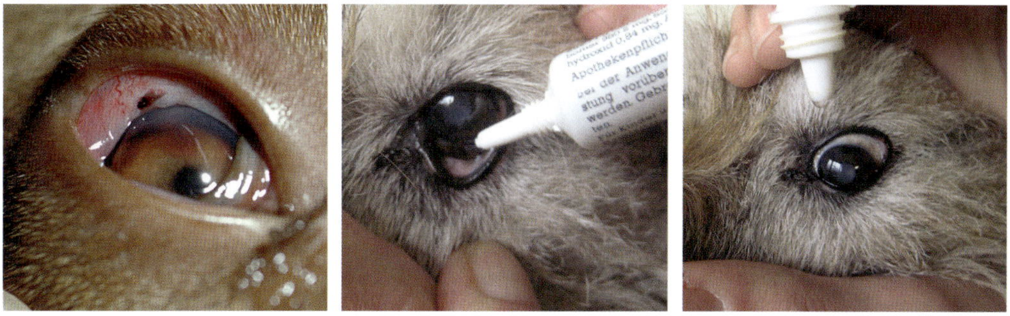

*Schrotschussverletzung am Auge (links) Richtiges Verabreichen einer Augensalbe und von Augentropfen (Mitte und rechts)*

Bei fortgeschrittener Erblindung kann die operative Entfernung der Linsen zu einer verbesserten Sehkraft führen. Der grüne Star stellt eine absolute Notfallsituation dar. Das Auge oder die Augen tränen, die Pupille ist stark geweitet, es treten Hornhauttrübungen und Sehstörungen auf. Auffallend ist die extreme Schmerzempfindlichkeit im Augenbereich. Beim grünen Star kommt es zu einer Druckerhöhung im Augapfel durch eine Abflussstörung des Kammerwassers und in Folge rasch zur Erblindung. Suchen Sie so schnell als möglich einen auf Augenheilkunde spezialisierten Tierarzt, der über Instrumente zur Augendruckmessung und Operation verfügt, auf.

## Ohrenerkrankungen

Kann der Mensch nur Frequenzen zwischen 20 und 20.000 Hz (Hertz) hören, so nimmt das Hundeohr Frequenzen von 15 bis 50.000 Hz wahr. Der Hund kann durch die beweglichen Ohrmuscheln eine Schallquelle genau orten (Abweichung maximal 2 %). Beim Menschen beträgt die Abweichung einer genauen Ortung über 15 %. Der Hund verwendet die Ohren nicht nur zum Hören, sondern signalisiert auch seine Stimmung mit den Ohren. Dieses Signal ist für die Kommunikation von Hund zu Hund sehr wichtig.

### Ohrenentzündung

Die akute oder chronische Entzündung des äußeren Gehörganges ist eine häufig auftretende Krankheit. Es kommt zu vermehrter Ohrenschmalzproduktion, unangenehmem Geruch aus den Ohren, die Ohrmuschel ist gerötet und eventuell verdickt. Der Hund schüttelt vermehrt den Kopf und kratzt sich an den Ohren.

#### Ursache und Behandlung

Als Ursache kommen Bakterien, Pilze, Parasiten, Fremdkörper und Tumoren in Frage. Begünstigt wird das Auftreten der Ohrenentzündung durch Hängeohren, Tauchen im Wasser oder starke Behaarung im äußeren Gehörgang. Um eine Ohrenentzündung richtig behandeln zu können, ist eine tierärztliche Diagnose der Ursache unerlässlich. Als Vorbeugung ist eine regelmäßige Kontrolle der Ohren zu empfehlen. Ohrenpflege mit Ohrreinigern sowie Auszupfen von Haaren im äußeren Gehörgang sind vorbeugende Maßnahmen. Verwenden Sie keine Wattestäbchen, da es leicht zu Verletzungen des Trommelfells kommen kann.

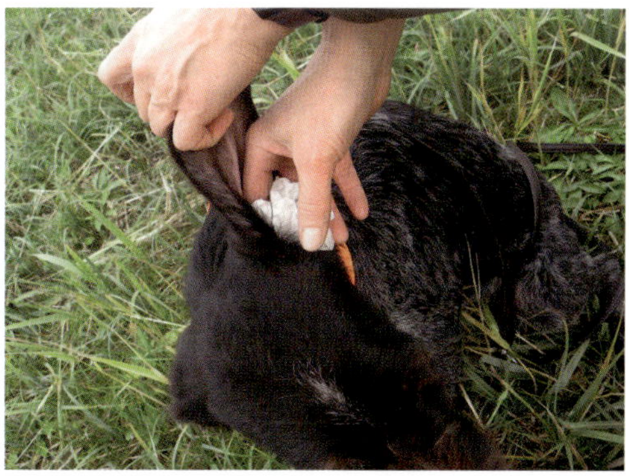

*Bei der Ohrreinigung muss man auf das Trommelfell aufpassen*

### „Ohrräude“

Ursache und Erreger der Ohrräude von Hunden, anderen Hundeartigen sowie Katzen ist *Otodectes cynotis*, die verbreiteteste Räudemilbenart der Fleischfresser.

Die Entwicklung der Ohrräudemilbe vom Ei bis zur Milbe dauert ca. 3 Wochen. Die Ohrräude bleibt zumeist auf den äußeren Gehörgang und die Innenseite der Ohrmuschel beschränkt. Bei Hunderassen mit halbaufgestellten Ohren tritt die Ohrräude am häufigsten auf, gefolgt von Rassen mit Hängeohren, seltener bei aufgestellten Ohren. Vereinzelt wird die Otodectes-Milbe als Ursache für eine Hautentzündung der Stirn- und Augengegend beschrieben. Obwohl diese Milbenart im Unterschied zur oben beschriebenen Sarcoptes-Milbe nicht in die Haut eindringt, treten deutliche Symptome und auch schwere Schäden auf. Anfangs kommt es zu Juckreiz, später können sich bis zu zentimeterdicke Auflagerungen bilden. Die Tiere schütteln häufig den Kopf, halten den Kopf schief, kratzen sich, und es kommt zu einer Entzündung des äußeren Gehörganges.

Durch das Kratzen können Ekzeme an den Ohren oder deren Umgebung oder auch Blutergüsse (auch in der Ohrmuschel = Othämatom) entstehen. In schweren Fällen kann die Ohrräude zu Mittelohrentzündung und Taubheit führen, wobei die Tiere den Kopf schief halten und Bewegungsstörungen zeigen können.

Die Übertragung der Ohrräude erfolgt hauptsächlich durch Kontakt von Tier zu Tier, wobei es sich nicht um Tiere der gleichen Spezies handeln muss.

Vor der lokalen Behandlung der Ohrräude mit spezifischen Ohrentropfen ist das Ohr gründlich zu reinigen. Es sind auch Präparate am Markt, die sowohl reinigende, milbenabtötende und entzündungshemmende Wirkung entfalten.

## Zahn- und Zahnfleischerkrankungen

Die Milchzähne (28 Zähne) beginnen in der 3. bis 4. Lebenswoche durchzubrechen und das Milchgebiss ist bis zur 14. Woche komplett. Mit 4 bis 6 Monaten findet der Zahnwechsel statt. In dieser Zeit kann es zu Fressstörungen kommen und die Tiere sind auch anfälliger für Infektionen. Das bleibende Gebiss hat beim Hund 42 Zähne. Pro Kieferhälfte gibt es 3 Schneidezähne, 1 Eckzahn, 4 vordere Backenzähne sowie im Oberkiefer 2, im Unterkiefer 3 hintere Backenzähne.

### Bleibender Milchzahn

Normalerweise stößt der bleibende Zahn seinen Milchzahnvorgänger beim Wachsen aus der Verankerung, der Milchzahn fällt aus. Besonders bei kleineren Hunderassen kommt es immer wieder vor, dass der Milchfangzahn nicht ausfällt (*Caninus persistens*) und hinter oder neben diesem der bleibende Fangzahn herauswächst. Meist ist der Oberkiefer betroffen. Der Milchzahn muss unbedingt, meist chirurgisch, entfernt werden, da es sonst sowohl zu einer bleibenden Fehlstellung des Gebisses als auch zur Schädigung des Nachfolgezahnes kommt.

### Zahnstein und Zahnfleischentzündung

Probleme mit bleibenden Zähnen sind gewöhnlich für den Hundeführer leicht erkennbar. Die häufigsten Anzeichen sind schlechte Futteraufnahme, unangenehmer Geruch aus dem Fang, starkes Speicheln, gerötetes Zahnfleisch und Verfärbung der Zähne. Zahnstein und eine damit verbundene Zahnfleischentzündung sind laut Untersuchungen bei 85 % aller Hunde feststellbar.

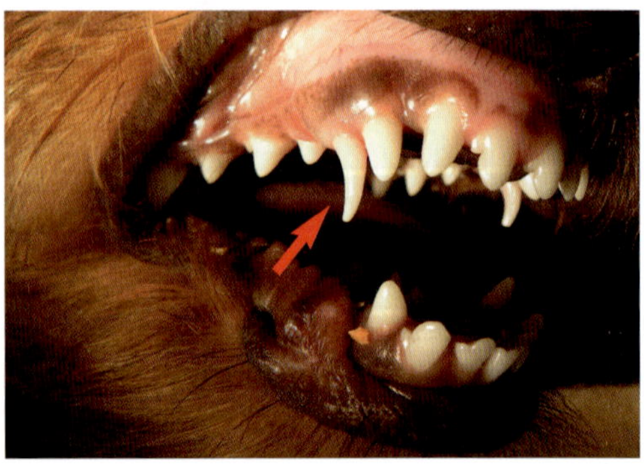

*Bleibender Milchfangzahn im Oberkiefer (Pfeil)*

### Ursache und Behandlung

Breiige oder weiche Nahrung, mangelnde Selbstreinigung der Zähne durch Benagen von Knochen und Traumatisierung der Zähne durch das Herumtragen von Holz oder Steinen führen zu Zahnbelägen, sogenannten Plaques, die aus Bakterien bestehen. Werden diese Beläge nicht durch Kauen fester Nahrung oder durch „Zähneputzen" mit einer Hundezahnbürste entfernt, mineralisieren sie und werden zu Zahnstein. Durch die Bakterien und deren Toxine entzündet sich das Zahnfleisch, es ist gerötet, wirkt „glasig" und die Blutungsbereitschaft steigt. Erfolgt keine Behandlung so bilden sich wie auch beim Menschen Zahnfleischtaschen, die Zahnwurzeln werden locker, der Kieferknochen schwindet und die Zähne fallen aus. Als vorbeugende Maßnahme sollten dem Hund regelmäßig Knochen oder Kauknochen gegeben werden. Wird Belagbildung damit nicht verhindert, müssen die Zähne einmal wöchentlich geputzt werden. Sind die Beläge bereits mineralisiert, kann der Tierarzt sie mittels Ultraschall entfernen.

## Entzündung des Rachenraumes

Die Erkrankung äußert sich in Schluckstörungen, würgendem Husten und eventuell vermehrtem Speicheln.

### Ursache und Behandlung

Die Entzündung des Rachenraumes inklusive der Mandeln (Tonsillen) ist entweder durch Viren und Bakterien verursacht oder es kann sich ein Fremdkörper im Maul- und Rachenraum befinden. Als Fremdkörper kommen vor allem Holzteile und Kno-

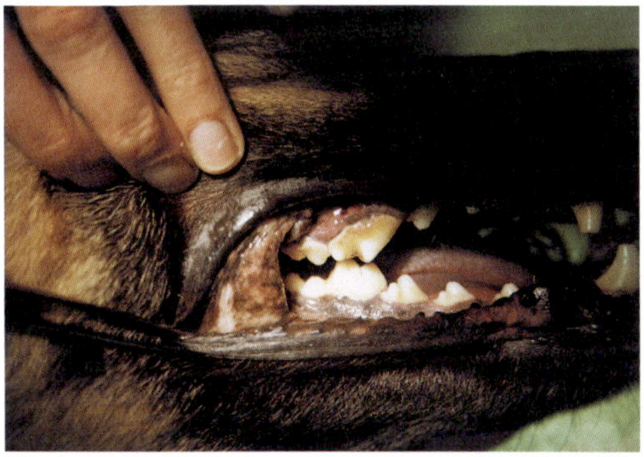
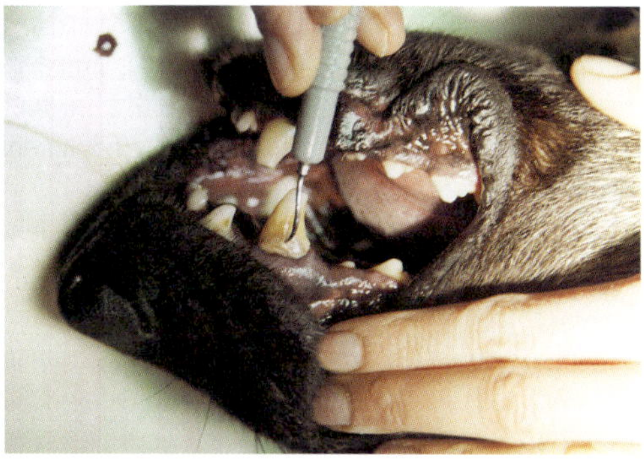

*Zahnstein (links) und Zahnsteinentfernung (rechts)*

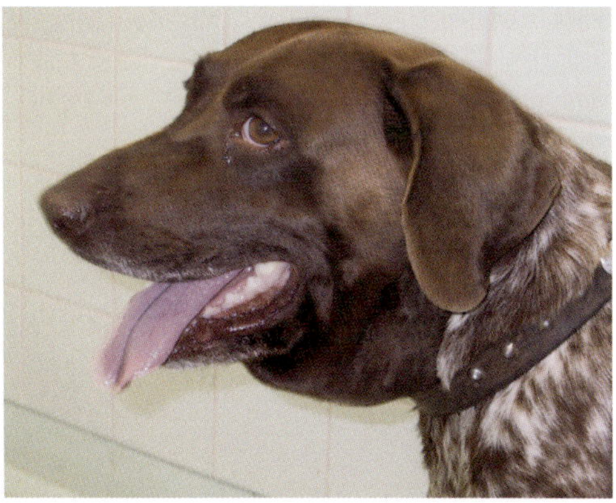
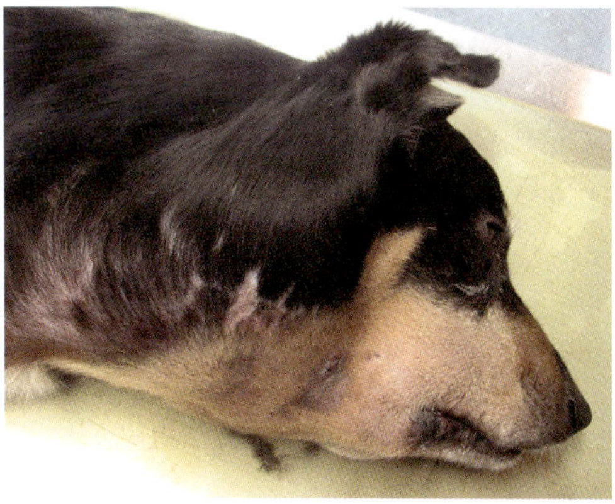

*Hochgradige Schwellung in der Kehlgegend nach Fremdkörper (Holz) im Rachenraum (links); Tumor in der Halsregion (rechts)*

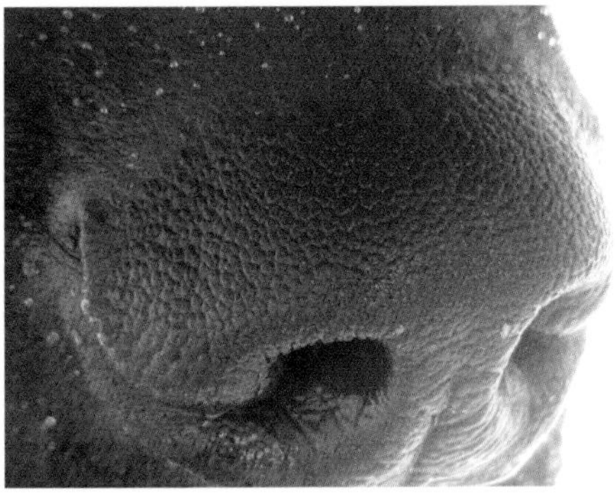

*Das Riechvermögen der Hunde ist etwa eine Million Mal besser als das des Menschen*

chensplitter, Nadeln und Angelhaken in Betracht. Der Maul-Rachenraum ist genau zu untersuchen, häufig bohren sich Fremdkörper unter der Zunge oder im Kieferwinkel ein. Können Sie den Fremdkörper selbst entfernen und die Schleimhaut ist verletzt, sind dem Hund unbedingt vom Tierarzt Antibiotika zu verschreiben, da ein Abszess (Eiterbildung) im Rachen-Halsbereich zum Tod führen kann.

Vergrößerte Tonsillen bei Hunden unter zwei Jahren ohne andere Krankheitssymptome sind nicht als Erkrankung anzusehen. Die Mandeln sind häufig Eintrittspforte und erste Abwehrstation von Infektionen mit Viren und Bakterien. In den Tonsillen werden die Krankheitserreger aufgefangen und die Immunabwehr in Gang gesetzt. Junghunde müssen sich ständig mit neuen Mikroorganismen aus ihrer Umgebung auseinandersetzen, durch diese erhöhte Aktivität der Tonsillen sind diese oft vergrößert und auch entzündet.

## Erkrankungen der Nase

Das Riechvermögen der Hunde ist etwa eine Million Mal besser als das des Menschen, die Differenzierungsfähigkeit von Duftstoffen ist um etwa 1000 Mal besser. Hat der Mensch etwa 5 Millionen Riechzellen, so verfügt der Hund je nach Rasse zwischen 125 und 230 Millionen Riechzellen. Je länger die Hundeschnauze (Fang), desto besser das Riechvermögen. Ein Hund kann in kurzen Atemzügen bis zu 300 Mal in der Minute atmen und so die Riechzellen mit Geruchsstoffen versorgen. 10 % des Hundegehirns (Mensch 1 %) sind für die Verarbeitung der „Riechdaten" verantwortlich. Der Hund kann auch rechtes und linkes Nasenloch unterscheiden, das heißt, er riecht „stereo". Durch diese Fähigkeit kann er die Richtung einer Fährte erkennen.

### Nasenausfluss und Niesen

Heftiges Niesen und einseitiger, oft blutiger Nasenausfluss weisen auf einen Fremdkörper (Grashalme, Getreideähren etc.) in der Nase hin. Es kann auch Atemnot auftreten, die Hunde sind unruhig und versuchen mit der Pfote den Fremdkörper zu entfernen. Der Fremdkörper kann aus der Nase nur in Narkose entfernt werden, da sonst die Verletzungsgefahr durch Abwehrbewegungen zu groß ist.

Bei blutigem Nasenausfluss muss man auch an Tumore, Vergiftungen mit Mäuse- oder Rattenködern oder Infektionen denken.

Beidseitigem wässrigen oder eitrigen Nasenausfluss, verbunden mit anderen Symptomen (Appetitlosigkeit, Müdigkeit, Fieber etc.) liegt eine Infektion zugrunde.

# Erkrankungen der Verdauungsorgane

## Nabelbruch

Nabelbrüche sind angeboren und entstehen wegen eines unvollständigen Bauchdeckenverschlusses. In den meisten Fällen ist die Bruchpforte so klein, dass nur Fett und Netzteile vorfallen können. Vor der 8. Lebenswoche soll nicht operiert werden, da sich der Nabelbruch spontan zurückbilden kann. Ist die Pforte größer, kann der Dünndarm eingeklemmt werden. Der Bruch ist hart und äußerst schmerzempfindlich, das Allgemeinbefinden verschlechtert sich rasch. Ein eingeklemmter Darm führt zu einem Darmverschluss und muss sofort operiert werden.

## Erbrechen

Der Hund wird unruhig, beginnt zu speicheln und zu würgen und erbricht Mageninhalt oder Schleim.

### Ursache

Gelegentliches Erbrechen ist nicht unbedingt Zeichen einer Erkrankung. Junge Hunde, Tiere, die sehr schnell fressen, und sehr aufgeregte Hunde erbrechen öfter. Säugende Hündinnen erbrechen gelegentlich anverdautes Futter für die Welpen. Wiederholtes Erbrechen kann durch Entzündungen der Magenschleimhaut oder des Darmes, durch Fremdkörper oder durch Darmverschluss verursacht sein. Auch andere Organerkrankungen (z. B. Nieren- und Lebererkrankungen, Gehirnerschütterung) können Verursacher von Erbrechen sein.

Tritt wiederholtes Erbrechen auf oder ist zusätzlich das Allgemeinbefinden des Hundes gestört, suchen Sie Ihren Tierarzt auf und bringen Sie – wenn möglich – eine Probe des Erbrochenen mit. Der Tierarzt kann daraus schon oft Rückschlüsse auf den Sitz der Erkrankung ziehen.

## Kotfressen (Koprophagie)

Koprophagie bedeutet das Fressen von Kot, auch des eigenen. Diese Störung kommt vor allem bei Hündinnen vor und ist relativ häufig. Kotfressen beeinträchtigt das Verhältnis zwischen Besitzer, Familie und Hund sehr und stellt eine Infektionsgefahr dar.

### Ursache

Mögliche Ursachen sind Verhaltensstörungen. Der Hund hat das Verhalten aus der Welpenphase übernommen (säugende Hündinnen fressen den Kot der Welpen), Langeweile, ungelöste Konfliktsituationen oder der Hund erhält zu wenig Beachtung. Eine weitere Ursache sind Haltungsprobleme, wie mangelnde Reinigung des Zwingers oder Haltung auf zu engem Raum ohne Strukturierung der Umgebung. Auch medizinische Ursachen kommen als Auslöser in Frage. Dazu zählen Parasitenbefall, unausgewogene Fütterung, Bauchspeicheldrüsenerkrankungen, unerwünschte Nebenwirkungen von Medikamenten und noch vieles mehr. In einigen Fällen kann auch keine Ursache gefunden werden. Die Behandlung kann sehr schwierig und vor allem langwierig sein.

## Magenschleimhautentzündung (Gastritis)

Gras fressen, Erbrechen kurz nach der Futteraufnahme, des Weiteren Verweigern des Futters und rasch einsetzende Mattigkeit sprechen für eine Gastritis. Häufiges und langandauerndes Erbrechen kann zur Austrocknung und zu Kreislaufversagen führen. Überprüfen Sie die Hautelastizität (siehe S. 192). Verstreicht die Hautfalte verzögert oder bleibt sie stehen, muss der Hund zum Tierarzt gebracht werden, um Flüssigkeit in Form von Infusionen zu erhalten.

### Ursache und Behandlung

Als Ursachen kommen Fütterungsfehler, Fremdkörper im Magen, verdorbenes Futter (Komposthaufen!), Giftstoffe (z. B. Reinigungsmittel), Viren, Bakterien und Parasiten in Frage.

Wichtig ist, die Ursache der Gastritis durch den Tierarzt abklären zu lassen und die entsprechende Behandlung einzuleiten. Bis zur Ausheilung sollten Sie die Futterration auf mehrere kleine Rationen aufteilen, das belastet den Magen weniger. Leichter verdaut wird püriertes Futter, das eiweiß- und fettarm ist. Kein rohes Gemüse und keine Leckerlis füttern.

## Magendrehung

Gehäuft tritt die Magendrehung bei Hunden größerer Rassen auf, sie kommt aber auch bei mittleren und kleinen Hunden vor. Nach reichlicher Fütterung bzw. Stress kommt es zu einer akuten Magendehnung mit übermäßiger Füllung des Magens einerseits und Störung der Magenentleerung andererseits. Die Magendilatation verstärkt sich durch Luftschlucken, der Magen überdehnt sich. In der Folge verlagert sich der Magenausgang, wodurch zunächst eine unvollständige Verstopfung des Mageneín- und -ausganges entsteht. Danach dreht sich der Magen aus Sicht des Mageneinganges im Uhrzeigersinn, wodurch der Zugang des Magens verschlossen wird. Die Blähung nimmt weiter zu, der gedehnte Magen drückt auch auf die Pfortader (geht von der Leber zum Herzen), wodurch das Herzminutenvolumen sinkt, der Blutdruck fällt und die Sauerstoffversorgung abnimmt. Der häufig im Zuge der Magendrehung eintretende Tod wird durch einen Kreislaufschock verursacht.

Die Symptome treten häufig abends oder nachts im Anschluss an eine reichliche Fütterung auf. Die Tiere sind unruhig, würgen, speicheln und versuchen erfolglos zu erbrechen. Auffällig ist eine zunehmende Umfangsvermehrung (Aufblähung) des Bauchraumes mit wachsender Atemnot. Es folgen eine sich rasch steigernde Kreislaufschwäche mit erhöhter Herzfrequenz, schwachem Puls, blassen Schleimhäuten, Taumeln, Zusammenbrechen und Tod. Infolge der typischen Krankheitssymptome ist eine Diagnosestellung meist einfach, lässt sich eine Vermutungsdiagnose bereits am Telefon stellen und wird auch von geschulten Laien eine Magendrehung vermutet.

*Größere Hunderassen mit tiefer Brust erkranken leichter an einer Magendrehung*

> Die Prognose hängt davon ab, wie schnell Sie den Hund in eine entsprechend eingerichtete Praxis bringen können. Magenpunktion, Schockbekämpfung und eine Operation, bei der der Magen an der Bauchwand oder an benachbarten Organen fixiert wird, kann das Leben des Tieres retten und die Rückfallquote minimieren.

### Risikofaktoren

Folgende Risikofaktoren gelten nach heutigem Wissenstand als prädisponierende Faktoren zur Ausprägung einer Magendrehung: Länge des Hundes sowie Höhe, Breite und Tiefe des Brustkorbes, Geschlecht (Rüden sind anfälliger), Reinrassigkeit (höchstes Risiko: Great Dane, Weimaraner, Saint Bernard, Gordon Setter und Irish Setter), Größe der Rasse, Alter (Risiko steigt jährlich), Untergewicht, einmal tägliche Fütterung, rasches Fressen, ängstliches Temperament, Stress sowie Magendrehung bei einem Elternteil, da eine Krankheitsanfälligkeit zur Magendrehung in einem geringen Maße auch erblich ist. Zwischen 20 und 52 % der Fälle bei großen Hunderassen treten im Zusammenhang mit erhöhten Futternäpfen auf (vermehrtes Luftschlucken?).

> Jagdhunde sollten nie vor dem jagdlichen Einsatz gefüttert werden.

## Durchfall, Darmentzündung

Der Hund setzt häufiger Kot ab, der von breiig bis wässrig sein kann. Oft ist der Kot farblich verändert, kann Schleim- oder Blutbeimengungen haben und stinkt ekelerregend. Zeigt der Hund erhöhte Körpertemperatur, ist eine Infektion wahrscheinlich. Bei länger anhaltendem Durchfall kann der Patient „austrocknen", daher überprüfen Sie bei Durchfall immer die Hautelastizität (siehe S. 192).

### Ursache und Behandlung

Die Ursachen sind sehr vielfältig, so können Futterunverträglichkeiten, verdorbenes Futter, Parasiten, Vergiftungen, andere Organerkrankungen, Stoffwechselstörungen, Viren und Bakterien auslösend sein.

Als Erstmaßnahme lässt man den Hund 24 Stunden hungern, achtet aber auf eine genügende Flüssigkeitsaufnahme (eventuell löffelweises Eingeben von Kamillentee). Hält der Durchfall an oder wirkt der Hund zunehmend matt und teilnahmslos, sollte ein Tierarzt aufgesucht werden.

## Verstopfung

Kot wird schwer, in kleinen Mengen, mit Schleim oder Blut vermengt oder gar nicht abgesetzt. Dauert die Verstopfung länger an, wird der Bauch aufgetrieben und hart, der Hund wird teilnahmslos, frisst nicht und beginnt zu erbrechen.

### Ursache und Behandlung

Häufigste Ursache ist das Verfüttern von größeren Mengen von Knochen. Aber auch Fremdkörper, Prostatavergrößerung, Tumore, Nervenstörungen, Dammbruch, zu wenig Bewegung und Medikamente können eine Verstopfung bewirken. Als Therapie werden krampflösende Medikamente eingesetzt, Einläufe zum Aufweichen des Kotes verabreicht und der Kot ausmassiert, im Extremfall muss operiert werden.

Nicht alle Hunde zerkleinern und zerkauen Knochen so weitgehend, dass sie verdaut werden können. Gewöhnen Sie Ihren Hund mit kleinen Mengen und anfangs weicheren Knochen (Kalbsknochen) ein. Das Benagen von Knochen ist erstens eine gute Beschäftigung, wenn der Hund alleine ist, und weiters wichtig für die Zahnreinigung. Wenn Ihr Hund Knochen in großen Stücken abschluckt und es zu Verstopfungen kommt, so geben Sie Ihm die im Handel erhältlichen Kauartikel (Schweinsohren, Büffelhautknochen etc.).

## Darmverschluss

Der Darmverschluss ist eine lebensbedrohende Erkrankung, die mit unstillbarem Erbrechen, Futterverweigerung, schmerzhaftem Bauch und fehlendem Kotabsatz einhergeht.

### Ursache und Behandlung

Eine häufige Ursache des Darmverschlusses ist vor allem bei Welpen und Junghunden das Verschlucken von Spielzeug, aber auch unverdaute Knochen können zu Darmverschluss führen. Bei langanhaltendem Durchfall kann es zu einer Verschlingung oder auch Invagination (Einstülpung) des Darmes kommen. Bei diesem Krankheitsbild ist eine sofortige Operation vonnöten.

## Spulwürmer (Z!)

Spulwürmer kommen beim Hund sehr häufig vor. Nimmt der Hund die Wurmeier auf, schlüpfen im Darm die Larven, die sich durch die Darmwand bohren und mit dem Blut in die Leber und danach in die Lunge gelangen. Durch die Luftröhre werden sie hochgehustet, abgeschluckt und gelangen so wieder in den Darm. Hier entwickeln sie sich zu fertigen Würmern und legen Eier ab, die mit dem Kot nach außen gelangen, und der Kreislauf beginnt von vorne. Auf ihrer Körperwanderung schädigen die Larven den Organismus nachhaltig. Darmentzündungen, Leberschäden und Lungenentzündungen können auftreten. Ein Teil der Larven gelangt während der Körperwan-

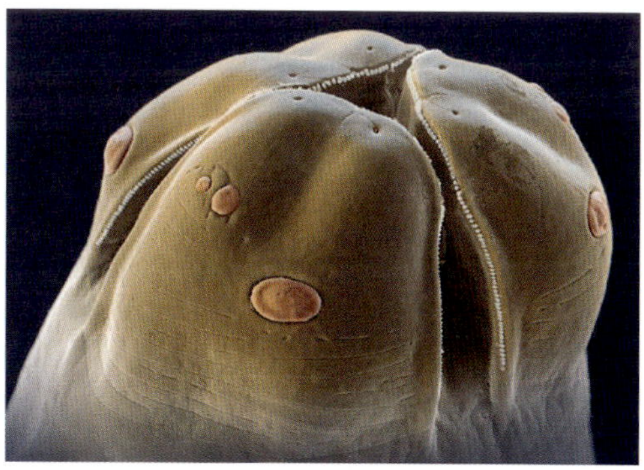

*Kopf eines Spulwurmes (rasterelektronenmikroskopische Aufnahme, Bayer Tiergesundheit)*

derung in die Muskulatur, hier bleiben die Larven in einem Ruhestadium. Bei Hündinnen werden diese Ruhestadien bei einer Trächtigkeit aktiviert und befallen über den Blutweg die ungeborenen Welpen; Larven werden auch über die Milchdrüse ausgeschieden und über die Milch aufgenommen. Da Wurmeier bei Hunden auch oft am Fell kleben, kann sich der Mensch sehr leicht anstecken. Auch im menschlichen Körper macht die Larve eine Körperwanderung durch. Hat der befallene Mensch ein geschwächtes Immunabwehrsystem (Kinder, alte Menschen, durch immunsuppressive Medikamente), wird die Larve nicht abgetötet und setzt sich irgendwo im Körper fest, beispielsweise auch im Auge, wodurch es zu Sehstörungen kommt (siehe auch Kapitel „Zoonosen").

## Hakenwürmer

Hakenwürmer werden von der säugenden Hündin in den ersten Lebenstagen mit der Milch auf die Welpen übertragen. Die Symptome sind blutiger Durchfall bei Saugwelpen, Schwäche infolge Blutarmut. Starker Befall kann zum Tod der Welpen führen. Um Verluste in gefährdeten Zwingern zu vermeiden, sind Desinfektionsmaßnahmen und Entwurmungsprogramme (S. 186) durchzuführen.

## Bandwürmer (Z!)

Nur ein starker Bandwurmbefall führt beim Hund zu Symptomen wie Abmagerung, Durchfall und struppigem Haarkleid. Bemerkt wird ein Befall oft an den in der Analgegend des Hundes klebenden, beweglichen, reiskornähnlichen Bandwurmgliedern. Der beim Hund am häufigsten vorkommende Bandwurm ist *Dipylidium caninum*. Er wird durch Flöhe übertragen. Wenn der Hund einen Floh zerbeißt, kann er Entwicklungsstadien des Bandwurms aufnehmen. Gefährlich für den Menschen sind der „Hundebandwurm" (*Echinococcus granulosus*) und der „Fuchsbandwurm" (*E. multilocularis*). Der bei uns seltener vorkommende Hundebandwurm wird durch infizierte Schlachtabfälle auf den Hund übertragen. Das Reservoir für den Fuchsbandwurm sind Fuchs und Nagetiere (siehe Zoonosen S. 245)

## Analbeutelentzündung

Der Hund rutscht („Schlittenfahren") und beleckt seinen After, der gerötet und geschwollen sein kann. Schlittenfahren kann aber auch durch auswandernde Bandwurmglieder verursacht sein.

### Ursache und Behandlung

Die Ausführungsgänge der Analdrüsen können sich verstopfen. Wenn das Sekret nicht mehr abfließen kann, dickt es ein, die Analbeuteldrüsen entzünden sich, eitern und brechen nach außen auf. Der Tierarzt kann Ihnen das „Ausdrücken" der Analdrüsen zeigen. Bei chronischen abszedierenden Entzündungen müssen die Analdrüsen operativ entfernt werden.

# Erkrankungen des Herzens

## Herzwurmerkrankung (Dirofilariose, Z!)

Die Dirofilariose ist eine Erkrankung des Herzens und der großen Blutgefäße. 5 bis 7 Monate nach der Infektion verliert der Hund an Kondition und Gewicht. Er beginnt zu husten und wird kurzatmig, auch Herz- und Nierenversagen sind möglich.

### Ursache und Behandlung

Herzwürmer werden durch Stechmücken übertragen. Über die Blutgefäße gelangen die Würmer ins Herz und in die großen Herzgefäße. Das Vorkommen erstreckte sich bisher auf tropische und subtropische Gebiete, einschließlich der gesamten Mittelmeerregion. Durch den Klimawandel ist das Auftreten dieser Krankheit bereits auch in Mitteleuropa zu erwarten. Die Würmer werden mit entsprechenden Medikamenten abgetötet, müssen aber bei starkem Befall chirurgisch entfernt werden. Wenn Hunde in endemische Gebiete mitgenommen werden, sollte ein geeignetes Insektenabwehrspray angewendet und eine Therapie mit Parasiten-abtötenden Medikamenten durchgeführt werden.

## Herzschwäche

Diese Erkrankung geht mit Leistungsschwäche, Atemnot, Husten bei Anstrengungen und Unruhe in der Nacht einher. Wassereinlagerungen (Ödeme) in Geweben (Lunge, Unterhaut) sind möglich.

### Ursache und Behandlung

Die Ursachen sind sehr breit gefächert. Tritt die Herzschwäche bereits beim Welpen auf, handelt es sich meist um einen angeborenen Herzfehler. Herzmuskelentzündungen, die Folgen von Infektionskrankheiten (z. B. Parvovirose) sein können, führen ebenfalls zur Herzschwäche. Vor allem bei älteren Hunden sind Erkrankungen der Herzklappen als Auslöser anzusehen. Treten Symptome einer Herzschwäche auf, sollte der Hund tierärztlich untersucht werden. Eine früh einsetzende Therapie kann die Herzleistung wieder verbessern oder zumindest eine rasche Verschlechterung verhindern. Weiters kann das Herz durch eine entsprechende kochsalzarme Diät unterstützt werden.

# Lungenerkrankungen

## Lungenwurm (Z!)

Bei meist ungestörtem Allgemeinbefinden tritt chronischer, vorwiegend trockener Husten auf. Misserfolge einer Bronchitis-Therapie bei Hunden mit möglichen Fuchskontakten (direkt und indirekt) erwecken den Verdacht auf eine Lungenwurminfektion.

### Ursache und Behandlung

Der Lungenwurm des Hundes *Angiostrongylus vasorum*, wird überwiegend bei importierten Hunden nachgewiesen; auch der Lungenwurm des Fuchses (*Crenosoma vulpis*, selten *Capillaria aerophila*) ist auf den Hund übertragbar. Eine Kotuntersuchung auf Larven führt zu einer Diagnose. Als Therapie wird Fenbendazol eingesetzt.

## Lungenentzündung

Der Patient atmet schneller als gewöhnlich, hustet, ist matt und abgeschlagen.

### Ursache

Lungenentzündungen können infektiöse (Viren, Bakterien, Parasiten) und nicht infektiöse Ursachen (Lungenödem, Lungentumor) haben. Lungenentzündungen durch Viren und Bakterien gehen meist mit hohem Fieber einher. Husten und Mattigkeit ohne Erhöhung der Körpertemperatur treten beim Lungenödem (Wasseransammlung in der Lunge) auf. Ursache ist hier meist eine Herzschwäche. Differentialdiagnostisch ist der Lungentumor, vor allem bei älteren Hunden, zu erwähnen.

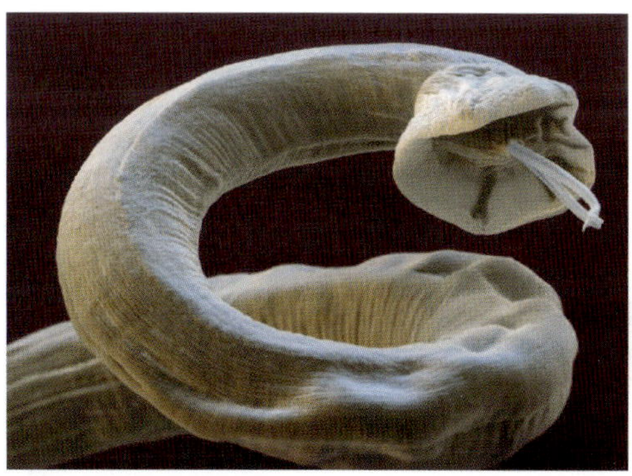

*Herzwurm – mit einer Zunahme in Mitteleuropa wird gerechnet! (links) Kopfende des Hundelungenwurmes Angiostrongylus vasorum (rechts), (rasterelektronenmikroskopische Aufnahmen, Bayer Tiergesundheit)*

# Harnorgane

## Harnträufeln (Inkontinenz)

Der Harn kann nicht gehalten werden und geht immer wieder tröpfchenweise ab. Besonders während der Nacht kommt es vermehrt zum Einnässen.

### Ursache und Behandlung

Welpen und Junghunde zeigen oft Harnträufeln bei Erregungszuständen (Angst, Aufregung, Freude). Diese Unart vergeht meist im Alter von 5 bis 7 Monaten. Bei sehr alten Hunden kann es zu einer Schwäche des Blasenschließmuskels und somit zur Inkontinenz kommen.

Wird ein erwachsener Hund inkontinent, ist das als Erkrankung anzusehen. Kastrierte Hündinnen vor allem großer Rassen neigen mit zunehmendem Alter zum Harnträufeln. Die Inkontinenz kann auch die Folge einer Nerven- und Rückenmarksschädigung sein (Unfall, Bandscheibenvorfall).

Der Tierarzt stellt die Ursache des Harnträufelns fest und leitet eine medikamentöse oder operative Therapie ein. Inkontinente Hunde müssen häufig gewaschen und eingecremt werden, um ein Wundwerden zu verhindern. Saugende Krankenunterlagen verhindern weitgehend eine Geruchsbelästigung und ein Liegen in der Nässe.

## Blasenentzündung

Blasenentzündungen kommen bei Hündinnen wegen der kürzeren Harnröhre öfter vor als bei Rüden. Es wird sehr häufig und oft nur tröpfchenweise Harn abgesetzt. Der Harn kann trüb sein oder Blutbeimengungen aufweisen.

### Ursache und Behandlung

Bakterien steigen durch die Harnröhre auf und vermehren sich in der Blase und führen so zu schmerzhaften Entzündungen. Das Vorhandensein von Harngrieß oder Harnsteinen führt ebenso zu Blasenentzündungen.

Bringen Sie dem Tierarzt eine frische Harnprobe mit, die Sie in einem sauberen Gefäß aufgefangen haben, so ersparen Sie Ihrem Hund das unangenehme Katheterisieren. Der Tierarzt kann durch Untersuchung der Harnprobe die Ursache der Entzündung feststellen und eine entsprechende Behandlung einleiten.

## Harnsteine

Harnsteine oder Harngrieß bestehen aus im Harn ausgefällten Mineralien. Sie führen beim Rüden wesentlich häufiger als bei Hündinnen zu Symptomen. Die lange und enge Harnröhre mit einer Engstelle vor dem Penisknochen bewirkt, dass schon sehr kleine Steinchen (Harngrieß) zu Abflussbehinderungen führen.

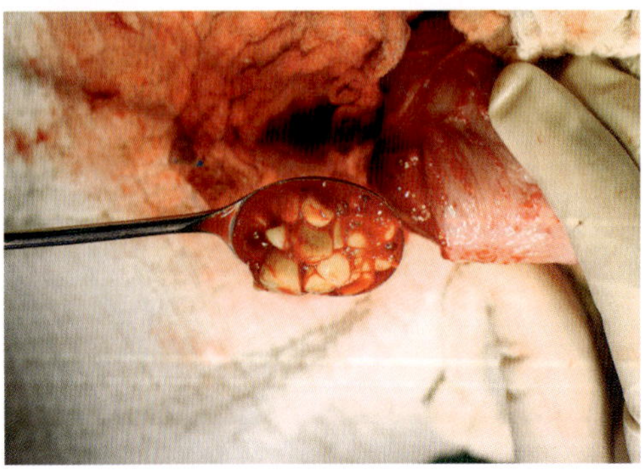

*Blasensteine (Operationsbild und Steine in der Schale)*

Die Symptome sind Schmerzen beim Urinieren, der Harn kommt oft nur tröpfchenweise und ist mit Blut vermengt. Kann überhaupt kein Harn mehr abgesetzt werden, muss der Hund sofort zum Tierarzt, da der Rückstau des Harns sehr rasch zu Vergiftungserscheinungen (Harnvergiftung, Urämie) führt.

#### Ursache und Behandlung

Genetisch bedingte Stoffwechselanomalien (Dalmatiner, Dackel, Neufundländer) begünstigen eine Steinbildung. Eine weitere Ursache ist die Blasenentzündung und die damit verbundene pH-Wert-Änderung des Harns, oft begünstigt durch eine geringe Wasseraufnahme. Wenn die Blase nie ganz entleert wird (z. B. Nerven- oder Blasenwandschädigungen nach Unfällen, Engstellen in der Harnröhre) kommt es leichter zur Steinbildung. Dasselbe gilt für lange Intervalle beim Wasserlassen (Hunde oft 12 und mehr Stunden eingesperrt).

Harngrieß und kleine Steine bleiben bei der Hündin oft unbemerkt. Beim Rüden können schon kleinste Steine einen Totalverschluss der Harnröhre bewirken. Diese Situation ist ein Notfall und der Hund muss sofort zum Tierarzt gebracht werden.

Dieser wird zuerst versuchen den Stein zurück in die Blase zu schieben, um die Harnröhre wieder frei zu machen. Gelingt dies nicht, muss operiert werden. Die Zusammensetzung der Steine wird bestimmt und eine entsprechende Diät vorgeschrieben.

### Nierenschwäche und Nierenversagen

Die Nierenschwäche tritt allmählich auf, kann schleichend verlaufen und wird daher oft erst sehr spät bemerkt. Der Hund wird müder, frisst etwas schlechter, trinkt mehr und lässt mehr Harn. Oft reagieren die Besitzer erst, wenn der Hund stubenunrein wird. Im fortgeschrittenen Stadium kommen Erbrechen, Durchfall, Abmagerung, struppiges Haarkleid und ein unangenehmer Geruch aus dem Fang hinzu.

Beim Nierenversagen setzt das Tier kaum noch Harn ab, zeigt dabei Schmerzen, das Allgemeinbefinden ist stark gestört (Fieber, Appetitlosigkeit, Mattigkeit) und es kommt zu Erbrechen.

#### Ursache und Behandlung

Durch Entzündungen, Tumore, Rückstau aus der Blase oder durch schlechte Durchblutung kommt es zum langsamen Absterben des Nierengewebes. Die Giftstoffe werden nicht mehr vollständig aus dem Blut filtriert und das Krankheitsbild verschlechtert sich. Durch eine massive Entzündung, eine Vergiftung, Schockgeschehen und lange Narkosen kann es zu einem akuten Nierenversagen kommen, welches zum Tod führt. Nierenschwächen kommen vor allem bei älteren Hunden vor, daher wird empfohlen, zumindest einmal jährlich die Blutwerte älterer Tiere überprüfen zu lassen, um eine Nierenschwäche frühzeitig zu erkennen und durch entsprechende Medikamente und eine Diät zu behandeln.

# Geschlechtsorgane

## Rüden

Rüden können bereits im Alter von 6–7 Monaten geschlechtsreif sein und eine Hündin decken! In Zuchtverbänden werden Rüden aber erst ab einem Alter von 18 Monaten als Deckrüden eingesetzt. Damit wird, wie auch bei Hündinnen, zwischen einer „Geschlechts-" und einer „Zuchtreife" unterschieden.

### Kastration

In den meisten Fällen werden Rüden nicht aus medizinischen Gründen kastriert, sondern, um unerwünschtes Verhalten wie Aggressivität, Herumstreunen, Markieren im Haus oder Besteigen von Objekten, anderen Hunden und Menschen zu verhindern. Diese Verhaltensweisen lassen sich durch Kastration um 60–90 % reduzieren. Erstaunlich ist, dass nur 64 % der kastrierten Rüden das Interesse an läufigen Hündinnen verlieren. Aggressivität im Zusammenhang mit Verteidigen des Futters oder aus Angst wird durch Kastration nicht vermindert.

> Je älter der Rüde zum Zeitpunkt der Kastration ist, desto weniger nimmt die Aggressivität gegenüber anderen Rüden ab. Kastrierte Rüden neigen durch vermehrten Appetit zur Fettleibigkeit.

Zu Veränderungen des Haarkleides kommt es wesentlich seltener als bei der kastrierten Hündin.

## Krankheiten der männlichen Geschlechtsorgane

### Hodenhochstand

Beim neugeborenen Welpen liegen die Hoden noch in der Bauchhöhle. Mit dem 10. bis 14. Lebenstag ist die Wanderung der Hoden aus der Bauchhöhle in den Hodensack meist abgeschlossen. Ist im Alter von 8 Wochen nur ein oder gar kein Hoden im Hodensack tastbar, spricht man von einem Hodenhochstand. Hoden, die in der Bauchhöhle oder im Leistenkanal verbleiben, müssen operativ entfernt werden, da sie häufig tumorös entarten.

### Hodenentzündungen, Hodentumor

Entzündungen der Hoden sind äußerst schmerzhaft und führen zu einer Vergrößerung meist beider Hoden, während die Vergrößerung eines Hodens für einen Hodentumor spricht.

### Präputialkatarrh

Gelblich-weißer Ausfluss aus der Präputialöffnung (Vorhautöffnung) stellt für Besitzer ein hygienisches Problem dar. Ursache ist entweder eine Entzündung der Vorhaut und der Penisspitze oder übermäßige Smegmaproduktion (Absonderung der Vorhautdrüsen). Im ersteren Fall helfen Spülungen mit Antibiotika und milden Desinfektionslösungen, im zweiteren Fall wirken solche Spülungen nur vorübergehend. Um eine bleibende Heilung zu erzielen, muss eine Kastration erwogen werden.

### Prostataentzündung, Prostatatumor

Schwierigkeiten beim Kotabsatz, tropfenweiser Harnabsatz, Blutbeimengungen im Urin und im akuten Fall erhöhte Körpertemperatur können durch eine Prostataentzündung verursacht sein. Hier ist die tierärztliche Diagnose notwendig, um eine Entzündung, eine altersbedingte Vergrößerung der Prostata oder einen Prostatatumor zu unterscheiden.

## Hündin

Eine Hündin ist mit Eintritt der ersten Läufigkeit geschlechtsreif, und zwar dann, wenn die Hündin ihr „Erwachsenengewicht" erreicht hat. Je größer der Hund, umso später tritt die erste Läufigkeit auf (8. bis 20. Lebensmonat). Die **Zuchtreife** wird durch die einzelnen Zuchtverbände festgelegt. Allgemein sollte die Hündin zum Zeitpunkt des Deckens mindestens ein Jahr alt sein, das ist meist zum Zeitpunkt der zweiten Läufigkeit. Das Läufigkeitsintervall beträgt 4 bis 12 Monate (große Rassen haben eher längere Intervalle). Das individuelle Läufigkeitsintervall bleibt dann bei einer Hündin konstant. Die **Vorbrunst** dauert durchschnittlich 9 Tage (3 bis 17 Tage). Es kommt zum Anschwellen der Schamlippen und mehr oder weniger blutiger Ausfluss tritt auf. Rüden interessieren sich bereits für die Hündin, die sich aber nicht decken lässt. Die **Brunst** dauert 9 Tage (3 bis 21 Tage), der Ausfluss wird fleischwasserähnlich und die Schamlippen beginnen abzuschwellen. Jetzt ist die Hündin bereit, sich decken zu lassen. Wird die Hündin nicht gedeckt, schließt sich die **Nachbrunst** an, die 9 bis 12 Wochen dauert. In dieser Zeit wird der Gelbkörper wieder abgebaut und die Schleimhaut der Gebärmutter regeneriert sich, wenn es zu keiner Trächtigkeit gekommen ist. Der darauffolgende **Anöstrus** ist die Zeit, in der keine äußeren Anzeichen eines Sexualzyklus zu bemerken sind. Die Dauer des Anöstrus ist sehr variabel, daher ergeben sich verschieden lange Brunstintervalle.

### Deckzeitpunkt

Für die Bestimmung des richtigen **Deckzeitpunktes** reicht in der Regel die Beobachtung. Sobald die Hündin das erste Mal „steht" (Rute in waagrechter Haltung zur Seite gebogen, Aufreiten wird geduldet), rechnet man drei Tage hinzu. Die Hündin soll zum Rüden gebracht werden, da dominante Hündinnen in ihrer gewohnten Umgebung einen schüchternen Rüden leicht verschrecken können. Vor dem eigentlichen **Deckakt** spielen die Hunde. Sobald der Rüde aufgeritten und eingedrungen ist, gibt er nach wenigen Stößen sein Sperma ab. Danach hängen die Hunde durchschnittlich eine halbe Stunde zusammen. Meist steigt der Rüde um, sodass die Hunde entspannt Becken an Becken verharren können.

> Sie dürfen auf keinen Fall gewaltsam getrennt werde, dies kann zu schweren Verletzungen der Genitalien führen!

### Trächtigkeitsdiagnose, Trächtigkeitsdauer

Eine Trächtigkeitsdiagnose ist ab der dritten Woche mittels Ultraschall oder Bestimmung des Hormons Relaxin aus einer Blutprobe möglich. Ab der 6. Woche sind die Föten mittels Ultraschall oder röntgenologisch nachweisbar, ab der 8. Woche sind die fetalen Herztöne hörbar.

Vom Tag des Deckens bis zur **Geburt** gerechnet, beträgt die normale Trächtigkeitsdauer 58 bis 68, durchschnittlich 63 Tage. Das psychische und physische Gleichgewicht der Hündin ist die wichtigste Voraussetzung für eine normal verlaufende Geburt. Jede unnötige Aufregung und Störung ist zu vermeiden.

> Vermutlich ist ein großer Teil von Geburtsstörungen auf Stressfaktoren zurückzuführen, wie Transport zum Tierarzt während der Geburt. Dadurch kann der Geburtsvorgang zum Stillstand kommen und bereits in den Geburtskanal eingetretene Welpen sterben ab.

Wenn Sie keine Erfahrungen haben, verhalten Sie sich ruhig, beobachten Sie die Hündin und notieren Sie die Zeiten zwischen den einzelnen Welpen. Sind Sie unsicher, ob die Geburt normal verläuft, rufen Sie Ihren Tierarzt an, er kann bereits am Telefon aufgrund der geschilderten Ereignisse entscheiden, ob die Geburt normal verläuft oder ob die Hündin vorgestellt werden muss.

### Fehldeckung

Ist es zu einer unerwünschten Deckung gekommen und soll die Hündin auf keinen Fall die Jungen bekommen, gibt es zwei Möglichkeiten, die Trächtigkeit zu unterbrechen. Erstens mit Hormoninjektionen, die unerwünschte Nebenwirkungen, wie Verkürzung des Läufigkeitsintervalls oder Scheinträchtigkeit nach sich ziehen können. Zweitens ist auch möglich, die Hündin in der Frühträchtigkeit (bis zum 35. Tag) zu kastrieren. Das Risiko dieses Eingriffes ist nicht größer als bei einer normalen Kastration.

### Hormonelle Läufigkeitsunterdrückung

Durch die Verabreichung von Hormonen kann die Läufigkeit verhindert werden, wobei je nach Läufigkeitsintervall eine Injektion alle 4 bis 8 Monate verabreicht wird. Mit Hormonen kann die Läufigkeit kurzfristig hinausgeschoben oder auch unterbrochen werden. Bei Zuchthündinnen sollte wegen des Risikos von unerwünschten Nebenwirkungen grundsätzlich auf jede hormonelle Zyklusbeeinflussung verzichtet werden.

### Kastration

Die Kastration ist einer der häufigsten operativen Eingriffe bei Hündinnen. Als Gründe werden Haltungserleichterung, Trächtigkeitsprophylaxe, Krankheitsprophylaxe (Gesäugetumore) und nur in 10 % medizinische Gründe angegeben. Bei der Kastration werden Eierstöcke, Eileiter und meist die Gebärmutter entfernt, während bei der Sterilisation die Eileiter nur unterbunden werden und daher das Läufigkeitsgeschehen weiter abläuft, ohne dass die Hündin trächtig werden kann. Bei Hunden, die sicher nie zur Zucht verwendet werden, sollte die Kastration vor der ersten Läufigkeit vorgenommen werden, um das Risiko für die Entstehung von Gesäugetumoren und Harnträufeln zu senken.

Die **Vorteile** einer Kastration sind: nur ein einmaliger Eingriff notwendig, keine Läufigkeitsblutungen, keine Belästigung durch Rüden und bei frühzeitig kastrierten Hündinnen die Senkung des Gesäugetumorrisikos. **Nachteile** sind die Gefahr des Auftretens von Harninkontinenz (vor allem bei großen Rassen), mögliche Gewichtszunahme und eventuell Veränderungen des Haarkleides.

## Krankheiten der weiblichen Geschlechtsorgane

### Scheidenentzündung

Entzündungen der Scheide treten vor allem bei Junghunden vor der ersten Läufigkeit auf. Die Ursache sind Bakterien, die normalerweise die Schamlippen bewohnen und durch eine Abwehrschwäche des Hundes in die Scheide eindringen und sich dort vermehren. Ist der Ausfluss nur gering und zeigen sich keine anderen Symptome, kann eine Behandlung unterbleiben. Mit der ersten Läufigkeit heilt diese Entzündung ab. Allerdings sollten solche Hündinnen nicht vor der ersten Läufigkeit kastriert werden, da die Entzündung dann therapieresistent werden kann. Zeigen sich Symptome wie starker Ausfluss, Juckreiz und eventuell erhöhte Körpertemperatur, ist ein Tierarzt aufzusuchen.

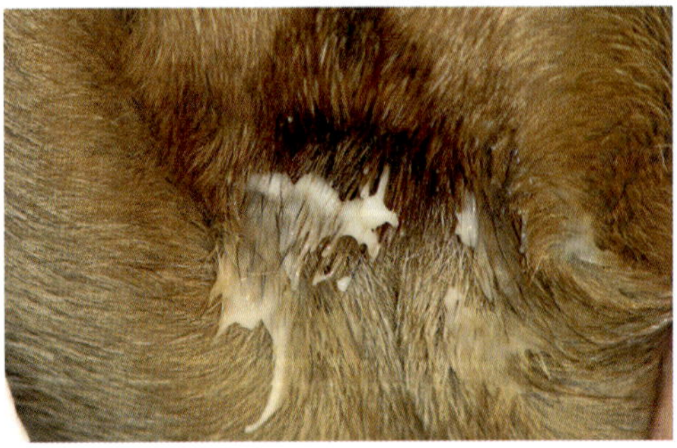

*Ein Scheidenausfluss (hier eitrig) tritt bei Scheiden- und Gebärmutterentzündungen auf.*

### Gebärmutterentzündung

Die Gebärmutterentzündung tritt meist 4 bis 10 Wochen nach der letzten Läufigkeit auf. Die Ursache sind Bakterien, die gegen Ende der Läufigkeit in die Gebärmutter eindringen und sich dort vermehren. Bleibt der Gebärmuttermund offen, so bemerkt man einen eitrigen Ausfluss, der sich oft nur in verklebten Haaren und unangenehmem Geruch äußert. Schließt sich der Muttermund, so kann der Eiter nicht abfließen und sammelt sich in der Gebärmutter, was in seltenen Fällen sogar zum Platzen des Organes führt. Es kann Fieber auftreten und das Allgemeinbefinden kann von normal bis hochgradig gestört sein. Ein Symptom, das fast immer auftritt, ist der deutlich vermehrte Durst! Der Tierarzt entscheidet, ob eine Behandlung mit Antibiotika möglich ist oder ob die Gebärmutter operativ entfernt werden muss.

### Scheinträchtigkeit

Die Scheinträchtigkeit ist ein Krankheitsbild, das aus physischen und psychischen Veränderungen besteht. 3 bis 12 Wochen nach der Läufigkeit beginnt das Drüsengewebe zu wachsen und sich Milch zu bilden. Die psychischen Veränderungen können unterschiedlich stark ausgebildet sein.

Die Hündin zeigt Nestbauverhalten, trägt Spielzeug herum, verteidigt ihre Spielsachen und kann auch aggressiv gegenüber Familienmitgliedern werden.

Die **Ursache** dieser Erkrankung, die vor allem bei kleineren Hunderassen auftritt, sind Störungen im Hormonhaushalt. In leichten Fällen kann mit kühlenden Umschlägen und Ablenkung der Hündin (Wegräumen des Spielzeugs, lange Spaziergänge etc.) eine Heilung erreicht werden. Wichtig ist, die Hündin am Belecken und Saugen an den Zitzen zu hindern, da es sonst leicht zu Entzündungen kommen kann (Halskrause, T-Shirt). In schwereren Fällen ist die Behandlung durch einen Tierarzt notwendig. Tritt die Scheinträchtigkeit wiederholt auf, ist eine Kastration in Erwägung zu ziehen.

### Gesäugeentzündung

Die Entzündung eines oder seltener mehrerer Gesäugekomplexe tritt meist bei säugenden Hündinnen nach der Geburt auf. **Ursachen** sind kleine Verletzungen an der Zitze durch die Welpen. Dort dringen Bakterien ins Drüsengewebe ein und vermehren sich sehr rasch.

> Die Erkrankung verläuft meist akut, der Gesäugekomplex schwillt an, wird hart und ist heiß und gerötet, oft hat die Hündin hohes Fieber und wirkt apathisch. Die Erkrankung ist äußerst schmerzhaft, daher lässt die Hündin die Welpen nicht mehr saugen.

Selbstverständlich ist sobald als möglich ein Tierarzt zu Rate zu ziehen. Sofortmaßnahmen, die sie ergreifen können, sind das Auflegen von kühlenden Umschlägen oder besser noch essigsaurer Tonerde. Eventuell die betroffenen Zitzen vorsichtig ausmelken. Die Welpen sollten von der Mutter getrennt werden, da sie sonst die bakterienhaltige Milch trinken. Wenn Nachwuchs erwartet wird, empfiehlt es sich, vorsorglich Milchpulver für Welpen vorrätig zu haben.

### Gesäugetumore (Mammatumore)

Rund 50 % aller Tumorerkrankungen der Hündin gehen von der Milchleiste aus. Es bilden sich ein oder mehrere Knoten an der Milchleiste, betroffen sind vor allem ältere Hündinnen (Durchschnittsalter 9 Jahre). Die Hälfte der Tumoren sind gutartig und wachsen langsam, die bösartigen Neubildungen fallen durch rasches Wachstum und Metastasierung auf, das heißt, der Tumor streut und es werden auch andere Organe befallen (Lymphdrüsen, Lunge, Leber usw.). Die **Ursache** ist so wie in der Humanmedizin nicht restlos erforscht. Aus welchem Grund Zellen letztlich mutieren und ein überschießendes Wachstum zeigen, ist noch überwiegend unbekannt.

> Begünstigend für die Entstehung von Gesäugetumoren sind wiederholte Hormonbehandlungen zur Läufigkeitsunterdrückung. Trächtigkeiten haben keinen Einfluss auf die Erkrankungshäufigkeit.

Der Tierarzt kann eine Biopsie aus dem veränderten Gewebe entnehmen und so den Grad der Bösartigkeit bestimmen. Kleine gutartige Tumore können unbehandelt bleiben, schnell wachsende müssen operativ entfernt werden. Zur Vorbeuge sollte das Gesäuge älterer Hündinnen regelmäßig durchgetastet werden, um Veränderungen frühzeitig zu erkennen.

# Krankheiten des Bewegungsapparates

### Wachstumsstörungen

Wachstumsstörungen der Knochen treten vor allem bei Junghunden großer Rassen auf. Es kommt zur Lahmheit, Fehlstellungen der Beine (Auswärtsdrehen, X-Beinigkeit) und durch dauernde Entlastung zu Muskelschwund.

#### Ursache

Genetisch oder verletzungsbedingte Störungen in der Wachstumszone des Knochen führen zu ungleichem Wachstum der Knochen. Aber auch eine unausgewogene Ernährung (falsches Kalzium-Phosphor-Verhältnis), zu rasches Wachstum (zu energie- und eiweißreiche Fütterung) und Überbeanspruchung (zu viel Bewegung, zu langes Arbeiten im Welpenalter) führen zu Wachstumsschädigungen. Eine Korrektur der Ration, Bewegungseinschränkung und schmerzlindernde Medikamente können die Wachstumsstörungen, sind sie noch nicht zu weit fortgeschritten, beheben.

## Bandscheibenvorfall

Diese Erkrankung tritt vor allem bei Hunden mit langer Wirbelsäule und kurzen Beinen auf (Dackel). In leichten Fällen zeigt der Hund einen aufgezogenen Rücken, Bewegungsunlust und jault oft plötzlich auf. In schweren Fällen ist das Tier gelähmt und kann meist nicht mehr Harn und Kot absetzen.

### Ursache und Behandlung

Durch Überbelastung der Bandscheiben kommt es zu deren Einriss und Teile des Gewebes drücken auf das Rückenmark. Bei einer totalen Lähmung kann nur eine rasche Operation helfen. In leichteren Fällen wird eine medikamentelle Therapie durchgeführt. Die Bewegung des Hundes muss eingeschränkt werden, vor allem Springen, Treppensteigen und Männchenmachen sollten verhindert werden.

## Verknöcherungen der Wirbelsäule (Spondylosen)

Der Hund zeigt beim Berühren des Rückens Schmerzen, die Beweglichkeit ist eingeschränkt. Aufstehen, Springen und Treppensteigen verursacht Schmerzen. Betroffen sind meist ältere Tiere.

### Ursache und Behandlung

Es bilden sich Knochenbrücken zwischen den Wirbeln, die die Beweglichkeit einschränken und auf Nerven drücken. Weiters kann es durch Verknöcherungen zur Verengung des Wirbelkanals kommen und so zu einem Druck auf das Rückenmark und die dort entspringenden Nerven. Eine Heilung ist nicht möglich, wenn notwendig erhält der Hund schmerzstillende Medikamente und sollte nicht zu mehr Bewegung gezwungen werden, als er selbst will.

## Hüftgelenksdysplasie (HD)

Die Hüftgelenksdysplasie ist eine Fehlentwicklung des Hüftgelenkes mittelgroßer bis großer Hunde. Es kommt zu einer Abflachung der Hüftgelenkspfanne und zu einem unregelmäßig geformten Oberschenkelkopf. Die Beschwerden können bereits bei 4 bis 8 Monate alten Tieren auftreten, und zwar je nach Schweregrad der Veränderungen „watschelnder Gang", Lahmheit, Schwierigkeiten beim Aufstehen, Stiegen steigen und Schmerzen im Hüftgelenk bei passiver Bewegung. Bei wenig ausgebildeter HD treten die Symptome erst nach einigen Lebensjahren auf.

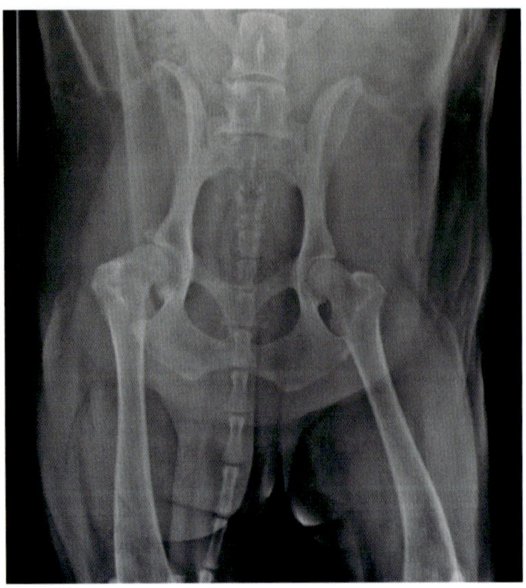

*Hüftgelenksdysplasie*

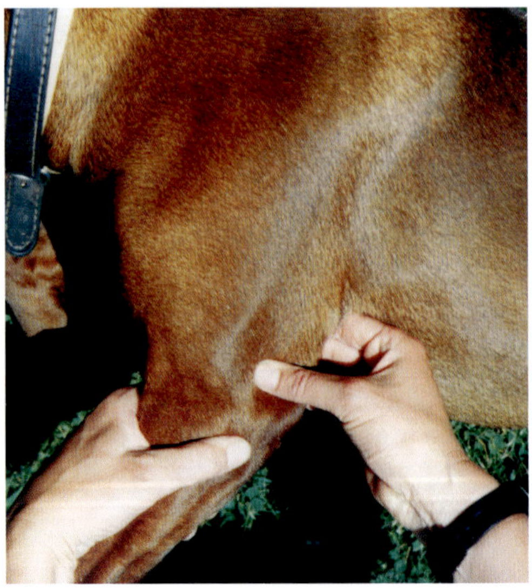

*Untersuchung des Ellbogengelenkes*

#### Ursache und Behandlung

Die Veranlagung zur Ausbildung einer HD ist erblich. Einzelne Rassen sind besonders stark betroffen, darunter Golden Retriever und Labrador Retriever. Umwelteinflüsse wie Ernährung und Haltung führen zur Ausbildung der Fehlentwicklung. Hier werden vor allem zu rasche Gewichtszunahmen im ersten Lebensjahr und Überbelastung diskutiert. Die Diagnose wird durch eine Röntgenaufnahme gestellt. In leichten Fällen werden schmerzstillende Medikamente verabreicht, die Ernährung muss optimiert und die Bewegung eingeschränkt werden. Hunde, die zur Zucht eingesetzt werden sollen, werden vor dem Zuchteinsatz auf HD untersucht.

### Verstauchung/Verrenkung (Distorsion/Luxation)

Der Hund hat hochgradige Schmerzen und kann das betroffene Gelenk nicht bewegen.

#### Ursache und Behandlung

Durch Gewalteinwirkung (Autounfall, Sturz, abnorme Belastung) kommt es zur Überdehnung und in schweren Fällen zum Riss der Gelenkskapsel sowie der Sehnen und Bänder. Als Soforthilfe bewähren sich das Auflegen von Eisumschlägen und das Ruhigstellen des betroffenen Gelenkes. Das Einrichten einer Luxation ist sehr schmerzhaft und kann nur in Narkose durchgeführt werden. Sind Bänder und Sehnen gerissen, führt nur eine Operation zum Erfolg. In leichteren Fällen werden schmerzstillende und entzündungshemmende Medikamente verabreicht.

### Gelenksentzündung

Eine akute Entzündung eines Gelenkes nennt man Arthritis. Das betroffene Gelenk ist geschwollen, heiß und schmerzhaft. Die Arthrose ist eine langsam fortschreitende degenerative Veränderung eines Gelenkes. Das Knorpelgewebe wird zerstört, die Gelenkskapsel schrumpft und Knochenzubildungen können entstehen. Die Arthrose kann sich aus einer unbehandelten Arthritis entwickeln oder entsteht schleichend. Eine Arthrose im fortgeschrittenen Stadium ist sehr schmerzhaft.

#### Ursache

Bakterielle Allgemeininfektionen (z. B. Borreliose), Eindringen von Keimen durch Bissverletzungen, Fremdkörper im Gelenk und Fehlbelastungen können zu akuten Gelenksentzündungen führen. Überlastungen, Knochenfehlstellungen, Stoffwechselstörungen und altersbedingte Abnützungen führen zu Arthrosen.

### Krallenverletzungen

Die Verletzung einer Kralle ist sehr schmerzhaft, daher belastet der Hund die Pfote nicht und leckt an der Kralle. Meist handelt es sich um einen Einriss.

#### Ursache und Behandlung

Der Hund bleibt hängen, wenn die Krallen brüchig oder zu lang sind. Betrifft der Einriss nur den Hornanteil, kann dieser vorsichtig abgezwickt werden. Ist aber auch das „Leben" betroffen und die Kralle blutet, muss ein Tierarzt beurteilen, ob die Kralle gezogen oder mit desinfizierender Salbe und einem Verband versorgt wird.

### Wolfskrallen

Bei den Wolfskrallen handelt es sich um Überreste der fünften Zehe, die bei manchen Hunden ausgebildet sind. Sie befinden sich an der Innenseite der Hinterextremitäten und können unterschiedlich stark ausgebildet sein. Sie stellt ein Verletzungsrisiko dar, da sie durch fehlende Abnutzung sichelförmig weiterwächst und der Hund damit leicht hängenbleibt. Bei Gebrauchshunden sollte die Wolfskralle bereits im Welpenalter mittels Operation entfernt werden.

# Infektionskrankheiten

## Tollwut (Z!)

Bei jedem ungeimpften oder unvollständig geimpften Hund, der Wesensveränderungen zeigt und/oder ohne ersichtlichen Grund speichelt, besteht Tollwutverdacht! Im ersten Stadium der Tollwut kommt es zu Wesensänderungen. Der Patient kann ängstlich, unausgeglichen oder aggressiv sein. Schluckbeschwerden treten auf. In der zweiten Phase, die auch fehlen kann (stille Wut), wird der Patient aggressiv, beißt um sich und ist orientierungslos. Muskelzittern und Krämpfe treten auf. Im letzten Stadium kommt es zu Lähmungen und der Tod tritt ein.

### Ursache und Vorbeugung

Das Tollwutvirus wird von infizierten Tieren mit dem Speichel ausgeschieden und durch Biss übertragen. Die Inkubationszeit ist sehr variabel und kann zwischen 10 bis 250 Tagen liegen (siehe auch Kapitel „Tollwut").

Einen verlässlichen Schutz bietet die ordnungsgemäß durchgeführte Tollwutimpfung.

## Staupe

Die Staupe beginnt nach einer Inkubationszeit von 3 bis 6 Tagen mit einem meist unbemerkten Fieberschub. Nach 2 bis 7 fieberfreien Tagen treten anhaltendes Fieber und Staupesymptome auf. Die Krankheit tritt beim Hund in verschiedenen Erscheinungsformen auf. Bei der Magen-Darm-Form erbrechen die Hunde und haben Durchfall. Bei der Atemwegs-Form zeigt das Tier verkrustete Nasenlöcher, Husten und Schweratmigkeit. Die nervöse Form der Staupe äußert sich in Bewegungsstörungen, Krämpfen oder psychischen Störungen (Staupetick), bei der Hautform verdicken die Sohlenballen. (Siehe auch Staupe bei Wildtieren S. 74).

### Ursache und Vorbeugung

Der Erreger der Staupe ist das *Paramyxo*-Virus, das mit Augen- und Nasensekret, Speichel, Harn und Kot erkrankter Tiere ausgeschieden wird. Da die Staupe bei Wildtieren weit verbreitet ist, sind besonders Hunde mit häufigeren Wildtierkontakten ausreichend durch Impfung zu schützen (siehe S. 184)

## Ansteckende Leberentzündung (Hepatitis contagiosa canis, HCC)

Die Erkrankung kann unbemerkt verlaufen, führt aber oft zu einer Schädigung der Leber. Bei ungeimpften Junghunden verläuft die Erkrankung sehr heftig. Die Symptome sind Fieber, Teilnahmslosigkeit, Appetitlosigkeit, Erbrechen, Durchfall, schmerzhafter Bauch und Gelbfärbung der Schleimhäute (Lidbindehaut, Mundschleimhaut). Die Sterblichkeit beträgt 100 %.

### Ursache und Vorbeugung

HCC wird durch das *canine Adeno*-Virus (CAV-1) hervorgerufen. Die Infektion erfolgt über Nase und Maul, es folgt eine Inkubationszeit von 2 bis 5 Tagen. Eine Behandlung kann nur symptomatisch erfolgen, das heißt, das Virus selbst kann nicht medikamentell beeinflusst werden, es können nur die Symptome behandelt werden. Einen sicheren Schutz bietet nur die nach dem Impfschema ordnungsgemäß durchgeführte Impfung, das heißt nach der Grundimmunisierung muss alle drei Jahre nachgeimpft werden (siehe Impfschema S. 184).

## Hundeseuche (Parvovirose, früher auch „Katzenseuche")

Die Parvovirose ist eine hoch ansteckende, überall vorkommende Krankheit, die vor allem Welpen und Junghunde befällt. Nach einer Inkubationszeit von 4 bis 7 Tagen treten heftiges Erbrechen und mit Blut und Schleimfetzen versetzter Durchfall auf. Die Tiere trocknen sehr rasch aus. Nach einem Fieberschub sinkt die Körpertemperatur unter die Normalwerte (siehe S. 181). Die Krankheit verläuft bei Welpen meist tödlich.

### Ursache, Behandlung und Vorbeugung

Das Parvovirus wird mit dem Kot ausgeschieden. Die Ansteckung erfolgt entweder durch direkten Kontakt oder durch kotverschmutze Gegenstände (Kleidung, Schuhe, Bürsten etc.).

Die Behandlung erkrankter Tiere ist fast nur stationär möglich, da der Flüssigkeitsverlust durch Infusionen ausgeglichen werden muss. Der beste Schutz für Welpen ist eine gute Immunisierung des Muttertieres und eine nach Impfprogramm durchgeführte Impfung (siehe S. 184).

## Leptospirose (Z!)

Die Leptospirose ist eine Zoonose, das heißt von Tieren auf den Menschen übertragbar. Jagdhunde infizieren sich häufig bei der Wasserarbeit oder beim Trinken aus stehenden Gewässern. Nach 4 bis 12 Tagen Inkubationszeit kommt es zu Fieber, Erbrechen und teils blutigem Durchfall. Je nach Befall der Organe treten Leber- und Nierenschäden auf, die zu einer Gelbsucht führen können.

### Ursache, Behandlung und Vorbeugung

Leptospiren sind Bakterien, die bei Wild- und Nagetieren vorkommen und über Speichel und Harn übertragen werden. Die Infektion erfolgt durch direkten Kontakt oder über die Umgebung (stehende Gewässer, Boden etc.). Die Behandlung besteht in Infusionen, Antibiotika und darmregulierenden Medikamenten. Die wichtigste Vorsorge ist die Impfung, die je nach Verwendung des Hundes halbjährlich bis jährlich wiederholt werden muss (siehe S. 185)

## Zwingerhusten

Der Zwingerhusten ist eine hochansteckende Erkrankung der oberen Luftwege und tritt vor allem dort auf, wo viele Hunde zusammenkommen (Welpenschule, Abrichteplatz, Ausstellungen, Tierheime). Die Krankheit äußert sich in hartnäckigem Husten, Nasen- und Augenausfluss und verschleimtem Rachen. Auch Lungenentzündungen können die Folge sein.

### Ursache und Vorbeugung

Der „Zwingerhusten" ist ein Krankheitskomplex, der durch mehrere Viren- und Bakterienarten verursacht wird. Die Ansteckung erfolgt von Hund zu Hund durch Tröpfcheninfektion. Eine vorbeugende Impfung ist möglich, befragen Sie dazu Ihren Tierarzt.

## Borreliose (Z!)

Die Borreliose ist eine weltweit verbreitete, bei Mensch und Tier auftretende Krankheit. Besonders Jagdhunde sind durch den häufigen Zeckenbefall exponiert für eine Ansteckung mit Borrelien. Da beim Hund das beim Menschen auffällige akute Stadium mit Hautrötung durch die pigmentierte und behaarte Haut nur selten zu beobachten ist, dürfte die Dunkelziffer erkrankter Hunde recht hoch liegen – allfällige Spätschäden werden häufig nicht mehr mit einem Zeckenbefall in Verbindung gebracht.

### Ursache, Diagnose und Vorbeugung

Borrelien sind Bakterien, die von Zecken übertragen werden. Der Nachweis von Antikörpern im Blut lässt nur den Verdacht auf Borreliose zu, da diese lange persistieren und zudem Kreuzreaktionen mit anderen Bakterien vorkommen. In Verbindung mit den klinischen Symptomen beim Hund und der Besserung nach antibiotischer Behandlung lässt eine Blutuntersuchung den Verdacht erhärten. An klinischen Symptomen treten beim Hund nach Wochen bis sogar Monaten nach der Infektion Appetitlosigkeit, Fieber, Lahmheit, Schwellung und Schmerzhaftigkeit einer oder mehrerer Gelenke sowie der Muskeln oder der Wirbelsäule auf. Die eindeutige Diagnose Borreliose liefert der schwierig zu führende direkte Erregernachweis aus Blut, Rückenmarksflüssigkeit, Haut oder evtl. Harn. Die biologisch aus Sicht der Erreger sinnvolle Eigenschaft, dass sich Borrelien nach einer Infektion eines Menschen/Tieres wieder massiv in der Haut ansiedeln (und damit wieder von anderen Zecken aufgenommen und weiterverbreitet werden können!) wird mittels Hautbiopsie zur Diagnose genutzt.

> Da die Impfung beim Hund nur einen sehr geringen Infektionsschutz (etwa 15 %) erzeugt, ist die wichtigste Vorsorge ein wirksames Zeckenschutzmittel und das Absuchen nach jedem jagdlichen Einsatz in der Zeit von

März/April bis Oktober. Entfernt man die Zecke innerhalb von 24 Stunden, kommt es zu keiner Infektion mit Borrelien (gilt auch für Borreliose beim Menschen! Nicht aber für FSME!).

## Aujeszky'sche Krankheit (Juckseuche, Pseudowut)

Nach einer Inkubationszeit von wenigen Tagen treten ähnliche Symptome wie bei der Tollwut auf: Ruhelosigkeit, Appetitlosigkeit, Speicheln aufgrund von Schluckbeschwerden und auch Aggressivität. Charakteristisch für die Pseudowut ist der hochgradige Juckreiz vor allem im Kopfbereich. Die Krankheit führt beim Hund sehr schnell zum Tod.

### Ursache und Vorbeugung

Der Erreger ist ein Herpesvirus, dessen Hauptwirt und einziges Reservoir das (Wild)Schwein ist. Die Übertragung erfolgt durch Kontakt oder durch das Verfüttern ungekochten Schweinefleisches oder von Schlachtabfällen. Auf das Genossen machen mit Innereien erlegter Wildschweine sollte unbedingt verzichtet werden. (Siehe Kapitel Aujeszky'sche Krankheit S. 159).

## Ehrlichiose (Z!)

Kam die Ehrlichiose bei Hunden früher nur in Mittelmeerländern vor, sind heute zunehmend auch schon Fälle bei Hunden ohne Auslandsaufenthalt in Mitteleuropa bekannt. Erkrankte Hunde zeigen wiederkehrendes Fieber, Atembeschwerden, Lymphknotenschwellung, Fressunlust, Leber- und Milzschwellung, Blutarmut und im chronischen Falle Abmagerung, allgemeine Blutungsneigung sowie Veränderungen in den Bluteiweißstoffen und im Blutbild.

Durch Blutuntersuchungen können sowohl bei Ehrlichiose als auch bei Borreliose Verdachtsdiagnosen abgesichert und dann entsprechende antibiotische Behandlungen eingeleitet werden.

### Ursache

Abhängig von der Ehrlichien-Art (gramnegative Bakterien), werden unterschiedliche Blutzellen (Leukozyten, Monozyten oder Granulozyten) befallen, die Infektionen verlaufen jedoch mit ähnlichen Symptomen. Verschiedene Zeckenarten sind gesicherte oder vermutete Überträger von Ehrlichien. Wild- und Hauswiederkäuer, Fuchs, Waschbär, Hund und Pferd sind Wirte bzw. Reservoire, erkranken kann auch der Mensch. Ehrlichiose wird häufig in Gebieten diagnostiziert, in denen auch Borreliose vorkommt, was sich im Untersuchungsgebiet Steiermark/Burgenland bestätigte.

## Babesiose

Nach einer Inkubationszeit von 10 bis 21 Tagen zeigt der Patient hohes Fieber, Mattigkeit, Appetitlosigkeit und rotbraun gefärbten Harn. Die Erkrankung kann auch chronisch verlaufen, die Tiere zeigen monatelang Mattigkeit, Blutarmut, magern ab und haben immer wieder Fieberschübe.

### Ursache und Vorbeugung

Die Erreger sind Einzeller (Babesien), die durch Zecken übertragen werden. Die Krankheit ist im gesamten Mittelmeerraum, aber auch in Teilen Deutschlands und Ungarns verbreitet. Vorbeugend kann geimpft oder eine medikamentelle Prophylaxe durchgeführt werden.

## Leishmaniose (Z!)

Die vor allem im Mittelmeerraum verbreitete Krankheit kann monatelang ohne Symptome verlaufen. Bei der Hautleishmaniose kommt es zu Veränderungen der Haut und des Haarkleides. Typisch ist Brillenbildung um die Augen (Haarausfall und Schuppenbildung) und schuppige Veränderungen an den Ohrrändern. Die Lymphknoten schwellen an, Lahmheit, Fieber und Mattigkeit treten auf.

### Ursache und Behandlung

Leishmanien sind einzellige Parasiten, die durch Stechmücken (z. B. Sandmücke) übertragen werden. Eine Behandlung ist sehr langwierig und teuer, oft muss lebenslang behandelt werden. Da es keine wirklich wirksame Prophylaxe gibt, sollten Hunde in gefährdete Regionen nicht mitgenommen werden.

# Vergiftungen

Gezielte Vergiftungen in bösartiger Absicht machen nur einen geringen Teil aller Tiervergiftungen aus. 90 % der Vergiftungen werden durch tierische Neugier oder menschliche Fahrlässigkeit und Nichtwissen verursacht. Es gibt einige tausend giftige Substanzen, die von Hunden aufgenommen werden können. Informationszentren helfen im konkreten Fall weiter.

**Informationszentren für Vergiftung**
**Wien (VIZ)**
www.giftinfo.org Tel.: +43 1 4064343
**München**
www.toxinfo.org Tel.: +49 8919240

Die Diagnose „Vergiftung" kann eigentlich nur gestellt werden, wenn die Giftaufnahme beobachtet oder das entsprechende Gift nachgewiesen wird und die klinischen Symptome für diese spezifische Vergiftung sprechen. Bei akut auftretenden Erkrankungen wird von Hundebesitzern häufig der Verdacht „Vergiftung" geäußert, der sich bei genauer Untersuchung aber als Nierenversagen, akute Nieren- oder Leberentzündung, Magen- oder Darmentzündung, Darmverschluss, Magendrehung oder Ähnliches herausstellt. Nur sehr selten fallen Hunde beabsichtigten Vergiftungen zum Opfer, die Hauptursachen sind menschliche Fahrlässigkeit und Unwissen.

Bei der Vielfalt der Vergiftungsursachen und -möglichkeiten und wegen der selten eindeutigen Symptomatik ist jedoch die Diagnosestellung schwierig und jeder vermeintlich noch so unwichtige Hinweis für den Tierarzt wertvoll.

Als Ursachen kommen neben Rodentiziden (Mäuse-/Rattengift) auch Pflanzenschutzmittel und Pestizide, Putz- und Frostschutzmittel, Umweltgifte, pflanzliche- und tierische Gifte, Arzneimittel sowie Schokolade in Frage. Gifte gelangen durch Fressen, über die Haut und Schleimhäute, über Einatmen oder durch den Biss eines giftigen Tieres in den Körper.

## Rasches Handeln notwendig

Bei Vergiftungsverdacht ist rasches Handeln wichtig, da viele Gifte sehr schnell wirken. Wenn möglich, sollte der Tierarzt schon am Telefon darüber informiert werden, um welches Gift es sich handelt. Gegebenenfalls die Substanz, die Verpackung und den Beipackzettel zum Tierarzt mitbringen und abschätzen, wie viel von der giftigen Substanz aufgenommen wurde. Wichtig sind auch der Zeitpunkt der Aufnahme und die Schilderung der bisher aufgetretenen Symptome.

Bei unbekannter Vergiftungsursache sind Diagnosestellung und Behandlung schwierig, da viele Möglichkeiten in Frage kommen. In solchen Fällen kann die Erstversorgung nur über eine symptomatische Therapie die Vitalfunktionen sichern und eine weitere Giftaufnahme über Darm oder Haut unterbinden. Zur Verhinderung der weiteren Resorption eines Giftes dienen zur Entgiftung Brech- und Abführmittel, Magenspülung, resorptionshemmende Mittel (in Abhängigkeit vom Gift zum Beispiel Aktivkohle, Milch, Paraffinöl, Tannalbin), chemische Reaktionen (Oxydation, Reduktion, Ausfällung, Verdrängen von Zellen usw.) und Einläufe sowie bei äußerlichem Kontakt sehr gründliches Reinigen von Haut und Fell sowie Scheren. Kann anhand von Symptomen und Untersuchungen auf ein bestimmtes Gift geschlossen werden, dann ist es bei einigen Giften möglich, ein spezifisches Gegenmittel (Antidot) einzusetzen.

## Verschiedenste Symptome

Symptome, die auf eine Vergiftung hindeuten sind: Bewusstlosigkeit, Erregung, Muskelzittern, Krämpfe, Lähmungen (z. B. durch Organophosphate, Metaldehyd, Chlorierte Kohlenwasserstoffe, Ethylenglykol, Strychnin oder Schlangenbiss), Pupillenverengung (z. B. durch Organophosphate), Pupillenerweiterung (Metaldehyd, Atropin oder Strychnin), starkes Speicheln (Organophosphate, Thallium, Metaldehyd, Ethylenglykol, Säuren, Laugen, Arsen oder Strychnin), Erbrechen und Durchfall (Organophosphate, Thallium, Metaldehyd, Ethylenglykol), „Blaufärbung" von Zunge und Schleimhäuten durch Sauerstoffmangel und Atemnot (Organophosphate, Metaldehyd, Kohlenmonoxid und Östrogene), hohes Fieber (Metaldehyd oder Kohlenmonoxid), Blutungen, Blutgerinnungsstörungen, Anämie (Cumarine, Östrogene oder Schwermetalle), Leibschmerzen oder Krämpfe (Organophosphate, Thallium, Säuren, Laugen oder Arsen).

**Ratten- und Mäusegift** (meist Cumarinderivate) sind eine relativ häufige Vergiftungsursache bei Hunden. Gefährlicher als das einmalige Fressen eines vergifteten Nagers ist die wiederholte Aufnahme (selbst kleiner Giftmengen) durch das Annehmen von unachtsam an für den Hund zugänglichen Orten ausgelegten Giftködern. Cumarine wirken blutgerinnungshemmend und führen zur Schädigung der Blutgefäßwände und damit zu Blutungen im gesamten Körper.

Erste Vergiftungssymptome nach einigen Tagen sind Mattigkeit, verwaschene oder blasse Schleimhäute, Blutungen aus allen Körperöffnungen, erhöhte Herzfrequenz, schwacher Puls und Atemnot. Das Tier zeigt keine Schmerzen. Bei rechtzeitiger Diagnose können Cumarin-Vergiftungen neben der Notfallbehandlung durch Vitamin K-Gaben behandelt werden, zusätzliche Bluttransfusionen sind möglich.

Drastisch nehmen Vergiftungen mit **Schneckenkorn** zu. Da auf vielen Schneckenkornpackungen der Warnhinweis über die Gefährlichkeit für Haustiere nur sehr klein gedruckt ist oder sogar steht, dass das Mittel für Hunde ungefährlich sei, wird Schneckenkorn oft bedenkenlos eingesetzt. Mittel, die **Methaldehyd** enthalten, sind jedoch für alle Säugetiere gefährlich. Ein bis drei Stunden nach Aufnahme des Giftes zeigen die Tiere je nach aufgenommener Menge Zittern bis zu schweren Krämpfen, die Körpertemperatur kann über 41 °C ansteigen, und der Kreislauf wird extrem belastet. Erbrochenes und Kot haben oft eine blau-grünliche Farbe.

Sollten Sie den Verdacht haben, dass Ihr Hund Schneckenkorn aufgenommen haben könnte, ist das sofortige Aufsuchen eines Tierarztes notwendig.

Eine Magenspülung, das Verabreichen von giftbindenden und krampflösenden Mitteln und oft auch eine künstliche Beatmung sind lebensrettende Maßnahmen. Eine gute und weniger giftige Alternative zum Schneckenkorn sind Mittel, die Eisen-3-Phosphat enthalten. Hier müssten sehr große Mengen aufgenommen werden, um eine Vergiftung auszulösen.

**Schädlingsbekämpfungs- und Unkrautvertilgungsmittel** (häufig Organophosphate, wie E605) führen bei Vergiftung zur Schädigung des Nervensystems. Vergiftungssymptome (Pupillenverengung, Speichelfluss, Erbrechen, Durchfall, Kolik, Harnabsatz, Verlangsamung des Herzschlags, Blutdruckabfall) können bereits 30 Minuten nach der Giftaufnahme auftreten. Später führt die Vergiftung zu Atemnot durch Veränderungen in der Lunge (Bronchokonstriktion und -sekretion), Muskelzittern und schließlich zum Koma mit Atemlähmung.

Es muss so schnell wie möglich gehandelt werden. Neben einer intensiven Notfallbehandlung ist der Einsatz eines spezifischen Gegenmittels (Atropin) lebensrettend.

Bei **Insekten- und Holzschutzmitteln** (häufig organische Kohlenwasserstoffverbindungen) können Vergiftungen auch bei Hautkontakt (Resorption über die Haut) entstehen und meist wird ein Teil des Mittels durch Ablecken aufgenommen. Klinische Symptome nach wenigen Stunden sind Durchfall, Fieber, Koordinationsstörungen, gesteigerte Reaktion auf äußere Reize, Muskelzuckungen und Krämpfe. Da es kein spezifisches Gegenmittel gibt, kann die Notfallbehandlung nur die weitere Resorption des Giftes durch Maßnahmen wie Abwaschen, Magenspülung und Abführmittel verhindern und symptomatisch wirken.

**Frostschutzmittelvergiftungen** treten naturgemäß besonders im Winter auf. Das meist enthaltene Ethylenglykol (erinnere Weinskandal!) wird wegen seines süßen Geschmacks gerne aufgenommen. Die bereits nach einer halben Stunde möglichen Vergiftungssymptome sind Erbrechen, Benommenheit, Krämpfe, Untertemperatur und schließlich Koma. Bei akuten Vergiftungen tritt der Tod durch Herzversagen ein, bei chronischen Vergiftungen durch Nierenversagen. Eine Behandlung muss innerhalb weniger Stunden nach der Giftaufnahme erfolgen.

> Auch noch immer nicht allen Hundebesitzern bekannt ist, dass **Schokolade** für Hunde giftig ist, und zwar wirkt das im Kakao enthaltene **Theobromin** giftig. Die $LD_{50}$ (Dosis, bei der 50 % der Individuen sterben) bei Hunden beträgt 150 bis 300 mg/kg Körpergewicht.

Milchschokolade enthält etwa 200 mg Theobromin pro 100 g, Koch- und Bitterschokolade bis 1.600 mg pro 100 g. Daher sind vor allem kleine Hunde sehr vergiftungsgefährdet. Nach einer einmaligen Aufnahme treten nach 4 bis 5 Stunden Keuchen, Rastlosigkeit, Zittern, erhöhte Körpertemperatur, Krämpfe und Kollaps auf. Diese Symptome dauern 6 bis 8 Stunden an. Selten kann auch der Tod eintreten. Mehrmalige Gaben von Schokolade können bei Hunden zu schweren Herzerkrankungen führen.

## Giftschlangen

Die Bissstelle ist gerötet und angeschwollen, je nach Schlangenart treten Erbrechen, Unruhe, Kreislaufschwäche und Atemnot auf. Wichtige Sofortmaßnahmen sind: Ruhigstellen des gebissenen Körperteils, wenn möglich, körpernah vom Biss abbinden, um die Verbreitung des Giftes im Körper zu verzögern, die Bisswunde mit einem Messer breit öffnen und gut ausbluten lassen, dann sofort einen Tierarzt aufsuchen.

## Vorbeugen ist besser als Heilen

Vorbeugend ist wesentlich, dass giftige Substanzen nicht leichtfertig oder fahrlässig gehandhabt werden. Pestizide, Chemikalien, Putzmittel, Medikamente und sonstige gefährliche Substanzen müssen nicht nur für Kinder, sondern auch für Haustiere unerreichbar (z. B. Giftschrank) aufbewahrt werden. Für Haustiere und auch für die Umwelt besser wäre überhaupt der weitgehende Verzicht auf Giftstoffe.

*Kreuzotter*

# Zoonosen
## Zwischen Mensch und Tier übertragbar

### Was sind Zoonosen?

„Zoonosen" sind sämtliche Krankheiten und/oder sämtliche Infektionen, die auf natürlichem Weg direkt oder indirekt zwischen Tieren und Menschen übertragen werden können. Eine Unterscheidung in „Kontaktzoonosen" und „Lebensmittelinfektionen" (Foodborne Diseases) gliedert Zoonosen nach ihrer Infektionsquelle (Tier oder Lebensmittel).

Bis vor kurzem ging man von rund 200 zwischen Mensch und Tier übertragbaren Krankheiten aus, die Anzahl der nachgewiesenen Zoonoseerreger steigt aber jährlich an.

Mittelweile geht WEGENER (2004) davon aus, dass rund 50 % der bislang bekannten über 1.700 humanpathogenen Keime Zoonoseerreger sind. Schließlich kann eine Reihe von Mikroorganismen, die für Menschen mit normalem Immunstatus nicht krankmachend sind, in der ständig wachsenden Gruppe immunsupprimierter und -defizienter Personen zu schweren Infektionen führen. Das Wissen von Tierhaltern über die Möglichkeit der Krankheitsübertragung von Tieren auf den Menschen ist jedoch gering. So kannten in einer amerikanischen Umfrage lediglich 63 % der Befragten Zoonosen, die meisten davon nur Tollwut. Und wenn nun das Wissen um Übertragungsmöglichkeiten fehlt, werden auch Vorbeugemaßnahmen gegen Infektionen, oder im Krankheitsfall typische Symptome, nicht beachtet.

Zoonosen verlaufen beim Menschen häufig in Form fieberhafter Allgemeinerkrankungen, die mit „grippalen Infekten" verwechselt werden.

Die Dunkelziffer an Zoonosen ist enorm und wird je nach Erreger zumindest mit dem Faktor 10–100 angenommen. Die ökonomische Bedeutung von Zoonosen ist zwar wegen der hohen Dunkelziffern schwierig exakt zu berechnen, sie verursachen jedoch Krankheitskosten in Milliardenhöhe. So werden allein durch Salmonelleninfektionen in Europa pro Jahr Krankheitskosten in der Höhe von 2 bis 8 Milliarden Euro verursacht. Die Behandlungskosten für einen Patienten mit Echinokokkose (Infektion mit dem „Fuchs-" oder „Hundebandwurm") belaufen sich auf rund 250.000 €. Nicht nur aus ökonomischen Gründen wird verstärkt eine Umorientierung von einer Gesundheitsversorgungspolitik hin zu einer Gesundheitsvorsorgepolitik gefordert, zu der die Veterinärmedizin einen großen Beitrag leisten kann. Ziel der Vorsorgemedizin ist es, in Entstehungsbereiche und -prozesse einer Krankheit einzugreifen und alle vermeidbaren negativen Einflüsse auf die individuelle Gesundheit zu verhindern. Hierzu gehört bei der Betrachtung der Zoonosen insbesondere eine Kontrolle der Tierhaltung und -gesundheit sowie Beratungstätigkeiten hinsichtlich der Essgewohnheiten und der Kontakte mit Tieren (Kinder!).

Zoonosen bei landwirtschaftlichen Nutztieren werden in Europa z. T. seit über 100 Jahren erfolgreich bekämpft, was beispielsweise hinsichtlich der Tuberkulose oder Brucellose wesentlich zum Schutz der menschlichen Gesundheit beigetragen hat. Bisher vermutlich zu geringe Beachtung fanden Infektionen von Menschen ausgehend von Lieblingstieren (Hunden, Katzen, Nagern, Vögeln, Exoten usw.). Durch den intensiven Kontakt zu diesen Tieren sind Schmierinfektionen, Infektionen über den Atemtrakt bzw. durch Kratz- und Bissverletzungen leicht möglich.

*Zoonosen werden hauptsächlich durch Tierkontakte, Zecken oder Stechmücken sowie Lebensmittel übertragen.*

Die Verbreitung zahlreicher Zoonosen nahm in den letzten Jahrzehnten durch neue Haltungs- und Fütterungstechniken, liberalisierten internationalen Tier- und Lebensmittelverkehr, expandierenden Tourismus und Hygienemängel in der Lebensmittelerzeugung zu. Von gesetzlicher Seite erfahren Bekämpfungsprogramme durch die nationalen Umsetzungen der EU-Zoonosen-Richtlinie 2003/99/EG eine legistische Unterstützung. Was die Zoonosenforschung bei Heim- und Lieblingstieren sowie bei heimischen Wildtieren betrifft, besteht großer Aufholbedarf, da diese Tierpopulationen bisher bis auf Ausnahmen (Tollwut, Kleiner Fuchsbandwurm, ...) noch keiner gezielten Gesundheitsüberwachung unterliegen.

## Rückblick

Bereits Vertreter der alten griechischen Heilkunde, allen voran Aristoteles und Hippokrates, erkannten, dass Krankheiten keine übernatürlichen, durch den Zorn der Götter bedingten Strafen seien, und es gelang ihnen durch rationale Beobachtung erkrankter Menschen und Tiere, typische Krankheitsbilder wie Tollwut oder Tetanus ohne Kenntnis der Erreger exakt zu beschreiben und auch Vermutungen zur Krankheitsübertragung und -entstehung aufzustellen.

> Der Gesundheitsstatus landwirtschaftlicher Nutztiere wird wie auch jener von Schlachttieren seit über 100 Jahren untersucht. Waren es am Anfang Maul- und Klauenseuche, Milzbrand, Rotz, Finnen- und Trichinenbefall, Tuberkulose und Brucellose, die vorwiegend wegen der Infektionsgefahr für den Menschen bekämpft worden sind, kamen danach weitere Seuchenbekämpfungsmaßnahmen (wie Rinderleukose, Schweinepest) dazu.

In den letzten zehn Jahren liegt ein verstärktes Augenmerk auf der Kontrolle von Lebensmittelinfektionen aus Lebensmitteln tierischer Herkunft. Sowohl hinsichtlich Salmonellosen als nunmehr verstärkt auch gegen Campylobacteriosen und EHEC-Infektionen (Infektionen mit aggressiven Coli-Keimen) wird versucht, bereits in Tierbeständen und Schlachthöfen epidemiologische Untersuchungen anzustellen, um damit Hygienemaßnahmen vorzuschlagen und den Eintrag dieser Keime in die Lebensmittelkette zu minimieren.

## Ökologie von Erregern

Ein wesentlicher Faktor sämtlicher Fragestellungen zu Infektionskrankheiten ist die Wechselbeziehung von Krankheitserregern mit ihrer Umwelt. Darunter fallen sowohl die unterschiedlichen Lebensraumansprüche der Erreger (Temperatur, pH-Wert, Feuchtigkeit, Nährmedien usw.) als auch besondere Eigenschaften von Erregern, wie die Anpassung an geänderte Umweltbedingungen (Resistenzentwicklungen, Antigendrift, Durchsetzen von Mutationen usw.) sowie die Pathogenitätssteigerung (Steigerung der krankmachenden Wirkung) von Mikroorganismen. Manche seit langem bekannte Viren (z. B. Influenzaviren) sind in der Lage, durch den Austausch von Teilen des viralen Genoms oder sogar ganzer Gene neue Virusvarianten zu bilden, was auch zwischen Viren aus verschiedenen Spezies, z. B. aviären (Vögel), porcinen (Schwein) und humanen Influenzaviren, erfolgen kann. Solche neu entstandenen Virusvarianten können die Ursache für weltweite Epidemien sein. Die Ökologie der Erreger ist in sämtlichen Vorbeuge- (z. B. Impfungen) und Behandlungsmaßnahmen wie auch in der Lebensmittelkonservierung und in Desinfektionsfragen mit zu berücksichtigen.

> Weitere wesentliche Fragen der Ökologie von Erregern sind im Zusammenhang mit regionalen oder globalen Klimaänderungen (Einfluss auf Zecken-, Mücken- und Nagerpopulationen als Überträger von Zoonoseerregern) sowie mit dem Import von Krankheitserregern über die Einfuhr von Tieren (z. B. Leishmanien über Hunde aus dem Mittelmeerraum), Fleisch, Eiern oder anderen Produkten tierischen Ursprungs sowie Futtermitteln (z. B. Salmonellen) und der Ausbreitung in heimischen Haus- und Wildtierbeständen zu diskutieren.

## Zoonosen-Richtlinie (2003/99/EG)

In der Zoonosen-Richtlinie sind die innerhalb der Europäischen Union vorrangig zu bekämpfenden Zoonosen in Kategorien eingeteilt.

**Liste der Zoonosen nach Anhang 1 der Zoonosen-Richtlinie (2003/99/EG)**

| Kategorie | Zoonosen und Zoonosenerreger |
|---|---|
| A | **Überwachungspflichtige Zoonosen und Zoonoseerreger**<br>*Brucellose, Campylobacteriose, Echinokokkose, Listeriose, Salmonellose, Trichinellose, Tuberkulose (verursacht durch Mycobacterium bovis), Verotoxin-bildende Escherichia coli* |
| B | **Je nach epidemiologischer Situation überwachungspflichtige Zoonosen und Zoonoseerreger**<br>***1. Virale Zoonosen***<br>*Calicivirus, Hepatitis-A-Virus, Influenzavirus, Tollwut und durch Arthropoden (z. B. Zecken, Stechmücken) übertragene Viren*<br>***2. Bakterielle Zoonosen***<br>*Borrelliose, Botulismus, Leptospirose, Psittakose, Tuberkulose (ausgenommen Tuberkulose gem. Abschnitt A), Vibriose, Yersiniose*<br>***3. Parasitäre Zoonosen***<br>*Anisakiase, Cryptosporidiose, Zystizerkose, Toxoplasmose*<br>***4. Andere Zoonosen und Zoonoseerreger*** |

# Zoonosen bei jagdbaren Wildtieren

In Deutschland und Österreich zusammen fallen jährlich rund 1,4 Mio. Rehe sowie 110.000 Stück Rotwild, 500.000 Wildschweine, 30.000 Gämsen, 700.000 Feldhasen und 450.000 Fasane durch die Jagd an, was knapp 50.000 Tonnen Wildbret pro Jahr entspricht. Trotz deutlicher Verbesserung der Wildbrethygiene in den letzten beiden Jahrzehnten ist besonders bei der Vermarktung von so genanntem Niederwild (Hase, Fasan, Rebhuhn, Ente) auf die Verantwortung des Jägers als Lebensmittelunternehmer hinzuweisen. Lebensmittelhygienische Risikopotentiale im Zusammenhang mit Niederwild sind neben der oft beträchtlichen Verbreitung von Zoonoseerregern der auf Niederwild übliche Schrotschuss (hochgradige Kontamination der Muskulatur und Leibeshöhlen) und ein meist verspätetes Ausweiden.

Heimische Wildtiere können sowohl für Jäger als auch für Wildbrethändler, Arbeiter in Wildzerlegebetrieben sowie Küchen- oder Laborpersonal Infektionsquellen darstellen. Darüber hinaus sind Land- und Forstwirte, Biologen, Freizeitsportler und Wanderer sowie Konsumenten von Wildfleisch exponierte Personengruppen.

Als bedeutende Zoonosen im Zusammenhang mit heimischen Wildtieren sind Tollwut (auch Fledermaustollwut), Brucellose, Tularämie, Pseudotuberkulose, Leptospirose, Salmonellose, Chlamydiose, Alveoläre Echinokokkose, Trichinose und Botulismus zu nennen. Neben dem direkten Kontakt mit den Wildtieren (Kontaktzoonosen) können Zubereitungsarten der „nouvelle cuisine", die z. T. „rosa abrinnenden Fleischsaft" verlangen, zu Lebensmittelinfektionen und -intoxikationen (Foodborne Diseases) führen, ebenso Rohprodukte wie Rohschinken und -würste oder Carpaccio.

*Wildtiere können auch Indikatoren für das Auftreten von Zoonosen bei landwirtschaftlichen Nutztieren sein, wie dies aktuelle Fälle von Tuberkulose bei Rotwild oder Salmonellose bei Gamswild in Tirol dokumentierten.*

## Untersuchung von Jägern

Ziel eines diesbezüglichen Projekts war die Erfassung von Antikörper-Seroprävalenzen gegen Zoonoseerreger bei Jägern, der Vergleich mit bereits untersuchten Berufsgruppen und die Ausarbeitung von Vorsichtsmaßnahmen. Von 146 Jägern und 3 Jägerinnen aus Südostösterreich wurden Blutproben gezogen sowie relevante Daten mittels Fragebogen erhoben. Die serologischen Untersuchungen um- fassten folgende bakterielle, virale und parasitäre Zoonoseerreger bzw. Zoonosen (Antikörper-Seroprävalenzen in Klammern): Borreliose (IgG 42 %, IgM 7 %), Brucellose (1 %), Chlamydiose (3 %), Ehrlichiose (IgG 15 %, IgM 3 %), Leptospirose (10 %), Tularämie (3 %), Q-Fieber (0 %), Encephalomyocarditisvirus (15 %), Puumala-Hantavirus (10 %), Newcastle Disease-Virus (4 %), *Echinococcus multilocularis/E. granulosus* (5 %/11 %), Toxokarose (17 %). Im Vergleich mit der Kontrollgruppe sowie mit Tierärzten, Landwirten und Schlachthofarbeitern fielen bei Jägern besonders die höheren Seroprävalenzen gegenüber *Borrelia burgdorferi, Ehrlichia* spp., *Leptospira interrogans, Echinococcus granulosus* und *E. multilocularis, Encephalomyocarditis-, Puumala-* und *Newcastle Disease*-Virus sowie gegen *Brucella abortus* und *Francisella tularensis* auf. Diese Untersuchung weist Jäger als besonders exponierte Personengruppe hinsichtlich des Kontaktes mit Zoonoseerregern aus.

## „Hygienepaket"

Auch im so genannten Hygienepaket der EU finden sich wesentliche Bestimmungen, die Wildtierzoonosen betreffen und die sich nicht nur an Wildbe- und -verarbeitungsbetriebe, sondern auch an den „Primärproduzenten und Lebensmittelunternehmer" Jäger sowie an „Kundige Personen" richten (EU-Verordnungen 178/2002, 852/2004, 853/2004 und 854/2004).

Mit der Vereinheitlichung des Hygienerechtes für Lebensmittel ergaben sich wesentliche Änderungen im Hinblick auf die Untersuchung von Wildbret. So

*„Niederwild", wie hier Rebhuhn, Fasan und Hase, birgt ein relativ hohes Infektionsrisiko.*

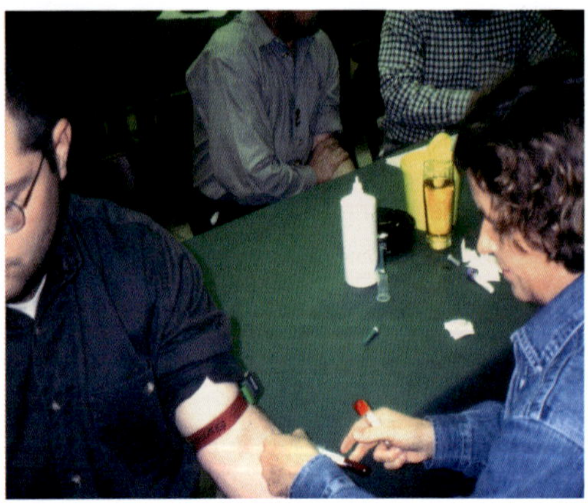

*Infektionen lassen sich noch Jahre später über Blutuntersuchungen (Antikörper) nachweisen.*

wurde die Organbeurteilung erweitert, die Verantwortung des Jägers erhöht sowie die Direktvermarktung neu geregelt und „besonders geschulte Hilfskräfte" werden nun „kundige Personen" genannt. Grundtenor des „Hygienepaketes" und der „simplification" (Vereinfachung) ist das Abweichen von starren Normen, dafür aber eine Steigerung der Verantwortung jedes Lebensmittelunternehmers und ein hohes Schutzniveau für den Verbraucher durch die Sicherung der Lebensmittel von der Primärproduktion (= Jagd) bis zur Abgabe an den Verbraucher. Jäger, selbst wenn sie kein Wild direkt vermarkten, sondern an einen Wildhändler abgeben oder nur verschenken, sind nun Lebensmittelunternehmer.

Für die Direktvermarktung von Wildbret gelten je nach Wildkategorie, Verarbeitungsgrad und Abnehmerkreis unterschiedliche Vorschriften, die z. T. national zu regeln sind. Nicht zuletzt im Zusammenhang mit der steigenden Direktvermarktung von Wildfleisch ist auf die Verantwortung des Lebensmittelunternehmers „Jäger" hinzuweisen. Auf allen Stufen der Lebensmittelerzeugung ist dann eine Rückverfolgbarkeit der Produkte (inklusive Dokumentation!) gefordert.

Jede Jagdgesellschaft muss über mindestens eine kundige Person verfügen. Die Ausbildung umfasst folgende Gebiete: Anatomie, Physiologie und Verhaltensweisen von Wild, abnorme Verhaltensweisen und pathologische Veränderungen und letztlich Hygienemaßnahmen für den Umgang mit Wildkörpern nach dem Erlegen. Jäger müssen insbesondere dahingehend geschult werden, beim Beobachten („Ansprechen" = Lebenduntersuchung) und Ausweiden von Wild auf krankhafte Veränderungen – im Speziellen Zoonosen – zu achten und Auffälligkeiten zu erkennen. Um Abweichungen feststellen zu können, ist es notwendig, den Normalbefund zu kennen.

## Zoonosen von Schwein und Wildschwein

In Tabelle auf Seite 226 sind die wesentlichsten Zoonosen, die beim Schwein und Wildschwein in Europa auftreten, angeführt.

> Der Meldepflicht einiger u. a. vom (Wild-) Schwein ausgehenden Zoonosen beim Menschen steht eine sehr geringe Zahl von tatsächlich gemeldeten Zoonosen gegenüber, was zumindest bei den doch beträchtlichen beruflichen Expositionen von gefährdeten Berufsgruppen (Tierärzte, Landwirte, Jäger, Schlachthofarbeiter) auf hohe Dunkelziffern schließen lässt.

Dies ist auch nicht verwunderlich, da zahlreiche Zoonosen mit grippeähnlichen oder unspezifischen Symptomen verlaufen und Erkrankungen selten – außer bei Massenausbrüchen – auf Tierkontakte bzw. den Genuss kontaminierter Lebensmittel zurückgeführt werden.

In eigenen Untersuchungen zeigten sich beispielsweise im Zusammenhang mit Zoonosen bei Schwein und Wildschwein Seroprävalenzen von Tierärzten, Schlachthofarbeitern bzw. Jägern gegenüber Schweineinfluenza („Schweinegrippe"), Leptospiren und Brucellen.

### Virale Zoonosen

Das **Influenza A-Virus** des Subtyps **H1N1** ist auch als „Schweineinfluenzavirus" bekannt, denn dieser Subtyp wird am häufigsten von an Influenza („Grippe")

*Wildschweine können eine Reihe von Zoonosenerregern übertragen.*

**Zoonosen von Schwein und Wildschwein in Europa**

| Zoonose | Erreger | Übertragung |
|---|---|---|
| **1. Virale Zoonosen** | | |
| Influenza | Influenza-Virus A/H1N1 | K, A |
| Hepatitis E | HepE-Virus | LM |
| Enzephalomyocarditis | EMC-Virus | K |
| Maul- und Klauenseuche | Aphtho-Virus | K |
| Swine vesicular disease | Porcines Entero-Virus Serotyp 9 | K |
| Tollwut | Rabies-Virus Serotyp 1 | K |
| **2. Bakterielle Zoonosen** | | |
| Salmonellose | *Salmonella* spp. | LM |
| Campylobacteriose | *C. jejuni, coli; lari (?)* | LM |
| Leptospirose | *Leptospira* spp. | K (bes. Urin) |
| Brucellose | *Brucella suis* | K |
| Rotlauf | *Erysipelothrix rhusiopathiae* | K (bes. Wunde) |
| Tuberkulose | *Mycobacterium (avium)* | K |
| Streptokokken-Infektion | *Streptococcus suis, S.* spp. | K (bes. Wunde) |
| Pasteurellose | *Pasteurella multocida* | K, A |
| Chlamydiose | *Chlamydia psittaci* | Kontakt |
| Enterale Yersiniosen | *Y. enterocolitica, Y. pseudotub.* | LM (rohes Fleisch?) |
| Bordetella bronchiseptica-Infekt | *Bordetella bronchiseptica* | K, A |
| Milzbrand | *Bacillus anthracis* | K |
| **3. Parasitäre Zoonosen** | | |
| Trichinose | *T. spiralis, britovi, pseudospiralis* | LM |
| Ascariose | *Ascaris suum* | K / LM |
| Taeniasis solium/Zystizerkose | *T. solium* | LM, (Zystizerkose: K) |
| Scheinräude | *Sarcoptes suis* | K |
| Trichuriasis | *Trichuris suis (T. trichiura)* | SI |
| Sarkosporidiose | *Sarcocystis suihominis* | LM |
| Toxoplasmose | *Toxoplasma gondii* | LM |
| Balantidiose | *Balantidium coli* | K, kontam. LM |

*Abkürzungen: LM .... Lebensmittel, K .... Kontakt, SI .... Schmierinfektion, A .... Aerosol*

erkrankten Schweinen isoliert. Dieses Virus führt zur Entzündung der Atmungsorgane der Schweine, trockenem Husten, Fieber und Mattigkeit. Es ist ein Auftreten auch bei Wildschweinen sehr wahrscheinlich. Die durch das Schweineinfluenzavirus beim Menschen hervorgerufenen Symptome reichen von Entzündungen der oberen Atemwege bis zu schweren Lungenetzündungen. In einer Untersuchung steirischer Tierärzte wiesen 9 % Antikörper gegen Influenza A-Virus H1N1 auf, zu einem hohen Prozentsatz waren diese Tierärzte in der Schweinepraxis tätig. Das Thema „Schweinegrippe" oder „Mexikanische Grippe" beschäftigte Medien und Gesundheitsbehörden die letzten beiden Jahre sehr intensiv, und es ist zu hoffen, dass beide Teile daraus gelernt haben. Die besonderen Eigenschaften der Influenzaviren lassen auch für die Zukunft die Entstehung vollkommen neuer Virus-Stämme erwarten.

Auf **Hepatitis E** wird im Kapitel „Neue Erreger" näher eingegangen.

Das natürliche Reservoir für **Enzephalomyocarditis** (EMC) stellen vermutlich verschiedene Arten wildlebender Nagetiere sowie Schweine dar, von denen andere Tierarten infiziert werden können. Bei Schweinen kann das EMC-Virus Fruchtbarkeitsstörungen und Aborte verursachen, bei Ferkeln Herzmuskelentzündung. Beim Menschen wurde EMCV mit vereinzelten Fällen von Enzephalitis und Meningitis und mit „Drei-Tage-Fieber" unter amerikanischen Soldaten auf den Philippinen in Verbindung gebracht. Seroprävalenzen von bis über 50 % in unterschiedlichen Studien lassen ein großteils symptomloses Auftreten von EMC beim Menschen vermuten.

Durch intensive seuchenhygienische Maßnahmen wurde die **Maul- und Klauenseuche** (MKS) in Mitteleuropa stark zurückgedrängt bzw. getilgt. Es besteht jederzeit die Möglichkeit der Einschleppung, nicht zuletzt auch über Importe von Wildtieren oder Trophäen. Aktuell ereignen sich MKS-Seuchenzüge in Bulgarien und in der Türkei. In der Epidemiologie der **Tollwut** spielt das Wildschwein eine sehr untergeordnete Rolle. Eine möglicherweise weitere virale Zoonose im Zusammenhang mit dem Wildschwein wären **Rotavirus**-Infektionen.

## Bakterielle Zoonosen

Von der Vielzahl bakterieller Zoonosen sind im Zusammenhang mit dem (Wild)Schwein in unseren Breiten folgende von größerer Bedeutung:

**Salmonellosen** gehören nach wie vor zu den bedeutendsten Zoonosen. Neben Schweinefleisch könnte auch unzureichend gegartes Wildschweinefleisch bzw. Kreuzkontaminationen (Verunreinigungen in der Küche) zwischen Lebensmitteln eine Infektionsquelle darstellen.

Die Nachweise von **Campylobacteriosen** beim Menschen stiegen in den letzten Jahren deutlich an, was aber auch mit der Verbesserung diagnostischer Möglichkeiten und gezielten Untersuchungen in Zusammenhang stehen dürfte. Die niedrige Infektionsdosis von 10 bis 100 Keimen führt, trotz der relativ geringen Überlebensfähigkeit der Erreger, zu zahlreichen möglichen Infektionsquellen in Form verunreinigter Lebensmittel. Beim Menschen verursacht die Campylobacteriose nach einer Inkubationszeit von 2–5 Tagen anfänglich Symptome, die einem „akuten Abdomen" (wie Blinddarmentzündung) gleichen, später kommen Kopfschmerz, Erbrechen, Durchfall (wässrig bis blutig) und Fieber hinzu.

Es muss vermuten werden, dass **Leptospirosen** beim Menschen häufig nicht diagnostiziert werden, obwohl für exponierte Berufsgruppen wie Landwirte, Tierärzte, Schlachthofpersonal und Jäger ein erhebliches Infektionsrisiko besteht. Bei Blutuntersuchungen von Jägern aus Südostösterreich konnten bei 10 % der Blutproben Antikörper gegenüber Leptospiren gefunden werden, was ein hohes Infektionsrisiko für Jäger bestätigt. Von den Haustieren erkranken vor allem Rinder, Schafe, Schweine, Pferde und Hunde auch klinisch an Leptospirose, meist sind sie aber latent infiziert. Schwarzwild ist auf Grund seiner Lebensweise, wie Wühlen im Schlamm, Suhlen, Aufnahme von Aas und Brechen nach Mäusen für Infektionen mit Leptospiren prädisponiert.

> Leptospirosen des Menschen zeigen einen zweiphasigen Krankheitsverlauf. Die erste Phase beginnt mit hohem Fieber, begleitet von Schüttelfrost und starken Kopf- und Muskelschmerzen. Je nach Organlokalisation und beteiligten Erregerstämmen können später Gelbsucht, Blut im Harn, Gehirnhautentzündung, Nasenbluten, Haut- und Darmblutungen, blutiger Auswurf, Blutgerinnungsstörungen, Bronchitis sowie intrauteriner Fruchttod, Abort oder Frühgeburt auftreten.

Ein Vergleich prädisponierter Berufsgruppen in Südostösterreich zeigte, dass Tierärzte zu 3 %, Landwirte und Schlachthofarbeiter zu je 4 % und Jäger zu 10 % seropositiv waren; Schwarzwildseren waren zu 30 % positiv.

Leptospirosen, Brucellosen und Chlamydiosen können beim Menschen zusätzlich zu den jeweils bekannten Krankheitsbildern Symptome an den Augen (besonders bei einer Infektion über die Lidbindehäute) unterschiedlichster Ausprägung verursachen.

Beim Menschen überwiegen **Brucellosen** durch *Brucella abortus* (Hauptwirt Rind) und *B. melitensis* (Hauptwirte Schaf, Ziege), daneben wurden Humanfälle mit *B. suis* (Hauptwirte Schwein, Wildschwein, Feldhase) und *B. canis* (Hauptwirt Hund) diagnostiziert. Die vielfach nur gering ausgeprägten und uncharakteristischen Anfangssymptome der Brucellose beim Menschen sind Abgeschlagenheit, Kopf-, Gelenk- und Muskelschmerzen sowie Störungen des Magen-Darm-Traktes. Spätere Symptome sind „undulierendes (wellenförmiges) Fieber" und Schwellungen von Leber, Milz oder tastbaren Lymphknoten. Im chronischen Krankheitsverlauf kommt es zu Gelenksentzündungen (besonders der Wirbelsäule), Leber-, Hoden- und Nierenbeckenentzündung, Lungen-, Herzmuskel- und Schilddrüsenentzündung oder Gehirn- und Gehirnhautentzündung. Ein Brucellose-positive Reagent aus den eigenen Untersuchungen gab an, jährlich rund 200 Stück Schwarzwild aufzubrechen (auszuweiden).

Infektionen mit ***Mycobacterium avium*** (Erreger der „Geflügeltuberkulose", der auch u. a. beim Schwein vorkommt) beim Menschen sind Erkrankungen besonders im Zusammenhang mit Immungeschwächten (*M. avium* ist eine häufig isolierter Keim bei AIDS-Patienten im terminalen Stadium) von Bedeutung. Das (Wild)Schwein steht in diesem Zusammenhang als Infektionsquelle in Diskussion, obwohl dieser Keim in der Natur weit verbreitet ist. Nach einer epidemiologischen Studie aus der Schweiz stellt unzureichend gegartes Schweinefleisch eine mögliche Infektionsquelle, besonders für immungeschwächte Menschen, dar. Der direkte Kontakt zum Schwein dürfte als Infektionsursache zu vernachlässigen sein.

Ebenfalls in einer schweizerischen Untersuchung auf **Yersinien** konnten aus 8 % der Schlachtschweine die Erreger angezüchtet werden. Yersiniosen kommen bei zahlreichen Wild- und Haussäugetieren, Vögeln sowie vereinzelt beim Menschen vor. Menschen erkranken meist an einer Darmentzündung, zum Teil später auch an reaktiven Gelenksentzündungen.

Eine in Europa beim Menschen immer häufiger diagnostizierte Zoonose sind ***Streptococcus suis***-Infektionen. Nach einer Inkubationszeit von wenigen Stunden bis zwei Tagen treten Gehirnhautentzündung mit häufiger Beteiligung des VIII. Hirnnerven (Hörverlust, Gleichgewichtsstörungen) auf. Neben dem Schwein als Hauptreservoir, das den Erreger über Monate in den Rachenmandeln tragen kann, wurde *S. suis* bei Pferd, Rind, Hund, Katze und Vögeln isoliert.

Im Gegensatz zum starken Rückgang von **Rotlauf-Infektionen** bei Tieren (Schutzimpfung, Hygiene) hat das berufsbedingte Rotlauf-Erysipeloid des Menschen nur wenig abgenommen, wobei vermutlich aber öfters Streptokokken- oder Pasteurellen-Infektionen ohne Erregernachweis klinisch als „Rotlauf" diagnostiziert werden. Sporadische Erkrankungen von Schlachthofarbeitern, Landwirten, Tierärzten und ähnlich exponierten Personen verlaufen nach 2 bis 5 Tagen Inkubationszeit als Wundinfektion (blaurote schmerzhafte Hautschwellung, ev. Lymphknotenentzündung), die innerhalb von 3 Wochen abheilt. Nur in Ausnahmefällen kommt es zur Generalisation mit Fieber, Gelenks- oder Herzmuskelentzündungen.

**Pasteurellosen** beim Menschen sind meist die Folge von Tierbissen (Katze, Hund, Nagetiere, Schwein) in Form schmerzhafter Wundinfektionen. Sowohl ***Chlamydia psittaci*** als auch ***C. tracho-***

*Eine Infektion mit Leptospirose oder Brucellose kann auch über Hautwunden erfolgen – Handschuhe würden weitgehend schützen.*

***matis*** kommen beim Schwein vor und verursachen z. B. Herzbeutelentzündung, Gelenksentzündungen, Aborte, Frühgeburten und Atemwegsinfektionen. Beim Menschen steht eine atypische Lungenentzündung im Vordergrund, weiters sind Abortusfälle bei Landwirtinnen und Tierärztinnen beschrieben.

## Parasitäre Zoonosen

**Trichinen** dürften Anfang des 19. Jahrhunderts mit chinesischen Schweinen nach Europa gelangt sein, erstmalig beschrieben wurde die Infektion eines Menschen bereits 1835 in London. Mit Ausnahme von Australien sind Trichinen weltweit verbreitet. Wegen der seit vielen Jahrzehnten vorgeschriebenen Trichinenuntersuchung ist die Trichinellose beim Hausschwein sehr selten geworden. In den letzten Jahren steigen aber die Befallsraten bei Wildtieren (Schwarzwild, Füchse, Marderhunde) in einigen europäischen Ländern stark an, weshalb in Verbindung mit den modernen Verzehrsgewohnheiten (vermehrt Rohprodukte oder unzureichend Gegartes) das Infektionsrisiko für den Menschen steigt.

Trichinen parasitieren als geschlechtsreife Würmer im Dünndarm und als Larven in der Muskulatur von Wild- und Hausschwein, Fuchs, Bisam-, Haus- und Wanderratten, Wühlmäusen, Nutria, Marderartigen, Pferden usw. Als Hauptansteckungsquelle für den Menschen, der auch an Trichinellose erkranken kann, gelten in den letzten Jahren Pferde- und Wildschweinefleisch, nachdem Trichinen beim Hausschwein in Mitteleuropa nur mehr extrem selten vorkommen (BRD 1996–2005: 1 Fall unter 416 Mio. Schweinen!). Im selben Untersuchungszeitraum wurden unter 3,2 Mio. in Deutschland erlegten Wildschweinen 101 Trichinella-positive Tiere gefunden, wobei der Anteil positiver Wildschweine bis zu 0,01%, also 1 Stück Schwarzwild je 10.000 erlegter Tiere, betragen kann.

Wesentlich höher liegen die Nachweisraten bei Füchsen (0,025–0,22 %) und mit bis zu 5 % insbesondere bei Marderhunden (BfR, 2007). Positive Trichinenbefunde bei steirischen Füchsen liegen aus den letzten Jahren besonders aus der Mur-Mürz-Furche vor.

Die Trichinellose beim Menschen ist eine mild bis tödlich verlaufende Lebensmittelinfektion, bei der nach einer Inkubationszeit zwischen 5 und 46 Tagen zuerst in der „Darmphase" recht unspezifische Symptome (Übelkeit, Bauchschmerzen, Erbrechen) auftreten, die danach in der „Wanderphase" der Trichinenlarven von spezifischeren Symptomen wie hohem Fieber, Muskel- und Gliederschmerzen sowie Gesichtsschwellungen (besonders im Augenbereich) abgelöst werden.

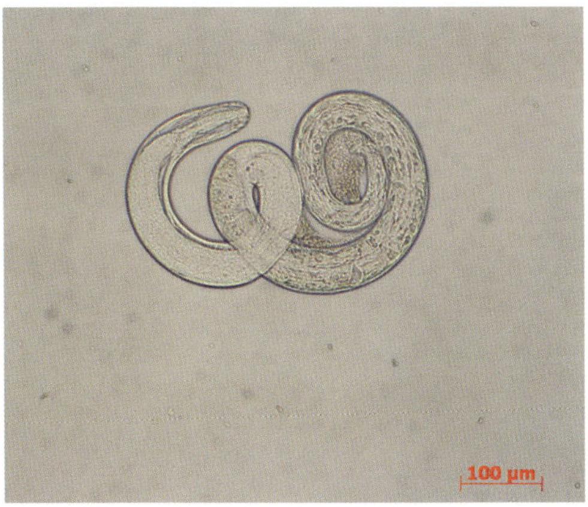

*Trichinenlarve unter dem Mikroskop (links); Rohwürste und Rohschinken von nicht auf Trichinen untersuchten Wildschweinen sind Risikolebensmittel (rechts).*

Die Infektion kann vor allem dann tödlich verlaufen, wenn die Zwerchfellmuskulatur oder der Herzmuskel betroffen sind. Eine sichere Diagnosestellung beim Menschen ist über die Untersuchung von Blutproben möglich.

Zwischen 1997 und 2006 wurden in Deutschland 131 Trichinellose-Fälle beim Menschen gemeldet, wobei zusätzlich von einer hohen Dunkelziffer ausgegangen werden kann. Ein großer Ausbruch mit 69 erkrankten Personen ereignete sich 1977 in Bayern nach dem Verzehr von rohen Wildschweinewürsten. Zwischen 1919 und 1930 gab es in Österreich insgesamt noch 53 Humanfälle, wovon 7 tödlich endeten. Von 1986 bis 1993 wurden in Österreich 18 Fälle beim Menschen diagnostiziert. Obwohl alle diese Fälle im Zusammenhang mit Auslandsaufenthalten oder dem Verzehr von aus dem Ausland importierten Fleischwaren (v. a. Würste und rohe Selchwaren) stehen dürften, ist die Tatsache erschreckend, dass der Prozentsatz von Schwarzwild, das keiner Trichinenuntersuchung unterzogen wird, nach wie vor recht hoch liegt. In diesem Zusammenhang muss eindringlich auf die Verantwortung des Jägers als „Lebensmittelunternehmer", auch mit entsprechenden Rechtsfolgen bei Lebensmittel bedingten Krankheitsausbrüchen beim Menschen, hingewiesen werden!

Wildschweine infizieren sich meist durch die Aufnahme trichinöser Aufbrüche vom Schwarzwild oder von verendeten Marderhunden oder Füchsen bzw. von deren Kernen. Die aufgenommenen Erstlarven entwickeln sich im Darm des Wirtes zu geschlechtsreifen Trichinen, wobei ein Weibchen ca. 1000 Jungtrichinellen gebärt. Diese Larven gelangen über den Blutweg in gut durchblutete Muskulatur (Zwerchfell-, Schenkel-, Zwischenrippen-, Zungen- und Augenmuskulatur), wo sie eingekapselt werden und so mehrere Jahre am Leben und damit infektiös bleiben können. Menschen können sich durch Verzehr von trichinenhaltigen Rohwürsten, Rohschinken, Carpaccio, Mett sowie unzureichend Gegartem infizieren.

Vor einiger Zeit wurde bei einem auf der Ostseeinsel Usedom erlegten Wildschwein eine bisher in Deutschland nicht aufgetretene Trichinenart (*Trichinella pseudospiralis*) diagnostiziert (BfR, 2006). Da diese Art, die mittlerweile auch in der Steiermark gefunden wurde, durch die bisher übliche „Quetschmethode" nicht nachgewiesen werden kann, wurde im EU-Lebensmittelrecht die Verdauungsmethode vorgeschrieben.

Bei der Direktvermarktung von Wildschweinen ist immer eine Trichinenuntersuchung zu veranlassen. Beim Eigenverzehr von Wildbret vom Wildschwein sowie von Fuchs, Dachs oder Nutria – falls diese verzehrt werden sollen – wird eine Untersuchung auf Trichinen dringend angeraten, besonders dann, wenn daraus Rohprodukte oder nicht durchgegarte Speisen zubereitet werden. Bei der Abgabe von Schwarzwild an Wildverarbeitungsbetriebe wird die Trichinenuntersuchung routinemäßig in diesen Betrieben durchgeführt.
Die unschädliche Entsorgung von Aufbrüchen von Schwarzwild sowie von Raubwildkadavern oder Raubwildkernen nach dem Abbalgen trägt dazu bei, den Infektionskreislauf von Trichinen in Richtung Schwarzwild zu unterbrechen und damit die Befallsrate bei Schwarzwild nicht weiter ansteigen zu lassen.

Als ***Taeniasis solium*** wird die Infektion des Menschen mit dem Schweinefinnenbandwurm bezeichnet, die bei alleinigem Befall des Darmes mit dem erwachsenen Bandwurm einen leichten Verlauf zeigt. Bedeutend ernster verläuft die **Zystizerkose**, bei der der Mensch als (falscher) Zwischenwirt mit Finnen von *T. solium* befallen ist. Die Zystizerkose führt zu zentralnervösen Symptomen, wie Kopfschmerzen, Halluzinationen, Krämpfen und zentralen Ausfällen, wobei Todesfälle auftreten können. In West- und Mitteleuropa wurde der Schweinefinnenbandwurm durch die Fleischuntersuchung, hygienische Verbesserungen sowie durch die überwiegende Stallhaltung der Hausschweine (keine Kontaktmöglichkeiten zu menschlichem Kot) weitgehend zurückgedrängt (weniger als 1 finniges Schwein unter 1 Mio. Schlachtschweinen). In Polen sowie Süd- und Osteuropa ist dieser Parasit noch weit verbreitet.

Als vorbeugende Maßnahmen hinsichtlich der Trichinellose, Taeniose, Zystizerkose und auch Sarkosporidiose sind die gesetzlich vorgeschriebene Schlachttier- und Fleischuntersuchung, der Verzicht auf Verzehr von unzureichend gegartem Schweinefleisch sowie die Vermeidung von Schmutz- oder Schmierinfektionen wirksam.

Diskussionen um die Hauptinfektionsquelle für Infektionen mit ***Toxoplasma gondii*** [Oozysten-ausscheidende Katze oder unzureichend gegartes (Schweine-) oder Schaffleisch], dem Erreger der Toxoplasmose, keimen immer wieder auf. Untersuchungen zeigen, dass der Durchseuchungsgrad der Mastschweine in Österreich während der letzten 20 Jahre durch Verbesserungen der Stall- und Futterhygiene deutlich abgenommen hat und unter 1 % liegt. Umfangreichere Untersuchungen bei Wildschweinen stehen noch aus.

Als Zoonoseerreger sind von den verschiedenen, wirtsspezifischen **Sarkosporidien** nur *Sarcocystis bovihominis* (*S. hominis*) und ***S. suihominis*** von Bedeutung. Die Entwicklung der weltweit beim Menschen und vielen Haus- und Wildtierarten vorkommenden Sarkosporidien verläuft über Zwischenwirte (z. B. Rind, Schwein). Diese nehmen Sporozysten aus dem Kot von Endwirten (diese tragen erwachsene Parasiten im Darm) auf. Nach einer ungeschlechtlichen Entwicklung in verschiedenen Organen (z. B. Leber, Niere, Lunge) erfolgt die Bildung von infektiösen Zysten in der Muskulatur („Miescherschе Schläuche"). Endwirte, wie der Mensch, infizieren sich durch Aufnahme von rohem oder nicht ausreichend gegartem zystenhaltigem Fleisch von Zwischenwirten. Mehr als ein Drittel von Schlachtschweinen kann Sarkosporidien in der Muskulatur tragen. Schweine zeigen nur bei hochgradigem Befall Symptome von Fieber über Anämie bis zu Abortusfällen. Beim Menschen kann die Sarkosporidiose nach einer Inkubationszeit von 12 Stunden zu Erbrechen, Durchfall und Kreislaufbeschwerden führen. Vorbeugend ist auf den Genuss von rohem Fleisch zu verzichten. „Mieschersche Schläuche" sind bei der amtlichen Fleischuntersuchung zu beanstanden.

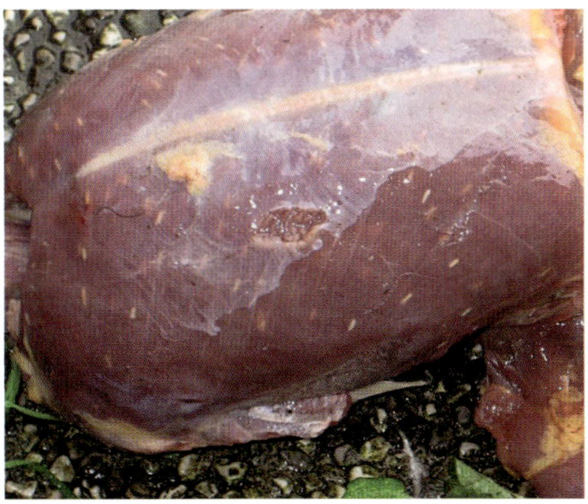

*Sarkosporidien sind im Gegensatz zu Trichinen oft auch mit freiem Auge sichtbar (Ente)*

Der Erreger der **Balantidienruhr**, *Balantidium coli*, ist weltweit verbreitet, Endemiegebiete sind z. B. Indonesien, Japan und Mittelamerika. Der Hauptwirt ist das Schwein, welches auch infektiöse Zysten ausscheidet, jedoch nicht klinisch erkrankt. Die Infektion des Menschen erfolgt über Tierkontakte, kontaminierte Lebensmittel (Fliegen?) oder kontaminiertes Trinkwasser. Der Krankheitsverlauf ist beim Menschen häufig symptomlos. Geschwürige Dickdarmentzündungen, Darmkrämpfe und schleimig-eitriger Stuhl oder ruhrartige Durchfälle treten bei verminderter Widerstandskraft auf. Als weitere parasitäre Zoonoseerreger vom Schwein werden noch **Kryptosporidien** (besonders bei immungeschwächten Personen und als Erreger für Durchfall bei Neugeborenen) sowie ***Pneumozystis carinii*** angeführt.

## Zoonosen bei Geweih- und Hornträgern

Von Geweih- und Hornträgern, wie Reh- und Rotwild oder Gams-, Stein- und Muffelwild gehen insgesamt deutlich weniger Infektionsgefahren aus, als vom

**Zoonosen von Geweih- und Hornträgern (Cervidae und Bovidae) in Europa**

| Zoonose | Erreger | Übertragung |
|---|---|---|
| ***1. Virale Zoonosen*** | | |
| Maul- und Klauenseuche | Aphtho-Virus | K |
| Tollwut | Rabies-Virus Serotyp 1 | K |
| ***2. Bakterielle Zoonosen*** | | |
| Borreliose | *Borrelia burgdorferi* | Zecken |
| EHEC-, VTEC-Infektionen | *E. coli* | LM |
| Ehrlichiose | *Ehrlichia phagozytophila* | Zecken, (K?) |
| Salmonellose | *Salmonella* spp. | LM |
| Campylobacteriose | *Campylobacter jejuni, coli; lari (?)* | LM |
| Leptospirose | *Leptospira* spp. | K (bes. Urin) |
| Listeriose | *Listeria monocytogenes* | LM, Geonose |
| Tuberkulose | *Mycobacterium* spp. | K |
| Pasteurellose | *Pasteurella multocida* | K, A |
| Chlamydiose | *Chlamydia psittaci* | K |
| Brucellose | *Brucella* spp. | K |
| Q-Fieber | *Coxiella burnetii* | A, K, (Zecken?) |
| Dermatophilose | *Dermatophilus congolensis* | K |
| Milzbrand | *Bacillus anthracis* | K |
| (Paratuberkulose) | *(M. avium* subsp. *paratuberculosis)* | ? |
| ***3. Parasitäre Zoonosen*** | | |
| Scheinräude | *Sarcoptes rupicaprae* | K |
| Sarkosporidiose | *Sarcocystis bovihominis* | LM |

*Abkürzungen: LM .... Lebensmittel, K .... Kontakt, SI .... Schmierinfektion, A .... Aerosol*

Niederwild oder Wildschwein. Die Zunahme des Verzehrs von Rohprodukten (Carpaccio, Rohwürste, Rohschinken usw.) oder unzureichend gegarten Speisen aus Wildfleisch und das Vorkommen humanpathogener Keime (wie Listerien, Salmonellen und *E. coli*) auf und in Wildfleisch fordern jedoch angepasste Hygienemaßnahmen und Kontrollstrategien.

Eine krankheitsanfällige Schalenwildart ist das Rehwild. Zoonosen die von Rehwild ausgehen können, sind hauptsächlich Pseudotuberkulose, Leptospirose, Chlamydiose, Q-Fieber, Campylobacteriose und Listeriose, wobei diese Erkrankungen vereinzelt auch bei anderen Schalenwildarten vorkommen. Für Borreliose und Ehrlichiose sind Schalenwildarten Reservoire, die Erreger werden über Zecken übertragen, bei Ehrlichiose vermutlich auch über direkten Kontakt mit Blut.

In den letzten Jahren wird zunehmend Schalenwild als Infektionsquelle für **EHEC/VTEC-Infektionen** (aggressive Colikeime) über kontaminierte Lebensmittel bzw. Schmierinfektionen angegeben. Beim Menschen verursachen diese Keime blutigen Durchfall oder Nierenversagen. Bei Rotwild und Rindern in Südwestdeutschland und Westösterreich tritt in den letzten Jahren **Tuberkulose** (*M. caprae*) auf. Fälle von Paratuberkulose scheinen generell bei Schalenwild zuzunehmen, wobei der Zusammenhang zwischen **Paratuberkulose** und Morbus Crohn beim Menschen nach wie vor umstritten ist. Fälle von **Listeriose** bei Wildtieren stiegen in den letzten Jahren v. a. durch die Verfütterung verdorbener (Gras)Silagen regional an. Listerien sind in der Umwelt weit verbreitet.

Die **Borreliose** kann akut, chronisch bzw. klinisch unauffällig verlaufen oder zu Spätschäden führen.

Gefährdete Personengruppen sind besonders auf das in der Frühform der Borreliose bei rund 70 % der klinisch Erkrankten auftretende *Erythema chronicum migrans* („Wanderröte", sich vergrößernde Hautrötung um den Zeckenbiss), das gelegentlich mit geringgradigem Fieber und regionärer Lymphknotenschwellung einhergeht, aufmerksam zu machen; ebenso auf die in Stadium 3 oft erst nach 2 bis 3 Jahren beginnende Gelenksymptomatik (besonders Kniegelenk!). Die Neuroborreliose gilt als „großer Imitator" anderer Krankheiten, da sie sich als chronische progressive Gehirn-Rückenmarksentzündung, spastische Paraparese (Lähmungen), oder mit Bewegungsstörungen, Querschnittssymptomatik, Hirnnervenausfällen (z. B. Tinnitus) oder mentalen Störungen unterschiedlicher Schwere (bis zur Demenz) zeigen kann.

Die **Ehrlichiose**, eine meist durch Zecken übertragene Zoonose, manifestiert sich klinisch mit plötzlichem Fieberanstieg (> 39 °C), Bradykardie (langsame Schlagfolge des Herzens) und heftigen Kopfschmerzen, Appetitlosigkeit, Übelkeit und Erbrechen. Ein Hautausschlag tritt bei einem Drittel der Fälle auf. Komplikationen sind vor allem Sekundärinfektionen, Bewusstseinsstörungen bis zum Koma, Nierenversagen, Blutgerinnungsstörungen sowie Blutungen. Bei unbehandelten Patienten kann das Fieber über mehrere Wochen andauern (vgl. „Weidefieber" beim Rind). Je nach Ehrlichien-Art werden unterschiedliche Blutzellen (Leukozyten, Monozyten oder Granulozyten) befallen. Die Letalität wird je nach Verlaufsform auf 2 bis 10 % geschätzt und ist abhängig vom Beginn der antimikrobiellen Behandlung. Ehrlichien sind auch durch Direktkontakt mit Wildtierblut übertragbar. Die im Rahmen unseres Projektes nachgewiesenen Seroprävelanzen von Jägern gegenüber Borreliose (49 %) und Ehrlichiose (18 %) liegen deutlich über jenen anderer Bevölkerungsgruppen im Untersuchungsgebiet, so waren beispielsweise nur 4 % von Blutspendern positiv gegenüber *Ehrlichia*. Ehrlichiose wird häufig in Gebieten diagnostiziert, in denen auch Borreliose vorkommt.

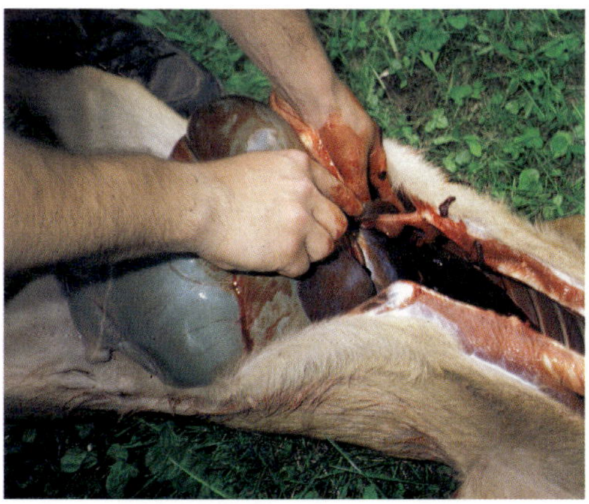

*Ehrlichien können auch durch Kontakt mit Wildblut übertragen werden.*

> Mit der Zunahme von Tuberkulosefällen bei Rotwild in Mitteleuropa ist vor unhygienischen Kontakten mit verdächtigen Tieren und Organen zu warnen. Jüngst wurde auch ein Fall von Tuberkulose bei einem Reh in Westösterreich beschrieben.

**Scheinräude** (*Sarcoptes rupicaprae*) und **Dermatophilose** (*Dermatophilus congolensis*) von Gamswild zeigt eine weitere potentielle Infektionsquelle – besonders für Jäger – auf. Als Scheinräude bezeichnet man juckende Hautausschläge beim Menschen nach Besiedelung der Haut mit spezifischen Räudemilben von Tieren. Nachdem sich Räudemilben von Tieren in der menschlichen Haut nicht vermehren, heilen diese Ausschläge i. d. R. nach drei Wochen ab. Bei der Dermatophilose handelt es sich um eine bei Gämsen erst selten nachgewiesene, aber sicherlich häufiger vorkommende bakterielle Zoonose, die als Hautentzündung ohne Juckreiz verläuft.

## Zoonosen des Feldhasen

Der Feldhase ist eine Tierart mit hohen Reproduktions- und Verlustraten, wobei Hasenkrankheiten neben Lebensraumveränderungen, Zunahme des Straßenverkehrs und Witterungsfaktoren als hauptverantwortlich für die hohen Sterblichkeitsraten an-

**Zoonosen des Feldhasen in Europa**

| Zoonose | Erreger | Übertragung |
|---|---|---|
| ***1. Virale Zoonosen*** | | |
| FSME (Metazoonose) | Togaviridae, Genus B Arboviren | Zecken |
| ***2. Bakterielle Zoonosen*** | | |
| Campylobacteriose | *C. jejuni, coli; (lari)* | LM, SI |
| Leptospirose | *Leptospira* spp. | K (bes. Urin), SI |
| Brucellose | *Brucella suis* (Biovar 2) | K (bes. Wunden) |
| Tularämie | *Francisella tularensis* | K, A, blutsaug. Insekten |
| Borreliose (Metazoonose) | *Borrelia burgdorferi* | Zecken |
| Pseudotuberkulose, Yersiniose | *Y. pseudotub., Y. enterocolitica* | LM (rohes Fleisch?) |
| Pasteurellose | *Pasteurella multocida* | K, A |
| Staphylokokkose/-Enterotoxikose | *Staphylococcus aureus* | K (Wunden)/LM (Toxine) |
| Streptokokkose | *Streptococcus* spp. | K |
| Q-Fieber | *Coxiella burnetti* | A, K, (Zecken?) |
| Chlamydiose | *Chlamydia psittaci* | K, A |
| Listeriose | *Listeria monocytogenes* | LM, (Geonose) |
| ***3. Parasitäre Zoonosen*** | | |
| Fasciolose | *Fasciola hepatica* | LM |
| Toxoplasmose | *Toxoplasma gondii* | LM |

*Abkürzungen: LM .... Lebensmittel, K .... Kontakt, SI .... Schmierinfektion, A .... Aerosol*

geführt werden. Er gilt als eine der krankheitsanfälligsten Wildtierarten. Der Anteil von Infektionskrankheiten und Parasitosen am Sektionsmaterial beträgt in zahlreichen Untersuchungen weit über 50 %. Beim Feldhasen treten vorwiegend bakteriell bedingte Zoonosen auf. In der Tabelle sind die bedeutendsten Zoonosen des Feldhasen sowie die Hauptübertragungswege auf den Menschen angeführt.

Bei insgesamt 630 Feldhasen aus der Steiermark, die zwischen 1961 und 1996 untersucht wurden, konnten folgende Fälle potentieller Zoonosen diagnostiziert werden (DEUTZ u. HINTERDORFER, 2000):

*Hasenkontakte bergen ein nicht zu ...*

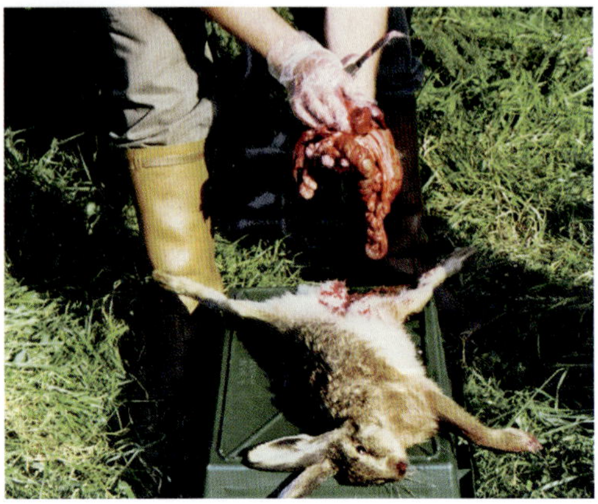

*... unterschätzendes Infektionsrisiko.*

148 Pseudotuberkulose (23,5 %), 37 Pasteurellose (5,9 %), 35 Brucellose (5,6 %), 22 Staphylokokkose (3,5 %), 7 Streptokokkeninfektion (1,1 %), 5 Listeriose (0,8 %), 4 Toxoplasmose (0,6 %), 2 Tularäme (0,3 %) und einmal Salmonellose (0,2 %). Diese Ergebnisse bestätigen sowohl die große Krankheitsanfälligkeit der Hasen wie auch mögliche Gefahren für die menschliche Gesundheit. Es zeigten auch über 40 % der im Feldhasenprojekt 1995/96 als gesund erlegten Hasen deutliche krankhafte Veränderungen.

**Pseudotuberkulose** verursacht beim Menschen Darm-, Lymphknoten- und Gelenksentzündungen sowie Hautausschläge, eine gesicherte Diagnose ist nur über Blutuntersuchungen möglich. Wegen des verbreiteten Vorkommens des Erregers in der Umwelt wird die Pseudotuberkulose – ähnlich wie die Listeriose – zunehmend zu den Geonosen oder Sapronosen (Infektionen nicht nur über Tiere oder Lebensmittel, sondern auch über die Umwelt möglich) gezählt, zudem scheint es für Tier und Mensch unterschiedlich pathogene Stämme zu geben.

Die **Brucellose** der Feldhasen (*B. suis*) ruft beim Menschen chronisches, wiederkehrendes Fieber mit Leber- und Milzschwellung sowie abszedierenden Organveränderungen hervor. Eine Therapie mittels Antibiotikagaben ist sehr langwierig.

Infektionswege für die **Tularämie** des Menschen sind hauptsächlich direkter Kontakt zu Feldhasen (Schmierinfektionen), Infektionen sind aber auch über Einatmen der Erreger, über die Haut und selten über unzureichend gegarte Speisen beschrieben.

> Tularämie beginnt nach einer Inkubationszeit von meist 2–10 Tagen akut mit starken Kopf- und Gliederschmerzen, Fieber und Schüttelfrost sowie ausgeprägter Mattigkeit. Bei der „äußeren Form" der Tularämie bildet sich an der Eintrittsstelle des Erregers eine Primärläsion, die sich vergrößert, einschmilzt und geschwürig zerfällt; danach ein Primärkomplex mit regionärer Lymphknotenentzündung (besonders Achsel- oder Leistenlymphknoten).

Nach Infektion über die Lidbindehäute der Augen entsteht das Bild der sog. Parinaudschen Konjunktivitis, bei oraler Aufnahme verläuft sie mit Angina sowie mit Schwellungen der Unterkieferlymphknoten. Die „innere Form" der Tularämie kann mit Lungen- und Rippenfellentzündung oder mit ausgeprägten Leibschmerzen, Milzschwellung und Durchfall, begleitet von intermittierenden Fieberschüben, einhergehen. Die Mortalitätsrate liegt bei 4 bis 6 %.

Hinsichtlich **Leptospirose**, **Pasteurellose** und **Staphylokokkose** sind Schleimhaut- (Schmierinfektionen!) und Hautkontakte (Wunden!) als Infektionswege für den Menschen im Umgang mit (verdächtigen) Feldhasen zu berücksichtigen. **Fasciolose** (Großer Leberegel) und **Toxoplasmose** treten beim Feldhasen selten auf, von Toxoplasmose beim Feldhasen sind jedoch einige Endemiegebiete bekannt.

## Zoonosen des Fuchses und Dachses

Ein häufiger Träger besonders von parasitären Zoonosen und Tollwut ist der Fuchs. Die Tabelle auf Seite 236 gibt eine Übersicht zu den beim Fuchs und Dachs in Europa vorkommen Zoonosen und über die häufigsten Infektionswege. Dachsschinken scheint als Lebensmittel zumindest in Jägerkreisen wieder an Bedeutung zu gewinnen. Füchse und Dachse können, wenn sie als Kadaver von Wildschweinen gefressen werden, Infektionsquellen für Wildschweine (Trichinen!) und damit in weiterer Folge indirekt auch für den Menschen darstellen.

Im **Tollwutgeschehen** Mitteleuropas kommt dem Fuchs die zentrale Reservoir- und Überträgerrolle zu, welche z. B. in Nordamerika wesentlich von Stinktier und Waschbär mitgetragen wird. Die orale Impfung von Füchsen gegen Tollwut erbrachte gute Ergebnisse, wird aber nicht zuletzt wegen steigender Populationsdichten und der Verwendung von Lebendvirusimpfstoffen zunehmend kontroversiell diskutiert (MÜLLER et al., 1995). Die Tollwut sollte aber nicht als „natürlicher Regulator" von Fuchspopulationen angesehen werden.

Lediglich eine Reservoirfunktion, die er mit zahlreichen anderen Wildtieren teilt, kommt dem Fuchs

**Zoonosen des Fuchses und Dachses in Europa**

| Zoonose | Erreger | Übertragung |
|---|---|---|
| **1. Virale Zoonosen** | | |
| Tollwut | Rabies-Virus Serotyp 1 | B, (SH) |
| Frühsommermeningo-encephalitis (Metazoonose) | Togaviridae, Genus B der Arbo-Viren | Zecken |
| **2. Bakterielle Zoonosen** | | |
| Alveoläre u. zystische Echinokokkose | *Echinococcus multilocularis, E. granulosus* | SI, (A) |
| Trichinose | *Trichinella spiralis, T. nativa, T. britovi* | LM |
| Toxocarose | *Toxocara canis* | SI |
| Capillariose | *Capillaria aerophila* | SI |
| Dikrozölose (Distomatose) | *Dicrocoelium dentriticum* | SI |
| Trichuriasis | *Trichuris vulpis* | SI |
| Leishmaniosen | *L. donovani infantum, L. tropica minor/major* | Stechmücken |
| Coenurose | *Taenia multiceps, T. serialis* | SI |
| Diphyllobotriasis | *Diphyllobotrium latum* | LM (Vektor Fische) |
| Dioctophymiasis | *Dioctophyma renale* | LM (Vektor Fische) |
| Scheinräude, Trugräude | *Sarcoptes canis* | K |
| **3. Parasitäre Zoonosen** | | |
| Borreliose (Metazoonose) | *Borrelia burgdorferi* | Zecken |
| Leptospirose | *Leptospira* spp. | K (bes. Urin) |
| Tuberkulose | *Mycobacterium* spp. | K |
| Salmonellose | *Salmonella* spp. | SI, (LM) |
| Ehrlichiose | *Ehrlichia* spp. | Zecken |
| Tularämie | *Francisella tularensis* | K, A |

*Abkürzungen: LM .... Lebensmittel, K .... Kontakt, SI .... Schmierinfektion, A .... Aerosol, B .... Biss*

bei der **Frühsommermeningoencephalitis** (FSME) zu. Sie ist keine direkte Zoonose, sondern wird über Zecken von infizierten Wildtieren auf den Menschen übertragen (Metazoonose).

Eine in Mitteleuropa bedeutende, vom Fuchs übertragene parasitäre Zoonose ist die **Alveoläre Echinokokkose** (AE) (*E. multilocularis*, „Kleiner Fuchsbandwurm") mit z. T. bekannten Endemiegebieten. Allein in Österreich traten in den letzten 150 Jahren 156 beschriebene Fälle von AE beim Menschen auf. In einer vom Autor ausgewerteten Blutuntersuchung von 152 Landwirten waren 10 Probanden positiv bzw. grenzwertig gegen *E. multilocularis/ granulosus*. Dies weist darauf hin, dass (streunenden) Hunden und Katzen eine bislang unterschätzte Reservoirfunktion zukommt. Im Stadtgebiet von Zürich fand sich in Füchsen vom Stadtrand (51 %) diese Bandwurmart deutlich häufiger als in Richtung Zentrum (19 %), was vermutlich auf geringere Chancen für Füchse finnige Mäuse in der Stadt aufzunehmen zurückgeführt werden kann.

Vorwiegend in den Mittelmeerländern kommt die **Zystische Echinokokkose** (*E. granulosus*, „Hundebandwurm") vor, wobei sich das Verbreitungsgebiet in nördlicher Richtung ausdehnen dürfte (Klimawandel?) bzw. auch aus dem Urlaub mitgebrachte Hunde und Katzen Parasitenträger sein können.

In europäischen Füchsen parasitieren ***Trichinella spiralis*** (Verbreitung: A, D, S, FIN, F, E), ***T. nativa*** (FIN, S) und ***T. britovi*** (I, F, E, FIN, S, NL). Allgemein ist in den letzten Jahren eine Zunahme der Prävalenz von Trichinen bei Wildtieren zu erkennen, auch bei „Zuwanderern" wie dem Marderhund (Details zur Trichinose siehe Zoonosen/Schwarzwild).

Weit verbreitet kommen **Toxokarose** und **Capillariose** beim Fuchs vor. Sie stellen bei direktem Kontakt (Abbalgen, Sektion) sicherlich ein beträchtliches Infektionsrisiko dar. Geringere Bedeutung unter den parasitären Zoonosen haben **Dikrozölose** (Kleiner Leberegel), **Trichuriasis** (einige Humanfälle in Italien und Rumänien), **Leishmaniosen** (in Europa vorwiegend im Mittelmeerraum), **Coenurose** (Bandwurmfinnen, z. T. im Gehirn), **Diphyllobotriasis** (humane Infektionen über rohen Fisch) und die **Dioctophymiasis** (sog. Riesennierenwurm, der bei Marder- und Hundeartigen in Nord- und Südamerika, Asien und Europa parasitiert; Frösche und Fische sind Hauptinfektionsquellen für den Menschen).

Bakterielle Zoonosen des Fuchses, wie **Borreliose**, **Tularämie**, **Salmonellose**, **Tuberkulose**, **Leptospirose** und **Ehrlichiose** sind insgesamt von untergeordneter Bedeutung. Interessant erscheinen noch Einzelfunde von Salmonellose, die im Zusammenhang mit dem (illegalen) Auslegen von Geflügelabfällen auf Luderplätzen (Kirrplätze zur Fuchsjagd) stehen könnten. Weiters wird auf die Problematik der Übertragung der **Tuberkulose** von Dachsen (und möglicherweise Füchsen) auf Rinder und Farmwild in Großbritannien und den Niederlanden und damit auf eine potentielle menschliche Gefährdung verwiesen.

*Einige Krankheiten sind zwischen Füchsen, Hunden und Menschen übertragbar.*

### Füchse nicht „vernichten"

Der Fuchs stellt zwar eine potentielle Quelle von einigen wesentlichen Zoonosen dar, es erscheint aber nicht sinnvoll, den Fuchs aus diesem Grunde mit allen erdenklichen Mitteln zu verfolgen. Bereits im Mittelalter wurde der Fuchs vom Banne ausgenommen, d. h. jedermann durfte ihm nachstellen. Im vorigen Jahrhundert wurde der Fuchs sogar mit chemischen Bekämpfungsstrategien wie Baubegasung und Zyankali-Ködern verfolgt.

> Derzeit gibt es Extreme, die von der Vollschonung des Fuchses (biologische Mäusebekämpfung) bis zur intensivsten Verfolgung, auch mit tierschutzrelevanten Fangmethoden, und zu Ideen zum Einsatz von Kontrazeptiva („Anti-Baby-Pille") am Wildtier Fuchs reichen. Hier einen effizienten Weg zu finden, wäre eine große interdisziplinäre Aufgabe.

Zu bedenken ist auch, dass die Reproduktionsrate des Fuchses bei starker Verfolgung steigt. Es sind gezielte, tierschutzgerechte Strategien zu entwickeln, um mit jagdlichen Maßnahmen Fuchspopulationen – soweit überhaupt möglich (Abhängigkeit von Lebensraum, Zuwachselastizität und Nahrungsopportunismus des Fuchses, Motivation der Jäger usw.) – örtlich zu reduzieren. Dies fordert jedoch auch eine seriöse Aufklärung der Bevölkerung sowohl über die zoonotischen Gefahren als auch die gesetzten Maßnahmen, um die notwendige Akzeptanz zu finden. Eine gesetzeskonforme und tierschutzgerechte Bejagung der Füchse, begleitet von einer laufenden Beobachtung ihres Gesundheitszustandes, ist hiermit auch eine Aufgabe der Jagd für den öffentlichen Gesundheitsschutz.

## Zoonosen des Federwildes

Beim Federwild sind gegenüber den bisher beschriebenen Wildtierarten weitere epidemiologische Faktoren, wie die Volierenhaltung mit hohen Tierdichten und Importe (Fasan) sowie die Übertragung von Krankheitserregern im Wasser und der Vogelzug (Enten) zu berücksichtigen. In folgender Tabelle sind wesentliche Zoonosen bei Fasan und Ente aufgelistet.

Jagdbares Federwild ist besonders im Zusammenhang mit **Salmonellose** (vorwiegend Enten) sowie **Chlamydiose** (Psittakose) und **Campylobacteriose** zu nennen, welche aber gegenüber den zahlreich vorkommenden Zoonosen beim Feldhasen und Fuchs in ihrer Bedeutung in den Hintergrund treten. Hinsichtlich der Salmonellose sind unter Wildvögeln auch Krähen und Möven zu berücksichtigen, zumal diese auch in hohen Populationsdichten in der Nähe von Siedlungen oder landwirtschaftlichen Betrieben auftreten. In einer Untersuchung in Südostösterreich konnten bei 10 % der untersuchten Fasane und 21 % der Stockenten Campylobacter-Stämme (*Campylobacter jejuni/coli/lari*) aus Kloakentupferproben nachgewiesen werden. Hinsichtlich der Salmonellose dürfte Wildtieren als Reservoir nur untergeordnete Bedeutung zukommen. So war auch in obiger Untersuchung nur eine Ente Salmonella-positiv.

In Österreich wurden im Jahr 2008 insgesamt 3.196 **Salmonellosefälle** beim Menschen diagnostiziert. Es ist anzunehmen, dass die gemeldeten Fälle schätzungsweise lediglich 10 bis 20 % der tatsächlich vorkommenden Erkrankungsfälle repräsentieren. Weiters wird geschätzt, dass rund 10 % aller menschlichen Salmonellosen auf einen direkten Kontakt mit Salmonellen ausscheidenden Heimtieren, insbesondere Reptilien (Landschildkröten!) sowie gelegentlich auch auf Hunde und Katzen zurückzuführen sind.

> Unter Wildtieren ist besonders bei Wasservögeln, Gatterwild, Schwarzwild und Rehen mit dem Auftreten von Salmonellen zu rechnen.

Die **Campylobacteriose** ist mit einer Erkrankungsrate von 70 Fällen/100.000 Einwohnern/Jahr die häufigste bakterielle Durchfallerkrankung beim Men-

**Auswahl wesentlicher Zoonosen beim Federwild (Fasan und Ente) in Europa**

| Zoonose | Erreger | Übertragung |
|---|---|---|
| ***1. Virale Zoonosen*** | | |
| Influenza A | Orthomyxovirus | K, A |
| Newcastle Disease | Paramyxovirus | K, A |
| ***2. Bakterielle Zoonosen*** | | |
| Salmonellose | *Salmonella* spp. | LM |
| Campylobacteriose | *C. jejuni, coli; lari (?)* | LM, SI |
| Borreliose (Metazoonose) | *Borrelia burgdorferi* | Zecken |
| Rotlauf | *Erysipelothrix rhusiopathiae* | K (bes. Wunden) |
| Tuberkulose | *Mycobacterium avium, (bovis)* | K, LM |
| Chlamydiose | *Chlamydia psittaci* | K, A |
| Pasteurellose | *Pasteurella multocida* | K, A |
| Pseudotuberkulose, Yersiniose | *Y. pseudotub., Y. enterocolitica* | LM (rohes Fleisch?) |
| Listeriose (auch Geonose) | *Listeria monocytogenes* | LM |
| Tularämie (Fasan) | *Francisella tularensis* | K, A, bluts.Insekten |
| Botulismus | Toxine von C. *botulinum* | LM |

*Abkürzungen: LM .... Lebensmittel, K .... Kontakt, SI .... Schmierinfektion, A .... Aerosol*

schen. Es ist davon auszugehen, dass unter den 4.963 gemeldeten Fällen in Österreich im Jahre 2008 nicht nur Lebensmittelinfektionen waren, sondern dass so mancher Fall auch als Schmierinfektion (z. B. von Hund oder Katze) seinen Ausgang fand. Eine Infektion mit *Campylobacter jejuni* erfolgt vor allem über Lebensmittel tierischer Herkunft, wie rohes bzw. nicht ausreichend gegartes (Geflügel)Fleisch sowie über kontaminierte Rohmilch oder über kontaminiertes Trinkwasser. Zusätzlich ist aber eine direkte Übertragung auf den Menschen durch Tiere, insbesondere Jungtiere, vor allem wenn diese Durchfallsymptome aufweisen, möglich.

Das klinische Bild einer **Chlamydiose (Psittakose)** beim Menschen ist sehr variabel. Es reicht von leichten „grippalen" Symptomen bis zu schweren, lebensbedrohlichen Verläufen mit den Symptomen einer „atypischen" Lungenentzündung, Lidbindehaut-, Hoden- und Herzmuskelentzündung, hohem Fieber, heftigen Kopfschmerzen, Fehlgeburten und Multiorganversagen. Daneben verläuft sie vermutlich häufig klinisch unauffällig. In eigenen Untersuchungen waren besonders Tierärzte mit einer Seroprävalenz von 21 % (d. h. jeder Fünfte hatte spezifische Antikörper im Blut, die auf eine durchgemachte Infektion hinweisen) gefährdet hinsichtlich einer Infektion mit Chlamydien.

In der Epidemiologie der **Influenza** haben Wasservögel wie auch Schweine insoferne eine Bedeutung, als durch den Austausch von Teilen des viralen Genoms – was auch zwischen Viren aus verschiedenen Spezies (Mensch, Vögel, Schwein u. a.) geschehen kann – neue Virusvarianten entstehen, die Ursache weltweiter Epidemien sein können.

Das Auftreten von **Newcastle Disease** („Atypische Geflügelpest") ist bei zahlreichen Wildvogelarten beschrieben, und es ist auch bekannt, dass diese den Erreger ohne manifeste Krankheitserscheinungen bzw. im Anschluss an akute Erkrankungen wochenlang tragen und ausscheiden können. In eigenen Untersuchungen wiesen wir Antikörper gegen das NCD-Virus bei Jägern nach, die immer wieder in Volieren arbeiteten.

Immer wieder kommt es zu Massensterben von Wasservögeln infolge **Botulismus**, besonders, wenn von Vögeln toxinhaltige Maden von bereits verendeten Vögeln aufgenommen werden. In solchen Gebieten bergen das verzögerte Ausweiden von Wildenten, angeschossene und erst am nächsten Tag aufgefundene Enten und unzureichendes Garen potente Risikofaktoren.

# Vorbeugemaßnahmen gegen Wildtierzoonosen

Die Infektkette vieler Zoonosen endet beim Menschen blind und dies nicht aus biologischen Gründen, sondern durch menschliches Handeln (Gesundheitswesen, Kanalisation, Bestattungsriten usw.). Es ist also viel leichter, Tiere vor Zoonosen vom Menschen zu schützen als Menschen vor Infektionen aus tierischen Quellen zu bewahren. Besonders Jäger müssen ausgebildet und motiviert werden, beim Beobachten („Ansprechen") und Aufbrechen/Auswerfen (Ausweiden) von Wild immer auf krankhafte Veränderungen – im Speziellen Zoonosen – zu achten.

*Einer Krankheitsübertragung beim Abbalgen lässt sich mit Handschuhen und evtl. Anfeuchten des Balges (Sprühflasche) vorbeugen.*

Dringend muss vor dem Import von Lebendwild (besonders von Feldhasen und Fasanen) zu jagdlichen

**Folgende Vorbeugemaßnahmen und Verhaltensregeln zur Minimierung des Infektionsrisikos für gefährdete Berufsgruppen können empfohlen werden:**

- Grundsätze der Hygiene (wie Händewaschen nach Tierkontakten, sofortige Wundversorgung) und auch der Küchenhygiene sind auf alle Fälle einzuhalten
- Verhinderung von Schmierinfektionen (z. B. kein Rauchen oder Essen beim Abbalgen)
- Zumindest bei Vorliegen von Veränderungen an erlegten jagdbaren Wildtieren sollten beim Hantieren und Aufbrechen/Aus-der-Decke-Schlagen/Abbalgen Handschuhe verwendet werden
- Veränderungen an Wildtieren/Organen sind in verstärktem Ausmaße diagnostisch abzuklären, nicht zuletzt um Kenntnisse über die regionale Verbreitung von Krankheiten zu erlangen
- Verzicht auf unzureichend gegarte Wildgerichte „nouvelle cuisine" zumindest bei Wildfleisch unbekannter Herkunft sowie mit unbekannter Lagerdauer oder Kühltemperatur
- Einhaltung der gesetzlich vorgeschriebenen Trichinenuntersuchung bei Schwarzwild sowie Fuchs, Dachs, Bär, Nutria, falls diese dem menschlichen Verzehr zugeführt werden sollen
- Bei Übertragungsmöglichkeiten von Krankheitserregern über die Luft (*E. multilocularis* beim Abbalgen von Füchsen, *F. tularensis* beim Hantieren mit Feldhasen) ist starke Staubentwicklung aus dem Haarkleid durch Anfeuchten des Balges zu vermeiden
- Fallobst, in Bodennähe wachsende Beeren und Früchte sollte, in Gegenden, in denen der „Fuchsbandwurm" verbreitet ist, vor dem Verzehr gründlich gewaschen werden
- Kein Verfüttern roher Wildfleischabfälle oder Organe an Hunde, (Wild)Schweine oder Katzen; regelmäßiges Entwurmen von (Jagd-) Hunden und Katzen
- Kein Auslegen von Fuchskernen (abgebalgte Füchse) auf Luderplätze (Kirrplätze für Füchse) wegen der Gefahr der Verbreitung der Trichinose bei Aufnahme durch Wildschweine
- Zur Verhinderung der Scheinräude beim Menschen erkrankte und verdächtige Gämsen, Füchse usw. nur mit Plastikhandschuhen angreifen und in dicht verschlossenen Säcken transportieren
- Und schlussendlich: Keine Hysterie!

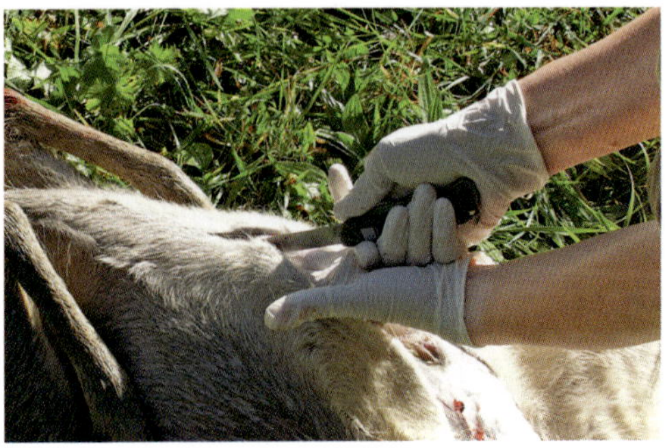

*Die Verwendung von Handschuhen beim Aufbrechen ist kein Bruch mit Traditionen, sondern Selbstschutz.*

Zwecken oder zur „Blutauffrischung" gewarnt werden, da damit immer auch die Möglichkeit des Einschleppens von Krankheitserregern verbunden ist. Weiters sind verstärkte Kooperationen zwischen Human- und Veterinärmedizin anzustreben, um konkretere Erkenntnisse über die Verbreitung von Zoonoseerregern bei Mensch und Wildtieren zu erlangen.

## Hunde als Infektionsquellen für den Menschen

Hunde leben meist in sehr engem Kontakt mit dem Menschen. Eine wechselseitige Übertragung von Krankheitserregern kann damit leicht stattfinden. Im Umgang mit Tieren werden – nicht nur von Kindern – hygienische Grundregeln häufig missachtet. Dieses Kapitel gibt einen Überblick zu zwischen Hunden und Menschen übertragbaren Krankheiten und weist auf einige Vorbeugemaßnahmen hin.

### Bakterielle Zoonosen

In einer Untersuchung von Blutproben steirischer Tierärzte waren bei 21% Antikörper gegenüber *Chlamydia psittaci*, dem Erreger der **Chlamydiose**, nachzuweisen. Zwei Tierärzte mit positiven Titern gaben schwere Lungenentzündungen an, die ein bis zwei Jahre zurücklagen. In unseren Breiten dürften neben den als Stubenvögel gehaltenen Papageienvögeln und dem Wirtschaftsgeflügel vornehmlich Rinder, Schafe und Ziegen, zunehmend aber auch Hunde und Katzen bedeutende Reservoire darstellen.

Die Symptome beim Menschen sind recht variabel, sie reichen von leichten, grippeähnlichen Erkrankungen bis zu akut-toxischen Krankheitsbildern mit hohem Fieber, Lungenentzündung, schwersten Kopfschmerzen, Muskel- und Gelenksschmerzen vorwiegend im Hals- und Rückenbereich sowie Lidbindehautentzündung.

Weiters sind Arbortusfälle bei Bäuerinnen und Hilfskräften in tierärztlichen Praxen beschrieben.

In Großbritannien konnten bis zu 5 % der beim Menschen gemeldeten **Campylobacteriosen** (siehe auch Zoonosen/Federwild) auf mutmaßlichen Kontakt mit Hunden oder deren Ausscheidungen zurückgeführt werden. Campylobacteriosen verlaufen beim Menschen ähnlich wie Salmonellosen. Auch in dänischen Studien wurde eine signifikante Verbindung zwischen Campylobacter-Infektionen bei Kindern und dem Vorhandensein eines Welpen im Haushalt festgestellt. In Mitteleuropa dürfte ein ähnliches Infektionsrisiko vorliegen. Besonders zugekaufte Hundewelpen und Junghunde bis 6 Monaten sind häufig Ausscheider, oft ohne selbst Krankheitserscheinungen aufzuweisen.

Es ist anzunehmen, dass die gemeldeten **Salmonellose**-Fälle schätzungsweise lediglich 10 bis 20 % der tatsächlich vorkommenden Erkrankungsfälle repräsentieren. Weiters wird geschätzt, dass rund 10 % aller menschlichen Salmonellosen auf einen direkten Kontakt mit Salmonellen ausscheidenden Heimtieren, insbesondere Reptilien (Landschildkröten!) sowie gelegentlich auch auf Hunde und Katzen zurückzuführen sind.

Europaweit hat sich Heimtierfutter als ein mögliches Salmonella-Problemfeld im Futtermittelbereich herausgestellt, wobei sich in Österreich im Untersuchungszeitraum 2004 und 2005 für Mischfuttermittel 13,5 % (7 von 52 Proben) und Kauspielzeug 18,5 % (5 von 27 Proben) der untersuchten Chargen als Salmonella-positiv erwiesen haben.

Besonders bei Ausbrüchen innerhalb einer Familie sind epidemiologisch unbedingt auch Heimtiere wie Hunde oder Reptilien als Infektionsquelle zu berücksichtigen.

*Besonders Kinder haben oft sehr engen Kontakt mit Hunden.*

Weitere bakterielle Zoonosen des Hundes wie **Tularämie**, **Tuberkulose**, **Brucellose** (*Brucella canis*) und Leptospirose sind derzeit in Mitteleuropa von untergeordneter Bedeutung.

## Hundebisse

In Deutschland ereignen sich jährlich ca. 35.000 Bissverletzungen an Menschen, verursacht durch Tiere. Die Dunkelziffer, großteils Bagatellverletzungen, dürfte noch erheblich höher sein. Den größten Anteil haben mit 70 bis 90 % Hundebisse, gefolgt von Katzenbissen mit 3 bis 15 %. Neben den dabei zugefügten Verletzungen bergen Bisse ein hohes Risiko hinsichtlich bakterieller Wundinfektionen, die in den meisten Fällen durch die Mundflora des jeweiligen Tieres übertragen werden. Die Infektionsgefahr nach Katzenbissen liegt bei über 50 %, nach Hundebissen bei 15 bis 20 %.

Bei Hundebissen werden Kratz-, Ausriss-, Durchbiss- oder Quetschwunden unterschieden. Bei Durchbiss- und Quetschwunden ist das Infektionsrisiko mit ca. 40 % am größten. Besonders infektionsgefährdet sind tiefe oder verschmutzte Wunden oder Wunden mit massiven Quetschungen (dadurch Minderdurchblutung!).

> Normalerweise verlaufen Bissverletzungen mit einem lokalen Infektionsgeschehen oder Abszessbildung, seltener sind Lymphknoten- oder Knochenhautentzündungen; Bakteriämien können bei Patienten mit Ödemen oder Lymphstau in der verletzten Extremität sowie bei Immunsupprimierten auftreten.

Als häufigste Bakterienspezies werden nach Hundebissen Streptokokken, Staphylokokken und Pasteurellen, die bei Hunden häufig in der Maul- und Rachenhöhle vorkommen, festgestellt. Ein erst vor kurzem entdeckter Zoonoseerreger aus der Maulhöhle des Hundes ist *Capnocytophaga canimorsus*, der beim Menschen nach Bissen Blutvergiftung, Wundbrand oder Hirnhautentzündung hervorrufen und sogar zu Todesfällen führen kann.

Da Katzenzähne sehr spitz, scharf und „kleinkalibrig" sind, kann es einerseits leicht zu Punktionen von Gelenken oder Knochenhaut bzw. Knochen kommen und andererseits verkleben die oberflächlichen Wundränder rasch und anaerobe Bakterien (vermehren sich unter Luftabschluss) verursachen schwere Infektionen. Daher sind Komplikationen nach Katzenbissen häufiger als nach Hundebissen. Bisswunden durch Hunde und Katzen, aber auch z. B. durch (Wild) Schweine sind Verletzungen, welche von Gebissenen häufig bagatellisiert werden. Ärztliche Hilfe wird oft erst dann gesucht, wenn bereits ein massives Infektionsgeschehen vorliegt.

*Katzenbisse verlaufen noch häufiger mit Komplikationen als Hundebisse.*

## Parasitäre Zoonosen

### Alveoläre Echinokokkose (AE) – „Fuchsbandwurm" (*Echinococcus multilocularis*)

Es ist anzunehmen, dass bei weitem nicht alle Menschen nach Aufnahme infektiöser Echinokokken-Eier klinisch erkranken. Erklärungen dafür liegen einerseits in einer erfolgreichen Immunabwehr und andererseits in der Vermutung, dass der Mensch keinen adäquaten Zwischenwirt für den „Fuchsbandwurm" darstellt. Die Inkubationszeit bei AE beträgt zwischen rund 5 und 15 Jahren, wobei beim Menschen die Finnen spontan absterben können. Da die Infektion in den anderen Fällen progressiv verläuft, ist sie immer als lebensgefährlich anzusehen, wobei die Prognose vom Ausmaß der Gewebsinfiltration und Metastasierung und somit vom Zeitpunkt der Diagnose abhängt. Als erstes Symptom treten Beschwerden im rechten Oberbauch auf. In mehr als 95 % der Fälle kommt es zu einer starken Lebervergrößerung. Die Diagnose beim Menschen ist mittels Blutuntersuchungen möglich.

> Als Hauptrisikofaktoren für AE wird Hunde- und Katzenbesitz sowie Jagd (z. B. Abbalgen von Füchsen) angegeben (AUER u. ASPÖCK, 2001). Es können 0,5 bis 1,8 % der Katzen (im süddeutschen Raum sogar bis zu 45 %) und 1 bis 6 % der Hunde eiproduzierende Stadien des „Fuchsbandwurmes" ausscheiden (WEBER u. SCHWARZKOPF, 2003).

Sowohl Hunde als auch Katzen infizieren sich durch das Fressen von Nagertieren. Hunde und Katzen sind für die Aufrechterhaltung des Zyklus von geringerer Bedeutung, können aber eine Rolle bei der Übertragung auf den Menschen spielen. Neben Hunden stellt der Rotfuchs ein bedeutendes Erregerreservoir dar, zumal er immer häufiger auch Städte besiedelt. Das Infektionsrisiko besteht daher für Hunde und Katzen nicht mehr ausschließlich im ländlichen Raum, sondern zunehmend auch in Städten, wenn sie dort die Möglichkeit haben, finnige Mäuse aufzunehmen.

### Zystische Echinokokkose – „Hundebandwurm"

Der Hundebandwurm *E. granulosus* kommt beim Hund in Mitteleuropa relativ selten – aber zunehmend – vor, in Mittelmeerländern betragen die Befallsraten jedoch bis zu 50 %. Die Ansteckung des Menschen erfolgt durch die orale Aufnahme von Bandwurmeiern bei engem Kontakt zu Hunden v. a. in Mittelmeerländern, durch Mitnahme von Hunden oder nach Fütterung von Hunden mit rohen, infizierten Schlachtprodukten. Infektionen sind auch nach Kontakt der Hände mit kontaminierter Erde oder Sand auf Spielplätzen oder durch Streicheln von Hunden (Eier können auch im Fell haften) und anschließender Schmierinfektion möglich. Nach oraler Aufnahme von Bandwurmeiern kommt es im Menschen langsam zur Bildung von Zysten in Leber, Lunge, Milz und Bauchfell. Die klinischen Erscheinungen zeigen sich erst dann, wenn die Zysten Gallengänge und Blutgefäße einengen. Beim Platzen von Zysten sind akute allergische (Schock-)Reaktionen möglich, die lebensbedrohlich sein können.

### Spulwürmer als (Mit)Auslöser von Rheuma?

*Toxocara canis* (Hundespulwurm) und *T. cati* (Katzenspulwurm) sind als Parasiten von Hund und Katze schon seit mehr als 200 Jahren bekannt, wurden aber erst zu Beginn der 1950er Jahre als Zoonoseerreger erkannt. Heute unterscheidet man das *Larva migrans visceralis*-(LMV-)Syndrom, das vorwiegend bei Kindern im Alter von 2–5 Jahren auftritt (Risiko Essen von Erde/Sand z. B. am Sandhaufen) und das *okuläre Larva migrans*-Syndrom (OLM) am Auge.

> Vermutlich führt nur ein geringer Prozentsatz von Spulwurm-Infektion zu klinischen Symptomen einer Toxokarose beim Menschen, wobei alle Organe betroffen sein können, z. B. auch Rückenmark und Augen.

Immerhin registriert das Hygiene-Institut Wien zwischen 70 und 80 Fälle pro Jahr, es ist aber mit mindestens einigen hundert Fällen nicht diagnostizierten Fällen pro Jahr zu rechnen. Zu berücksichtigen ist

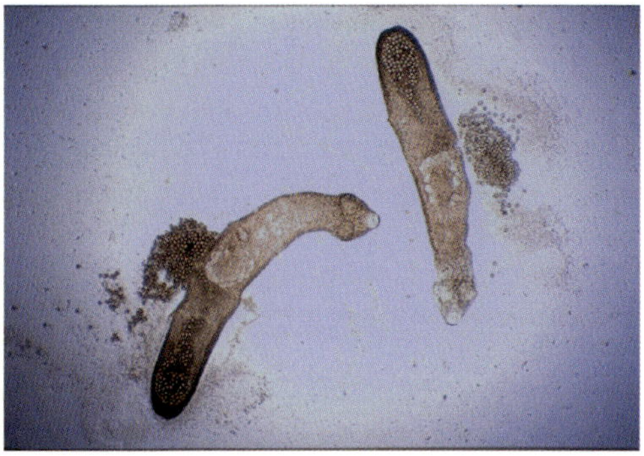

Zwei Bandwürmer (Echinococcus multilocularis) mit Eipaketen

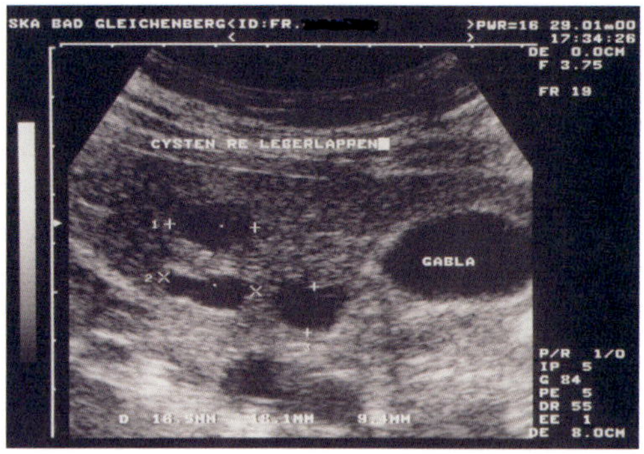


Ultraschall einer Leber einer Landwirtin mit Bandwurmfinnen (GABLA = Gallenblase)

aber, dass es für die Toxokarose keine „typischen" Symptome gibt und dass sie mittlerweile als (Mit)Auslöser von Rheuma, Asthma und Epilepsie angeführt wird.

Die Infektion des Menschen erfolgt durch orale Aufnahme der Eier aus Hunde-, Fuchs- oder Katzenkot (Schmutz- und Schmierinfektion). Im Dünndarm verlassen die Larven die Eier und gelangen am Blut- oder Lymphweg oder durch aktive Wanderung in die Leber, anschließend können sie über den Blutstrom in alle Organe des Menschen transportiert werden. Beide Spulwurmarten sind weltweit verbreitet, besonders junge Hunde und Katzen sind häufig Träger und scheiden bis über 50.000 Eier/g Kot aus. Epidemiologisch zu berücksichtigen ist auch, dass Füchse in Mitteleuropa häufig mit dem Hundespulwurm befallen sind. Untersuchungen haben darüber hinaus gezeigt, dass bis zu 14 % der Kot-, Erd- und Sandproben aus öffentlichen Park- und Grünanlagen mit *Toxocara*-Eiern kontaminiert sind. Die Überlebensfähigkeit von *Toxocara*-Eiern beträgt in feuchtem Milieu bis zu 4 Jahre. Die Eier überstehen Kälteperioden, gegen Austrocknung und Temperaturen über 30–35 °C sind sie dagegen empfindlich.

Insgesamt wurden im Rahmen unseres Projektes 152 Landwirte, 147 Schlachthofarbeiter, 137 Tierärzte, 149 Jäger aus der Steiermark und dem Burgenland sowie 50 Personen aus der Landeshauptstadt Graz als Kontrollgruppe u. a. auf die Seroprävalenz von Antikörpern gegen den Hunde- und Katzenspulwurm untersucht und deutliche Unterschiede zwischen den Berufsgruppen gefunden. Bei Landwirtinnen und -wirten konnten bei fast 50 % spezifische Antikörper gefunden werden, d. h. diese Personen waren auch einmal mit Spulwürmern infiziert (DEUTZ et al., 2005).

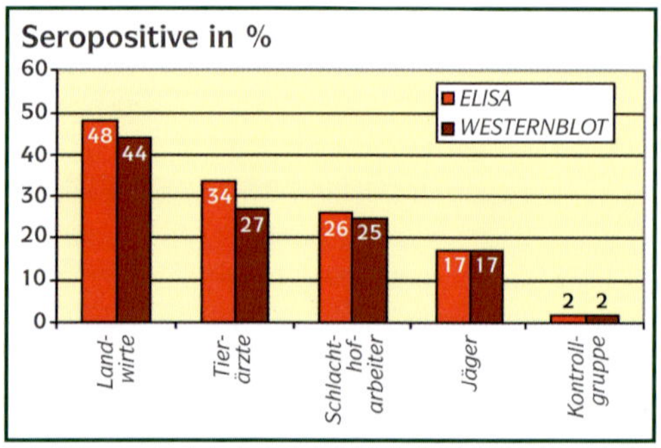


Serologische Untersuchung verschiedener Berufsgruppen auf Antikörper gegen den Hunde- bzw. Katzenspulwurm mit zwei Methoden (DEUTZ et al., 2005)

Zwischen dem Faktor „Berufsgruppe" und positiven Befunden (= Antikörper gegen *Toxocara* spp.) konnte ein statistisch signifikanter Zusammenhang festgestellt werden. Für alle untersuchten Berufsgruppen wurde ein erhöhtes Risiko, mittels Vierfeldertafel und $\chi^2$-Test verglichen mit der Kontrollgruppe bestätigt. Daraus ergibt sich für Landwirte gegenüber der Kontrollgruppe ein fast 39-faches Risiko für eine *Toxocara*-Infektion, für Tierärzte ein 18-faches, für Schlachthofarbeiter (z. T. Nebenerwerbslandwirte) ein 16-faches und für Jäger ein 9-faches Risiko gegenüber der Kontrollgruppe (= „Durchschnittsbevölkerung"). Der Grund für die stark unterschiedlichen Prävalenzen liegt mit hoher Wahrscheinlichkeit in der deutlich schlechteren Gesundheitsfürsorge (wie Entwurmungen) für Hunde und Katzen im ländlichen Raum. Da ergibt die hohe Anzahl frei gehaltener und zum Teil streunender (verwurmter) Katzen bzw. Hunde in Verbindung mit der langen Überlebensfähigkeit der Eier ein entsprechendes Risiko (Gemüse- und Obstgärten, streichelnde Kinder).

Die Bekämpfung der Toxokarose hat insbesondere auf die hohen Ausscheidungsraten bei Hunde- und Katzenwelpen sowie auf die Möglichkeit der laktogenen Übertragung (Infektion der Welpen über die Muttermilch) mittels Entwurmungsprogramm abzuzielen.

Eine wesentliche Hygienemaßnahme ist die Beseitigung des Hunde- und Katzenkotes. Zusätzlich ist die Kontamination öffentlicher Anlagen und von Kinderspielplätzen mit Spulwurmeiern von Hunden, Katzen und Füchsen zu minimieren.

**Hunderäude ist übertragbar!**

Mit Räudemilben können sich Jagdhunde bei ihrer Arbeit relativ leicht infizieren. Der Erreger der Sarcoptes-Räude (*Sarcoptes canis*) verursacht bei Hunde- und Marderartigen Hautveränderungen, beginnend zumeist am Kopf (Ohrränder, Nasenrücken, Augenbogen) sowie an anderen weichhäutigen Körperstellen wie Unterbauch und Schenkelinnenflächen. Beim Menschen kann diese Milbenart eine Scheinräude verursachen. Die juckenden Hautveränderungen heilen nach zwei bis drei Wochen ab, da sich diese Milbenart in der menschlichen Haut nicht vermehren kann.

Die ersten sichtbaren Veränderungen am Tier sind kleine Knötchen und Pusteln oder vermehrte Schuppenbildung. Gleichzeitig tritt starker Juckreiz besonders bei warmer Umgebungstemperatur auf, später kommt es zur Verdickung und Faltenbildung der Haut. Dabei entstehen graue Krusten und die Haare fallen aus bzw. brechen ab. An die Krusten schließen zumeist stark schuppende Hautzonen an, die frisch von Milben besiedelte Gebiete anzeigen.

Bei bakteriellen Sekundärinfektionen entstehen eitrige Hautentzündungen. Gegen die Sarcoptes-Räude haben sich zweimalige Injektionsbehandlungen innerhalb von 1–2 Wochen bewährt, weil bei einer zweimaligen Behandlung auch die aus den die Erstbehandlung überlebenden Eiern geschlüpften Larven abgetötet werden. Gleichzeitig mit der Therapie sind das Hundelager mit einem Akarizid (z. B. Pyrethroide) zu behandeln und Hundedecken auszukochen.

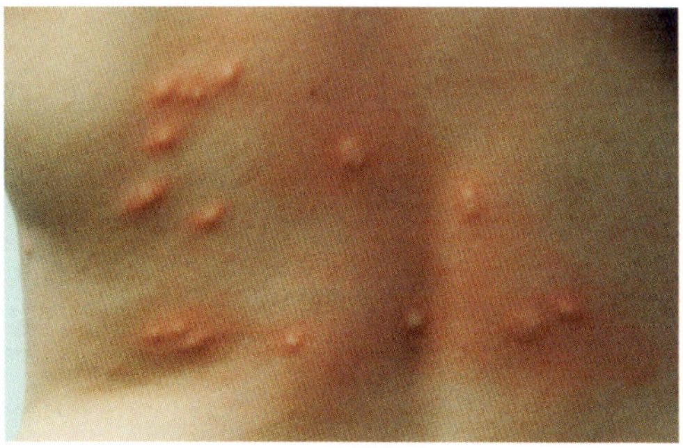

*Stiche des Hundeflohs am Rücken eines Kindes. Flöhe sind auch Zwischenwirte des Gurkenkernbandwurmes (Dipylidium caninum) von Hund und Katze, der auch auf den Menschen übertragbar ist.*

## Hautpilzerkrankungen

Mikrosporie und Trichophytie sind die häufigsten Hautpilzerkrankungen, die von Tieren auf den Menschen übertragen werden. In Deutschland treten rund 10.000 Fälle von Mikrosporie pro Jahr beim Menschen auf, wobei die Dunkelziffer noch weitaus höher liegen dürfte. Diese Hauptpilzerkrankung kommt häufig bei Kindern vor, ist sehr ansteckend und kann sich in Familien, Kindergärten und Schulen rasch ausbreiten.

Die **Mikrosporie** tritt beim Menschen in zwei Krankheitsbildern auf. Bei *Tinea capitis* bilden sich auf der behaarten Kopfhaut kahle, runde bis ovale Flecken mit kurzen, abgebrochenen Haaren und grauweißen, mehligen Schuppen, meist ohne entzündliche Veränderungen. Bei *Tinea corporis* treten an Körperstellen, die nicht von der Kleidung bedeckt sind, wie z. B. Hände, Unterarme, Halsregionen oder Gesicht, flache, z. T. nässende, runde bis ovale Hautareale mit Schuppen und Krusten auf.

Die Ansteckung des Menschen erfolgt meist durch direkten intensiven Kontakt mit infizierten Katzen, seltener durch Hunde.

Die Nachweisraten von **Trichophytie** liegen bei hautkranken Hunden bei bis zu 50 %, bei Katzen bis zu 25 %, wobei am häufigsten *Trichophyton mentagrophytes* nachgewiesen wird. Die Ansteckung des Menschen, vor allem von Kindern, erfolgt durch direkten, intensiven Kontakt mit oft latent infizierten Kleintieren. Dabei werden vor allem Kaninchen, Meerschweinchen oder Hamster, seltener Hund oder Katze als Infektionsquelle angesehen. Symptome der Trichophytie äußern sich beim Menschen zu Beginn mit bis zu linsengroßen, leicht erhabenen, rötlichen, schuppenden Hautstellen, die sich nach außen verbreitern („roter Ring"), während das Zentrum abheilt. Die Hautveränderung treten vor allem im Gesicht, in der Halsregion sowie an Armen und Händen auf.

## Tollwut immer ernst nehmen

Im Tollwutgeschehen Mitteleuropas kommt dem Fuchs die zentrale Reservoir- und Überträgerrolle zu, welche z. B. in Südosteuropa vom Hund mitgetragen wird. Von Füchsen werden immer wieder Haustiere infiziert, durch die dann der Mensch gefährdet werden kann. Aktuell werden Fälle von Tollwut aus Norditalien (Friaul) gemeldet. Näheres zur Tollwut erläutert das Kapitel „Tollwut" (Seite 160).

## Vorbeugemaßnahmen gegen Hundezoonosen

Ein Gesundheitsrisiko für den Menschen, insbesondere für Kinder, ältere oder immungeschwächte Personen durch Zoonosen, die von Hunden und Katzen übertragen werden können, ist besonders dann gegeben, wenn beim Umgang mit diesen Tieren die Ein-

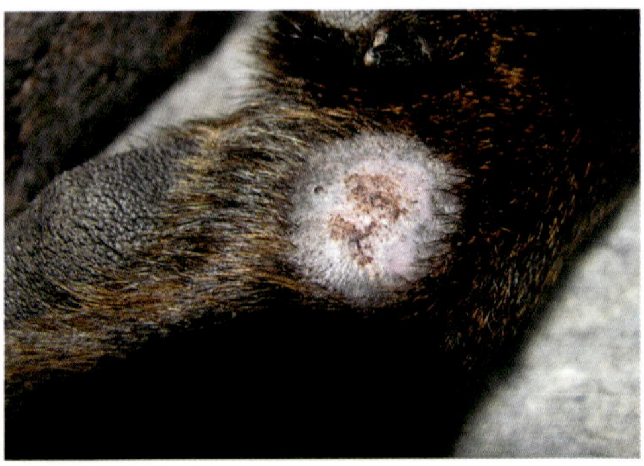

*Hautpilz (Mikrosporie) an der Pfote eines Hundes*

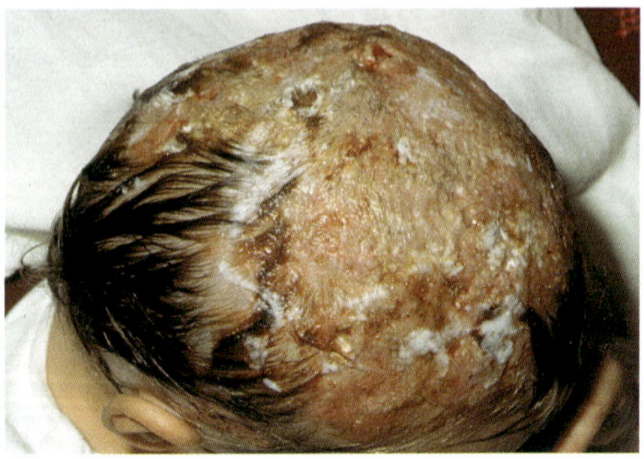

*Trichophytie am Kopf eines achtjährigen Kindes*

haltung allgemein gültiger Hygienemaßnahmen außer acht gelassen wird. Deshalb sollen vorstehende Ausführungen als Aufklärung über eine mögliche Infektionsgefährdung durch Hunde und nicht als Panikmache verstanden werden.

### Der Mensch als Infektionsquelle für Hunde

Der Mensch kann auch umgekehrt eine Infektionsquelle für Hunde sein. So sind Infektionen von Hunden mit dem Influenza-A-Virus des Menschen oder auch Erkrankungen an Mumps (Paramyxo-Virus) bekannt. An bakteriellen Infektionen sind Fälle von Tuberkulose, sowie Übertragungen von Pneumokokken, Staphylokokken, Salmonellen, Campylobacter, *E. coli* sowie Listerien vom Menschen auf Hunde bekannt. Ebenfalls nachgewiesen sind Pilzinfektionen bei Hunden ausgehend vom Menschen.

### Vorbeugemaßnahmen gegen Zoonosen von Hunden und Katzen

- Einhalten hygienischer Grundregeln (Händewaschen nach Tierkontakten, sofortige Wundversorgung), Verhinderung von Schmierinfektionen (z. B. kein Rauchen oder Essen) nach Hundekontakten
- Regelmäßiges Entwurmen von Hunden; empfohlen wird bei Hunden mit nicht einschätzbarem Infektionsrisiko mindestens 4 Entwurmungen/Jahr. Wenn vom Hund Feld- oder Wühlmäuse gefressen werden oder Hunde rohes Fleisch/Innereien bekommen, wird eine Entwurmung alle 4 bis 6 Wochen (mit Bandwurm-wirksamem Präparat) empfohlen. Falls vom Hund auch Kot aufgenommen wird und er zudem Kontakt mit Kleinkindern hat, wird eine monatliche Entwurmung gegen Spulwürmer angeraten. Alternativ können in den angegebenen Zeiträumen auch Kotproben des Hundes (Sammlung über drei Tage) untersucht werden
- Entfernen von Hunde-/Katzenkot; Fernhalten von Hunden/Katzen von (Sand)Spielplätzen
- Hund nicht im Bett schlafen lassen und an Mindesthygiene bei Begrüßung und Spiel denken
- Sichtbar kranke oder verdächtige Füchse/Marder nicht vom Hund apportieren lassen
- Hund nicht eng neben erlegten Füchsen/Mardern ablegen
- Bei (Jagd)Hunden mit Juckreiz (nach Fuchskontakten) an Räude denken, Tierarztbesuch zur Diagnosestellung, keine langwierigen Selbstbehandlungen gegen „Juckreiz"
- Baujagden in Räudegebieten bergen ein großes Infektionsrisiko für Bauhunde; Hundebesitzer in Gegenden mit Fuchsräude sollten aufgeklärt werden; Hunde sollten auf Spaziergängen an die Leine genommen werden, um (unbemerkte) Fuchskontakte zu vermeiden
- Minimierung der Zeckenkontakte (Zeckenschutzmittel, Absuchen des Körpers usw.)
- Informationen für Hundehalter über die Ansteckungsgefahren
- Engere Kooperation zwischen Human- und Veterinärmedizin in der Diagnostik und Erforschung von Zoonosen, differentialdiagnostische Berücksichtigung von Zoonosen bei erkrankten Personen exponierter Berufsgruppen; gezielte diagnostische Schritte in sämtlichen Verdachtsfällen von Zoonosen

# „Neue“ Erreger – ein noch nicht abschätzbares Risiko

Tatsächlich oder vermeintlich neu auftretende Erreger geben häufig auch ein beliebtes Thema für die Medien ab, die mit solchen Ereignissen aber nicht immer im Sinne einer fachlichen Information oder unter Beachtung einer Risikoabschätzung umgehen. Panikreaktionen der Bevölkerung und auch der Politik können daraus resultieren.

## Vogelgrippe, Geflügelpest – Schreckgespenst der Medien?

„Vogelgrippe“ ist die umgangssprachliche Bezeichnung für eine anzeigepflichtige Viruserkrankung der Vögel, hervorgerufen durch Influenzaviren („Grippeviren“). Der Begriff Vogelgrippe ist unscharf, da es verschiedene Virusstämme mit unterschiedlicher klinischer Verlaufsform gibt. In jüngerer Zeit wird der Begriff „Vogelgrippe“ im populärwissenschaftlichen Gebrauch für jene Unterform der Erkrankung verwendet, die durch den Virus-Subtyp Influenza A/H5N1 verursacht wird. In Einzelfällen sind Influenzaviren vom Geflügel auch auf Säugetiere und auf Menschen übertragen worden, die Erkrankung ist also eine Zoonose.

Die wirtschaftlichen Folgen der H5N1-Ausbrüche gelten laut New Scientist mittlerweile als die schlimmste Erkrankungswelle, die jemals unter Tieren bekannt geworden ist, vergleichbar allenfalls mit der Rinderpest. Die H5N1-Viren werden überwiegend durch Kotpartikel verbreitet, bei Wildvögeln offenbar stärker über den Atemtrakt als über den Kot. Viele Vogelkundler neigen zur Ansicht, dass A/H5N1 in erster Linie eine Krankheit des landwirtschaftlichen Geflügels sei.

Die Symptome des akuten Verlaufs sind neben allgemeiner Schwäche hohes Fieber, eine erschwerte Atmung mit geöffnetem Schnabel, Ödeme, Blauverfärbung von Haut und Schleimhäuten, Durchfall und neurologische Störungen. Säugetiere sind weniger empfänglich für das Virus, werden aber – z. B. Hausschweine, Katzen, Steinmarder – oder auch der Mensch, gelegentlich infiziert.

Die einzig zuverlässige Statistik über H5N1-Erkrankungen bei Menschen ist die offizielle Statistik der Weltgesundheitsorganisation (WHO). Bei den wiederholten Ausbrüchen der Krankheit starben (laut WHO-Webseite vom 9. Februar 2009) weltweit seit Dezember 2003 von 406 registrierten infizierten Menschen nachweislich 254 Personen.

Das Risiko für Menschen, an einer H5N1-Infektion zu erkranken, wird von den Experten weltweit als äußerst gering eingeschätzt. Insbesondere die Zahl der von der WHO registrierten Todesfälle muss im Verhältnis zum Risiko, an den Folgen einer „gewöhnlichen Humaninfluenza“ (echten Virusgrippe) zu sterben, betrachtet werden. Laut amtlicher deutscher Todesursachenstatistik sterben pro Jahr allein in Deutschland bis 20.000 Menschen an den Folgen einer Infektion mit Humaninfluenza-Viren, in Österreich sind es bis 4.000 Menschen.

## West Nil Virus-Infektionen

Das West Nile-Virus (WNV) gehört zu den durch Stechmücken übertragenen Flaviviren, wobei verschiedene Gelsenarten das Virus vermehren und übertragen können. In Gebieten, in denen sich der Erreger festgesetzt hat (zu Ende der 1990er Jahre: Afrika, Indien, Zypern, selten in Südeuropa), kommt es zu einem Infektionszyklus zwischen infizierten Gelsen und bestimmten Vogelarten, wobei sich das Virus sowohl in den Stechmücken als auch in den Vögeln vermehren kann. Andere Vogelarten, Pferde und Menschen stellen Endwirte dar, die an der Infektion erkranken und auch sterben können. Beim Menschen verursacht eine Infektion grippeähnliche Symptome, Hautausschläge und Hirnhautentzündung, Todesfälle kommen überwiegend bei älteren Patienten vor.

Das West Nile Virus kommt mittlerweile auf allen Kontinenten vor, seit 1999 auch in Amerika, mit ca. 1.000 Todesfällen beim Menschen im Raum New York. In Europa gab es im vorigen Jahrhundert eher kleinräumige Ausbrüche bei Menschen oder Pferden in Rumänien, Italien, Frankreich und einigen wenigen anderen Ländern. In Österreich fiel das WNV zu dieser Zeit nicht auf.

Die Situation hat sich in den letzten Jahren dramatisch geändert, wobei die allgemein zu beobachtende Erhöhung der Durchschnittstemperatur („Klimawandel“) eine nicht unbedeutende Rolle dabei spielen dürfte.

Jedenfalls ereigneten sich 2008 und 2009 in Norditalien großflächige Ausbrüche von West Nile Disease („klassische Variante“, lineage 1). Im Jahr 2004 wurde erstmals ein exotisches West Nile Virus (lineage 2) mit milderem klinischen Verlauf in Ungarn beobachtet. Dieses Virus dürfte über Zugvögel aus Afrika nach Ungarn verfrachtet worden sein. In den Folgejahren hat sich dieses Virus in Ungarn etabliert und sich ein Stechmücken-Vogel-Infektionszyklus aufgebaut. Das Virus überwintert auch problemlos in Ungarn. Im Sommer 2008 kam es dann zu einem riesigen Ausbruch von West Nile Disease im gesamten Staatsgebiet von Ungarn und auch in der Osthälfte Österreichs. Auch im Sommer 2009 gab es eine Reihe von Erkrankungsfällen in diesen Gebieten. Es ist daher davon auszugehen, dass dieses Virus nunmehr alljährlich (bevorzugte Zeit: Mitte Juli bis Ende September) zu Krankheitsfällen führen wird. Die in Österreich und Ungarn am stärksten betroffenen Vogelarten sind Habichte (infizierte Habichte sterben zu einem hohen Prozentsatz an zentralnervalen Symptomen) und andere Greifvögel, wobei aber im Prinzip jede Vogelart erkranken kann. Neben Vögeln erkranken wie bereits erwähnt auch Pferde und Menschen.

*In Österreich und Ungarn waren bisher vor allem Greifvögel von West Nile Virusinfektionen betroffen.*

## Hepatitis E – Jäger über das Wildschwein gefährdet?

Im Zusammenhang mit steigenden Fällen von Hepatitis E beim Menschen in Europa werden immer wieder Haus- und Wildschweine als Virusreservoir und Ansteckungsquelle diskutiert.

### Infektionen beim Menschen

Hepatitis E ist mittlerweile in vielen Entwicklungsländern eine der häufigsten Lebererkrankungen des Menschen, wobei verunreinigtes Trinkwasser und Infektionen von Mensch zu Mensch (Toiletten- und Küchenhygiene, Fäkalkontaminationen) die häufigsten Infektionswege sind. Das Krankheitsbild ist dem der Hepatitis A ähnlich. Neben unspezifischen Symptomen wie Müdigkeit, Abgeschlagenheit, Kopfschmerzen, Appetitlosigkeit, Gewichtsverlust, Muskel- und Gelenksbeschwerden, Druckgefühl im Oberbauch sowie Fieber treten später typische Symptome einer Leberfunktionsstörung (Gelbsucht, Dunkelfärbung des Urins, Hellfärbung des Stuhls) auf. Bei Kindern verlaufen Hepatitis-E-Infektionen häufig ohne besondere Symptome. Bei Erwachsenen dagegen werden in 5 bis 10 % der Fälle schwere Krankheitsverläufe beobachtet und bei Infektion von Schwangeren kann es zu ernsten Komplikationen mit hoher Todesrate kommen.

Die Erkrankung tritt vorwiegend bei jungen Erwachsenen auf. Gegen Hepatitis E gibt es noch keine Schutzimpfung.

In Industrieländern wird Hepatitis E eher selten, am häufigsten noch als „Reisemitbringsel“ diagnostiziert. In Deutschland wurden 2009 insgesamt 106 Fälle gemeldet, wobei die Fallzahlen aber in den letzten Jahren stetig ansteigen. Es fällt in diesen Ländern trotz seltenen klinischen Fällen eine relativ hohe Seroprävalenz (Nachweis von Antikörpern) gegen das Hepatitis E-Virus (HEV) von 1 bis 5 % in der Bevölkerung auf. Als Ursache für diesen Widerspruch wird ein Tierreservoir für dieses Virus im Schwein/Wildschwein angenommen. Auch in eigenen Untersuchungen konnten wir bei Tierärzten und Schlachthofarbeitern relativ häufig Antikörper gegen das Hepatitis E-Virus nachweisen.

### Hepatitis E-Virus bei Tieren

In den USA gelang 1997 die Isolierung von HEV aus einem Schwein. Die Virusstämme aus Schweinen waren eng verwandt mit jenen aus Menschen, und Übertragungsexperimente lieferten später den Beweis, dass Menschenaffen für das HEV des Schweines empfänglich sind. Auch die Tatsache, dass Berufsgruppen mit engem Kontakt zu Schweinen wie Landwirte, Tierhändler, Schlachthofpersonal oder Jäger ein erhöhter Risiko für HEV-Infektionen haben und dass Hepatitis E-Erkrankungen nach dem Verzehr von ungenügend erhitztem Fleisch oder Organen von Wildschweinen auftraten, lieferte weitere Hinweise für die Übertragbarkeit von HEV.

In Europa scheint das Virus in der Haus- und Wildschweine-Population weit verbreitet zu sein. Klinische Symptome konnten beim Schwein nicht beobachtet werden. Das verbreitete Vorkommen bei Schweinen lässt darauf schließen, dass es sich hierbei um den Reservoirwirt für HEV handelt. Eine deutsche Studie ergab, dass 15 % der untersuchten Wildschweine Antikörper gegen das Hepatitis E-Virus trugen.

*Nicht durchgegarte, geröstete Wildschweineleber kann zu Hepatitis E führen*

### Infektionsmöglichkeiten und Schutzmaßnahmen

Obwohl die Übertragungswege des Hepatitis E-Virus von Schweinen/Wildschweinen auf den Menschen und allfällige zusätzliche Faktoren noch nicht restlos geklärt sind, wird empfohlen, beim Aufbrechen und Zerwirken von Schwarzwild sowie beim Zubereiten von Wildschweinefleisch und -organen auf Hygienemaßnahmen (Händewaschen, ev. Schutzhandschuhe, Vermeiden von Schmierinfektionen – wie Rauchen mit verschmutzten Händen, Vermeiden von Kreuzkontaminationen in der Küche usw.) zu achten.

Wildschweinfleisch und -organe (besonders Lebergerichte) sollten gut durcherhitzt werden, d.h. es darf kein roter Fleischsaft mehr abrinnen. Geräucherte bzw. länger gelagerte/gereifte Rohprodukte bergen sicherlich nur ein geringes Restrisiko, bei Carpaccio vom Wildschwein ist von einem höheren Risiko auszugehen.

Es gibt Hinweise, dass HEV auch viele andere Tierarten infizieren kann. Antikörper gegen HEV wurden bei Hauswiederkäuern, Hunden und Katzen, aber auch Nagetieren wie Ratten und Mäusen gefunden.

## Hantavirus-Infektionen – Jäger besonders gefährdet!?

Jäger sind durch ihren Aufenthalt in freier Natur sowie durch häufige Tierkontakte eine Risikogruppe für den Erwerb von Zoonosen, also von Erkrankungen, die zwischen Tieren und Menschen übertragen werden. Eine Infektionskrankheit, die sich in den letzten Jahren stark ausgebreitet hat, sind Hantavirus-Infektionen.

### Geschichte der Hantaviren

Aus dem Jahre 1913 liegt ein klinischer Bericht aus Ostsibirien vor, der eine virale Erkrankung beschreibt, die heute als Hämorrhagisches Fieber mit Renalem

(Nieren-) Syndrom bekannt ist. Bereits in einem medizinischen Bericht aus China, datiert aus dem Jahre 960 n. Chr., ist genau diese Krankheit beschrieben. Während des Koreakonfliktes zu Beginn der 1950er Jahre traten bei den UN-Truppen am Fluss Hanta über 3.000 Fälle mit einer Sterblichkeitsrate von 30 % auf. Erst 25 Jahre später konnte die Brandmaus als Reservoir und Ausscheider eines Hanta-Virus identifiziert werden. Seit den 1990er Jahren werden jährlich weltweit um 200.000 Erkrankungsfälle durch Hantavirus-Infektionen registriert, wobei mit einer sehr hohen Dunkelziffer zu rechnen ist und die Fallzahlen in den letzen Jahren stark anstiegen. Hantaviren gelten mittlerweile auch als potentielle „Biowaffe".

## Ernstzunehmende Zoonose

Hantaviren treten weltweit in verschiedenen Serotypen (z. B. Puumala, Dobrava, Hantaan) mit unterschiedlicher krankmachender Wirkung für den Menschen auf. Besonders betroffen sind Asien, der Balkan, Skandinavien und die USA. Mit Sterblichkeitsraten von – je nach Serotyp – bis über 50 % gehören sie zu den gefährlichen Zoonosen. Der in Nord- und Mitteleuropa vorherrschende Serotyp Puumala (Sterblichkeitsrate bei 0,5 %) verursacht grippeähnliche Symptome und Nierenerkrankungen. Das Virusreservoir für Hantaviren sind Mäuse, Wühlmäuse und Ratten, in denen die Infektion symptomlos verläuft, das Virus jedoch meist lebenslang über Speichel, Urin und Kot ausgeschieden wird. Im Bezirk Murau/Steiermark konnten wir im letzten Jahr Hantaviren auch bei Sumpf- und Waldspitzmäusen nachweisen, es muss also mit weiteren Reservoiren gerechnet werden.

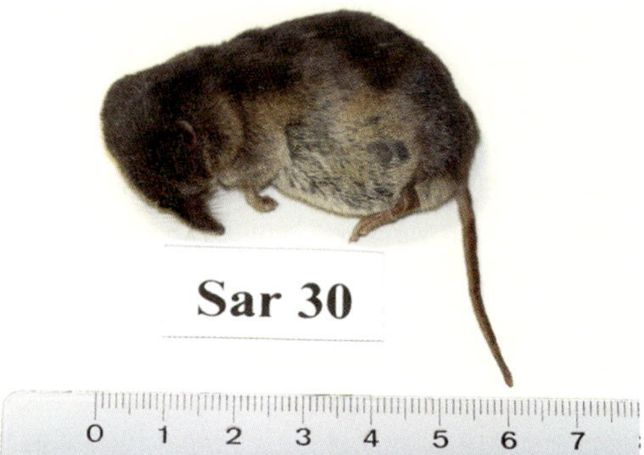


*Aus dieser Sumpfspitzmaus wurde ein seltenes Hantavirus isoliert.*

> Die Zahl der humanen Hantavirus-Infektionen ist im Herbst am größten, da durch den erhöhten Populationsdruck auf der einen Seite bzw. die niedrigen Temperaturen auf der anderen Seite Mäuse (häufige Virusträger sind Rötelmäuse) die Nähe menschlicher Siedlungen suchen und damit die Infektionsgefahr steigt.

Der Mensch infiziert sich meist durch Einatmen von Staub, der eingetrocknete Nagerexkremente enthält. In einer Untersuchung im Bundesland Kärnten wiesen 1,2 % der untersuchten Personen Antikörper gegen das Hantavirus auf, waren also einmal infiziert. In eigenen Untersuchungen von verschiedenen Berufsgruppen konnten wir bei 10 % der Jäger und 3 % der Landwirte Antikörper nachweisen, keine jedoch bei Tierärzten und Schlachthofarbeitern, was Jäger als besondere Risikogruppe für Hantavirus-Infektionen ausweist. Serologische Untersuchungen an Biologen, Wald- und Landarbeitern in Oberitalien, der Tschechischen Republik und Deutschland ergaben Seroprävalenzen zwischen 4 und 29 %.

Von 2001 bis 2004 wurden in Deutschland 800 Fälle registriert, allein 2005 bereits 440 Fälle, und in den ersten Wochen 2010 wurden allein in Baden-Württemberg bereits 85 Erkrankungen gemeldet. Zwischen 1993 und 2004 wurden in Österreich 181 Infektionen diagnostiziert, davon allein 72 Fälle im Jahre 2004. In den letzten Jahren waren deutliche Steigerungen und eine markante Vergrößerung des Verbreitungsgebietes erkennbar. Diese hohen Fallzahlen sind vermutlich auch durch Populationszunahmen der Rötelmaus (Buchenmastjahre!) und Klimafaktoren bedingt. Ein weiterer Grund könnte in der zunehmenden Kenntnis der Ärzte über das durch Hantaviren verursachte Krankheitsbild liegen. Jedenfalls sollte bei einem fieberhaften („grippalen")

Infekt mit Nierenfunktionsstörung an eine Hantavirus-Infektion gedacht und diese durch eine Blutuntersuchung abgeklärt werden.

## Übertragungswege

Infizierte Mäuse oder Ratten scheiden die Viren über Urin, Kot oder Speichel aus. Die Ansteckung des Menschen erfolgt meist durch Einatmen von virushaltigem Staub. Übertragungen durch Schmier- oder Tröpfcheninfektion, gelegentlich durch Bisse oder indirekt über kontaminierte Lebensmittel (z. B. Mäuseexkremente auf Bierdosen in Jagdhütten) sind möglich. Die häufigsten Ansteckungsorte sind von Mäusen besiedelte, nicht ganzjährig bewohnte Hütten, Schuppen, Nebengebäude oder Garagen und Dachböden in Waldrandnähe. Für Jäger sind auch von Mäusen besiedelte (geschlossene) Kanzeln ein Infektionsort.

## Erkrankung beim Menschen

Der überwiegende Teil der Infektionen bleibt von den Betroffenen unbemerkt. Abhängig vom Serotyp unterscheidet man unterschiedlich schwere Krankheitsformen bis hin zu lebensbedrohenden Verläufen mit typischer Nierenbeteiligung und teilweise Lungenentzündungen. Das Puumala-Virus (Europa) kann die sog. Nephropathia epidemica auslösen, welche durch akutes Nierenversagen charakterisiert ist. Das Hantaan-Virus (Balkan, Osteuropa, Asien) verursacht i. d. R. schwerere Krankheitsbilder als das Puumala-Virus. Nach einer Inkubationszeit von 2–3 Wochen sind die ersten Anzeichen einer Hantavirus-Infektion ein typischerweise abrupter Krankheitsbeginn mit hohem Fieber, Erbrechen, Durchfall und Hautausschlägen im Bereich des Gesichtes, des Halses und der Schultern, begleitet von Kopf-, Augen-, Bauch-, Muskel- und Gliederschmerzen (grippeähnliche Symptome). Am 5.–8. Tag kommt es zu Flanken- und Bauchschmerzen, Proteinurie (Eiweiß im Harn), begleitet oft von Harnweginfektionen und Blutungen, schweren Schockzuständen, blutigem Stuhl sowie Oligourie (verminderte Harnausscheidung) bis Anurie (Harnausscheidung unter 100 ml/24 h) und damit verbundenen Störungen im Elektrolyt-, Säure-Basen- und Wasserhaushalt sowie Blutdruckabfall. Bei günstigem Verlauf treten zwischen dem 12. und 14. Tag Polyurie (erhöhtes Harnvolumen) auf und ab dem 15. Tag leichte Genesung ein. Die Diagnose erfolgt mittels Antikörpernachweis aus dem Blut, und die Behandlung beschränkt sich meist auf eine symptomatische Therapie, in manchen Fällen ist eine Dialyse erforderlich.

*Jagdhütten, Holzlager oder geschlossene Kanzeln sind Infektionsorte für Hantavirus-Infektionen*

## Vorbeugemaßnahmen

Vorbeugend kommt es in erster Linie darauf an, keinen infizierten Staub einzuatmen und keine kontaminierten Nahrungsmittel zu konsumieren. Der direkte Kontakt zu Mäusen und Ratten ist grundsätzlich zu meiden (Handschuhe!). Im Haushalt und besonders in nicht mäusesicheren (Jagd)hütten sollten Lebensmittel und Abfälle in geschlossenen Gefäßen lagern. Arbeitsflächen, Tische und Böden bei Mäusevorkommen sind mit Desinfektionsmittel zu reinigen. Räume (auch Hochsitze, Kanzeln!), in denen Mäuse auftraten, müssen vor der Reinigung gut gelüftet werden, Mäusekot und -kadaver sowie Mäusefallen sollten vor dem Entfernen mit Desinfektionsmitteln benetzt werden. Holzstapel, Abfalleimer, Heuballen und Tierfutter sollten mindestens 30 m vom Haus entfernt sein und Müllbehälter dicht schließen; Speisereste und tierische Abfälle sollten nicht auf den Hauskompost. Weitere Vorbeugemaßnahmen sind eine strikte Trennung der Arbeitskleidung von der All-

**Neue und wiederkehrende, durch Vektoren wie Zecken und Stechmücken übertragene Krankheiten**

| Virus | Wirt/Reservoir | Vorkommen in Europa |
|---|---|---|
| FSME-Virus | Mäuse, Vögel, Reh-/Rotwild | fast europaweit |
| West-Nile-Virus | Vögel, Pferde, Frösche, Mäuse | Slowakei, Ungarn, Österreich, Südeuropa |
| Batai-Virus | Wildvögel, Hasenartige, Nagetiere | Skandinavien, Mitteleuropa |
| Tahyna-Virus | Wildvögel, Hasenartige, Nagetiere | Österreich, Tschechien, Frankreich |
| Uukuniemi-Virus | Wildvögel, Hasenartige, Nagetiere | Norwegen |
| Eyach-Virus | Nagetiere? | Niederlande, Frankreich, Tschechien |
| Tribec-Virus | Kleinnager, Hasenartige | ? |
| Lipovnik-Virus | ? | ? |
| Bahanja-Virus | Vögel, Säuger | Tschechien, Italien, Österreich, Portugal, Spanien, Polen |
| Semliki-Forest-Komplex-Virus | ? | |
| Lednice-Virus | Vögel | |
| Sindbis-Virus | Vögel | |

*(nach Schwaiger und Bauer, 2009)*

tagskleidung, Verwendung von Atemschutz (Feinstaubmaske FFP2) und Schutzbrille beim (Hochdruck) Reinigen von Räumen, Vermeidung von Staubentwicklung beim Reinigen (Anfeuchten der Flächen), gründliches Händewaschen, keine Lagerung von Brennholz in Wohnräumen sowie eine rigorose Schadnagerbekämpfung in Gebäuden besonders im Herbst. Allgemeine Grundsätze der Hygiene sind ein guter Schutz gegen Infektionen!

## Weitere neue Zoonosen

Beispiele für neue und wiederkehrende Vektor-assoziierte Krankheiten (emerging and resurging vectorborne diseases) werden in obiger Tabelle aufgelistet. Daraus ist ersichtlich, dass allein schon in der Frage der Wirte und Reservoire sowie Überträger der angeführten Erreger ein interdisziplinäres Vorgehen zumindest zwischen Human- und Veterinärmedizin sowie Biologen angezeigt ist.

# Umgang mit Zoonosen in der Zukunft

Daten über die Verbreitung von Zoonoseerregern in (Wild-)Tierpopulationen sollten zukünftig verstärkt über Surveillance- und Monitoring-Programme erhoben werden. Dabei stellt bei Wildtieren die notwendige zahlenmäßige Erfassung/Schätzung der Gesamtpopulation eine spezifische Schwierigkeit (gegenüber zahlenmäßig bekannten Haustier- oder Farmwildpopulationen) in der Erhebung von Prävalenzen von Wildtierkrankheiten dar.

Human- und Veterinärmediziner sind gleichermaßen gefordert, prädisponierte Personenkreise über bestehende Infektionsrisiken aufzuklären und Zoonosen vermehrt differentialdiagnostisch zu berücksichtigen. Schlussendlich darf aus dem vermehrten Wissen um krankhafte Veränderungen bei Wild- und Haustieren, die für den Menschen Bedeutung haben, keine Hysterie entstehen. Vielmehr sollte es gelingen, durch fachliche Information Infektionsrisiken zu minimieren.

Untersuchungen und Überwachungsprogramme wären auf eine Reihe weiterer Zoonosen (wie Capillariose, Ehrlichiosen, Q-Fieber, Chlamydiose, EHEC/VTEC und einige virale Zoonosen, wie z. B. West Nile-Virus- oder Hantavirus-Infektionen) auszuweiten. Jagdbare Wildtiere sind auch als Indikatoren für Zoonosen bei anderen Wild- oder Haustieren heranzuziehen, wie dies HÖFLECHNER-PÖLTL (1999) in einer seroepidemiologischen Untersuchung von Füchsen auf Tularämie und Brucellose demonstrierte oder wie es für Tuberkulose bei Rotwild und Rindern oder Salmonellose bei Gämsen und Rindern geschah. Von zusätzlichem Interesse wären weitere seroepidemiologische Untersuchungen von prädisponierten Personengruppen (Jäger, Wildbrethändler, Laborpersonal, Tierpräparatoren usw.) auf Wildtierzoonosen sowie die Berücksichtigung von Zoonosen in den Vorsorgeuntersuchungen bei prädisponierten Berufsgruppen, wie Jäger, Tierärzte, Land- und Forstwirte sowie Tierpräparatoren.

# Literatur


Acha, P. N., Szyfres, B. (1987): Zoonoses and Communicable Diseases Common to Man and Animals. Pan American Health Organisation, Washington.

Angelbauer, E. (2009): Gerichtsgutachten für Tierhaltung. Ber. Österr. Jägertagung, Aigen, S. 47–48.

Auer, H., Aspöck, H. (1998): Toxokarose-Forschung in Österreich – Ergebnisse, Probleme, Herausforderungen. Mitt. Österr. Ges. Tropenmed. Parasitol. 20, S. 17–28.

Auer, H., Aspöck, H. (1994): Helminthozoonosen in Mitteleuropa - Eine Übersicht der Epidemiologie, Diagnostik und Therapie am Beispiel der Situation in Österreich. Mitt. Österr. Ges. Tropenmed. Parasitol. 16, S. 17–42.

Bakken, J. S., Krueth, J. K., Lund, T., Malkovitch, D., Asanovich, K., Dumler, J. S. (1996): Exposure to deer blood may be a cause of human granulocytic ehrlichiosis. Clin. Infect. Dis. 23, S. 198.

Bächlein, C., Grummer, B. (2009): Hepatitis E Virus beim Schwein – Risiko für Deutschland?! Amtstierärztl. Dienst u. Lebenmittelkontrolle 16, S. 40–41.

Beard, P. M., Daniels, M. J., Henderson, D., Pirie, A., Rudge, K., Buxton, D., Rhind, S., Greig, A., Hutchings, M. R., McKendrick, I., Stevenson, K., Sharp, J. M. (2001): Paratuberculosis infection of nonruminant wildlife in Scotland. J. Clin. Microbiol. 39, S. 1517–1521.

Becker, W., Menk, W. (1992): Zoonosen-Fibel. H. Hoffmann Verlag, Berlin.

Beiglböck, C., Steineck, T., Feuchter, H., Deutz, A. (2004): A case of simultaneous cerebral setariosis and nodular cutaneous onchocercosis in red deer (Cervus elaphus hippelaphus). Sixth Conference of the European Wildlife Disease Association, Uppsala, 8.–12.Sept., S. 57.

BfR – Bundesinstitut für Risikobewertung (2010): Hepatitis E-Virus in deutschen Wildschweinen. Information Nr. 012/2010 vom 1. März 2010.

Blaha, T. (1994): Epidemiologie – Grundlagen der Tierseuchenbekämpfung und präventiven Veterinärmedizin. Tierärztl. Umschau 49, S. 14–20.

Boch, J., Schneidawind, H. (1988): Krankheiten des jagdbaren Wildes. Paul Parey, Hamburg u. Berlin.

Bonath, K. H., Vannini, R., Koch. H., Schnettler, R. (1996): Schussverletzungen – Ballistik, Pathophysiologie, chirurgisches Behandlungsprinzip. Tierärztl. Praxis 24, S. 304–315.

BVA Congress (1999): TB in cattle and badgers: more than a question of science. Vet. Rec. 145, S. 443–444.

Cay, A. B., Letellier, C. (2009): Isolation of Aujeszky's disease virus from two hunting dogs in Belgium after hunting wild boars. Vlaams Diergeneeskundig Tijdschrift 78, S. 194–195.

Cziglar-Benko, B., Deutz, A., Fuchs, K. (2000): Praktische Durchführung epidemiologischer Studien am Beispiel von Zoonosen bei prädisponierten Berufsgruppen – Eine Gegenüberstellung von Theorie und Praxis. DVG-Tagung der Fachgruppe „Epidemiologie und Dokumentation", 6. – 8. Sept., Wien, S. 7–13.

Corn, J. L., Stallknecht, D. E., Mechlin, N. M., Luttrell, M. P., Fischer, J. R. (2004): Persistence of pseudorabies virus in feral swine populations. J. Wildlife Dis. 40, S. 307–310.

Dahle, J., Patzeld, T., Schagemann, G., Liess, B. (1993): Antibody prevalence of swine fever, bovine viral diarrhoea and Aujeszky's disease virus in wild boars in Northern Germany. Dtsch. Tierärztl. Wschr. 100, S. 330–333.

Dedié, K., Bockemühl, J., Kühn, H., Volkmer, K.-J., Weinke, T. (1993): Bakterielle Zoonosen bei Tier und Mensch. Enke Verlag, Stuttgart.

Deutz, A. (2009): Wildtiere als Infektionsquellen für Zoonosen. Ber. 90 Jahre ÖGT, 15.–16. Mai, VUW, Wien, S. 44–53.

Deutz, A., Gasteiner, J., Buchgraber, K. (2009): Fütterung von Reh- und Rotwild. Leopold Stocker Verlag, Graz – Stuttgart.

Deutz, A., Spergser, J. (2009): Paratuberkulose bei Wildtieren – Verbreitung, klinische und postmortale Befunde. RFL - Rundschau für Fleischhygiene und Lebensmittelüberwachung 61, S. 12–15.

Deutz, A. (2009): Hunde als Infektionsquelle für den Menschen. Ber. Österr. Jägertagung, 10.–11. Feb., Aigen i. E., S. 63–70.

Deutz, A., Guggenberger, T., Gasteiner, J., Steineck, T., Bago, Z., Hofer, E., Auer, I., Böhm, R. (2009): Untersuchungen zur Verbreitung der Tularämie in Österreich unter dem Aspekt des Klimawandels. Vet. Med. Austria / Wien. Tierärztl. Mschr. 96, S. 107–113.

Deutz, A. (2008): Lebensräume und Krankheiten des Gamswildes unter dem Aspekt des Klimawandels. Ber. Tagung „Das Gamswild in Bedrängnis? – Ökologie – Störfaktoren – Jagd – Management", Nationalpark Hohe Tauern, 9.–10. 10., St. Jakob i. Defreggental, S. 58–62.

Deutz, A. (2008): Klimaveränderung und deren zu erwartende Auswirkung auf Wildtierkrankheiten. Ber. Fachtagung „Wildtiergesundheit, Wildtierkrankheiten, deren Bedeutung und Vermeidung", 13.11., Veterinärmedizinische Universität Wien, S. 7–14.

Deutz, A. (2008): Wildbrethygiene – der Jäger als Lebensmittelunternehmer. RFL – Rundschau für Fleischhygiene und Lebensmittelüberwachung 60, S. 276–279.

Deutz, A. (2008): Kapitel „Wildbret" im Handbuch Lebensmittelhygiene / Praxisleitfaden mit wissenschaftl. Grundlagen, Fehlhaber, K., Kleer, J., Kley, F. (Hrsg.), BEHR's – Hamburg.

Deutz, A., Guggenberger, T. (2006): Untersuchungen zur Tularämie unter dem Aspekt des Klimawandels. Endbericht StartClim 2005, Universität für Bodenkultur, Wien.

Deutz, A., Fuchs, K., Auer, H., Kerbl, U., Aspöck, H., Köfer, J. (2005): Toxocara-infestations in Austria: a study on the risk of infection of farmers, slaughterhouse staff, hunters and veterinarians. Parasitol. Res. 97, S. 390–394.

Deutz, A., Deutz, U. (2005): Das Wildbret – vom Aufbrechen bis zur Zubereitung. Leopold Stocker Verlag, Graz – Stuttgart.

Deutz, A., Spergser, J., Wagner, P., Rosengarten, R., Köfer, J. (2005): Nachweise von Mycobacterium avium subsp. paratuberculosis bei Wildtieren und Rindern in der Steiermark/Österreich. Berl. Münch. Tierärztl. Wschr. 118, S. 314–320.

Deutz, A., Wagner, P. (2004): Untersuchungen zum Vorkommen von Antibiotika-resistenten Bakterien bei Wildtieren. 20. Umweltschutzbericht 2004 des Landes Steiermark. S. 176–181.

Deutz, A., Spergser, J. (2004): Erhebungen zum Auftreten von Paratuberkulose bei heimischen Wildtieren unter Erfassung epidemiologischer Zusammenhänge der Übertragbarkeit zwischen Wild- und Haustieren. Forschungsbericht, Bundesministerium für Gesundheit und Frauen.

Deutz, A., Spergser, J., Frei, J., Köfer, J., Rosengarten, R. (2004): Paratuberculosis in wild animal species and cattle in Styria. Proc. 23rd World Buiatrics Congress, July 11–16, Quebec, S. 63.

Deutz, A. (2004): Verzichtbarkeit des Medikamenteneinsatzes in der Schalenwildhege. Ber. 10. Österr. Jägertagung „Ernährung des Rot-, Reh- und Gamswildes", 16.–17. Feb., Aigen im Ennstal, S. 23–28.

Deutz, A., Fuchs, K., Schuller, W., Nowotny, N., Auer, H., Aspöck, H., Stünzner, D., Kerbl, U., Klement, Ch., Köfer, J. (2003): Seroepidemiologische Untersuchung von Jägern auf Zoonosen in Südostösterreich – Prävalenzen, Risikopotentiale und Vorbeugemaßnahmen. Berl. Münch. Tierärztl. Wschr. 116, S. 306–311.

Deutz, A., Fuchs, K., Nowotny, N., Auer, H., Schuller, W., Stünzner, D., Aspöck, H., Kerbl, U., Köfer, J. (2003): Seroepidemiologische Untersuchung von Jägern auf Zoonosen – Vergleich mit Untersuchungen bei Tierärzten, Landwirten und Schlachthofarbeitern. Wien. Klin. Wschr., Supplement 3-2003, Beilage zu Band 115, Suppl 3, S. 61–67.

Deutz, A., Spergser, J., Rosengarten, R., Köfer, J., (2003): Erstnachweis der intrauterinen Übertragung von Paratuberkulose bei Rot- und Gamswild. Europ. J. Wildlife Res. 49, S. 314–319.

Deutz, A., Spergser, J., Wagner, P., Steineck, Th., Köfer, J., Rosengarten, R. (2003): Paratuberkulose bei Wildtieren – Häufung klinischer Fälle in freier Wildbahn. Tierärztl. Umschau 58, S. 482–489.

Deutz, A. (2002): Gamswildkrankheiten unter besonderer Berücksichtigung der Räude und der Gamsblindheit. Schriftenreihe des Landesjagdverbandes Bayern, Band 9, „Gamswild in den Alpen, S. 81–94.

Deutz, A., Fuchs, K., Ursinitsch, B., Pless, P., Köfer, J. (2002): Untersuchungen zur Resistenzsituation bei Enterokokken, E. coli und Campylobacter spp. von Wildtieren. Ber. 43. DVG-Arbeitstagung - Lebensmittelhygiene, vom 24. bis 27. Sept., Garmisch-Partenkirchen, S. 702–706.

Deutz, A., Fuchs, K., Schuller, W., Müller, M., Kerbl, U., Klement, Ch. (2002): Untersuchungen von Jägern und Schwarzwild auf die Seroprävalenz von Antikörpern gegenüber Leptospira interrogans in Südostösterreich. Z. Jagdwiss. 48, S. 60–65.

Deutz, A., Greßmann, G. (2001): Gams- und Steinwild – Biologie, Krankheiten und Jagdpraxis. Leopold Stocker Verlag, Graz – Stuttgart.

Deutz, A., Sixl, W., Köfer, J., Stünzner, D. (2001): Seroepidemiological Survey of the Prevalence of Borreliosis and Ehrlichiosis in Hunters in South-Eastern Austria. Proc. Symposium on Tick-Transmitted Diseases, 13 to 15 September, Ljubljana, S. 55.

Deutz, A., Fuchs, K., Pless, P., Deutz-Pieber, U., Köfer, J. (2000): Beitrag zu Hygienerisiken, Oberflächenkeimgehalten und humanpathogenen Keimen von Wildfleisch. 41. DVG-Arbeitstagung – Lebensmittelhygiene, vom 25. bis 28. Sept., Garmisch-Partenkirchen, S. 150–155.

Deutz, A. (2000): Veterinärmedizinischer Beitrag zur Zoonosenforschung. Habilitationsschrift, Vet. Med. Univ., Wien.

Deutz, A., Hinterdorfer, F. (2000): Krankheiten des Feldhasen (*Lepus europaeus Pallas*) – Sektionsbefunde, Erregerspektrum und zoonotische Aspekte. Tierärztl. Umschau 55, S. 628–635.

Deutz, A., Köfer, J. (2000): Niederwild (Fuchs, Feldhase, Fasan, Enten) als Träger von Zoonosen. Berl. Münch. Tierärztl. Wschr. 113, S. 401–406.

Deutz, A., Fuchs, B., Steineck, T., Köfer, J. (2000): Zoonosen bei heimischen Wildtieren – Wissensstand, Forschungsbedarf und Vorbeugemaßnahmen. DVG-Tagung der Fachgruppe „Epidemiologie und Dokumentation", 6. – 8. Sept., Wien, S. 14–20.

Deutz, A., Fuchs, K., Cziglar-Benko, B., Nowotny, N. Auer, H., Schuller, W., Köfer, J. (2000): Zoonosen bei prädisponierten Berufsgruppen – Erregerspektrum, Seroprävalenzen, Risikofaktoren und Vorsichtsmaßnahmen. DVG-Tagung der Fachgruppe „Epidemiologie und Dokumentation", 6. – 8. Sept., Wien, S. 1–6.

Deutz, A., Köfer, J. (1999): Schwein und Wildschwein als Träger von Zoonosen. Berl. Münch. Tierärztl. Wschr. 112, S. 305–310.

Deutz, A., Freitag, B., Romanek, G., Damoser, J., Nowotny, N. (1999): Untersuchungen von Fledermäusen auf Tollwut in der Steiermark. Wien. Tierärztl. Mschr. 86, S. 367–370.

Deutz, A., Fuchs, K., Greßmann, G. (1999): Beitrag zur Epidemiologie von Räude und Gamsblindheit bei Gams- und Steinwild in der Steiermark. Ber. der DVG-Tagung „Modellierung in der Epidemiologie und ihre Anwendbarkeit", 1. – 3. Sept., Tänikon, S. 127–135.

Deutz, A., Fuchs, K., Greßmann, G. (1999): Nutzung geographischer Informationssysteme zur Erfassung der Epidemiologie der Gamsräude. Ber. DVG-Tagung „Neuere Methoden und Ergebnisse zur Epidemiologie von Parasitosen", 10. – 12. März, Tierärztliche Hochschule Hannover, S. 211–220.

Deutz, A., Hoffelner, K. (1998): Ungeklärtes Entensterben. Der Anblick 12/98, S. 10.

Deutz, A., Hinterdorfer, F. (1997): Dermatophilose bei Rind, Pferd und Gemse – Epidemiologie, Diagnostik, Therapie und zoonotische Aspekte. Wien. Tierärztl. Mschr. 84, S. 97–101.

Deutz, A., Fuchs, K., Lassnig, H., Hinterdorfer, F. (1995): Eine Prävalenzstudie über E. multilocularis bei Füchsen in der Steiermark unter Berücksichtigung biometrischer Methoden. Berl. Münch. Tierärztl. Wschr. 108, S. 408–411.

Dillitzer, N., Dobenecker, B. (2009): Rohfütterung: artgerecht und natürlich, aber nicht automatisch bedarfsgerecht – Aufklärung statt Fehlernährung. Fachpraxis 55, S. 31–34.

Dufour, B., Moutou, F., Hattenberger, A. M., Rodhain, F. (2008): Global change: impact, management, risk approach and health measures – the case of Europe. In: Climate change: impact on the epidemiology and control of animal diseases. Rev. sci. tech. Off. Int. Epiz. 27 (2), S. 529–541.

Duscher, G., Feiler, A., Wille-Piazzai, W., Bakonyi, T., Leschnik,, M., Miterpakova, M., Kolodziejek, J., Nowotny, N., Joachim, A. (2009): Detection of Dirofilaria in Austrian Dogs. Berl. Münch. Tierärztl. Wochenschrift 122 (5/6), S. 199–203.

Duscher, G. (Hrsg.) (2006): Parasiten bei Wildtieren und deren jagdwirtschaftliche Bedeutung. Ber. Fachtagung, 10.11., Veterinärmedizinische Universität Wien.

Ellis, J., Oyston, P. C. F., Green, M., Titball, R. W. (2002): Tularemia. Clin. Microbiol. Rev. 15, S. 631-646.

Epstein, P. R. (2001): West Nile virus and the climate. J. Urban Health, Bull. New York Acad. Of med. 78 (2), S. 367–371.

Fayer, R. (2000): Global change and emerging infectious diseases. J. Parasitol. 86 (6), S. 1174–1181.

Forschungsprojekt Gamsblindheit (1998): Erloschene Lichter. Hofmann, H. (Hrsg.), Casanova Verlag, Chur.

Fuchs, K., Deutz, A., Wagner, P., Köfer, J. (2000): Einfluß diagnostischer Tests auf die Ergebnisse von Prävalenzschätzungen im Rahmen von Surveillance-Programmen. Berl. Münch. Tierärztl. Wschr. 113, S. 348–351.

Fuchs, K., Deutz, A., Greßmann, G. (2000): Detection of space-time clusters and epidemiological examinations of scabies in chamois. Vet. Parasitol. 92, S. 63–73.

Fuchs, K., Deutz, A. (1999): Methodische Aspekte zur Aufbereitung und Präsentation raum-zeitbezogener Daten am Beispiel der Gamsräude. Ber. DVG-Tagung „Neuere Methoden und Ergebnisse zur Epidemiologie von Parasitosen", 10. – 12. März, Tierärztliche Hochschule Hannover, S. 146–155.

Fritzemeier, J., Teuffert, J., Greiser-Wilke, I., Staubach, C., Schluter, H., Mönnig, V. (2000): Epidemiology of classical swine fever in Germany in the 1990's. Vet. Microbiol. 77, S. 29–41.

Geisel, O. (2006): Wildkrankheiten erkennen und beurteilen. 2. Aufl., BLV, München.

Giacometti, M., Frey, J., Abdo, El-M., Janovsky, M., Krawinkler, M., Schlatter, Y., Belloy, L., Fatzer, R., Nicolet, J. (2000): Gemsblindheit. Schweiz. Arch. Tierheilk. 142, S. 235–240.

Glawischnig, W., Khaschabi, D. (2001): Paratuberkulose bei einem freilebenden Rothirsch (*Cervus elaphus hippelaphus*) aus dem Bundesland Vorarlberg: ein Fallbericht. Wien. Tierärztl. Mschr. 88, S. 66–69.

Glawischnig, W., Khaschabi, D., Schöpf, K., Schönbauer, M. (2000): Ein seuchenhafter Ausbruch von Salmonella enterica Serovar Dublin bei Gemsen (*Rupicapra rupicapra*). Wien. Tierärztl. Mschr. 87, S. 21–25.

Greßmann, G. (2001): Gamsräude und Gamsblindheit: Auftreten in der Steiermark zwischen 1952 und 1999 sowie Schlußfolgerungen für Präventionsmaßnahmen im Rahmen der Jagd. Diss., Karl-Franzens Universität Graz.

Greßmann, G., Deutz, A., Eisank, N. (2008): Alpine ibex in Austria – an Overview. 21st Meeting of the Alpine Ibex European Spezialist Group (GSE-AIESG), 11–12 December, Abstract Book, S. 14.

Greßmann, G., Deutz, A. (2001): Überlegungen zur Eindämmung der Räudegefahr beim Gamswild durch gezielte Bejagung der einzelnen Altersklassen. Z. Jagdwiss. 47, S. 34–42.

Hinterdorfer, F., Deutz, A. (1999): Fettgewebsnekrosen und Anaerobierinfektionen beim Feldhasen. Verh.ber. 39. Internationales Symposium über Erkrankungen der Zoo- und Wildtiere, 12.–16. Mai, Wien, S. 447–448.

Höflechner-Pöltl, A. (1999): Epidemiologische Untersuchungen zur Tularämie und Brucellose bei Füchsen (*Vulpes vulpes*) und Feldhasen (*Lepus europaeus*) in Österreich. Diss., Vet. med. Univ., Wien.

Hofer, E., Schildorfer, H., Flatscher, J., Müller, M. (1997): Zum Nachweis der Tularämie bei Feldhasen (*Lepus europaeus*) in Österreich. Wien. Tierärztl. Mschr. 84, S. 301–306.

Hofer, S., Gloor, S., Bontadina, F., Mathis, A., Hegglin, D., Müller, U., Stauffer, Ch., Breitenmoser, U., Eckert, J., Deplazes, P. (1998): Urbaner Zyklus von *Echinococcus multilocularis*: ein neues Risiko?. Ber. 18. Jahrestagung DGP, 24.–28.3., Dresden.

Ippen, R., Nickel, S., Schröder, H.-D. (1995): Krankheiten des jagdbaren Wildes. 3. Aufl. DLV Deutscher Landwirtschaftsverlag Berlin.

Kerschagl, W. (1965): Wildkrankheiten. Österreichischer Jagd- und Fischerei-Verlag, Wien. S. 91–101.

Knaus, W.; Schröder, W. (1975): Das Gamswild. 2. Aufl., Paul Parey, Hamburg und Berlin.

Krauss, H., Weber, A., Enders, B., Schiefer, H. G., Slenczka, W., Zahner, H. (1997): Zoonosen – Von Tier zu Mensch übertragbare Infektionskrankheiten. Deutscher Ärzte-Verlag, Köln.

Kreienbrock, L., Schach, S. (1995): Epidemiologische Methoden. Fischer Verlag, Stuttgart.

Kris, E., Nöckler, K., Duscher, G., Joachim, A., Kapel, C.M.O., Prosl, H. (2005): *Trichinella britovi* beim Rotfuchs (*Vulpes vulpes*) in Österreich. Wien. Tierärztl. Mschr. 92, S. 308–314.

Kromp-Kolb, H., Formayer, H. (2005): Schwarzbuch Klimawandel. Wie viel Zeit bleibt uns noch? ecowin Verlag, Salzburg.

Kübler, H. (2009): Quickfinder Hundekrankheiten, Gräfe und Unzer Verlag.

Kuhn, K. G. (1999): Global warming and leishmaniasis in Italy. Bull. of Tropical Med. and Internat. Health 7 (2), S. 1–2.

Kummerfeld, N. (2005): Verletzungen von Wild- und Beizvögeln durch Stromfreileitungsanlagen. Der prakt. Tierarzt 86, S. 240-244.

Lassnig, H. (1996): Beitrag zur Parasitenfauna des Rotfuchses (*Vulpes vulpes*) in der Steiermark. Diss., Vet. med. Univ., Wien.

Leschnik, M. W., Benetka, V., Url, A. Pakozdy, Á., Thaller, D., Bilek, A., Skerlak, R., Möstl, K. (2008): Virale Enzephalitiden beim Hund in Österreich: diagnostische und epidemiologische Aspekte. Vet. Med. Austria / Wien. Tierärztl. Mschr. 95, S. 190–199.

Leuenberger, R. (2004): Frühwarnsystem für Schwarzwildkrankheiten. Schweizer Jäger 5/04, S. 68–73.

Lillini, E., Macri, G., Rombol, P., Grarzioli, D., Russino, F., Nuti, M. (1996): Ehrlichia seropositivity in Italian foresters. In: Kazar, Toman (editors): Rickettsiae and rickettsial diseases. Bratislava, Slovakia. Slovak Academy of Science, S. 335–339.

Löwenstein, M., Spallinger, E. (2009): First autochtonous case of canine Dirofilaria (Nochtiella) repens infection in Austria – a case report. Vet. Med. Austria 96, S. 184–187.

Lovejoy, T. (2008): Climate change and biodiversity. In: Climate change: impact on the epidemiology and control of animal diseases. Rev. sci. tech. Off. Int. Epiz. 27 (2), S. 331–338.

Ludwig, C., Uloth, W. (1998): Slow-Virusinfektionen beim Muffelwild (*Ovis ammon musimon*) – Vorkommen, Forschungsbedarf und Mitarbeit. Beitr. zur Jagd- und Wildforschung, Bd. 23, S. 139–142.

Lutz, W., Junghans, D., Schmitz, D., Müller, T. (2003): A long-term survey of pseudorabies virus infection in European wild boar of western Germany. Z. Jagdwiss. 49, S. 130–140.

Magnarelli, L. A., Dumler, J. S., Anderson, J. F., Johnson, R. C., Fikrig, E. (1995): Coexistence of antibodies to tick-borne pathogens of babesiosis, ehrlichiosis, and Lyme borreliosis in human sera. J. Clin. Microbiol. 33, S. 3054–3057.

Mayer, D., Nicolet, J., Giacometti, M., Schmitt, M., Wahli, T. Meier, W. (1996): Isolation of Mycoplasma conjunctivae from conjunctival swabs of Alpine ibex (*Capra ibex ibex*) affected with keratoconjunctivitis. J. Vet. Med B 43, S. 155–161.

Meyer, H. (1999): Tiere als Infektionsquelle für den Menschen – Salmonellosen. Dtsch. Tierärztl. Wschr. 106, S. 344–351.

Miller, C. (1983): Verbreitung der Gamsräude und Dynamik der befallenen Bestände. Diplomarbeit, Universität München.

Müller, Th., Schlüter, H., Kautzsch, S. (1995): Zur Wechselwirkung von oraler Tollwutimmunisierung und Fuchspopulationsdynamik. Tierärztl. Umschau 50, S. 743–747.

Nicolussi, K., Patzelt, G. (2006): Klimawandel und Veränderungen an der alpinen Waldgrenze – aktuelle Entwicklungen im Vergleich zur Nacheiszeit. BFW-Praxisinformation 10, April 2006, Wien, S. 3–5.

Niemand, H. G. (2006): Praktikum der Hundeklinik, 10. Aufl., Parey Verlag.

Nowotny, N., Deutz, A. (2000): Preventing Zoonotic Diseases in Immunocompromised Persons: The Role of Physicians and Veterinarians. Emerging Infect. Dis. 6, S. 208.

Nuti, M., Amaddeo, D., Autorino, G. L., Crovatto, M., Crucil, C., Ghionni, A., Giommi, Salvati, F., Santini, G. F. (1992): Seroprevalence of antibodies to hantaviruses and leptospires in selected Italian population groups. Eur. J. Epidemiol. 8, S. 98–102.

Parnas, J., Weber, A. (1989). Zoonosen durch jagdbares Wild. Vet 1, S. 16–21.

Pohlmeyer, K. (1999): Wildtiere als Überträger von Infektionen. Dtsch. Tierärztl. Wschr. 106, S. 325–328.

Pozio, E., Miller, I., Jarvis, T., Kapel, C. M. O., Rosa, G., La-Rosa, G. (1998): Distribution of silvaltic species of Trichinella in Estonia according to climate zones. J. Parasitol. 84 (1), S. 193–195.

Prodinger, W., Eigentler, A., Glawischnig, W., Niemann, S., Pavlic, M., Schönbauer, M. (2000): Auftreten von *Mycobacterium bovis* in Tirol 1999. Ber. 27. Jahrestagung der Österr. Ges. f. Hyg., Mikrobiol. und Präventivmed., 23.–25.5. Goldegg, S. 14.

Prosl, H. (2008): Parasiten und Klimawandel. Ber. Parasitologische Fachgespräche, 30. Mai, Innsbruck, S. 3–4.

Prosl, H., Kutzer, E. (2006): Bedeutende Parasitosen beim Schalenwild. In: DUSCHER, G. (Hrsg.): Parasiten bei Wildtieren und deren jagdwirtschaftliche Bedeutung. Ber. Fachtagung, 10.11., Veterinärmedizinische Universität Wien, S. 6–20.

Purse, B. V., Brown, H. E., Harrup, L., Mertens, P. P. C., Rogers, D. J. (2008): Invasion of bluetongue and other orbivirus infections into Europe: the role of biological and climate processes. In: Climate change: impact on the epidemiology and control of animal diseases. Rev. sci. tech. Off. Int. Epiz. 27 (2), S. 413–439.

Ready, P. D. (2008): Leishmaniasis emergence and climate change. In: Climate change: impact on the epidemiology and control of animal diseases. Rev. sci. tech. Off. Int. Epiz. 27 (2), S. 399–407.

Romig, T., Bilger, B., Mackenstedt, U. (1999): Zur aktuellen Verbreitung und Epidemiologie von *Echinococcus multilocularis*. Dtsch. Tierärztl. Wschr. 106, S. 352–357.

Rossi, L. (1999): Untersuchungen zur Räude-Epidemie in der Provinz „Alto Bellunese" (Italien). Gamswild-Tagung in Auronzo di Cadore: Ökologie, Krankheiten und Management. In: Z. Jagdwiss. 45, S. 148–149.

Rustige, B. (1999): Hundekrankheiten, Franckh Kosmos Verlags-GmbH, Stuttgart.

Schaschl, E. (2003): Gamsräude. Österr. Jagd- und Fischerei-Verlag.

Schaumberger, J., Schardt, M., Guggenberger, T., Gallaun, H., Schaumberger, A., Deutz, A., Gressmann, G., Gasteiner, J. (2006): GIS-gestützte Ermittlung der Veränderung des Lebensraumes alpiner Wildtierarten bei Anstieg der Waldgrenze aufgrund Klimaveränderung. Endbericht StartClim 2005, Universität für Bodenkultur, Wien.

Schwaiger, K., Bauer, J. (2009): Epidemiologie neuer und wiederkehrender Vektor-assoziierter Krankheiten (emerging and resurging vector-borne diseases) unter besonderer Berücksichtigung von Klimaveränderungen in Deutschland (Review). Ber. Münch. Tierärztl. Wschr. 122, S. 141–160.

Selbitz, H.-J., Bisping W. (1995): Tierseuchen und Zoonosen. Alte und neue Herausforderungen. Gustav Fischer Verlag, Jena.

Spergser, J., Fuchs, K., Deutz, A. (2006): Molekulare Charakterisierung von *Mycobacterium avium* subsp. *paratuberculosis*-Isolaten aus Rindern und Wildtieren in der Steiermark. Vet. Med. Austria/Wien. Tierärztl. Mschr. 93, S. 47–52.

Steineck, Th., Spergser, J., Glawischnig, W., Deutz, A., Flatscher, J. (2002): Tuberkulose bei Cerviden in Österreich. Tagungsber. ÖGT – Sektion Wildtierkunde und Umweltforschung, 25. April, Vet. Med. Univ., Wien, S. 46– 59.

Steineck, T., Hofer, E. (1999): Zum Vorkommen der Tularämie in Österreich. Verhandlungsber. 39. Internat. Symp. Erkr. Zoo- u. Wildtiere, 12. – 16. Mai, Wien, S. 263–269.

Varga, E. M., Auer, H., Zach, M. (1998): Toxokarose bei einem fünfjährigen Knaben – Manifestation als Asthma bronchiale und Verhaltensstörung. Klein. Pädiatr. 210, S. 128–131.

Vengust, G., Valencak, Z., Bidovec, A. (2006): A serological survey of selected pathogens in wild boar in Slovenia. J. Vet. Med. B 53, S. 24–27.

Völk, F., Gossow, H. (1997): Freizeitaktivitäten und Wildschäden. Schlussfolgerungen aus der wissenschaftlichen und anwendungsorientierten Fachliteratur. Centralblatt für das Gesamte Forstwesen 114, (1), 35-37.

Weber, A. (2004): Vorkommen von Salmonellen, Campylobacter, Yersinien und EHEC/VTEC bei Kleintieren und die Bedeutung für den Menschen. Amtstierärztl. Dienst und Lebensmittelkontrolle 11, S. 114–116.

Weber, A. (1994): Wild als Überträger von Zoonosen. In: Wildhygiene, Hrsg. Dedek, J., Steineck, Th., Gustav Fischer Verlag Jena-Stuttgart, S. 137–173.

Weber, A. (1987): Leptospirose – Eine häufig unerkannte Infektionskrankheit bei Mensch und Tier. VET 2, Heft 7/8, S. 20–25.

Weissenböck, H., Hubalek, Z., Halouzka, J., Pichlmair, A., Maderner, A., Fragner, K., Kolodziejek, J., Loupal, G., Kölbl, S., Nowotny, N. (2003): Screening for West Nile infections of susceptible animal species in Austria. Epidem. and Infect. 131 (2), S. 1023–1027.

Williams, E. S., Yuill, T., Artois, M., Fischer, J., Haigh, S. A. (2002): Emerging infectious diseases in wildlife. In: Infectious diseases in wildlife: detection, diagnosis and management. Rev. sci. tech. Off. Int. Epiz. 21 (1), S. 139–157.

Willinger, H. (1960): Brucellose bei Feldhasen in Österreich. Wien. Tierärztl. Mschr. 47, S. 661–669.

Winkelmayer, R. (2009): Cat & dog, 1/2009.

Winkelmayer, R., Paulsen, P., Lebersorger, P., Zedka, H.-F. (2007): Wildfleisch Direktvermarktung. Zentralstelle Österr. Landesjagdverbände, Wien.

Wüste, T. (1998): Aktualität der Trichinenuntersuchung – erneuter Fund von Trichinen beim Wildschwein. Amtstierärztl. Dienst u. Lebensmittelkontr. 5, S. 154–156.

Zentek, J. (1999): Die Ernährung des Jagdhundes. Wild und Hund, 9/99, S. 19-29.

Zinstag, J., Schelling, E. (2003): Vector-borne diseases in humans and animals: Activities of the Swiss Tropical Institute and risks for Switzerland. Schweiz. Arch. Tierheilk. 145, S. 559–566.

# Bildnachweis

Greßmann Gunther (8), Bago Zoltan (2), Bayer Tiergesundheit (8), Berghamer Dominik (1), Biegel Helmuth (1), Bichler Günter (1), Bliem Klaus (2), Büchler Urs (4), Burgstaller Christoph (1), DEFRA (2), Deutz Armin (201), Deutz Ursula (2), Deutz Wenzel (6), Dietsche Wilhelm (1), Fachabteilung 8C-Veternärwesen (1), Fanta Karl (4), Fischbacher Wilhelm (3), Fladenhofer Helmut (2), Frizberg Bernhard (1), Gasteiner Johann (1), Gissing Uli (2), Grasser Karin (6), Günther Klaus (2), Gugg Ernst (1), Hafellner Hans (1), Haidenhofer Heribert (2), Hiebler Manfred (1), Hinterdorfer Friedrich (7), Hlebaina Franz (2), Humm Johann (2), Kaltenegger Gerd (2), Kapeller Hans (1), Kemeter Fritz (1), König Martin (1), Kraft Michael (3), Kraßnitzer Helmut (2), Lerchegger Udo (1), Leschnik Michael (1), Löwenstein Michael (1), Mayr Sepp (1), Muhr Gerd (2), Meißner Marcus (1), Miller Christl (1), Neumayr Herbert (3), Nowotny Norbert (1), Pötz Karl (1), Pucher Walter (2), Regner Jörg (1), Richter Susanne, AGES (1), Schafzahl Wolfgang (4), Schalk Manfred (1), Schlederer Josef (2), Schöggl Wilfried (1), Spadiut Hubert (2), Steiner Josef (1), Streitmaier Dietmar (2), Wacek Sabine (5), Wildhaber Rolf (2), Zainer Ingrid (1)

# Stichwortverzeichnis


## A

Abfangen 47
Abfedern 47
Abszesse 57, 70, 95, 101, 108, 128, 132, 147, 149, 151, 188
Adeno-Virus 214
Akarizid 193, 245
Aktinomykose 140, 143
Allergie 188, 193 ff.
Allgemeinbefinden 76, 115, 201, 205, 207, 210
Alterspyramide 14
Analbeutelentzündung 204
Anschneider 186
Ansteckender Schnupfen 76
Antibiotika 33 ff., 96, 189, 200, 208, 210, 215
Antiparasitika 16
Arthritis 213
Arthrose 100, 213
Arzneimittel 14 ff., 33 f., 180, 217
Arzneimitteleinsatz 14 f.
Arzneimittelrückstände 15 f., 34
Ascaridia compar 79
Ascaridia galli 79
Aspergillose 76
Atemnot 76, 149, 158, 188, 200, 202, 205, 218 f.
Atypische Geflügelpest 9, 76, 239, 248
Auge, Hund 214, 216
Augenausfluss 178, 180, 183, 195 f., 215 f.
Aujeszky`sche Krankheit 22, 26, 68, 157,159, 163, 186 f., 216
Aus-der-Decke-schlagen 55

## B

Babesiose 183, 216
Bakterien 18 f., 21 f., 24, 33 ff., 76, 83, 94, 96, 100 f., 116, 128, 132, 144, 180, 182, 188 f., 194 ff.,199 ff., 203, 205 f., 210 f., 215 f., 242
Balantidienruhr 231
Balantidium coli 226, 231
Bandscheibenvorfall 206, 212
Bandwürmer 23, 57, 63, 65, 77, 79 f., 138 f., 184, 193, 204, 244
Barfen 185
Begleitbericht 59
Bewegungsstörungen 66, 73, 91, 104, 127, 157, 174, 180, 182, 188, 214, 233,
Bindehautentzündung 167 ff., 196, 241
Bissverletzungen 162 f., 188, 213, 221, 242
Blasenentzündung 113, 206 f.
Blauzungenkrankheit 145, 172 ff.
Blei 35, 78, 80, 84, 97
Borrelia burgdorferi 224, 232, 234, 236, 238
Borreliose 10, 183, 190, 194, 213, 215 f., 224, 232 ff., 236 ff.
Botulismus 24, 83 f., 223, 238 f.
Brillenbildung 216
Brucella spp. 63, 70, 224, 226, 232, 242
Brucellose 63, 232, 234, 242
Brunst 208

## C

Cadmium 35, 78, 80, 86
Caesium 35
Campylobacter 34, 238 f., 241, 247
Caninus persistens 188
Capillariose 79, 236 f., 253
Capillaria aerophila 205, 236
Capillaria alpina 79
Carbofuran 85
Cheyletiellen 193
Chlamydiose 223 f., 226 f., 232, 234, 238, 241, 253
Chronic Wasting Disease 172
Clostridium botulinum 24, 83
Corrigia skrjabini 78, 80
Candidiasis 77
Crenosoma vulpis 205
Ctenocephalides felis 193
Culicoides 173

## D

Darmentzündung 73, 137, 150, 152, 202 f., 217, 228

Darmverschluss 79, 201, 203, 217
Deckakt 69, 158, 209
Deckzeitpunkt 209
Dermatitis 194
Dermatophilus congolensis 64, 232 f.
Dermatophilose 64, 232 f.
Dichelobacter nodosus 63, 94
Dipylidium caninum 184, 204, 245
Direktvermarktung 32, 225, 230
Dirofilariose 204
Distorsion 213
Dünndarmwürmer 23, 57
Durchfall 24, 31, 50, 52, 57 ff., 64, 67, 71, 73, 75 ff., 79, 137 f., 142, 148 f., 151, 156, 180 ff., 184, 190, 202 ff., 207, 214 f., 218, 227, 231 f., 235, 248, 252

## E

EBHS 70
Echiniococcus granulosus 204, 224, 236
Echinococcus multilocularis 224, 236, 343 f.
Echinokokkose 221, 223, 236, 243
Ecthyma contagiosum 65
EHEC/VTEC 24, 222, 232, 253
Ehrlichia spp. 224, 232 f., 236
Ehrlichiose 10, 39, 216, 224, 232 f., 236 f., 253
Eiweißbedarf 186
Encephalomyocarditisvirus 224
Endemisches Auftreten 20
Endoparasiten 23, 40, 65, 78, 106
Energiebedarf 51, 186 f.
Entblutungsschnitt 45 f.
Entwicklungsphase
  Erwachsenenalter 176
  Prägung 175 f.
  Pubertät 176
  Rangordnungsphase 176
  Rudelordnungsphase 176
  Übergangsphase 175
  vegetative 175
Entwurmung 10, 15 f., 177, 183 ff., 245, 247
Epidemie 20, 71, 167, 184, 222, 239
Erbrechen 73, 156 f., 180 ff., 184, 190, 201 ff., 207, 214 f., 218 f., 227, 229, 231, 233, 252
Erhaltungsbedarf 186
Ernährung 178, 184 ff., 190, 211, 213
Ernährung, alter Hund 187
Ernährungszustand 57, 71, 82
Ernteschock 18, 51, 69
Erste Hilfe 10, 163, 179 ff.
Escherichia coli 34, 75, 113, 128, 223, 232, 247
European Brown Hare Syndrome 70

## F

Faktoren, Krankheits- 25 ff., 164, 167
Faktorenkrankheiten 10, 15, 18 f., 63, 65, 69, 71, 75 ff., 86
Fallwild 9, 12, 43, 48 ff., 56, 138, 140, 150, 155, 166
Fallwilduntersuchungen 51 f., 54
Federlinge 77
Fehldeckung 209
Fell, glanzlos 149, 184, 191 ff.
Fellmilben 193 f.
Fertigfutter 185
Fettgewebsnekrosen 71
Finnen 23, 63, 138 f., 186, 222, 230, 237, 243 f.
Flohdermaditis, allergische 193
Flöhe 184, 190 f., 193, 195, 204
Foodborne Diseases 220, 224
Forkelverletzung 88, 99, 111 f.
Fraktur 42, 49, 82, 97 ff., 102, 189
Francisella tularensis 70, 224, 234, 236, 238
Fremdkörper 57 f., 67, 180 f., 185, 196 f., 199 ff., 203, 213
Frequenz 20, 197
Frühsommermeningoenzephalitis 194,236
FSME 10, 194, 216, 234, 236, 253
Fuchsbandwurm 9, 14, 23, 162 f., 192, 204, 222, 236, 240, 243
Fuchsenzephalitis 163
Fütterung, jagdlicher Einsatz 9, 16, 26, 30 f., 51 ff., 67, 94, 96 f., 104, 110 f., 113, 122, 136, 140 f., 143 f., 154, 186 f.
Fütterungsempfehlungen 187
Fütterungsfehler 15, 18, 31, 51 f., 58, 67, 94, 101, 103 f., 108 ff., 138, 140, 144, 152, 201
Fusobacterium necrophorum 63, 94, 96
Futtermenge 185 ff.
Futterunverträglichkeiten 203
Futterwechsel 140, 142, 183, 185
Futterzusätze 186

## G

Gamsblindheit 26 ff., 40, 42, 52 f., 125, 167 ff.
Gamsräude 23, 28, 57, 163 ff.
Gastritis 201 f.
Gebärmutterentzündung 70, 115, 120, 210
Geburt 112, 114 f., 130, 134, 175, 184, 209, 211
Geflügelpest 9, 248
Geflügelpocken 76
Geflügeltuberkulose 75, 228
Gehirnerschütterung 103, 201
Gelenksentzündung 68, 94, 100 ff., 150, 213, 228 f., 235
Genossenmachen 159, 186
Gesäugeentzündung 211
Gesäugetumore 209 ff.
Gesundheitszustand 32, 79, 178, 184, 237
Giftschlangen 219
Grauer Star 196
Großer Leberegel 138, 235
Grüner Star 197
Grundimmunisierung 183 f., 214
Gurkenkernbandwurm 184, 245

## H

Haarausfall 86, 95, 165, 191, 193, 195, 216
Haarkleid 85, 89, 149, 172, 190 f., 204, 207 f., 210, 216, 240
Haarlinge 23, 85 f., 88, 144, 167, 190 f., 193 f.
Haarwechsel 86, 138, 151, 190 f.
Haarwurm 77, 79
Hakenwürmer 204
Hängelid 195 f.
Hantavirus 39, 224, 250 ff.

Hard pad disease 73
Harnsteine 112, 206 f.
Harnträufeln 206, 210
Hasenseuche 70
Haut 19, 24, 65, 76, 85 ff., 95 ff., 122, 124, 165 f., 171, 173, 179 f., 188 ff., 215 ff., 233, 235, 245, 248
Hautelastizität 201, 203
Hautentzündung 72, 88, 165, 192 ff., 233, 245
Hauterkrankungen, autoimmun 195
Hauterkrankungen, immunbedingt 64, 85, 88, 185, 190, 195
Hauthörner 63, 92 f.
Hautpilze 24, 86, 191, 246
Hautveränderungen 59, 71 f., 85, 87 f., 190 ff., 195, 245 f.
HCC 214
HD 104, 185, 212 f.
Hegeabschuss 41 f., 53, 91, 97, 102, 111 f., 136
Hepatitis contagiosa canis 182, 214
Hepatitis E 39, 226, 249 f.
Herbstgrasmilben 167, 193
Herpesvirus 22, 157, 216
Herzmuskelentzündung 171, 205, 227 f., 239
Herzschwäche 205
Herzversagen 219
Herzwurmerkrankung 205
Heterakis gallinarum 79 f.
Hirnhautentzündung 74, 227 f., 242, 248
Hirschenwahn 172
Histomonas meleagridis 80
Hitzschlag 181, 188
Hodenentzündungen 208
Hodenhochstand 208
Hodentumor 63, 116 ff.
Hornhautgeschwür 168 f., 186, 196
Hornhautverletzung 125, 196
Hüftgelenksdysplasie 104 f., 177, 185, 214 f.
Hundebisse 160, 242
Hunderäude 245
Hunderisse 56
Hundeseuche 214 f
Husten 59, 73, 77, 123, 148 f., 156, 182 f., 199, 205, 214 f., 226
Hygienepaket 224 f.
Hypodectes propus 83


## I


IKK 26, 28, 167 ff.
Impfempfehlungen 184
Impfintervalle 182 f.
Impfpläne 183
Impfung 10, 96, 157, 162 f., 173, 177, 182 f., 184, 194, 214 f., 222, 228, 235, 249
Infektionskrankheiten 9, 17 f., 21, 29, 31, 39, 42, 48, 51, 57 f., 62, 66 ff., 71, 124, 132 f., 140, 143, 145 ff., 180, 183 f., 190, 205, 214 ff., 222, 234
Influenza A-Virus 225 f., 238, 247
Inkontinenz 206, 210
Insektenstiche 65, 91, 108, 180, 188
Inzidenz 20
Inzuchtdepression 40, 134


## J


Juckreiz 59, 64, 72, 77, 87, 89, 157 ff., 165, 167, 191 ff., 198, 210, 216, 233, 245, 247
Juckseuche 157, 216


## K


Kalkbeinmilbe 77
Kastration, Hündin 209 ff.
Kastration, Rüde 207 f.
Katzenseuche 182, 214 f.
Keratokonjunktivitis 26 f., 40, 167
Klassische (Europäische) Schweinepest 14, 26, 68, 145 f., 155 ff., 222
Kleine Lungenwürmer 15 f., 37, 128 ff.
Kleiner Leberegel 16, 57 f., 71, 138, 140, 237
Klimaerwärmung 39
Klimawandel 9, 25, 28, 36 ff., 70, 78, 167, 169, 173, 204, 236, 249
Knicken 44, 47
Kokzidiose 14, 59, 63, 70 f., 77, 137
Kompensatorische Sterblichkeit 50
Kontaktzoonosen 31, 220, 224
Koprophagie 201
Kotfressen 201
Kotkonsistenz 187
Kotprobe, Hund 184, 247
Krallenverletzungen 213
Krämpfe 181, 188, 214, 217 ff., 230
Krankabschuss 42
Krätze 192
Kreislaufschwäche 76, 202, 219
Krim-Kongo-Fieber 39
Kryptosporidien 231
Kümmerer 31
Kundige Personen 224 f.


## L


Labmagenwürmer 23, 57
Lahmheit 42, 75 f., 94, 141, 171, 174, 180, 194, 211 f., 215 f.
Lähmung 46, 73, 76, 84, 115, 156 f., 161, 212, 214, 217 f., 233
Läufigkeit 208 ff.
Läufigkeitsunterdrückung, hormonell 209, 211
Läuse 23, 167, 190, 193 f.
Lebensmittel 9, 14 ff., 22, 90, 171, 220 f., 224 ff., 230 ff., 234 ff., 238 f., 252
Lebensmittelinfektionen 220, 222, 224, 211, 239
Lebensmittelsicherheit 30 ff., 68
Lebensraumfaktoren 12 f., 30
Leberegel 23, 57, 63, 77
Leberentzündung, ansteckende 182 f., 214
Leberschäden 24, 138, 203
Leishmaniose 216 f., 222, 236 f.
Leptospira interrogans 224
Leptospiren 215, 225, 227
Letalität 20, 233
Lichtempfindlichkeit 196
Liegeschwielen 95, 195
Lippengrind 62 ff., 174
Listeriose 58 f., 67, 70, 76, 140, 143 f., 223, 232, 234 f., 238
Looping-ill 76
Luchsrisse 56
Luftröhrenwurm 14, 77

Lungenentzündung 24, 37, 51, 58, 63, 67, 71, 73, 76, 102, 128 ff., 159, 182 f., 203, 205, 215, 229, 239, 241, 252
Lungenwurm 205
Luxation 115, 213

## M

Magen-Darm-Würmer 63, 65, 137 f.
Magendrehung 180, 185, 202, 217
Magenschleimhautentzündung 201 f.
Malassezien 194
Mammatumore 211
Maul- und Klauenseuche 19, 63, 68, 145 f., 170 ff., 222, 226 f., 232
Miescher'sche Schläuche 231
Mikrosporum 191
Milchzahn, bleibend 198
Milchzähne 198
Mineralstoffbedarf 186
Missbildungen 17, 63, 105 f., 113, 117, 133 f.
Mittelohrentzündung 198
MKS 19, 170 f., 227
Moderhinke 26, 62 f., 94 ff.
Monitoring 145 f., 163, 253
Morbidität 20
Morbus Chron 150, 232
Mortalität 20, 164 f., 235
Mycobacterium bovis 147, 223, 238
Mycobacterium paratuberculosis 150
Mycobacterium spp. 63, 232, 236
Mycoplasma conjunctivae 63, 167

## N

Nabelbruch 201
Nagerseuche 69
Narrische Auerhähne 77, 80 f.
Nase 18, 57, 76, 178, 181, 188, 200, 214
Nasenausfluss 73, 102, 128, 155, 158, 174, 182 f., 200, 215
Nekrobazillose 71
Nestmilben 83
Newcastle Disease 76, 224, 238 f.
Nierenschwäche 207
Nierenversagen 24, 204, 207,217, 219, 232 f., 252
Niesen 57, 74, 123, 200
Normalwerte 179, 214
Notoedres-Räude 193
Nottötung 44 ff.

## O

Ohren 46, 174, 178 f., 194, 197 f.
Ohrenentzündung 194, 197 f.
Ohrräude 198
Othämatom 198
Otodectes cynotis 198

## P

Pandemie 20
Pansenübersäuerung 15, 18, 31, 51 f., 55, 109 f., 137, 140 ff., 148, 152
Papillomatose 62 f., 65 f., 91
Papovaviren 65
Paramyxo-Virus 214, 238, 247
Parasiten 12, 15 f., 18, 21, 23, 37, 57 f., 60, 71, 74, 77 ff., 82 f., 85 f., 106, 108, 127, 137, 140, 144, 184, 190 f., 193 ff., 197, 201, 203 ff., 216, 231, 243
Paratuberkulose 18, 26 f., 37, 44, 58 f., 63, 67, 133, 137, 140, 143, 149 ff., 232
Parvovirose 182 f., 205, 214 f.
Parvovirus 184, 214
Pasteurella multocida 128, 226, 232, 234
Pasteurellose 18, 69 f., 226, 228, 232, 234 f., 238
Pockenvirusinfektionen 70 f.
Populationsentwicklung 12
Präputialkatarrh 208
Prävalenz 20, 26, 79 f., 154, 166, 237, 245, 253
Prostataentzündung 208
Prostatatumor 208
Pseudotuberkulose 18, 26, 55, 58, 69 f., 76, 223, 232, 234 f., 238
Pseudowut 157, 216
Psittakose 223, 238 f.
Puumala-Virus 224, 251 f.

## Q

Q-Fieber 224, 232, 234, 253
Quecksilber 35, 78, 80 f.

## R

Rachenraum, Entzündung 123, 170, 199 f.
Räude, Fuchs 72, 87 ff., 162, 167, 247
Räude, Gams 9, 14, 23, 26, 28, 40, 42, 57, 59 f., 62 ff., 87 f., 163 ff.
Räude, Hund 192 f., 198, 245, 247
Resistenzen 16, 33 f., 222
Riechvermögen 200
Rolllid 195 f.
Rote Ruhr 77
Rote Vogelmilbe 77
Roter Gabelwurm 77, 79
Rotlauf 68, 76, 226, 228, 238

## S

Salmonellose 28, 63 ff., 68, 70, 76, 185, 222 ff., 226 f., 232, 235 ff., 241, 254
Sarcoptes canis 72, 167, 192, 236, 245
Sarcoptes rupicaprae 63, 165, 167, 233
Sarcoptes scabiei 72, 167, 192
Sarcoptes-Räude 72, 272
Sarkosporidien 82 f., 231
Sarkosporidiose 82, 226, 231 f.
Saugwurm 72, 74, 78, 80, 138
Schalenmissbildungen 63
Scheidenentzündung 210
Scheinräude 166, 192, 226, 232 f., 236, 240
Scheinträchtigkeit 209 ff.
Schlangenbiss 181, 217, 219
Schlittenfahren 204
Schluckbeschwerden 214, 216
Schluckstörungen 199
Schuppen 179, 190, 195, 246, 252
Schuppenbildung 72, 85, 165, 187, 192 ff., 216, 245 f.
Schussverletzungen 55, 82, 88, 97 ff., 101, 189, 197
Schwarzkopfkrankheit 77, 80
Schweinepest 14, 26, 68, 145 f., 155 ff., 222
Schwermetallbelastung 35, 78, 80
Schwindsucht 147, 149
Seuche 19, 146, 155 f.
Silvatische Wut 161
Spondylosen 212
Springkrankheit 76

Spulwurm 79, 176, 184, 203 f., 243 ff., 247
Straßenfallwild 9, 12, 41, 50, 53
Staupe 26, 72 ff., 161, 163, 182 f., 190, 196, 214
Staupetick 214
Stechmücken 10, 28, 36, 173, 204, 216, 221, 223, 236, 248 f., 253
Stoffwechselerkrankung 134, 196
Streptococcus suis 226, 228, 234
Syngamus trachea 79

## T

Taubheit 198
Tetanus 24, 222
Theobromin 219
Tierschutzgesetz 178
Tigerherz 171
Tinea capitis 246
Tollwut 9 f., 14, 20, 26, 28 f., 42, 63, 72 ff., 145, 158 ff., 183, 190, 192, 214, 216, 220, 222 f., 226 f., 232, 235 f., 246
Tonsillen 199 f.
Tötungsschuss 45 ff.
Toxine 24, 84, 199, 234, 238
Toxoplasma gondii 79, 81, 226, 231, 234
Toxoplasmose 71, 77, 223, 226, 231, 234 f.
Trächtigkeitsdauer 115, 209
Trächtigkeitsdiagnose 209
Trichinellose 223, 229 f., 231
Trichinenuntersuchung 68, 229 f., 240
Trichophyton 191, 246
Trichostrongylidose 70 f.
Troglotrema acutum 74
TSE 172
Tuberkulose 26, 28, 58 f., 63, 67, 75, 104, 129, 132 f., 140, 143, 146 ff., 221 ff., 226, 232, 236 ff., 242, 247, 254
Tularämie 37 f., 70, 186 f., 223 f., 234 ff., 242, 254
Tumor 90 ff., 104 f., 111, 116, 126, 199, 212

Typhlohepatitis 77

## U

Unterkühlung 48, 50 f., 188
Untersuchungsmaterial 58 f., 63, 110, 120
Untersuchungsstellen 10, 32, 39, 60 f.
Urämie 112, 207
Urbane Wut 161
Usutu-Virus 39

## V

Verdauungsorgane 65, 187, 201 ff.
Verdauungsstörungen 31, 52, 57 f., 67, 142

Vergiftung
- Cumarinderivate 218
- Frostschutzmittel 219
- Holzschutzmittel 218 f.
- Informationszentren 217
- Insektenschutzmittel 218 f.
- Mäuse-/Rattengift 200, 218
- Methaldehyd 218
- Schädlingsbekämpfungsmittel 218
- Schokolade 218
- Unkrautvertilgungsmittel 218

Vergiftungsverdacht 217
Verhaltensabweichungen 177
Verknöcherungen, Wirbelsäule 212
Verletzungen, Behang, Rute 188 f.
Verrenkung 212 f.
Verstauchung 213
Verstopfung 202 f.
Viren 18 f., 21 ff., 35, 90, 113, 170, 182, 199 ff., 203, 205, 215, 222 f., 236, 239, 252
Vitaminbedarf 186
Vogelgrippe 248

## W

Wachstumsstörungen 77, 211
Wachtelkrankheit 76
Waldschweine 159 f.
Weidsack 55, 97

West-Nil-Virus 253
Wildbret 9, 14, 16, 28, 30 f., 42, 55, 57, 64, 68, 72, 88, 129, 138, 113 ff., 230
Wilddichte 11, 15 f., 18, 23, 25, 30 f., 48, 62, 68, 88, 165 f.
Wolfskrallen 248

## Y

Yersinia pseudotuberculosis 69
Yersinien 228

## Z

Zahnanomalien 31, 57, 67, 133 ff.
Zähne 17, 134 ff., 177, 179, 198 f.
Zahnfleischentzündung 90, 134 ff., 198 f.
Zahnstein 198 f.
Zecken 10, 23, 36 f., 70, 77, 86 f., 183, 190, 193 f., 215 f., 221 ff., 232 ff., 236, 238, 253

Zoonosen
- Hund 10
- Bakterielle 223, 226 f., 232 f., 236, 238
- Federwild 238
- Feldhase 70, 233
- Fuchs, Dachs 235 f.
- Geweih- und Hornträger 231
- Parasitäre 223, 226, 229, 232 f., 236, 238
- Schwein/Wildschwein 225 f.
- Virale 223, 225 f., 232 f., 236, 238
- Vorbeugemaßnahmen 239 ff.

Zoonosen-Richtlinie 222 f.
Zuchtreife 207 f.
Zuckerkrankheit 196
Züchter 176 f.
Zwingerhusten 182, 215
Zystizerkose 223, 226, 230 f.